NACHRICHTENTECHNISCHE FACHBERICHTE

Beihefte der NTZ

Band 19 - 1960

STAND UND AUFGABEN DER WEITVERKEHRSTECHNIK

THE STATE OF AND PROBLEM CONCERNING TELECOMMUNICATION

Springer Fachmedien Wiesbaden

Preis des Bandes 19: DM 31.--, für VDE/NTG-Mitglieder Preis: DM 28,--.

ISBN 978-3-663-04020-0 ISBN 978-3-663-05466-5 (eBook)
DOI 10.1007/978-3-663-05466-5

Softcover reprint of the hardcover 1st edition 1960

Vorwort des Herausgebers

Der Band 19 der NTF ist entstanden aus einer Fachtagung der Nachrichtentechnischen Gesellschaft im VDE (NTG), die die Fachausschüsse 10 "Weitverkehrstechnik", Fachausschußleiter Abteilungspräsident Dipl.-Ing. W. Zerbel, und 11 "Kabel und Leitungen", Fachausschußleiter Regierungsbaumeister Dipl.-Ing. W. Wild, vom 20. bis 22. Oktober 1959 in Darmstadt veranstaltet haben. Alle Vortragenden haben einen Beitrag zu diesem Band geliefert, wofür ihnen an dieser Stelle gedankt sei.

Wosnik

ANSCHRIFTEN DER VERFASSER

Obering. K. Barthel, Siemens u. Halske, München 25, Hofmannstraße 51

Dr. H. Bauch, Felten u. Guilleaume Fernmeldeanlagen GmbH, Nürnberg, Äußere Bayreuther Strasse/Bierweg 180

Ing. L. Becker, Standard Elektrik Lorenz AG, Stuttgart-Zuffenhausen, Hellmuth-Hirth-Straße 42

Dr.-Ing. W. Benz, Telefunken GmbH, Backnang, Gerberstraße 34

Dr. M. Börner, Telefunken GmbH, Ulm/Donau, Söflinger Straße 100

Dr. L. Christiansen, Standard Elektrik Lorenz AG, Stuttgart-Zuffenhausen, Hellmuth-Hirth-Straße 42

Dr. A. Egger, Telefunken GmbH, Backnang, Gerberstraße 34

Prof. Dr. H. Fassbender, Erlangen, Pfälzer Straße 21 b

Dr. W.v.Guttenberg, Siemens u. Halske AG, München 25, Hofmannstraße 51

Dipl.-Ing. R. Hoffmann, Darmstadt, Fernmeldetechnisches Zentralamt

Dr. H. Holzwarth, Siemens u. Halske AG, München 25, Hofmannstraße 51

Dipl.-Ing. R. Kaiser, Darmstadt, Fernmeldetechnisches Zentralamt

Dipl.-Ing. A. Knacke, Darmstadt, Fernmeldetechnisches Zentralamt

Dr. H. Knapp, Siemens u. Halske AG, München 25, Hofmannstraße 51

Dr. G. Koch, Darmstadt, Fernmeldetechnisches Zentralamt

Dr. H. Larsen, Siemens u. Halske AG, München 25, Hofmannstraße 51

Ing. K. Lindig, Standard Elektrik Lorenz AG, Stuttgart-Zuffenhausen, Hellmuth-Hirth-Straße 42

Dr. H. Marko, Standard Elektrik Lorenz AG, Stuttgart-Zuffenhausen, Hellmuth-Hith-Straße 42

Dr. H.-E. Martin, Siemens u. Halske AG, Berlin-Gartenfeld (Im Kabelwerk)

Dr. F. Ring, Darmstadt, Fernmeldetechnisches Zentralamt

Dr.-Ing. W. Schüßler, Technische Hochschule, Aachen, Alte Maastrichterstraße 23

Prof. Dr.-Ing. K. Steinbuch, Technische Hochschule, Karlsruhe, Kaiserstraße 12

Dr. D. Thierbach, Siemens u. Halske AG, München 25, Hofmannstraße 51

Dipl.-Ing. A. Traeger, Frankfurt a.M., Kettenhofweg 37

Dipl.-Ing. W. Wolff, Darmstadt, Fernmeldetechnisches Zentralamt

Dr. W.v.Werther, Siemens u. Halske AG, München 25, Hofmannstraße 51

Inhalt Seite

Inhalt Seite

ANWENDUNG VON TRANSISTOREN

AUS DEN ANFÄNGEN DER TF-TECHNIK

H. Faßbender, Erlangen

Mit 8 Bildern

Die Entwicklung der Hochfrequenzmehrfachtelephonie und -telegraphie in der Technischen Abteilung für Funkergerät wurde dadurch ausgelöst, daß der damalige wissenschaftliche Leiter dieser Abteilung, Geh. Reg.-Rat Prof. Dr. Max Wien, an Prof. Erich Habann, damals Studierender der Physik, und Prof. Fassbender, damals Privatdozent für Drahtlose Telegraphie und Telephonie sowie elektrotechnische Meßkunde an der Technischen Hochschule Berlin, herantrat und ihnen den Auftrag erteilte, die von Herrn Habann im August bis Dezember 1917 an der Front zwischen Ardon und Laon durchgeführten Hochfrequenztelephonie-Versuche entsprechend dem Befehl des Chefs des Nachrichtenwesens systematisch fortzuführen. Max Wien hatte die Bedeutung und die technische Reife dieses neuen Anwendungsgebietes der Hochfrequenz sofort erkannt und mit allen Mitteln gefördert. Die Versuche von Habann hatten gezeigt, daß es möglich war, auf einer üblichen Heeresnachrichtenleitung neben dem tonfrequenten Gespräch ein trägerfrequentes Gespräch bei kleinster Hochfrequenzleistung ohne gegenseitige Störung der beiden Gespräche durchzuführen. Als Vorteil der zusätzlichen trägerfrequenten Nachrichtenübertragung wurde vor allem die Ersparnis an dem damals besonders wertvollen Leitungsmaterial, aber auch die Tatsache angesehen, daß die trägerfrequente Übertragung mit den üblichen Mitteln abhörsicher war. Bild 1

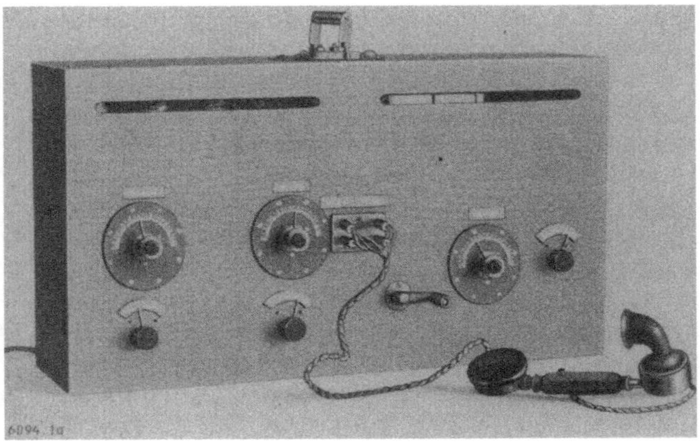

Bild 1: Laboratoriumsmodell des ersten Trägerfrequenz-Telephoniegerätes

zeigt das bei diesen Versuchen verwandte Gerät, Bild 2 die Schaltung dieses Gerätes. Die Schaltung des Bildes 2 ist absichtlich nicht modernisiert; sie stellt vielmehr eine getreue Kopie der Originalzeichnung aus dem Jahre 1917 dar. Wir erkennen links die Senderschaltung mit abgestimmtem Gitter- und abgestimmtem Anodenkreis, rechts die Audionschaltung. Besonders möchte ich noch betonen, daß im Bild 2 Sender und Empfänger mit der gleichen Fernleitung gekoppelt sind und daß der Sender und Empfänger ein

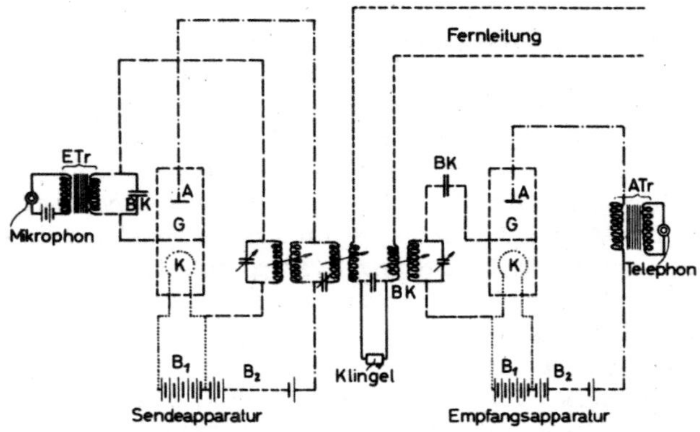

Bild 2: Schaltung des Laboratoriumsmodells Bild 1

gemeinsames Gerät, wie in Bild 1 gezeigt, darstellen.

Bevor ich auf die gemeinsamen Arbeiten von Habann und mir eingehe, möchte ich erwähnen, daß ich selbst durch meine im Jahre 1922 erfolgte Berufung an die Universität La Plata und meine dortigen weitgespannten Vorlesungsverpflichtungen mich vorübergehend nicht mit Forschung und Entwicklung beschäftigen konnte, und daß ich mich später, als ich wieder nach Deutschland zurückgekehrt war, wie Sie wissen, anderen Gebieten zuwandte. Habann hat sich bis Ende 1926 mit der Trägerfrequenztechnik beschäftigt, nachdem auch bei den Elektrizitätswerken der Hochfrequenztelephonie Eingang verschafft war. Seine Arbeiten haben ihren Niederschlag in vielen Patenten und seinem 1929 bei Friedrich Vieweg u. Sohn erschienenen Buch : "Die neuere Entwicklung der Hochfrequenztelephonie und -telegraphie auf Leitungen" gefunden.

Die Einzelheiten unserer gemeinsam durchgeführten Entwicklungen und theoretischen Berechnungen haben wir seinerzeit in zwei ausführlichen Aufsätzen im Jahrbuch für Drahtlose Telegraphie und Telephonie, Band XIV und XV, veröffentlicht [1], [2]. Nachdem 40 Jahre verstrichen waren, haben wir in diesem Jahr in zwei Aufsätzen, in der ETZ [3] und im Jahrbuch des elektrischen Fernmeldewesens [4], diese Entwicklungen nochmals beschrieben. Ich will mich deshalb hier kurz fassen und werde zunächst einmal nur das zusammenfassen, was wir nach unserer Meinung gegenüber dem damaligen Stand der Technik Neues geschaffen haben. Ich will mich bei diesen Ausführungen bemühen, einen möglichst objektiven Standpunkt einzunehmen.

Zunächst aber möchte ich daran erinnern, was der heutigen Generation nicht immer geläufig ist, daß die drahtlosen Sender und Empfänger mit Röhren erst in den letzten Jahren des ersten Weltkrieges entwickelt und in die Praxis eingeführt wurden und daß fast gleichzeitig die Trägerfrequenztechnik mit Röhren entwickelt wurde.

In den Jahren, als H a b a n n und ich unsere Arbeiten durchführten, waren die Sende- und Empfangsschaltungen der Drahtlosen Telegraphie und Telephonie mit Röhren noch völlig im Fluß. Veröffentlichungen über dieses Gebiet waren während des Krieges natürlich verboten, aber wöchentlich oder noch häufiger wurden den Fachleuten neue Erkenntnisse bekannt.

Man kann es wohl kaum als Überheblichkeit bezeichnen, wenn wir sagen, daß die Ansätze zur Hochfrequenzmehrfachtelephonie v o r 1917, die mit den Namen H u t i n und L e b l a n c, S t o n e - S t o n e, W e i n b e r g, M a i o r, R u h m e r und S q u i e r verbunden sind, wirklich nur Ansätze waren. Keiner der genannten Experimentatoren konnte ein System schaffen, das praktisch eingeführt werden konnte. Vor allem hatte eine Loslösung der Hochfrequenzleitungstelephonie und -telegraphie von den Prinzipien der Funktechnik noch nicht stattgefunden. Diese Versuche stellten vielmehr eine Art leitungsgerichteter Funkübertragung dar. So propagierte der Angehörige der ungarischen Post, August M a i o r, noch in den Jahren 1907 bis 1912 in seinen Veröffentlichungen, die Leitungen durch Selbstinduktionsspulen und Kondensatoren auf die Trägerfrequenz abzustimmen. Ich glaube, sagen zu dürfen, daß niemand vor uns erkannte, daß das Problem der Hochfrequenzleitungstelephonie oder, wie man heute sagt, der Trägerfrequenztechnik, nur gelöst werden konnte, wenn man als Trägerströme reflexionsfreie fortschreitende Wellen verwandte.

Auch machten wir uns gleich zu Beginn unserer Arbeiten frei von der Idee der Bündeltelephonie, d.h. von der Idee, sämtliche Leitungen eines Gestänges als ein einziges Leitungssystem anzusehen und alle Leitungen mit nur einer modulierten Trägerfrequenz zu beschicken. Wir gingen darauf aus, ein Übersprechen zu verhindern, um jede Leitung des Gestänges unabhängig von den anderen Leitungen trägerfrequent auszunutzen. Das war nur dadurch möglich, daß wir bewußt kleine, ja kleinste Hochfrequenzleistungen (ca. 0,05 bis 0,1 Watt) [5] bei relativ kleinen Empfangsempfindlichkeiten verwandten. Wir betonten schon 1918, daß man zur Erlangung größerer Reichweiten keine größeren Sendeleistungen, sondern H o c h f r e q u e n z - z w i s c h e n v e r s t ä r k e r verwenden müsse.

Demgegenüber hatte der amerikanische Generalmajor G.D. S q u i e r, der die ausgedehntesten Versuche vor uns durchgeführt hatte, auf einem 11 km langen Fernsprechkabel eine Wechselstrommaschine nach A l e x a n d e r s o n mit einer Leistung von 2000 Watt verwandt.

Auch fand bei S q u i e r der Sprechverkehr, da nur e i n e Hochfrequenzmaschine zur Verfügung stand, nur in e i n e r Richtung statt und hätte auf der gleichen Leitung wegen der hohen Sendeleistung auch gar nicht in beiden Richtungen stattfinden können. Unsere Ansichten über die richtige Wahl der Sendeenergie und der Empfangsempfindlichkeit haben wir im Jahrbuch der Drahtlosen Telegraphie und Telephonie i m J a h r e 1 9 1 9 veröffentlicht. Dort finden sich auf Seite 474 unten die folgenden Sätze:

"Diese Methode (gemeint ist die Anwendung der Hochfrequenzzwischenverstärker) halten wir für besser, als durch Verwendung großer Senderenergien große Reichweiten anzustreben. Dabei ergeben sich nämlich für den Bau der Apparate dadurch große Nachteile, daß getrennte Sender und Empfänger vorgesehen werden müssen. Abgesehen davon, liegt ein weiterer Nachteil der großen Senderenergien darin, daß man wegen der vergrößerten Gefahr des Übersprechens gezwungen wird, ganz analog den getrennten Sende- und Empfangsantennen in der drahtlosen Technik für beide Richtungen g e t r e n n t e Leitungen vorzusehen, die aber räumlich mehr oder weniger weit voneinander getrennt verlegt werden müssen.

Wir vertreten demgegenüber das Prinzip, mit kleinen Senderenergien zu arbeiten und die Leistungsfähigkeit durch Zwischenverstärker zu vergrößern."

Wir erkannten sehr frühzeitig, daß die Trägerfrequenztechnik und die Pupintechnik in einem gewissen Gegensatz stehen. Auf Leitungen mit den damals üblichen schweren Pupinspulen konnte man die Trägerfrequenztechnik nicht anwenden. Auch ergaben die damaligen Kabel nur sehr geringe Reichweiten für hochfrequente Ströme. Wir machten deshalb eingehende Untersuchungen über die dielektrischen Verluste der verschiedenen Papiersorten und anderer dielektrischer Materialien, wobei uns Herr Dipl.-Ing. H e r i n g bei den experimentellen Arbeiten unterstützte. Diese Untersuchungen wurden mit dem Ziel durchgeführt, Hochfrequenzkabel zu entwickeln.

Es ist bekannt, daß man in den ersten Jahren nach dem ersten Weltkrieg diesen Anregungen, in allen Fernsprechkabelnetzen spezielle Hochfrequenzkabel zu verlegen, wenig Beachtung schenkte, sondern die Pupinisierung des deutschen Leitungsnetzes weiter ausbaute. Fassen Sie diese Bemerkung bitte nicht als versteckte Kritik auf. Ich war selbst in den Jahren 1908-1910 im Wernerwerk der Siemens u. Halske AG. tätig und habe mich überzeugen können, welche hohen Erwartungen man damals mit Recht in die Pupinisierung setzte. Es ist selbstverständlich, daß man wenige Jahre später sich nur sehr schwer hätte dazu entschließen können, die Pupinisierung aufzugeben. Durch den Ausbau der Pupinisierung wurde aber die schnelle und breite Einführung der Trägerfrequenztechnik aufgehalten. Erst in den dreißiger Jahren setzte sich bekanntlich in Deutschland die Trägerfrequenztechnik auf breiter Front in der Praxis durch.

Die Arbeiten von H a b a n n und mir erstreckten sich nicht nur auf die Geräteentwicklung und die Vorarbeiten zur Schaffung von Hochfrequenzkabeln. Am 17. September 1918 meldeten wir das Patent 312 589 an, das die Mehrfachtelephonie dem allgemein üblichen Ämterverkehr anpaßte. Bild 3 zeigt die Patentzeichnung. Zu dieser möchte ich folgende Erläuterungen geben: Die Fernleitung ist mit dem Anodenkreis 4 der Senderöhre 3 und dem Git-

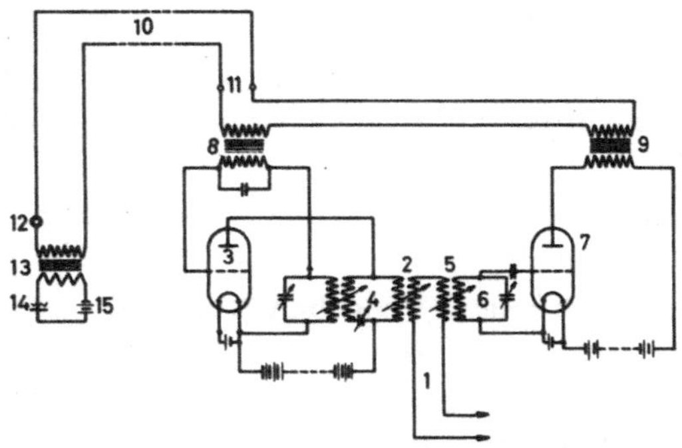

Bild 3: Prinzipschaltbild nach Patent 312 589

terkreis 6 der Empfangsröhre 7 gekoppelt. Vom Amt zum Teilnehmer führt wie bei der Niederfrequenztelephonie nur eine Doppelleitung 10, die sowohl mit dem Eingangstransformator 8 der Senderschaltung als auch mit dem Ausgangstransformator 9 der Empfangsschaltung gekoppelt ist. Nach diesem Patent sind die hochfrequenten Trägerströme auf die Leitungen zwischen den Ämtern beschränkt, während in den Anschlußleitungen zwischen den Ämtern und Teilnehmern tonfrequente Ströme fließen. Die Experimentatoren vor uns hatten die Hochfrequenzapparate bei den Teilnehmern aufgestellt, wodurch einmal der Teilnehmer die Hochfrequenzapparate bedienen mußte und zweitens jedem Teilnehmer ein für allemal eine bestimmte Welle zugeteilt werden mußte, die damit für die anderweitige Benutzung verloren ging. Die Neuheit des Patentgedankens wurde vom Reichsgericht im Dezember 1921 im Nichtigkeitsprozeß anerkannt. Das Patent wurde allerdings auf Grund anderer Überlegungen für nichtig erklärt.

Im folgenden will ich zunächst auf die von uns bei der Tafunk entwickelten Geräte etwas näher eingehen:

Bild 4 zeigt das Hochfrequenztelephoniegerät Futel A 18 und Bild 5 das entsprechende Hochfrequenztelegraphiegerät Futel B 18. Beide Geräte waren transportabel, mit Tragriemen versehen und äusserlich den damals eingeführten Armee-Fernsprechgeräten ähnlich. Die Trägerfrequenzen lagen bei Futel A 18 zwischen 150 und 300 kHz, bei Futel B 18 zwischen 165 und 375 kHz. Eine Versuchsserie von 200 Stück dieser Geräte wurde

Bild 4: Trägerfrequenz-Telephoniegerät Futel A 18

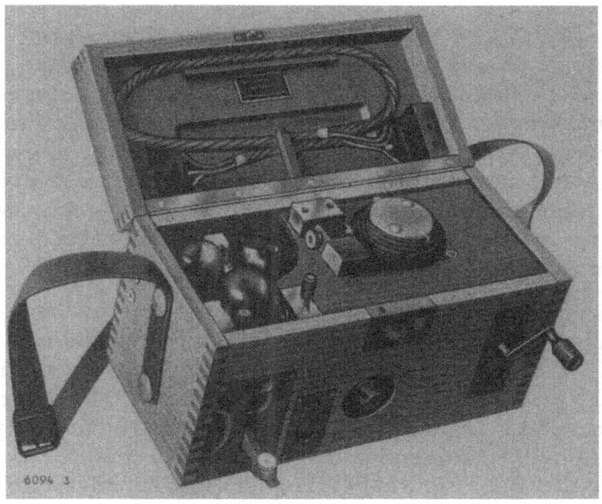

Bild 5: Trägerfrequenz-Telegraphiegerät Futel B 18

schon vor Kriegsende im Jahre 1918 den Deutschen Telephonwerken in Auftrag gegeben. Die beiden Gerätetypen wurden vor dem Waffenstillstand sowohl auf den Versuchsfeldern in der Heimat als auch auf dem Frontversuchsfeld Namur erfolgreich erprobt und sollten an der Front in großer Zahl eingesetzt werden.

Da die in dem Jahre 1918 und später von uns entwickelten Schaltungen inzwischen selbstverständlich überholt sind, behandele ich sie nicht. Geblieben ist das von uns stets verwendete Prinzip, die Hochfrequenz durch die niederfrequenten Sprachströme zu beeinflussen, im Gegensatz zu unseren Vorgängern, die das Mikrophon in hochfrequente Kreise legten.

Infolge der im Krieg gesammelten Erfahrungen konnte die Umstellung der bei der Armee durchgeführten Entwicklung auf den postalischen Betrieb nach dem Krieg relativ rasch vollzogen werden. In diese Entwicklungsphase griffen neben den DTW das Telegraphenversuchsamt sowie die Firmen Telefunken und Lorenz ein. K.W. Wagner, der bis zum Kriegsende der PTR angehörte, war bis zum Waffenstillstand von dieser zu Telefunken beurlaubt, um im Auftrag der Inspektion der Flieger die Entwicklung von Funkgeräten für Flugzeuge zu überwachen. Erst im Dezember 1918 übernahm er die Leitung des Telegraphen-Versuchsamtes und widmete sich von diesem Zeitpunkt an der Trägerfrequenztechnik. Über die Versuche, die beim Telegraphenversuchsamt gemeinsam mit Telefunken in dieser Zeit durchgeführt wurden, hat kürzlich Herr Reinhard Schulz in der Telefunken-Zeitung [6] berichtet. Danach wurden zwei trägerfrequente und ein niederfrequentes Gespräch über eine 3 mm Freileitung zwischen Berlin und Hannover übertragen. Nach Erprobung konnte ein erstes "Hochfrequenzamt" Anfang Oktober 1919 dem Betrieb übergeben werden, das je sechs Sender und Empfänger besaß. Das Amt war zunächst mit laboratoriumsmäßig gebauten Geräten ausgerüstet, denen 1920 Betriebsapparate folgten. Nach Angaben von Herrn Reinhard Schulz [6] hatten die Sender dieses Amtes eine Hochfrequenzleistung von 10 Watt. Diese relativ hohe Sendeleistung entspricht nicht den Grundsätzen, die ich oben auseinandergesetzt habe.

Am 28. März 1919 konnte ein trägerfrequenter Telegraphieverkehr mit Hochfrequenz auf der Strecke Berlin-Weimar mit DTW-Geräten eingeführt werden. Dieser Verkehr diente während der Reichstagssitzungen in Weimar zur Entlastung der Freileitungen. Im Januar 1920 wurde ein amtlicher Telephonieverkehr auf der Strecke Berlin-Magdeburg und insbesondere ein amtlicher hochfrequenter Hughes-Verkehr durchgeführt.

Im Juli 1920 wurde auf der Strecke Berlin-Breslau ein Teil des amtlichen Telephonieverkehrs mit Hilfe der Trägerfrequenztechnik abgewickelt. Bild 6 zeigt eine Statistik über die mit DTW-Geräten geführten Gespräche auf dieser Strecke an 24 aufeinander folgenden Tagen, aus der man erkennt, daß die Zahl der trägerfrequenten Gespräche nicht sehr viel hinter der der niederfrequenten zurückblieb. Eine Einführung der Trägerfrequenztechnik auf breiter Front fand damals in Deutschland wegen der oben erwähnten Pupinisierung noch nicht statt. Etwas günstiger war in der damaligen Zeit die Lage im Ausland. Bild 7 zeigt z.B. ein trägerfrequentes Gerät, Bauart DTW, im Verkehr zwischen Rom und Mailand.

Reichweitenversuche im Frequenzbereich von ca.

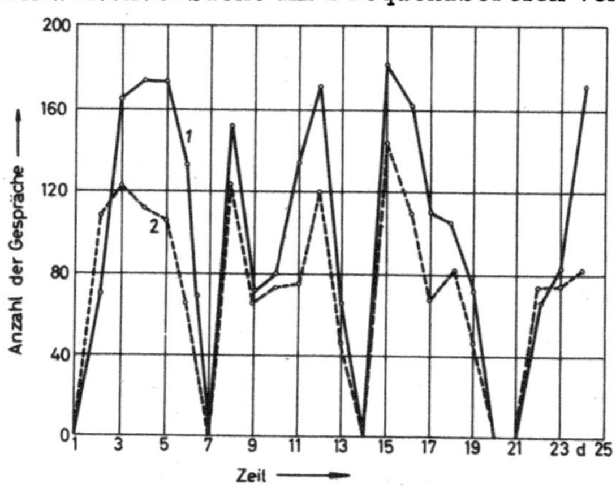

Bild 6: Amtliche Statistik der Trägerfrequenz- und Niederfrequenzgespräche

Bild 7: Trägerfrequenzschrank, Bauart DTW, auf der Strecke Rom - Mailand

150 bis 300 kHz auf Freileitungen und Kabeln wurden von F a s s b e n d e r und H a b a n n schon im Sommer 1918 auf Postleitungen durchgeführt. Sie sollen im folgenden zusammengestellt werden:

Telephonie-Versuche zwischen Berlin und Potsdam im Juni 1918.

Telephonie-Versuche zwischen Berlin und Pritzwalk am 17. Juni 1918.

Telegraphie-Versuche zwischen Berlin und Stettin im Spätsommer 1918.

Telegraphie-Versuche zwischen Berlin und Hannover im Spätsommer 1918.

Telephonie-Versuche zwischen Berlin und Hannover im Spätsommer 1918.

Telephonie-Versuche zwischen Berlin und Frankfurt/Main im Sommer 1918.
Bei diesen zuletzt genannten Versuchen wurde die von Berlin über Frankfurt/Main nach Mailand führende Freileitung benutzt. Mit der Entfernung Berlin-Frankfurt war die Grenze der Leistungsfähigkeit der damaligen Geräte erreicht.

Schon vor diesen Reichweitenversuchen auf Freileitungen wurden von F a s s b e n d e r und H a b a n n am 7. Mai 1918 im Wernerwerk der Siemens u. Halske AG. Telephonieversuche auf Stadtkabeln mit Frequenzen zwischen 360 und 885 kHz mit positivem Ergebnis durchgeführt. Das verwandte Stadtkabel war auf einer Trommel aufgespult. Die einzelnen Adern wurden hintereinander geschaltet, wobei der Leitungsweg, der eine Gesamtlänge von 5,85 km hatte, mehrmals im Kabel hin- und herlief.

Die verschiedenen erzielten Reichweiten in Freileitungen und Kabeln regten schon im Sommer 1918 dazu an, die Reichweiten von trägerfrequenten Nachrichtenverbindungen theoretisch zu berechnen. Solche Berechnungen sind von F a s s b e n d e r und H a b a n n unseres Wissens erstmalig durchgeführt worden [2].

In der folgenden Tafel sind die theoretisch ermittelten Reichweiten zusammengestellt:

Reichweiten in Kilometern der trägerfrequenten Nachrichtenübertragung in Abhängigkeit von der Frequenz unter der Voraussetzung eines $\alpha \ell$ = 3 N

	R e i c h w e i t e n		
ν	Anschluß-Kabel ϕ = 0,8 mm	Kupfer-Freileitung ϕ = 2 mm	Kupfer-Freileitung ϕ = 4 mm
1,5 . 10^4	-	254,2	568,2
3 . 10^4	-	195,6	370,6
4,29 . 10^4	10,58	-	-
6 . 10^4	10,04	144,6	269,3
10 . 10^4	8,81	115,6	212,3
20 . 10^4	6,50	84,1	152,4
30 . 10^4	4,83	69,7	125,3

Es ist interessant, aus der Tafel zu entnehmen, wie stark sich die Reichweiten im Anschlußkabel von den auf den Freileitungen erzielten unterscheiden. Praktisches Interesse haben diese Werte nicht, da die Anschlußkabel nicht mit hochfrequenten Strömen belegt werden.

Zum Schluß dieser Ausführungen seien die Daten dieser Entwicklung zusammengestellt:

20. Juni 1918

Vorführung von dreifachem gleichzeitigem trägerfrequentem Gegensprechverkehr neben dem gewöhnlichen Niederfrequenzgespräch auf einer Postfreileitung Berlin-Potsdam vor einem Vertreter der Obersten Heeresleitung.

7. Mai 1918

Laboratoriumsversuche der trägerfrequenten Nachrichtenübertragung (361 bis 882 kHz) auf Stadtkabeln.

10. September 1918

Vorführung des gleichzeitigen hochfrequenten trägerfrequenten Gegensprechverkehrs auf der Strekke Berlin - Potsdam vor folgenden Vertretern des Reichspostministeriums: Min.-Direktor Dr.-Ing. E.h. Feyerabend, Prof. Dr. Breisig, Min.-Rat Cremer, außerdem vom Telegraphenversuchsamt dessen damaliger Leiter Präsident Prof. Dr. Strecker, Tel.-Ing. Höpfner - später Ministerialdirektor im Reichspostministerium -, sowie von der Technischen Hochschule Charlottenburg Geh. Reg.-Rat Prof. Dr. Orlich.

Spätsommer 1918

Hochfrequenter trägerfrequenter Telegraphieverkehr auf der Strecke Berlin-Stettin.

Spätsommer 1918

Hochfrequenter trägerfrequenter Telegraphieverkehr auf der Strecke Berlin-Hannover.

28. März 1919

Hochfrequenter trägerfrequenter Telegraphieverkehr auf der Strecke Berlin-Weimar.

Frühjahr 1919

Hochfrequenter trägerfrequenter Fünffach - Telegraphieverkehr zwischen dem Laboratorium der DTW und dem Telegraphenversuchsamt mit Schreibempfang.

Januar 1920

Amtlicher Telephonieverkehr und amtlicher Hughes-Verkehr auf der Strecke Berlin-Magdeburg.

Juli 1920

Amtlicher Telephonieverkehr auf der Strecke Berlin-Breslau.

Ab August 1920

Amtlicher Telephonie- und amtlicher Hughes-Verkehr auf ausländischen Strecken.

Mein historischer Überblick über die ersten Anfänge der Trägerfrequenztechnik wäre nicht vollständig, wenn ich nicht darauf hinwiese, daß Habann schon im Mai 1919 ein Patent auf die Anwendung der Trägerfrequenztechnik auf Hochspannungsleitungen unter der Nummer 35 883 angemeldet hat.

Die Entwicklung von solchen Geräten lag in den ersten Jahren hauptsächlich bei den DTW und Telefunken. Telefunken baute im Frühjahr 1920 eine Anlage auf der Strecke Golpa-Berlin mit einer Frequenz zwischen 150 und 200 kHz und einer Sendeleistung von 10 Watt. Die Telefunken-Geräte benutzten noch Antennen zur Ankopplung an die Hochspannungsleitung [6].

Bild 8 zeigt eine laboratoriumsmäßige Ausführung einer TFH-Station, Bauart DTW, bereits mit Wahlanruf und Wechselwelle, worauf wir in unseren Aufsätzen in der ETZ und dem Jahrbuch des elektrischen Fernmeldewesens eingegangen sind. Die Ankopplung an die Hochspannungsleitung fand mittels Kondensatoren statt.

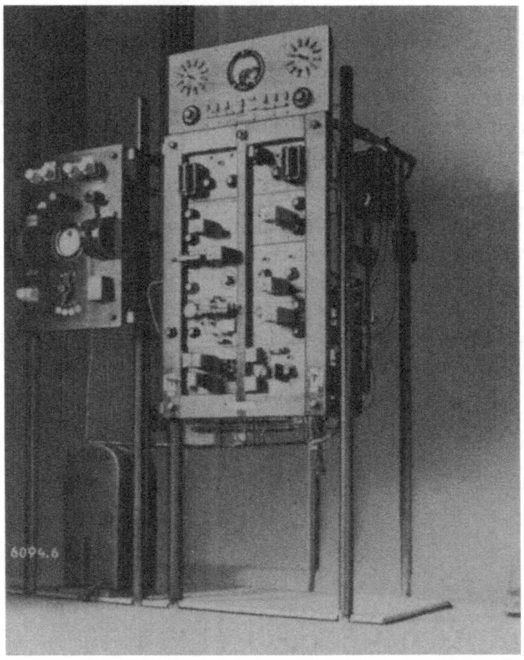

Bild 8: TFH-Station, Bauart DTW, in laboratoriumsmäßigem Aufbau

Aus dem Gesagten kann man entnehmen, daß die Trägerfrequenz im Jahre 1919 in Deutschland sowohl experimentell als auch theoretisch so weit entwickelt war, daß sie entsprechend dem damaligen Stand der Technik in die Praxis eingeführt werden konnte. Parallel zur deutschen Entwicklung lief eine Entwicklung in den USA. Über diese war während des ersten Weltkrieges in Deutschland nichts bekannt geworden. Nach dem Waffenstillstand erfuhr man, daß die Entwicklung in den USA ungefähr gleichzeitig mit ungefähr gleichen Mitteln zu etwa gleichen Erfolgen geführt hatte.

Beide Parallelentwicklungen waren unabhängig voneinander, weil sie auf beiden Seiten vertraulich behandelt wurden und lediglich in Geheimpatenten ihren Niederschlag gefunden hatten.

Colpitts und Blackwell [7] berichten, daß im Jahre 1914 nicht näher beschriebene einfache Geräte für Trägerfrequenznachrichtenübermittlung für Laboratoriums- und Streckenversuche gebaut wurden. Diese Entwicklung mußte im April 1917 beim Eintritt der USA in den Weltkrieg unterbrochen werden. Die Arbeiten wurden 1918 wieder aufgenommen, und es wurden Geräte entwickelt, die man ungefähr zur Zeit des Waffenstillstandes öffentlich auf der Strecke Pittsburgh-Baltimore in Betrieb nehmen konnte.

Es ist überflüssig, in diesem Kreis darauf hinzuweisen, daß die Trägerfrequenztechnik in den dreißiger Jahren und später in Europa wie in Amerika laufend, zeitweise in stürmischem Tempo, weiter vervollkommnet wurde. An dieser Entwicklung sind besonders beteiligt die Firmen AEG, Deutsche Standard-Gesellschaft, Felten u. Guilleaume, Pintsch Elektro und vor allem Siemens u. Halske. Ich brauche nur die folgenden Stichworte zu nennen, die diese Weiterentwicklung kennzeichnen:

Einführung des Ringmodulators, Einführung der Vorumsetzung, Verlegung von Breitbandkabeln mit Zwischenverstärkern. Schließlich war es möglich, 960 und mehr Gespräche in einem Sprechkanal unabhängig voneinander zu führen. 1945 hatte Siemens u. Halske mehr als 5 Mill. Sprechkreis-Kilometer trägerfrequenter Nachrichtenverbindungen geliefert [8].

Wir wollen nicht versäumen, zum Schluß noch darauf hinzuweisen, daß die Theorie der Kettenleiter, die von C a m p b e l l und K. W. W a g n e r unabhängig voneinander erarbeitet wurde, die Trägerfrequenztechnik durch die ideale Trennung der einzelnen Trägerfrequenzen schon frühzeitig stark gefördert hat.

S c h r i f t t u m

[1] H. F a s s b e n d e r u. E. H a b a n n: Hochfrequenz-Mehrfach-Telephonie und -Telegraphie längs Leitungen. I. Praktischer Teil. Jahrb. drahtl. Telegraphie und Telephonie 14 (1919) S. 451-578

[2] H. F a s s b e n d e r u. E. H a b a n n: Hochfrequenz-Mehrfach-Telephonie und -Telegraphie längs Leitungen. II. Teil: Die Eignung der Freileitungen und Kabel für Hochfrequenzströme. Jahrb. drahtl. Telegraphie und Telephonie 15 (1920) S. 407-423

[3] H. F a s s b e n d e r u. E. H a b a n n: 40 Jahre Trägerfrequenztechnik - Über die Anfänge der Entwicklung der Trägerfrequenztechnik. Elektrotechn. Z. A 80 (1959) S. 225-231

[4] H. F a s s b e n d e r u. E. H a b a n n: 40 Jahre Trägerstromtechnik - Über die Anfänge der Entwicklung der Trägerstromtechnik auf Freileitungen und Kabeln. Jahrb. elektr. Fernmeldewesens 10 (1958) S. 312-340

[5] K. W. W a g n e r: Mehrfach-Telephonie und -Telegraphie mit schnellen Wechselströmen. Mitteilung aus dem Telegraphen-Versuchsamt. Telegraphen- und Fernsprechtechnik 8 (1919) S. 29-35

[6] R. S c h u l z: 40 Jahre Trägerfrequenz-Technik. Telefunken-Ztg. 21 (März 1959), Heft 123, S. 11-21

[7] E. H. C o l p i t t s u. O. B. B l a c k w e l l: Carrier current telephony and telegraphy. J. Amer. Inst. Electr. Eng., 1921, S. 301-315, 410-421 u. S. 517-526

[8] F. R i n g: Einführung in die Trägerfrequenztechnik. Beitrag D. Thierbach und G. O. Zimmermann S. 292 Verlagsbuchhandlung Erich Herzog, Goslar, 1955

DIE ENTWICKLUNG DER TRÄGERFREQUENZTECHNIK *)

D. Thierbach, München

Mit 13 Bildern

I. Einleitung

Etwa in den Jahren 1915 bis 1926 war der Beweis erbracht worden, daß eine trägerfrequente Mehrfachausnutzung von Freileitungen und Kabeln betriebssicher möglich ist. Sobald sich die Überzeugung durchgesetzt hatte, daß man sich auf diese neue Übertragungsart verlassen konnte, drängten sich Trägerfrequenzeinrichtungen sehr schnell in die Nachrichtennetze ein. Das Bild 1 zeigt uns, wie die Gesamtlänge der trägerfrequent betriebenen Sprechkreiskilometer in Deutschland und in den USA in den Zeiten von 1922 bis 1936 angewachsen ist. Es fällt sogleich der große - während langer Zeit stetige - Anstieg auf. In einem Zeitraum von rund 14 Jahren ist die Zahl der Sprechkreiskilometer in Deutschland auf mehr als den 20-fachen Betrag und in Amerika auf mehr als den 100-fachen Betrag angestiegen, was einen

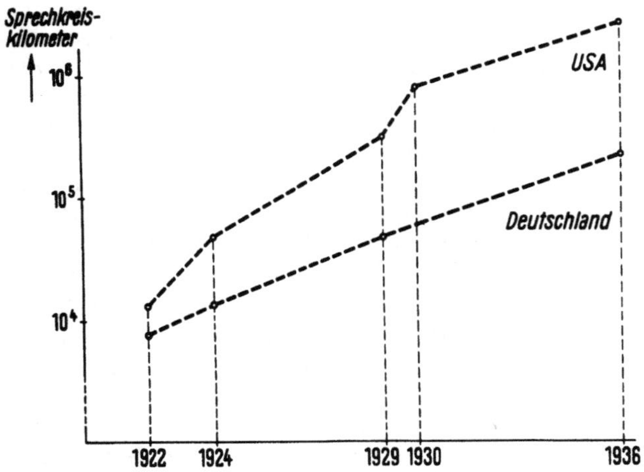

Bild 1: Entwicklung der TF-Sprechkreiskilometer in Deutschland und in den USA, 1922 - 1936

jährlichen Zuwachs von etwa 20 - 30 % gleichbleibend etwa während dieser ganzen Zeit bedeutet.

Zwei Gründe sind es hauptsächlich, die zu einer so schnellen Einführung getrieben haben.

1. Die Mehrfachausnutzung bot endlich das lange gesuchte Mittel, auch Weitverbindungen wirtschaftlich zu schaffen.

2. Eine Übertragungsstrecke, für trägerfrequente Mehrfachausnutzung eingerichtet, hat eine so große Übertragungsgeschwindigkeit, daß auch sehr große Reichweiten ohne Behinderung durch Laufzeiten erreicht werden.

Die Bedeutung des ersten Punktes wird anschaulich, wenn man das je Sprechkreiskilometer erforderliche Kupfergewicht als Maßstab für den Aufwand der Fernleitung nimmt.

Bild 2 zeigt für drei verschiedene Leitungsarten,

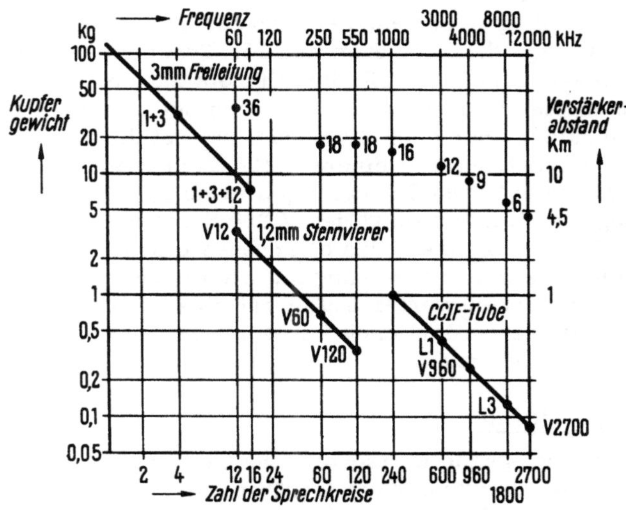

Bild 2: Kupferaufwand je Kilometer und TF-Sprechkreis

die 3 mm Freileitung, den 1,2 mm Sternvierer und die koaxiale Leitung 2,6/9,5 mm, die sogenannte CCI-Tube, den Kupferaufwand je km und Trägerfrequenzkreis in Abhängigkeit von dem Grad der Mehrfachausnutzung. Auf der Abszisse ist im logarithmischen Maßstab die Zahl der Sprechkreise je Fernleitung aufgetragen und auf der Ordinate ebenfalls im logarithmischen Maßstab das zugehörige Kupfergewicht. Es ist einleuchtend, daß man zuerst daran gedacht hat, die Freileitungen trägerfrequent auszunutzen. Diese Leitungen waren damals für die längsten Verbindungen vorgesehen und ihre auch bei hohen Frequenzen verhältnismäßig geringe Dämpfung bot für die Einführung der neuen Übertragungsart günstige Bedingungen. Bald jedoch wandte man sich auch den Kabelleitungen zu, die man freilich oft erst durch Entspulung für die breiteren Übertragungsbereiche herrichten mußte. Als diese Möglichkeiten, vorhandene Leitungen auszunutzen, an einzelnen Stellen erschöpft waren, begann man, besondere Trägerfrequenzleitungen zu entwickeln und zwar sowohl vom symmetrischen als auch vom koaxialen Typ.

Hiernach kann man in der Geschichte der Trägerfrequenzentwicklung drei Abschnitte unterscheiden. Der erste Zeitabschnitt umfaßt die ersten grundlegenden Versuche und die betriebsmäßige Erprobung der ersten Systeme. Der zweite Zeitabschnitt wird ausgefüllt durch die trägerfrequente Ausnutzung vorhandener Leitungen und erst im dritten Zeitabschnitt werden Nachrichtennetze geschaffen, bei denen Leitungen und Trägerfrequenzsysteme aufeinander abgestimmt sind. Man kann für den ersten Abschnitt die Zeit bis etwa 1926 ansetzen, für den zweiten Abschnitt die Zeit von etwa 1926 an und für den Abschnitt 3 etwa die Zeit von 1936 an.

Die Abszisse des Bildes 2 stellt in Annäherung

*)Mitteilung aus dem Zentrallaboratorium der Siemens u. Halske AG., München

auch einen Zeitmaßstab dar. Mit wenigen zusätzlichen Gesprächen begann man etwa 1920, und 1959 sind es 2700. Sinngemäß läßt sich jeder Bündelstärke eine obere Frequenz zuordnen, die am oberen Bildrand angegeben ist.

Bereits bei der Freileitung ließ sich das je Sprechkreis erforderliche Gewicht von etwas über 100 kg je Sprechkreis und Kilometer auf etwa 8 kg, d.h. auf etwa den 15. Teil senken. Der Kupferbedarf für 1 TF-Sprechkreis auf einem unbelasteten Sternvierer ist dagegen bei 12-facher Ausnutzung nur noch 3 kg und sinkt bei der modernen Ausnutzung mit einem V 120-fach-System unter 1 kg auf etwa 0,3 kg. Etwa ebenso niedrig liegt der Kupferbedarf des V 960 Systems auf der CCI-Tube, während das allerneueste System V 2700 eine weitere Senkung auf etwa 0,08 kg bringt. Ein bemerkenswerter Erfolg ist diese Verminderung des erforderlichen Kupfergewichtes um etwa 3 Zehnerpotenzen.

II. Endgeräte

Schwerwiegende wirtschaftliche Gründe drängten also zur Einführung von Geräten zur Mehrfachausnutzung der kostbaren Leitungen. Man mußte Trägerfrequenzgeräte, geeignet für einen Masseneinsatz, entwickeln, die nicht nur betriebssicher sind, sondern solche, deren Raumbedarf auch so gering ist, daß man in einem Amt mehrere Hundert, ja mehrere Tausend aufstellen kann. Auch muß der Kostenaufwand für sie so gering sein, daß sich ihre Verwendung auch schon auf kleineren Entfernungen, etwa auf 100 km und weniger, lohnt. Wenn man zurückblickt, ist es erstaunlich festzustellen, wie früh die grundlegenden Ideen, auf denen heute noch die TF-Endgeräte aufgebaut werden, gefunden worden sind. In den Jahren bis 1926 waren die Grundlagen der Amplitudenmodulation geklärt worden. Es war schon Allgemeingut der Fachleute geworden, daß man nicht die Trägerschwingungen und die entstehenden zwei Seitenbänder übertragen mußte, sondern daß ein Seitenband zur Nachrichtenübermittlung ausreicht. Dabei konnte der Träger mit übertragen oder am Empfangsort wieder zugesetzt werden. Die Fortschritte im Bau der TF-Geräte können also nicht darauf beruhen, daß im Laufe der Jahre grundsätzlich neue Prinzipien gefunden worden sind. Es sind vielmehr die Verbesserungen auf allen wichtigen Teilgebieten, z.B. beim Bau der Filter, Modulatoren, Verstärker, die diese Fortschritte brachten. Ganz besonders muß hier erwähnt werden die Ausbildung der Bauelemente, wie Spulen, Kondensatoren, Röhren, Gleichrichter usw., die viel leistungsfähiger und dabei sehr viel kleiner geworden sind. Man kann jedes der angeführten Teilgebiete herausgreifen und seine Entwicklung verfolgen. Das ist zeitraubend und da die Entwicklungen ähnlich abgelaufen sind, gibt schon die Betrachtung eines Teilgebietes eine Vorstellung davon, wie der Ablauf im Ganzen war. Hier sei die Betrachtung darauf beschränkt, einen Blick auf die Entwicklung der Filter zu werfen und bei deren Bauelementen wiederum nur die Spulenentwicklung zu streifen. Ausgegangen sei davon, wie in den Jahren um 1926 - 1930 ein Trägerfrequenz-Endamt ausgesehen hat.

Bild 3: M_1-Gestelle im Fernamt Riga

Das M_1-System (Bild 3) mit drei zusätzlichen TF-Gesprächen für Freileitungen arbeitete bereits mit Einseitenbandübertragung. Der Träger wurde aber noch voll übertragen. In je einem dieser Gestelle waren die Geräte für je ein trägerfrequentes Gespräch untergebracht. Oberhalb des Schaltfeldes sind die Geräte der Sendeseite angeordnet, unterhalb des Schaltfeldes diejenigen der Empfangsseite. Je zwei Kästen, von oben und unten gerechnet, enthalten die Sende- bzw. die Empfangsfilter. Die beiden letzten Kästen in der Mitte sind für den Sender und den Empfänger vorgesehen. Man sieht, wie viel Platz die Filter beanspruchen. Für ihre Verkleinerung und dabei auch für ihre Verbesserung sind im Laufe der nächsten Jahre große Anstrengungen gemacht worden. Auch das Nachfolgesystem M_2 (Bild 4) arbeitete mit Übertragung nur eines Seitenbandes, der Träger wurde aber nur geschwächt übertragen. Das gesamte Bandfilter ist in einem Kasten untergebracht. Man erkennt die Blechbüchsen für die relativ großen Ringkernspulen und die obersten Abdeckplatten der Glimmerkondensatoren. Es sei hier eingefügt, daß die ersten grundsätzlichen Betrachtungen über Reaktanzfilter auf die Zeit von 1915 zurückgehen und von Campell und Karl Willi Wagner angestellt worden sind. Sie betrafen "Tiefpaßkette, Hochpaßkette und Siebkette". Diese Schaltungen haben alle noch keine Dämpfungspole im endlichen Frequenzbereich, also auch keine sogenann-

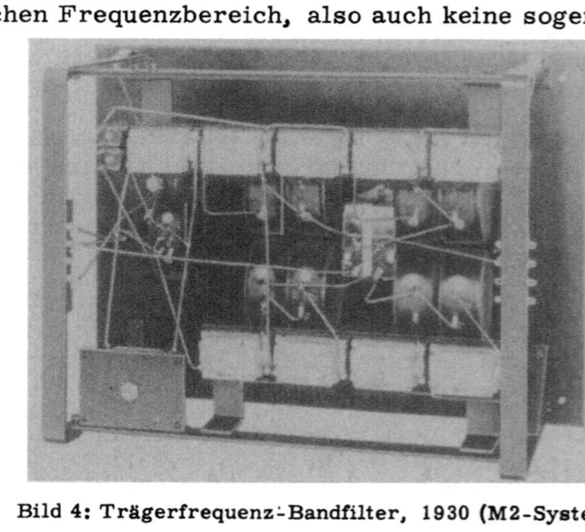

Bild 4: Trägerfrequenz-Bandfilter, 1930 (M2-System)

ten Versteilerungen. 1924 brachte Zobel bereits eine sehr ausführliche Darstellung für den Bau von einzelnen Filtergliedern mit verschieden versteilertem Dämpfungsverlauf im Sperrbereich. Durch Kombination einer Anzahl dieser Filterglieder konnte man wirtschaftlich die in der Praxis gewünschten Dämpfungskurven annähern. Die Gewandheit der einzelnen Ingenieure im Gebrauch dieser Vorschriften hat sich jedoch erst im Laufe der nächsten Jahre herausgebildet. Wichtige Vorschläge für den Filterbau kamen dazu, z.B. von Cauer, Feldtkeller, Jaumann und anderen, so daß die Methode der Filterberechnung nach der sogenannten Wellenparameter-Theorie gut ausgebaut worden ist. 1928 ergänzte Zobel diese Vierpol-Arbeiten durch seine Betrachtungen über das sogenannte überbrückte T-Glied, das vor allen Dingen als Zusatzentzerrer große Dienste leistete. Etwa 1938 kam eine neue Filterberechnungsmethode auf. An ihr haben Cauer, Darlington und Piloty gearbeitet. Die sogenannte Betriebsparameter-Theorie geht von der geforderten Dämpfungskurve aus, analysiert sie und gewinnt dadurch die Größe der einzelnen Filterelemente. Diese theoretischen Arbeiten tragen wesentlich zur Verbesserung der Filtereigenschaften bei. Die Dämpfungskurve im Durchlaßbereich wurde immer mehr geglättet, die Dämpfungskurve im Sperrbereich paßte sich immer genauer dem gewünschten Verlaufe an. Aber die Zahl der Filterelemente hat sich dabei nicht entscheidend geändert. Es war die Ausführung der Filterelemente, d.h. der Spulen und der Kondensatoren, die die Verkleinerung brachte. Dargestellt sei als Beispiel die Entwicklung bei den Spulen. Bild 5 zeigt die Volumenverringerung von Filterspulen von 1926 bis 1956. Die Verluste der Filterspulen konnten trotz des geringer werdenden Volumens etwa konstant gehalten werden. Das wurde dadurch erreicht, daß im Laufe der Entwicklung die relative Permeabilität gesteigert wurde und bei der Wahl des Materials von Karbonyleisen zu Ferrit mit seinen geringeren Verlusten übergegangen wurde. Eine Filterspule des Jahres 1956 hat bei etwa gleichen Eigenschaften nur etwa 7 % des Raumbedarfes einer Filterspule des Jahres 1926. Für das Partner-Element, den Kondensator, gelten ähnliche Entwicklungen. Von großem

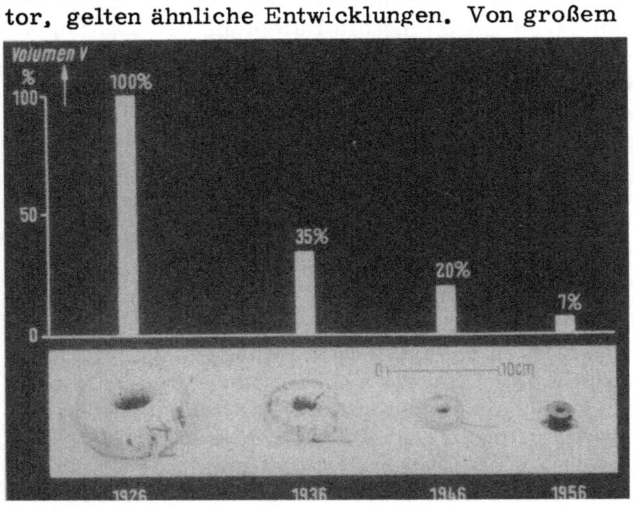

Bild 5: Volumenverringerung von Filterspulen 1926 bis 1956

Einfluß war hier die Einführung von Kunstfolie, z.B. von Styroflex als Dielektrikum. Hinzu kam, daß man lernte, die Filter so aufzubauen, daß große Kapazitätswerte vermieden wurden. Der Raumanteil für Kondensatoren in einem Filter wurde freilich wieder etwas dadurch vergrößert, daß man bestrebt war, Spulen einzusparen und dafür in Kauf nahm, daß zusätzlich Kondensatoren aufgewendet werden mußten.

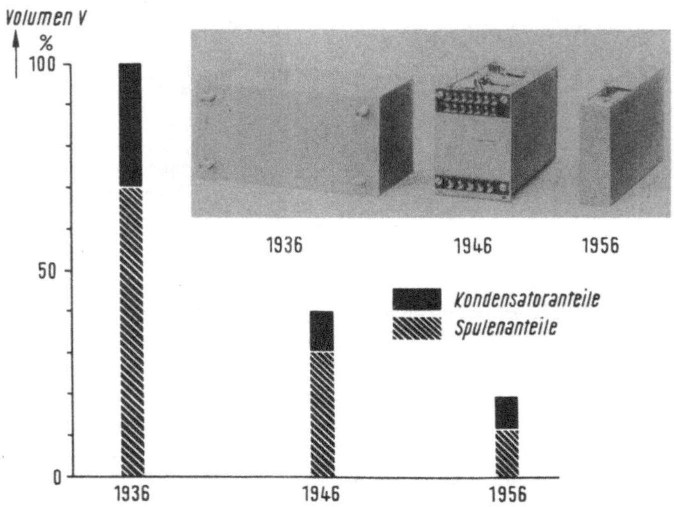

Bild 6: Volumenverringerung von Filterbaugruppen 1936 bis 1956

Bild 6 läßt anschaulich die Volumenverringerung eines Kanalfilters zur Aussiebung eines Seitenbandes erkennen. Von 1936 bis 1956 etwa konnte der Volumenbedarf nochmals auf 20 % und weniger gesenkt werden. Heute geht man mit der Verkleinerung schon wieder ein Stück weiter.

In ähnlicher Weise muß man sich den Fortschritt für die anderen Bauelemente vorstellen. Ein wichtiger Schritt war z.B. Anfang der 30iger Jahre der Übergang vom Röhrenmodulator zu einem Modulator, der Halbleiter als nichtlineare Elemente verwendete. Diese sind im Vergleich zu Röhren nicht nur raumsparend, sondern brauchen auch keine zusätzliche Betriebsspannungen. Damit konnte man in vermehrtem Umfang zu Kombinationsschaltungen übergehen, wie Ringmodulator und Cowan-Modulator, die zwar vier nichtlineare Elemente enthalten, dafür aber bei guter Linearität viele nicht erwünschte nichtlineare Produkte unterdrücken und nur eine geringe Trägerleistung benötigen.

Die Auswirkungen all dieser Maßnahmen zeigt Bild 7. Im Hintergrund ist ein 15-faches System für Freileitungen zu erkennen. Es kommt bereits mit fünf Gestellen aus. Im Vordergrund ist ein System für 12 Kanäle, Baujahr 1954, wobei alle erforderlichen Geräte in einem Gestell untergebracht werden konnten. In den vier oberen Wannen sind dabei die 12 Kanalumsetzer untergebracht, die den wichtigsten Teil der Frequenzumsetzung auch der übrigen TF-Systeme bilden und bei den stärker gebündelten Systemen etwa 70 - 80 % des Aufwandes ausmachen. Der Aufwand für einen solchen Umsetzer ist also von 2/3 eines Gestells beim System M_1 auf 1/3 Wanne zurückgegangen.

Bild 7: Gegenüberstellung zweier Freileitungssysteme 1939: MG 15/3 für 15 Kanäle. 1954: Z12F für 12 Kanäle

Die Leistung der TF-Endgeräte ist dabei im Laufe der Zeit nicht etwa schlechter geworden, sondern besser. Kennzeichnend dafür kann z. B. die Breite des übertragenen Niederfrequenzbandes sein. Man kann bei Betrachtung von Bild 8 die Mühen und Schwierigkeiten erkennen, die ein Ingenieur 1915 hatte, um ein schmales NF-Band bis etwa 1200 Hz über große Entfernungen durchzubringen. Sehr bald stieg die obere Frequenzgrenze auf 2100 Hz, 1933 etwa auf 2800 Hz und heute haben wir allgemein als obere Frequenz 3400 Hz. Die untere Übertragungsgrenze liegt etwa konstant während der ganzen Jahre bei etwa 300 Hz.

Mit der guten technischen Fortbildung der Geräte setzte sich endgültig die Erkenntnis durch, daß die trägerfrequenten Sprechkreise mehr sind als zusätzliche Sprechwege zur Aushilfe, sie schienen danach geeignet, die Grundlage für den Fernverkehr in den Nachrichtennetzen zu bilden. Man begann folgerichtig, sich mit Normungsfragen zu beschäftigen, um diese neuen Übertragungswege auch international reibungslos einsetzen zu können.

Der Streit um die notwendige Frequenzbandbreite, etwa 1938, deren Festlegung zuerst notwendig war, ist heute vergessen. Er ist zugunsten des breiteren Bandes 300 - 3400 Hz entschieden. Die Bündelung der Systeme in ganzen Vielfachen von 12 kommt uns heute selbstverständlich vor. Für die Gesprächsbündel von 12, 60 und 300 Kanälen sind weiter Frequenzbereiche für die Durchschaltung ohne Demodulation der einzelnen Kanäle auf Niederfrequenz festgelegt. Diese Festlegungen sind nicht nur für den nationalen und internationalen Netzaufbau wichtig, sie haben auch den Aufbau der TF-Endgeräte vereinfacht. Die Zahl der TF-Systeme und der Gerätetypen konnte wesentlich verringert werden. Die Umwandlung der Netzstruktur mit der neuen Möglichkeit, Bündel durchzuschalten, ist nicht ohne Einfluß auf die heute eingeführte Technik der Selbstwahl geblieben.

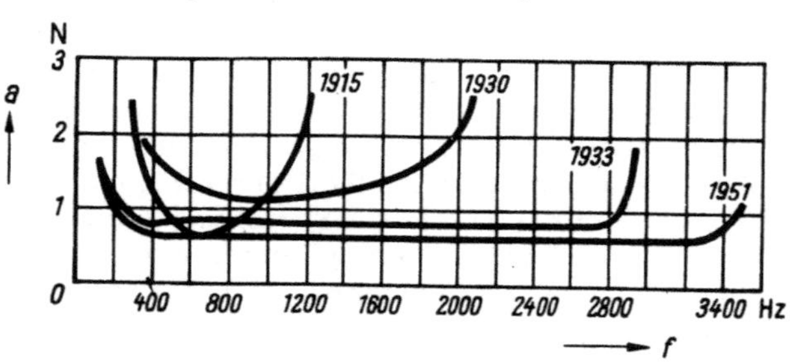

Bild 8: Restdämpfungskurven von Fernsprechweitverbindungen

III. Übertragungsstrecke und Verstärker

Eine der größten Schwierigkeiten bei der Übertragung von Signalen über Leitungen bildet die Überwindung der Dämpfung. Man hätte nun erwarten können, daß sich im Laufe der Entwicklung die Ingenieure bemüht hätten, Leitungen mit immer geringerer spezifischer Dämpfung anzuwenden. Gerade das Gegenteil ist aber eingetreten. Der Grund liegt darin, daß es möglich ist, durch Verstärker den Aufwand für die Leitungen erheblich zu vermindern. In Bild 9 findet man über der Frequenz die Dämpfungskurve verschiedener Leitungen aufgetragen. Vor Einführung der TF-Technik

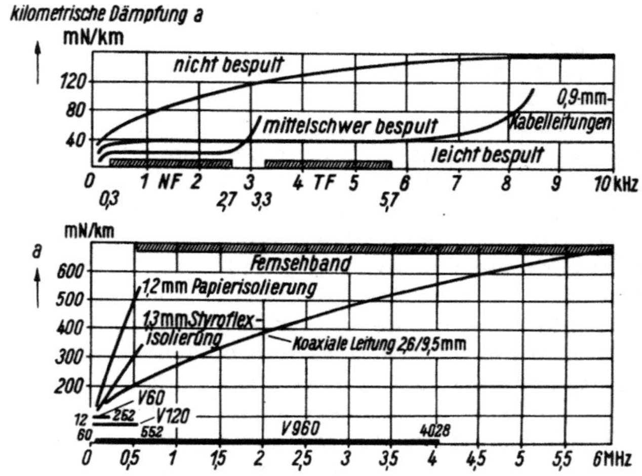

Bild 9: Dämpfungskurven von Fernkabelleitungen

beherrschten belastete Leitungen das Feld. Es zeigte sich aber bald, daß sich für größere Nachrichtennetze keine universelle Lösung ergibt, wenn man durch Belastung die Dämpfung der Leitungen so weit wie möglich senkt, da die Reichweite dieser Leitungen durch die Laufzeit stark eingeschränkt wird. Es wurden zu den schwer bespulten Leitungen zusätzlich die leicht bespulten Leitungen eingeführt, und diese boten Platz für ein zusätzliches TF-Gespräch im Bereich zwischen 3 und 6 kHz. In Deutschland sind mit dem "L-System" praktisch alle verfügbaren Fern-Leitungen ausgerüstet worden.

Noch mehr Kanäle konnte man aber gewinnen, wenn man zu unbelasteten Leitung überging. Deren Dämpfung ist zwar höher, aber ihr ausnutzbarer Frequenzbereich ist viel größer. Die Dämpfung steigt mit wachsender Frequenz an, aber flacher als proportional. Nutzt man eine solche Leitung mehrfach aus, so sinkt der Kupferbedarf je Gespräch im Maße der höheren Ausnutzung, also etwa proportional der oberen Frequenzgrenze. Ist dann der Dämpfungsanstieg mit der Frequenz z.B. nur proportional der Wurzel aus der Frequenz, so bringt eine Verdopplung der zulässigen Dämpfung ein 4-fach so großes ausnutzbares Frequenzband mit sich. Man hat nicht nur den Vorteil, daß man bei trägerfrequenter Ausnutzung das Gesprächsbündel gemeinsam verstärken kann, es ergibt sich hier auch, daß der notwendige Aufwand an Verstärkung bei Erhöhung der Gesprächszahl nur sehr langsam ansteigt. Nimmt man z.B. vereinfachend an, daß die erforderliche Anzahl der Röhren proportional der höchsten geforderten Verstärkungsziffer sei, dann wächst diese nur mit $\sqrt{N}$, wenn N die Zahl der Gespräche bedeutet, d.h. der Anteil der Röhren bezogen auf das einzelne Gespräch nimmt ab. Zu einem Teil ist hiermit die Tendenz, zu immer breiteren Bändern zu kommen, begründet. Bei sehr breiten Bändern muß man allerdings mit erhöhtem Aufwand für Linearisierung und dergleichen rechnen. Auf dem unteren Teil des Bildes 9 ist diese intensive Ausnutzung der unbelasteten Drahtleitungen dargestellt. Dabei mußten der Frequenzmaßstab und der Maßstab für die Dämpfung stark verkleinert werden, und zwar so stark, daß die Ausnutzung von symmetrischen Leitungen mit einem 12-fach System gar nicht mehr darzustellen ist. Man erkennt die Ausnutzung mit 60 Kanälen und schließlich die einer besonders dafür gebauten symmetrischen Leitung mit Styroflexisolierung mit 120 Kanälen. Die größte Mehrfachausnutzung erlaubt schließlich die koaxiale Leitung. Hier sind Gesprächsbündel von 960 Kanälen möglich und in neuester Zeit, auf dem Bild nicht angedeutet, von 2700 Kanälen. Es sei erwähnt, daß man anstatt 960 Gespräche bei gleichem Verstärkerabstand auch ein Fernsehband von 5 MHz Breite übertragen kann.

Der Übergang von belasteten Leitungen zu unbelasteten Leitungen hat zwar die erwünschte Erweiterung des Frequenzbereiches gebracht, aber auch eine ganze Reihe von technischen Schwierigkeiten, die mit der Übertragung über große Dämpfung zusammenhängen. Man kann sich darüber streiten, ob die Ausbildung der Technik der Übertragungsstrecken unter das Kapitel Trägerfrequenztechnik fällt. Jedoch ist nicht zu leugnen, daß die Technik dieser Übertragungsstrecken eng mit der Mehrfachausnutzung verbunden ist. Sie wäre ohne diese in der heutigen Weise sicherlich gar nicht entstanden. Man muß ihr also hier Beachtung schenken. Die folgenden zusätzlichen Entwicklungen haben den Bau solcher Übertragungsstrecken möglich gemacht oder erleichtert.

1. Indem man für jede Verkehrsrichtung ein eigenes Kabel vorsah, machte man sich bei den symmetrischen Leitungen frei von der Begrenzung der Verstärkerfelddämpfung durch Nebensprechen.

2. Man schirmte die Leitungen gegen alle äußeren Störungen so ab, daß nur das Widerstandsrauschen den Empfangspegel bestimmte. So bekommt man bei gegebener Sendeenergie die größte Reichweite.

3. Man führte unbemannte Verstärkerämter ein, die fernüberwacht und zum Teil auch ferngespeist wurden. Damit konnte man wirtschaftlich die Verstärkerämter in engeren Abstand setzen und breitere Frequenzbänder übertragen.

Natürlich gehörte eine ausgereifte Verstärkertechnik dazu, mit der sich die Dämpfung dieser Art Übertragungsstrecken aufheben ließ. Ein Verstärker für Mehrfachausnutzung muß neben einer hohen Konstanz eine sehr hohe Linearität aufweisen. Für weniger Bänder genügten noch zur Linearisierung die Mittel der Überanpassung und Kompensationsschaltungen. Damit sind z.B. die ersten Verstärker für das L-System 1935 aufgebaut worden. Von großer Bedeutung war es, als man etwa 1934 lernte, die Verstärker durch Gegenkopplung in ihrer Linearisierung und zugleich in ihrer Stabilität ganz wesentlich zu verbessern. Bald sah man ein, daß man die Gegenkopplung auch zusätzlich zur Entzerrung ausnutzen konnte und zwar ohne für die Teile der Übertragungsbänder, die auf der Strecke weniger gedämpft werden, die Rauschspannungen zu erhöhen, wie es beim vorgeschalteten Dämpfungsentzerrer der Fall ist.

Zwei schwierige Fragen traten bei der Bemessung der Verstärker auf, nämlich für welche maximale Leistung sie entworfen werden sollten und welche Klirrdämpfung erforderlich ist. Hierzu sind an verschiedenen Stellen eine ganze Reihe von Messungen und Rechnungen vorgenommen worden, die schließlich 1939 in den Arbeiten von Holbrock - Dixon und 1945 von Brockbank und Wass eine Art Abschluß fanden.

Von Bedeutung war dabei die Feststellung, daß bei großer Gesprächszahl die erforderliche Leistung nur mit der Summe der mittleren Leistungen in den einzelnen Kanälen ansteigt. Die Vorschriften für die Klirrdämpfung lassen sich nicht so einfach zusammenfassen, blieben aber in Grenzen, die sich mit Hilfe der Gegenkopplung einhalten ließen.

Auch für den Verstärkerbau waren die Fortschritte des wichtigsten Bauelementes, der Röhre, von großer Bedeutung. Die neu entwickelten Mehrgitterröhren erlaubten nicht nur einen größeren Frequenzbereich, sondern auch eine höhere Verstärkung je Stufe, die besonders bei gegengekoppelten Verstärkern erforderlich ist. Etwa von 1935 an standen sogenannte Breitbandpenthoden zur Verfügung. Die zusätzlichen Einrichtungen, wie Regelungseinrichtungen, Fernspeiseeinrichtungen, Fernsteuer- und Überwachungseinrichtungen mußte durchgebildet werden. Sie nehmen heute einen so großen Raum ein, daß sie den eigentlichen Verstärker in den Hintergrund zu drängen scheinen. Das ist besonders bei den Übertragungsstrecken mit koaxialen Kabeln, die am weitesten automatisiert sind, zu bemerken.

Einige Bilder sollen diese Entwicklung von Verstärker und Verstärkerstelle veranschaulichen. Zuerst sei eine Zwischenverstärkerstelle des Übertragungssystems B 200, Baujahr etwa 1938, betrachtet. Bei dem System B 200 wurden auf der Fernstrecke mit dem koaxialen Kabel 5/18 mm

Bild 10: Zwischenamt für Vielfach-Fernsprechen B 200/3 und Fernsehen

zwei Übertragungsbänder bereitgestellt. Im ersten Band, 90 - 690 kHz, wurden 200 Trägerfrequenzgespräche übertragen, im zweiten Band, 1 MHz bis 4 MHz, Fernsehen. Alle 35 km war eine Verstärkerstelle für Fernsprechen und Fernsehen, alle 17,5 km eine unbemannte Verstärkerstelle nur für Fernsehen. Bild 10 zeigt uns die Ausrüstung einer 35 km Verstärkerstelle. Die Gestellreihe enthält die Verstärkereinrichtungen für beide Verkehrsrichtungen. In der Mitte steht ein Meßgestell. An den Enden stehen die Weichengestelle, in denen die Nachrichtenströme von den Betriebsströmen getrennt werden und der Nachrichtenweg in Fernsprech- und Fernsehband aufgeteilt wird. Dann folgen nach der Mitte zu die Gestelle für die Verstärker für Fernsprechen und für Fernsehen.

Das nächste Bild 11 zeigt uns eine unbemannte Verstärkerstelle für 960 Kanäle, wie sie seit 1953 für die sogenannten CCI-Tuben vielfach in Gebrauch ist. Links sieht man das Gestell, das

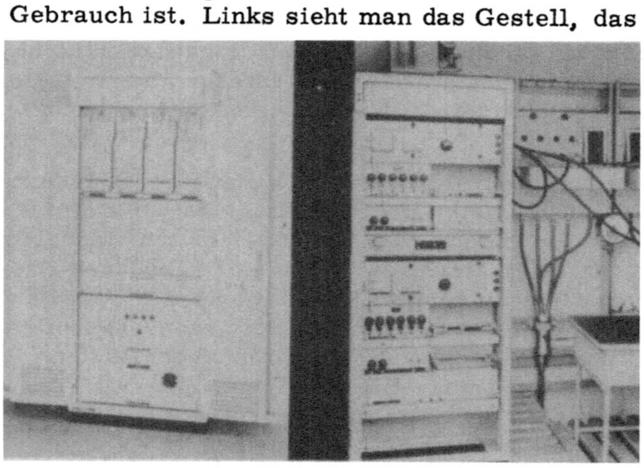

Bild 11: Unbemannte Verstärkerstelle V 960

die Weichen für die Fernstromversorgung, Einrichtungen für den Beipack, wie Leitungsübertrager und Netzanschlußgeräte enthält. Rechts steht das eigentliche Verstärkergestell mit den Einrichtungen für automatische Konstanthaltung des Signalpegels, Umschalteeinrichtung auf Ersatzverstärker (bei Bedarf einschiebbar), Fernüberwachung usw.

Bild 12 zeigt ein Verstärkergestell für das TF-System V 120 für symmetrische Kabel. Es sind 2 x 8 Verstärker in diesem Gestell untergebracht,

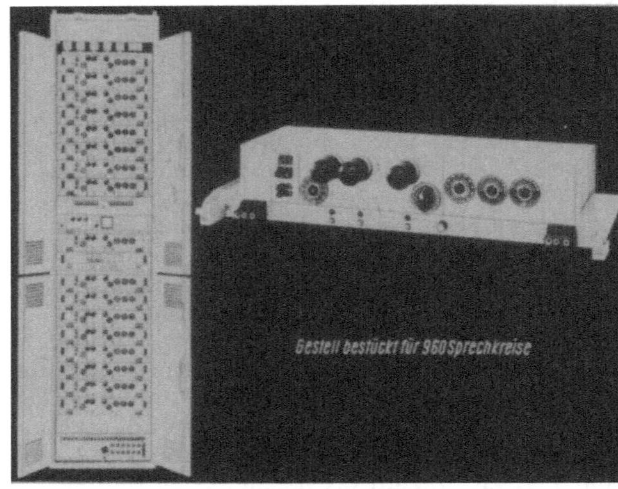

Bild 12: Leitungsverstärker V 120

so daß ebenfalls insgesamt 960 Gespräche verstärkt werden können. In der Mitte ist ein Reserveverstärker untergebracht, der als Ersatz für jeden anderen Verstärker dienen kann.

Bei einem Rückblick auf Bild 2, das den Kupferaufwand in Abhängigkeit von der Ausnutzung zeigt, sei nun auf die Angaben hingewiesen, in welchem Umfange es notwendig war, mit wachsendem Frequenzbereich die Verstärkerstellen enger zu setzen. Bei Niederfrequenzverbindungen betrug der Verstärkerabstand 72 km, bei Ausnutzung mit V 2700 hat er sich auf 4,5 km verringert.

Eine so hohe technische Durchbildung der Möglichkeiten, eine Übertragungsstrecke mehrfach auszunutzen, konnte natürlich nicht übersehen werden bei der Anlage von drahtlosen Verbindungswegen. Am bekanntesten ist hier vielleicht die Geschichte des drahtlosen Verbindungsweges zwischen den USA und Europa. 1927 wurde zwischen England und Nordamerika auf der Wellenlänge 5000 Meter eine Einseitenbandverbindung eröffnet. Bald setzten die Versuche ein, auf dieser Strecke mit Kurzwellen zu arbeiten, wobei sich zunächst bei der Einseitenbandtechnik Schwierigkeiten für Frequenzkonstanz und Frequenznachregelung ergaben. Die Entwicklungsarbeiten führten zu einer Verbindung mit zwei unabhängigen Einseitenbandkanälen, die sich jeder für sich in verschiedener Art und Weise für Sprache oder Telegraphie ausnutzen lassen. 1940 wurde in dieser Art eine direkte Kurzwellenverbindung Berlin-New York eröffnet.

Großen Umfang nahm die trägerfrequente Ausnutzung von drahtlosen Strecken aber erst an, als es gelungen war, im Dezimeterbereich sichere Sender und Empfänger mit guten linearen Eigenschaften zu bauen. Bereits während des Krieges sind Dezimeterverbindungen in größerem Umfange angewendet worden, die bis zu 10 TF-Gesprächen enthielten. 1947 baute Bell eine Versuchsstrecke New York-Boston mit 240 TF-Kanälen. Es wurde mit Frequenzmodulation gearbeitet und mit einer Wellenlänge von 7,5 cm. Heute werden im 4 GHz-Bereich Verbindungen eingerichtet, die vorgesehen sind um 600 oder 960 Sprechkreise zu schaffen. Arbeiten, diese Ausnutzung noch zu erhöhen, sind im Gange.

IV. Überblick über das Erreichte

Ein wesentlicher Antrieb für die Durchbildung und Einführung der TF-Technik war der wirtschaftliche Vorteil, der mit ihr erreicht werden konnte. Über die Art und Weise, wie man den erreichten, zweifellos großen Vorteil messen soll, kann man verschiedener Meinung sein. Hier reicht ein rohes Verfahren aus. In Bild 13 sind für die verschiedenen Systeme die relativen Anschaffungskosten aufgetragen worden. Dabei sind starke Vereinfachungen getroffen. Zum Beispiel ist eine Reichsmark gleich einer Deutschen Mark gesetzt.

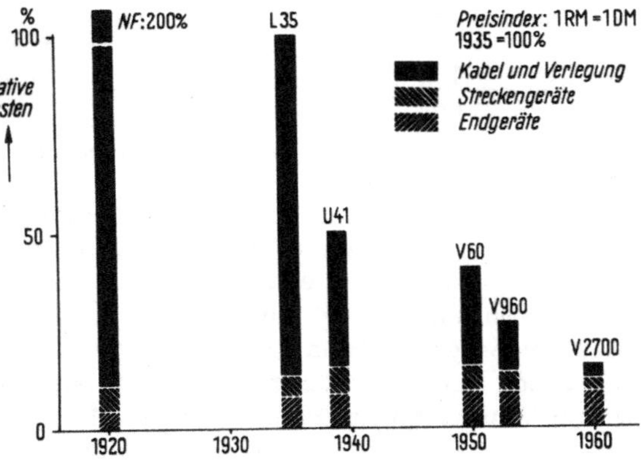

Bild 13: Relative Anschaffungskosten je TF-Sprechkreis für 500 km Weitverkehrsverbindung 1920-1960

Ferner ist keine Rücksicht auf Ersatzschaltungen oder Durchschaltung genommen. Das V 120 System auf dem kombinierten Kabel der DBP ist nicht besonders angeführt; seine Anschaffungskosten würden bei dieser Betrachtungsweise etwa gleich denen des Systemes V 960 sein. Sofort fällt bei Betrachtung des Bildes auf, in welchem grossen Maße die Kosten für das Kabel zurückgehen. Bei V 960 ist etwa Kostengleichheit zwischen Kabel und Geräteausrüstung erreicht und die absolute Höhe der Anschaffungskosten ist rund auf 1/10 - man beachte die Voraussetzungen der Berechnungen - heruntergegangen.

Schrifttum

[1] G. A. Campbell: Physical Theory of Electric Wave Filters. Bell Syst. techn. J. 1 (1922), S. 1

[2] O. J. Zobel: Transmission Characteristics of Electric Wave Filters. Bell Syst. techn. J. 3 (1924), S. 567

[3] H. W. Bode: General Theory of Electric Wave Filters. Bell Syst. techn. J. 14 (1935), S. 211

[4] H. S. Black: Stabilized Feedback Amplifiers. Bell Syst. techn. J. 13 (1934), S. 1

[5] H. F. Mayer und D. Thierbach: Nachrichtenübermittlung auf Breitbandkabeln. VDE-Fachber. (1936), S. 167

[6] K. Höpfner und H. F. Mayer: Stand der Breitbandtechnik in Deutschland. Europ. Fernsprechdienst 46 (1937), S. 101

[7] H. F. Mayer und D. Thierbach: Über den Einfluß von Nichtlinearität und Wärmerauschen auf die Reichweite von TF-Vielfachsystemen. Europ. Fernsprechdienst 48 (1938), S. 6

[8] M. Kluge: Einfluß der Verstärkung auf die Reichweite von Mittelfrequenz-Trägerstromverbindungen. VDE-Fachber. (1938), S. 192

[9] H. Düll: Das deutsche 12-Band-TF-System. Europ. Fernsprechdienst 51 (1939), S. 43

[10] O. Henkler: Über Modulationsschaltungen für TF-Systeme. Europ. Fernsprechdienst 54 (1940), S. 15

[11] B. D. Holbrook and I. T. Dixon: Load Rating for Multi-Channel Amplifiers. Bell Syst. techn. J. 18 (1939), S. 624

[12] H. F. Mayer: Einige Ergebnisse aus der neueren Entwicklung der Trägerfrequenztelephonie. Europ. Fernsprechdienst 63 (1943), S. 67

[13] R. A. Brockbank and C. A. Wass: Non-Linear Distortion in Transmission Systems. J. Instn. electr. Eng. London I 92 (1945), S. 285

[14] F. Ring und W. Zerbel: Die Reichweite von TF-Systemen. Fernmeldetechn. Z. 3 (1950), S. 377

[15] W. Zerbel: Die Kabelübertragungstechnik im deutschen Fernmeldenetz. Jb. elektr. Fernmeldewes. (1952) S. 222

[16] H. Düll: Technik der deutschen Trägerfrequenzkabel. Fernmelde-Ing. 6 (1952), S. 1-31

[17] H. F. Mayer: Einige Fortschritte aus dem Gebiet der Fernsprechtechnik. Entwicklungsber. Siemens u. Halske 15 (1952), S. 101

[18] CCIF-Gelbbuch: Fernsprechübertragung, Teil TF-Fernsprechen Ausgabe 1954

[19] W. v. Werther und O. H. Schmitt: Ein TF-System für 960 Kanäle. Siemens-Z. 28 (1954), S. 183

[20] H. Faßbender und E. Habann: 40 Jahre TF-Technik. Jb. elektr. Fernmeldewes. (1958), S. 312

[21] R. Schulz: 40 Jahre TF-Technik. Telefunken-Ztg. 32 (1959) Nr. 123

[22] H. Geißler: Frequenzumsetzung in der TF-Technik. Elektrotechn. Z. A 80 (1959) 8, S. 231

AUS DER TECHNIK DER BREITBAND-KOAXIALKABEL-SYSTEME *)

K. Barthel und W. v. Werther, München

Mit 6 Bildern

1. Einleitung

Aus der wirtschaftlich begründeten Forderung, auf einer Tube möglichst viele Sprechkanäle unterzubringen, ergeben sich zwangsläufig die besonderen Merkmale eines Breitbandsystems, die hier kurz zusammengestellt werden sollen.

Die Einrichtung vieler Sprechkreise auf einer Tube erfordert ein breites Frequenzband und damit eine hohe obere Übertragungsfrequenz. Die hohe Übertragungsfrequenz bringt eine hohe spezifische Dämpfung und damit kurze Verstärkerfelder (z. B. Planungslänge 9, 3 km für die CCI-Tube 2, 6/9, 5 mm beim 4- und 6-MHz-System). Kurze Verstärkerfelder führen aber zu einer großen Zahl von Verstärkerstellen; diese werden am wirtschaftlichsten als unbemannte Verstärkerstellen ausgeführt. Das Fehlen einer Aufsicht in den Verstärkerstellen zwingt einerseits zur Fernüberwachung und zur automatischen Entzerrung, andererseits wegen der vielen Verstärker zu Parallelröhren oder Parallelverstärkern. Nur so ist eine hohe Betriebssicherheit, die besonders wegen der großen Zahl der Sprechkreise erforderlich ist, zu erreichen.

Der Anschluß der unbemannten Verstärkerstellen an das Starkstromnetz mit Einrichtungen, die einen Netzausfall überbrücken, ist zu teuer. Es ist wirtschaftlicher, diese Verstärkerstellen über die Tuben fernzuspeisen. Die Überwachungs- und Speiseeinrichtungen sind in den bemannten Verstärkerstellen im Abstand von etwa 100 km untergebracht.

2. Die Anschaffungskosten

2.1 Die Anschaffungskosten abhängig von der Anzahl der Kanäle

Nach diesen kurz skizzierten Kennzeichen wurden Trägerfrequenzsysteme für Koaxialkabel entwickelt mit einer oberen Bandgrenze von 4 MHz, 6 MHz und 12 MHz für 960, 1200 und 2700 Sprechkreise. Werden diese Systeme auf der CCI-Tube 2, 6/9, 5 eingesetzt, dann ergeben sich die Streckenkosten je Sprechkreiskilometer nach Bild 1. Es ist bemerkenswert, daß die Kosten auf rund die Hälfte zurückgehen, wenn an Stelle des 4-MHz-Systems für 960 Kanäle das 12-MHz-System für 2700 Kanäle verwendet wird. Während die Kostenanteile des Kabels (K) mit zunehmender Kanalzahl fallen, bleiben die Anteile für die Verstärker (V) etwa gleich. Beim 12-MHz-System sind die Kosten für Geräte und Kabel annähernd gleich hoch.

*) Mitteilung aus dem Zentral-Laboratorium der Siemens u. Halske AG. von K. Barthel und W. v. Werther. Vortragender: W. v. Werther

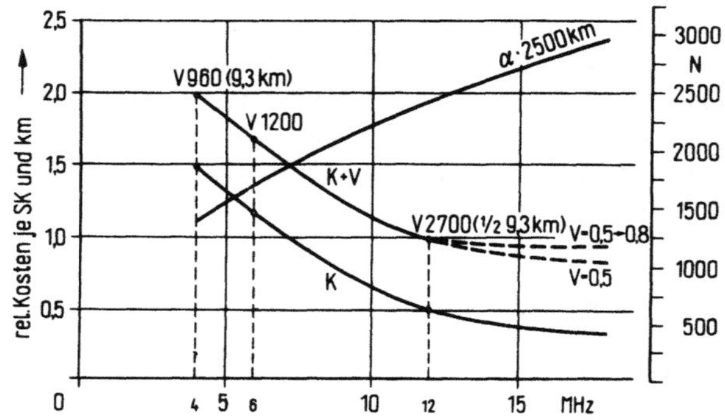

Bild 1: Anschaffungskosten von Breitbandstrecken, abhängig von der Anzahl der Kanäle

Die Frage ist interessant, ob man bei noch mehr Kanälen und entsprechender Bandbreite eine wesentliche Kostensenkung erzielen kann. Würde das in den Kurven zutage tretende Gesetz, daß die Verstärkerkosten je Kanal unabhängig von der Kanalzahl sind, auch weit über 12 MHz hinaus gelten, dann könnte man z. B. für ein 30-MHz-System je Sprechkreis noch eine Kostensenkung bis zu 30 % erwarten. Das würde voraussetzen, daß es der Verstärkerbaukunst gelingt, bei einer weiteren Halbierung der Verstärkerfeldlängen die Zahl der Kanäle auf das 2, 8-fache zu erhöhen wie beim Übergang vom 4- zum 12-MHz-System und dabei die Kosten eines Verstärkers um nicht mehr als das 1, 4-fache anwachsen zu lassen. Gelänge es, die Kanalzahl nur zu verdoppeln, dann dürfte der 30-MHz-Verstärker nicht teurer werden als der 12-MHz-Verstärker, um eine annähernd gleiche Kostensenkung zu ergeben.

Die Frequenzbanderweiterung stellt aber erhöhte Forderungen an die Klirrdämpfung und an die Regelgenauigkeit, da die Dämpfung und damit die temperaturbedingten Dämpfungsschwankungen steigen. Es kann daher sehr wohl sein, daß die Einzelverstärker um das 1, 5- bis 1, 8-fache teuerer werden müssen und die Kanalzahl nur um den Faktor 2 bis 2, 3 gesteigert werden kann. Ein 30-MHz-System würde dann nicht billiger als ein 12-MHz-System, und es wäre dann wohl vorzuziehen, zwei 12-MHz-Systeme auf zwei Tubenpaaren statt eines 30-MHz-Systems auf einem Tubenpaar einzusetzen.

2.2 Die Anschaffungskosten, abhängig von der Tubendicke

In den bisherigen Ausführungen wurde vorausgesetzt, daß die sogenannte CCI-Tube 2, 6/9, 5 verwendet wird. Es soll nun an dem Beispiel des 12-MHz-Systems gezeigt werden, welchen Einfluß eine Veränderung der Tubendicke bei sonst gleicher Konstruktion auf die Anschaffungskosten von Breitbandstrecken hat (Bild 2). Bei 9, 5 mm Innendurchmesser des Außenleiters (CCI-Tube) sind die Kabelkosten K etwa gleich den Verstärkerko-

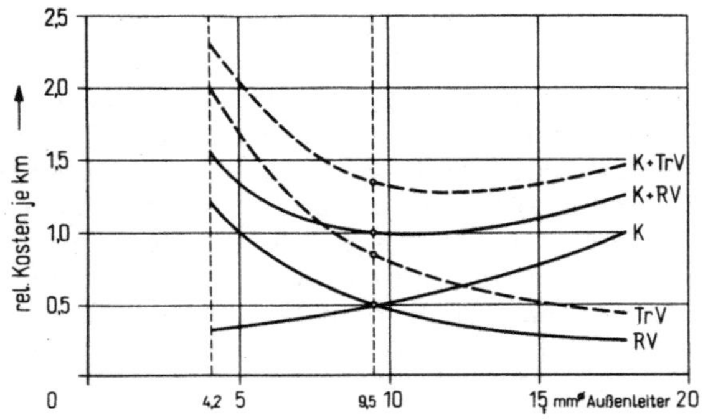

Bild 2: Anschaffungskosten von 12-MHz-Strecken, abhängig von der Tubendicke (geschätzt)

sten RV, wie bereits aus dem vorhergehenden Bild hervorging. Die Kabelkosten sinken mit dem Tubendurchmesser, während die Gerätekosten steigen, weil die Verstärker in demselben Verhältnis öfter eingesetzt werden müssen wie die spezifische Kabeldämpfung zunimmt. Die Summe der Kosten K + RV zeigt keinen wirtschaftlichen Vorteil für dickere oder dünnere Tuben als die CCI-Tube, das Minimum der Kurve liegt bei etwa 9,5 mm Außenleiter.

Die gestrichelten Kurven gelten für Transistor-Leitungsverstärker. Der heutige Stand der Transistortechnik läßt nach einer Abschätzung eine Verstärkerfeldlänge von etwa 60 % derjenigen für Röhrenverstärker zu. Die Transistorverstärker müßten also im entsprechenden Verhältnis öfter vorgesehen werden. Bei gleichem Preis für den Röhren- und Transistorverstärker würde dies zu einer erheblichen Steigerung der Gerätekosten TrV und damit auch der Gesamtkosten K + TrV führen. Eine Transistorierung des 12-MHz-Systems bringt erst dann wirtschaftliche Vorteile, wenn es gelingt, die Kosten der Verstärker bei gleicher Betriebssicherheit mindestens in dem Verhältnis zu senken, in dem sie häufiger eingesetzt werden müssen. Dabei müssen zu den Verstärker- oder Gerätekosten auch die Anteile für Stromversorgung, Regelung, Entzerrung und Überwachung sowie für die räumliche Unterbringung gerechnet werden.

3. Der Frequenzplan der Breitbandsysteme

Die Bearbeitung der angeschnittenen Fragen ist eine Aufgabe der nächsten Zukunft. Betrachtet man jedoch den heutigen Stand, so zeigt Bild 3, wie die breiten Frequenzbänder mit Sprechkanälen und Fernsehen belegt sind. Während beim 4-MHz-System nur größere Lücken nach Übergruppe 1 und 2 vorhanden sind, um einen Abzweig zu ermöglichen, wurden beim 12-MHz-System für 2700 Kanäle Hauptgruppen (oder Tertiärgruppen) mit je 300 Kanälen und aus je drei solchen Tertiärgruppen drei Quartärgruppen mit je 900 Kanälen gebildet. Zwischen den Tertiärgruppen sind Lücken von 88 kHz Breite und zwischen den Quartärgruppen solche von 144 und 312 kHz. Durch diese Aufgliederung der Bänder wird das Abzweigen wesentlich erleichtert und zusammen mit der Verteilung über Gruppen, Übergruppen und Hauptgruppen an Demodulationspunkten eine grosse Flexibilität erreicht.

Für Gruppen, Übergruppen und Hauptgruppen wurde eine eigene automatische Pilotregelung eingeführt. Die Regelung dient dazu, die beim Durchgang durch verschiedene Systeme aufgelaufenen Pegelschwankungen auszugleichen. In einer Weitverbindung können die Gruppen in 12-Kanal-Systemen, Gruppen und Übergruppen in 60- und 120-Kanal-Systemen sowie in Koaxialkabelsystemen geführt werden. Sie halten beim Übertritt in ein anderes System selbst ihren Pegel auf einem hinsichtlich Klirren und Rauschen optimalen Wert, unabhängig davon, ob das jeweilige Übertragungssystem eine automatische Regelung oder eine Handregelung besitzt. Durch diese "Teilbandregelung" wird die Streckenregelung unterstützt und die Restdämpfung in sehr engen Grenzen konstant gehalten.

Bild 3 zeigt auch noch die Fernsehbänder, die beim 6-MHz-System zwischen 556 bis 6056 kHz und beim 12-MHz-System zwischen 6299 und 11799 kHz liegen. Zwei Gründe - einfache Umsetzung und die Klirrprodukte des Trägers ($2f_{Tr}$ und

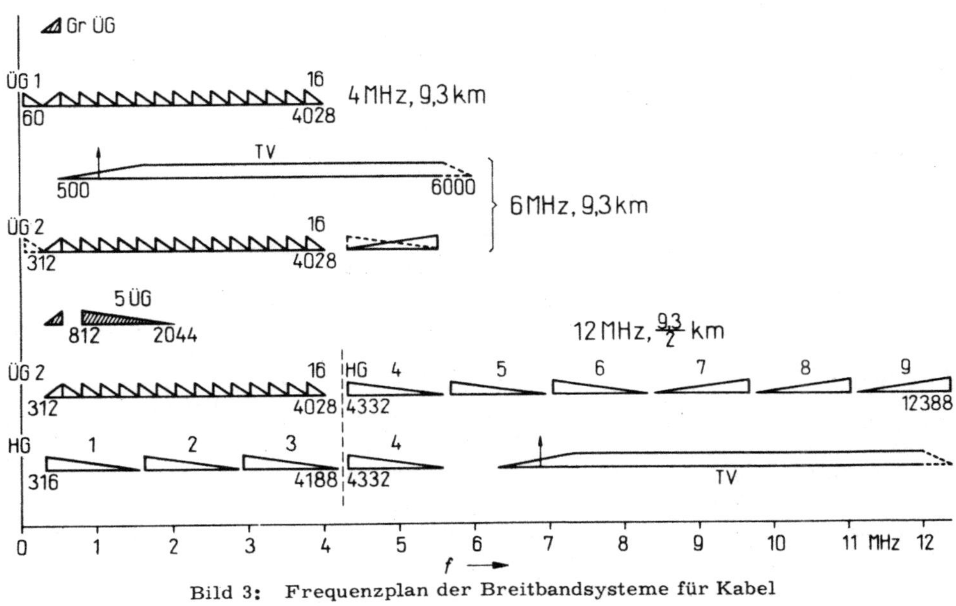

Bild 3: Frequenzplan der Breitbandsysteme für Kabel

$3f_{Tr}$), die über das Fernsehband hinausfallen - haben dazu geführt, die 1200 Sprechkanäle unter das Fernsehband zu legen. Neuere Rechnungen haben ergeben, daß es bezüglich der Störungen von Fernsehen auf Fernsprechen u. U. günstiger wäre, das Fernsehband unten zu lassen. Dabei würden dann allerdings die Störungen von Fernsprechen auf Fernsehen etwas größer werden, die bei der jetzigen Anordnung praktisch keine Rolle spielen.

4. Die Entzerrung

Ein besonderes Problem ist die Entzerrung bei den Breitbandsystemen [1] [2]. Allein durch die Dämpfungsänderung des Kabels im Verlauf eines halben Jahres durch Temperaturschwankungen ($\Delta t = 20^{\circ}$) würde sich der Pegel am Ende einer Strecke von 2500 km bei 4 MHz um 57 N ändern. Bei 60 kHz wäre die Änderung "nur" 7 N. Am Ende eines Verstärkerfeldes von z. B. 9, 3 km Länge schwankt der Pegel immer noch um etwa 0, 2 N bei 4 MHz. Aus der Größe der Schwankungen ersieht man ohne weiteres, daß es notwendig ist, automatisch zu entzerren. Zu diesem Zweck werden Pilote eingespeist und deren Spannung am Ausgang der Leitungsverstärker in einem Pilotempfänger mit einer Sollspannung verglichen. Weicht die Pilotspannung von der Sollspannung ab, dann wird die Heizspannung eines Heißleiters nachgeregelt. Der Heißleiterwiderstand - ein Teil des Gegenkopplungsentzerrers im Leitungsverstärker - ändert die Verstärkung und gleicht die durch den Temperaturgang des Kabels verursachten Dämpfungsänderungen wieder aus. Der Regelvorgang ist beendet, wenn die Pilotspannung bis auf den Restfehler gleich der Sollspannung ist.

4. 1 Die automatische Regelung der Verstärker

In Bild 4 rechts ist der Verlauf des Pilotpegels am Ausgang eines geregelten Verstärkers (4-MHz-System) gezeigt, wenn die Pilotspannung am Eingang plötzlich um ± 2 db bzw. ± 4 db geändert wird [3]. Darunter ist der Restfehler über der Änderung der Pilotspannung aufgetragen. Das durch die Kurven gezeigte Verhalten ist typisch für einen Integralregler (I-Regler), wie er im 4-MHz-System und 6-MHz-System z. B. in Deutschland benützt wird. Zum Einregeln der Stellgröße (Heizstrom des Heißleiters) wird ein Motor verwendet, den man bei Pilotausfall leicht stillsetzen kann, so daß die zuletzt eingeregelte Verstärkung genau erhalten bleibt. Ohne dieses "Gedächtnis" würde bei Pilotausfall die Restdämpfung auf einer längeren Strecke stark verändert und die Übertragung gefährdet werden. Als weiterer Vorteil des I-Reglers gilt allgemein, daß er, abgesehen von der durch den Motor begrenzten Ansprechempfindlichkeit, keinen Restfehler hat und deshalb einen exakten Sollwertvergleich ermöglicht.

Zum Vergleich ist in Bild 4 links das Verhalten eines sogenannten Proportionalreglers (P-Reglers) dargestellt, der in anderen Breitbandsystemen verwendet wird. Bei ihm besteht ein proportionaler Zusammenhang zwischen dem Heizstrom des Heißleiters und der Pilotpegel-Abweichung. Der Restfehler ist daher abhängig von der Größe der Änderung der Pilot-Eingangsspannung. Um den Restfehler zu verringern, wird in den bemannten Verstärkerstellen ein P-Regler mit grösserer Empfindlichkeit und Regelgeschwindigkeit eingesetzt.

Wie aus den vorher angegebenen Dämpfungsänderungen des Kabels ersichtlich ist, muß jeder zweite Leitungsverstärker automatisch geregelt werden. Man müßte so für den Bezugskreis 135 Regelkreise in Reihe schalten. Abgesehen davon, daß es keinen Sinn hat, einen Pilot über 2500 km durchlaufen zu lassen, ist es praktisch nicht möglich, 135 gleiche Regelkreise ohne Aufteilung in Regelabschnitte in Reihe zu schalten.

Die Regelkreise haben nämlich die unerwünschte Eigenschaft, Pegelschwankungen bestimmter Fre-

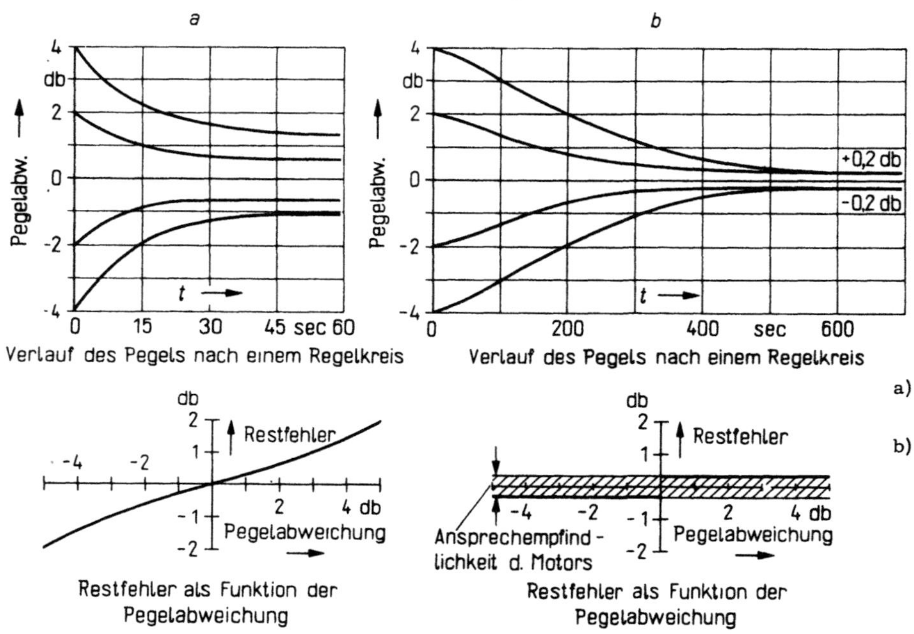

a) Pegelregelung mit proprtional wirkendem Regler

b) Pegelregelung mit integral wirkendem Regler (mit Motor)

Bild 4: Pegelregelung bei Breitbandsystemen

quenz zu verstärken [4]. Diese Modulationsverstärkung hängt von der Anzahl der Zeitkonstanten im Regelkreis und ihrem Verhältnis zueinander ab. Während der I-Regler wegen des Motors immer eine gewisse Zeit zum Nachstellen des Heizstromes seines Heißleiters benötigt, greift der P-Regler praktisch unverzögert ein, wenn eine Pegelabweichung eintritt. Beim I-Regler muß die Zeit, die der Motor zum Nachstellen braucht, groß gegen die Zeitkonstante des Heißleiters gemacht werden. Aus diesem Grunde wird bei gleichem Heißleiter der I-Regler immer wesentlich langsamer regeln als der P-Regler. Dafür hat man beim I-Regler die bereits erwähnten Vorteile: Gedächtnis und praktisch keine Restfehler.

Durch die Modulationsverstärkung werden mit wachsender Reglerzahl die Maximalamplitude und die Zahl der Pegelschwankungen am Ende einer Kette geregelter Verstärker immer größer. Der Vorgang bringt jedoch keine Instabilität, da die Kette nach einer gewissen Zeit zur Ruhe kommt. In Bild 5 ist die Modulationsverstärkung des Regelkreises, bestehend aus Leitungsverstärker, Pilotempfänger und Regler des 6-MHz-Systems, aufgetragen und der Pegelverlauf am Ende verschieden langer Übertragungsstrecken - also nach 16, 32 und 58 Verstärkerfeldern - bei der Pilotfrequenz 6200 kHz gezeigt, wenn die Pilotspannung am Anfang der Strecke plötzlich geändert wird. Danach erscheint es sinnvoll, auf der Strecke des 6-MHz-Systems den Pilot nach maximal 600 km zu sperren und neu einzuspeisen. Der Restfehler eines solchen Regelabschnitts beträgt beim 6-MHz-System bei Verwendung des I-Reglers nur etwa ± o, 2 db. Rechnet man für den Bezugskreis mit

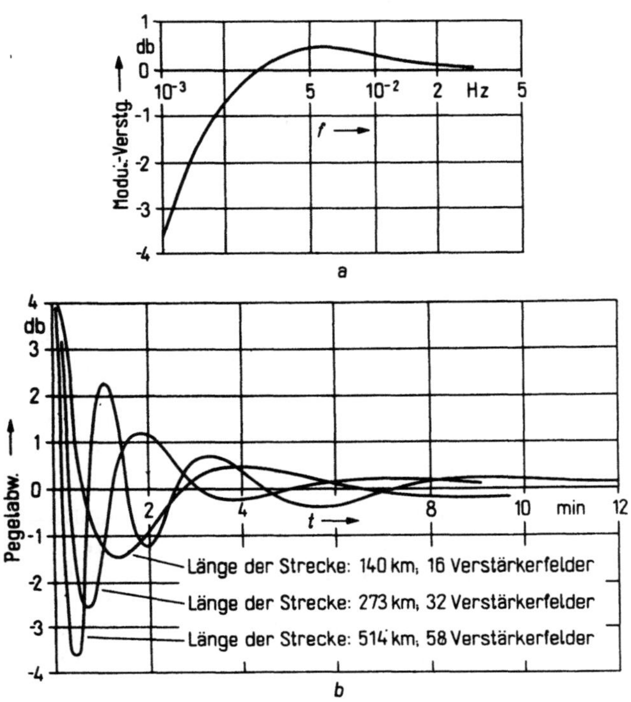

Bild 5: Pegelregelung beim 6-MHz-System

a) Modulationsverstärkung eines einzelnen Regelkreises, abhängig von der Frequenz

b) Verlauf des Pegels am Ausgang einer 6-MHz-Strecke nach einem Pegelsprung von 4 db, abhängig von der Zeit

neun Regelabschnitten und einer leistungsmäßigen Addition der Restfehler, dann ergibt sich am Ende des Bezugskreises eine Pegelabweichung von etwa ± 0, 6 db bei der Pilotfrequenz und eine

$\sqrt{\frac{f}{6,2}}$ -fach geringere Pegelabweichung bei den tieferen Frequenzen.

Das Verhalten der automatischen Regelung wurde mit einem Pilotsprung geprüft. In Wirklichkeit sind die auszuregelnden temperaturbedingten Dämpfungsänderungen sehr langsam, bei 4 MHz ist die Änderungsgeschwindigkeit höchstens

$0,7 \cdot 10^{-5}$ N/min, so daß die Regelzeit des I-Reglers vollkommen ausreicht.

Die Verstärkerfeldlänge des 12-MHz-Systems ist nur halb so lang wie die des 4-MHz- und 6-MHz-Systems, d. h. für die Bezugslänge wird die doppelte Zahl Verstärker und Regler benötigt. Wenn etwa 35 Regelkreise entsprechend 70 Verstärkerfeldern in Reihe geschaltet werden sollen, entsprechend einer Streckenlänge von über 300 km, ist es günstiger, den Regler als P-I-Regler auszuführen und die Vorteile beider Regelungsarten zu kombinieren.

Nach den Erfahrungen mit dem 4-MHz-System und dem 6-MHz-System sollte die Länge eines Regelabschnitts nicht abhängig von schaltungstechnischen Gegebenheiten sein, sondern möglichst nur nach regeltechnischen Gesichtspunkten festgelegt werden. Aus diesem Grunde werden z. B. Abzweigämter des 12-MHz-Systems, die innerhalb des Regelabschnitts von etwa 300 km liegen, mit Pilotumgehungsschaltungen ausgerüstet.

4.2 Die automatische Regelung in der bemannten Verstärkerstelle

Wesentlich einfacher ist die automatische Entzerrung der Einflüsse der Temperaturänderung und der Röhrenalterung auf den Verstärkungsverlauf der Geräte, weil die Änderungen wesentlich geringer sind. Setzt man für die Dämpfungsänderung des Kabels je Woche 100 %, dann ergeben sich für die Verstärkungsänderung durch Röhrenalterung etwa 5 % und für den Temperaturgang der Geräte etwa 8 %. Diese Zahlen wurden von den Bell-Laboratorien für das L3-System genannt, sie dürften jedoch auch für die hier betrachteten Breitbandsysteme zutreffen. Es genügt, diese geringen Änderungen nur in jeder bemannten Stelle auszuregeln, d. h. innerhalb eines Regelabschnitts nur drei- bis viermal. Als Entzerrer werden die sogenannten Bode-Entzerrer verwendet mit je einem Heißleiter als Stellglied [5]. Ausserdem werden zwei weitere Pilote und die zugehörigen Pilotempfänger gebraucht.

Mit einem pilotgeregelten Leitungsverstärker und den beiden Entzerrer-Netzwerken werden in den bemannten Verstärkerstellen die drei wesentlichen wechselnden Einflüsse auf den Dämpfungsverlauf erfaßt. Die Stellglieder (Heißleiter) der drei Netzwerke werden unter Zwischenschaltung eines Spannungsverteilers (Computers) von den drei Piloten gesteuert. Der Computer verteilt die drei Regelspannungen im richtigen Verhältnis auf die Regler, so daß eine gegenseitige Beeinflussung der Regelvorgänge vermieden wird.

4.3 Einstellbare Dämpfungs- und Laufzeitentzerrer

Für die Systeme, die auch Fernsehen übertragen, müssen Dämpfung und Laufzeit sehr genau entzerrt werden. Zu diesem Zweck wurden einstellbare Entzerrer nach dem Echoprinzip entwickelt (Bild 6) [6]. Die guten Erfahrungen mit den Echoentzerrern beim 6-MHz-System führten dazu, sie auch im 12-MHz-System für das Fernsehband und für das Sprachband zu verwenden.

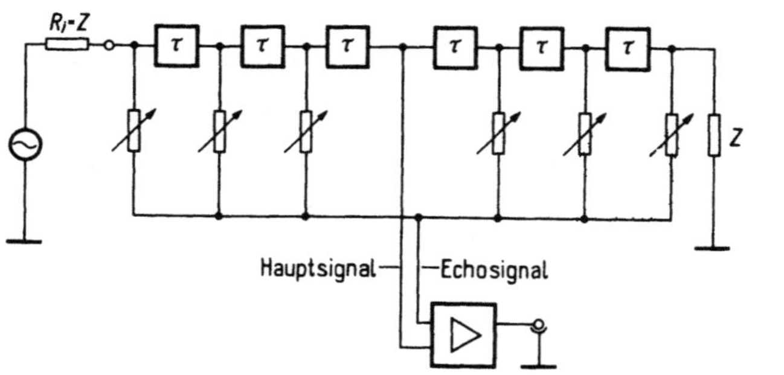

Bild 6: Prinzipschaltbild eines Echoentzerrers

Mit einem Echoentzerrer können kosinusförmige Dämpfungskurven in Abhängigkeit von der Frequenz erzeugt werden. Durch Überlagern der einzelnen Kurven kann man im gegebenen Rahmen beliebige Frequenzgänge entzerren. Entsprechendes gilt für die Laufzeit. Die einzelnen Dämpfungskurven haben eine maximale Auslenkung von 0,3 N, die Phasenkurven von 0,3 radian.

Die Wirkungsweise der Entzerrer läßt sich wie folgt erklären. Zu einem Signal, z.B. einer Sinusschwingung konstanter Amplitude und steigender Frequenz wird ein gleiches Signal kleinerer Amplitude, das durch einen Vierpol konstanter Laufzeit verzögert wurde (nachlaufendes Echo), addiert. Die zugesetzte Spannung dreht sich gegenüber der Grundspannung, so daß die Zeigersumme - wie bei einer Einseitenbandmodulation - auf einem Kreis verläuft. Man erhält eine nahezu kosinusförmige Dämpfungs- und eine sinusförmige Phasenschwankung. Wird das Grundsignal über das Laufzeitglied geschickt und das Echo direkt zugesetzt, dann dreht sich der Echovektor relativ zur Grundspannung entgegengesetzt (vorlaufendes Echo). Man erhält wiederum eine kosinusförmige Dämpfungs- und eine sinusförmige Phasenschwankung. Addiert man zum Grundsignal zwei um die gleiche Zeit vor- und nachlaufende gleich große Echos, dann verläuft die Zeigersumme auf einer Geraden in gleicher Richtung mit der Grundspannung, und es tritt nur eine kosinusförmige Dämpfungsänderung und keine Phasenänderung auf.

Für das 12-MHz-System wurde ein Echoentzerrer mit nur nachlaufenden Echos für das ganze Frequenzband von 300 kHz bis 12,5 MHz entwickelt. Dieser Entzerrer ist ein Netzwerk minimaler Phase und entzerrt auch die entsprechenden Laufzeitverzerrungen, wie jeder normale Vierpolentzerrer in Abzweigschaltung. Nach diesem Breitband-Entzerrer und einem geradlinigen Verstärker wird bei gemischter Belegung des 12-MHz-Systems das Fernsehsignal durch eine Weiche von den Sprechkanälen getrennt und einem weiteren Echoentzerrer zugeführt, dem Fernseh-Laufzeit-Entzerrer, der ebenfalls nur nachlaufende Echos aufweist und dem Fernsehband (etwa von 6,25 bis 12,5 MHz) angepaßt ist. Nach einigen Festentzerrern und einem Verstärker folgt der Fernseh-Dämpfungs-Entzerrer, der ein Echoentzerrer mit derart gekoppelten vor- und nachlaufenden Echos ist, daß er nur reine Dämpfungsverzerrungen ausgleichen kann.

Nachdem mit dem Breitband-Entzerrer der Dämpfungsverlauf des ganzen Frequenzbandes bei der Ersteinmessung so gut wie möglich ausgeglichen wurde, wird dieser Entzerrer nicht mehr nachgestellt. Dagegen kann das Fernsehband ohne Beeinflussung der Sprechkanäle nach Bedarf in jeder bemannten Verstärkerstelle entzerrt werden. Zuerst wird mittels eines Wobbelmeßplatzes mit dem Fernseh-Laufzeit-Entzerrer die Laufzeit auf einen möglichst konstanten Wert eingestellt. Die verbleibenden Dämpfungsverzerrungen werden anschließend mit dem Fernseh-Dämpfungsentzerrer beseitigt [7].

5. Die Betriebssicherheit von Breitbandstrecken

Eine ganze Reihe von Maßnahmen zielen darauf ab, die Übertragungsstrecke so zuverlässig wie möglich zu machen. Die Pilote werden nicht nur zur Steuerung der automatischen Entzerrung herangezogen, sie dienen auch zur Überwachung. Der Ausfall des Hauptregelpilotes oder sein plötzliches Absinken um einige Zehntel Neper wird sofort in die nächste bemannte Verstärkerstelle gemeldet. Dort kann mit einem Blick festgestellt werden, in welcher unbemannten Verstärkerstelle der Fehler zu suchen ist. Auch die Röhrenüberwachung gibt ihre Signale an die bemannte Verstärkerstelle weiter. Der Aufsichtsbeamte sieht, daß es sich um einen Röhrenausfall handelt, und er wird die schadhafte Röhre auswechseln lassen.

Das Kabel selbst kann auch schadhaft werden und z.B. durch langsam eindringendes Wasser nach einiger Zeit zu einer Betriebsunterbrechung führen. Um dieser Möglichkeit zu begegnen, werden die Tuben mit Druckgas überwacht. Durch Manometer wird das Ausströmen des Gases und damit der Beginn der Gefährdung frühzeitig angezeigt.

Als unsicherster Bauteil in einer Breitband-Kabelstrecke gilt allgemein die Röhre. Für die bisher verwendeten Typen wird meist eine mittlere Lebensdauer von 10 000 Stunden und mehr für ein Kollektiv garantiert. Würden die Röhren nur durch langsames Nachlassen der Emissionsfähigkeit unbrauchbar werden, dann würden die turnusmäßigen Messungen es ermöglichen, diese immer rechtzeitig durch neue Röhren zu ersetzen. Es kann bei den Röhren aber auch durch verschiedene Ursachen zu einem unberechenbaren plötzlichen Ausfall kommen. Man hat eine Ausfallquote definiert, die angibt, wieviel Prozent der Röhren in 1000 Betriebsstunden wahrscheinlich versagen.

Rechnet man mit einer Ausfallquote von z. B. 1 %, ein Wert, der von den verwendeten Röhren wesentlich unterschritten wird, dann erhält man bei Parallelröhren für den Bezugskreis von 2500 km und das 12-MHz-System in 2 1/2 Jahren e i n e n Ausfall. Dabei wurde vorausgesetzt, daß eine durch die Fernüberwachung gemeldete defekte Röhre erst nach 48 Stunden ausgewechselt wird. Auch für die übrigen Bauteile des Verstärkers errechnet sich e i n Streckenausfall in 2 1/2 Jahren, wenn man für die Bauteile mit größter Ausfallquote einen Wert von $1 \cdot 10^{-5}$ in 1000 Stunden ansetzt und dabei nur die Anzahl von Bauelementen berücksichtigt, deren Ausfall eine Streckenunterbrechung bringen kann. Für Röhren und Bauteile zusammen ergeben sich dann etwa zwei Ausfälle in 2 1/2 Jahren.

Diese wenigen Unterbrechungen würden nach den oben angegebenen Voraussetzungen allein den Verstärkern zuzuschreiben sein. Es gibt jedoch noch Unterbrechungen, die auf andere Ursachen zurückzuführen sind, z. B. durch die übrigen Geräte im Leitungszug, Bedienungsfehler, Kabelschäden, hervorgerufen durch rohe Gewalt usw. Sie sind viel häufiger als die Ausfälle, die durch die Verstärker verursacht werden.

Vom L1-System der ATT sind uns die tatsächlichen Ausfall z e i t e n bekannt. Um die Ausfall z e i t e n vergleichen zu können, nehmen wir an, daß vier Stunden benötigt werden, um um in einer unbemannten Stelle die beiden defekten Röhren oder, z. B. bei Bauteileausfall, den Verstärker auszutauschen. Die wirkliche Ausfallzeit des L1-Systems ist dann 20 mal so groß wie die hier auf den Verstärker bezogene. Ähnliche Werte sind auch von anderen Verwaltungen genannt worden.

Wie aus der berechneten Ausfallzeit für die Verstärker hervorgeht, die vergleichsweise kurz gegen die Gesamtausfallzeit einer Strecke ist, braucht man wegen der Verstärker keine Ersatztube vorsehen. Bei groben Kabelschäden wird eine Ersatztube, die im gleichen Kabel liegt wie die Betriebstuben, in den meisten Fällen ebenfalls außer Betrieb gesetzt. Auch während der Reparatur leichterer Kabelschäden wird die Fernspeisung auf allen Tuben abgeschaltet, um das Personal nicht zu gefährden, somit wird der Betrieb auch auf der Ersatztube unterbrochen.

Aus diesen wenigen, bei weitem nicht vollständigen Überlegungen könnte der Schluß gezogen werden, daß eine Ersatztube nicht nötig und nicht sinnvoll sei, weil sie in vielen Fällen ihre Aufgabe nicht erfüllen kann. Eine exakte Antwort auf die Frage "Ersatztube oder nicht" kann nur an Hand einer genauen und in Einzelheiten gehenden Fehlerstatistik gegeben werden. In der Praxis hat sich jedenfalls gezeigt, daß in einigen Koaxialsystemen, in denen Parallelröhren verwendet werden, die anfänglich als Ersatz vorgesehene Tube später bei steigendem Bedarf an Sprechkanälen als normale Betriebsleitung verwendet wurde.

S c h r i f t t u m

[1] The L3 Coaxial System. Bell Syst. techn. J. 32 (1953)

[2] K. B a r t h e l : Fernsehübertragung auf Kabelstrecken. Arch. elektr. Übertrag. 9 (1955) S. 341-349

[3] G. F i l a c c h i o n i e G. S a r a c o : Problemi di Equalizzazione e di Regolazione nei Sistemi in Cavo Coassiale delle Rete Italiana. Stato Attuale della Rete Italiana di Telecomunicazioni e Prospettive Future. Civico Istituto Colombiano di Genova 1957

[4] J. P. K i n z e r : Stability of Tandem Regulators in the L-1 Carrier System. Trans. Amer. Inst. electr. Engrs. II 68 (1949)

[5] H. K e i l : Filter und Laufzeitentzerrer für die Fernsehübertragung auf Kabeln. NTZ 10 (1956) S. 469-475

[6] J. M. L i n k e : A variable time-equalizer for video-frequency waveform correction. Proc. Inst. Electr. Engrs. (III A) 99 (1952) S. 427-435

[7] H. G u t s c h e : Einsatz von Echoentzerrern im TF-Gebiet von Breitband-Koaxialkabelstrecken. (Veröffentlichung erscheint demnächst.)

TRÄGERFREQUENZTECHNIK FÜR DÜNNE KOAXIALLEITUNGEN *)

L. Christiansen, Stuttgart

Mit 7 Bildern

Einleitung

In vielen Ländern haben die Trägerfrequenztechnik für symmetrische Leitungen und die Koaxialtechnik nebeneinanderbestehend die ihr gestellten Aufgaben vollauf erfüllen können. Wo die Netzstruktur eine starke Aufteilung in kleinere Einzelbündel verlangte, so wie es z.B. in Deutschland der Fall ist, hat sich die Vielkanaltechnik für symmetrische Paare sehr gut bewährt. Die Einführung des styroflexisolierten Viererseils hat es möglich gemacht, bis zu 120 Kanäle auf einer Doppelader zu übertragen. Für starke durchgehende Bündel wurde die Koaxialtechnik entwickelt. Der heute erreichte Stand der Technik gestattet es, bereits bis zu 2.700 Sprechkreise auf einem Koaxialpaar zur Verfügung zu stellen.

In den letzten Jahren konnte man nun feststellen, daß mit den ständig wachsenden Anforderungen an den Fernsprechverkehr auch ein Bedarf, mittlere Sprechkreisbündel von z.B. 300 oder 600 Kanälen auf einer Leitung zu übertragen, entstand. Daß die symmetrischen Adern hierfür ausschieden, liegt auf der Hand, da die Symmetrieforderungen an die Viererseile bei den hier in Frage kommenden Frequenzen nicht mehr eingehalten werden können. Es ist ebenfalls einleuchtend, daß die bisher eingeführte Koaxialtechnik für diese Zwekke unwirtschaftlich ist und daß ein billigeres Koaxialpaar für die Trägerfrequenztechnik mittlerer Kanalzahlen erforderlich ist.

Wirtschaftliche Voraussetzungen

Die eben gemachte Feststellung über die Wirtschaftlichkeit soll an Bild 1 erläutert werden. Aufgetragen sind die auf die Bündelstärke und Länge bezogenen Anschaffungskosten über der Kabeldämpfungskonstanten. Die für die Verwaltung interessanteren jährlich laufenden Kosten dürfen wir mit einer für unsere Betrachtungen ausreichenden Genauigkeit als diesen proportional annehmen.

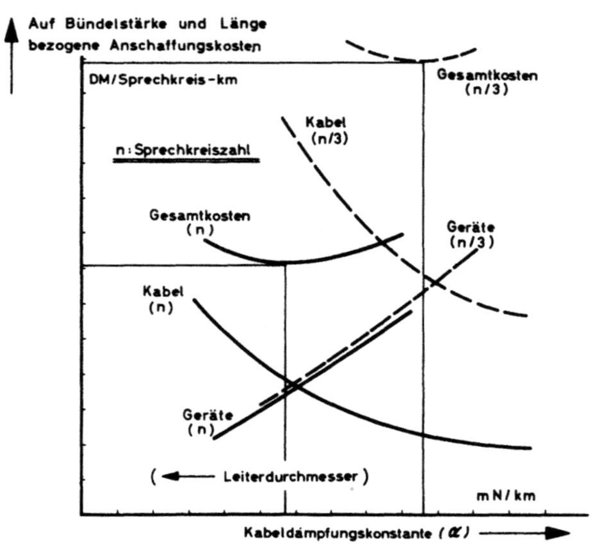

Bild 1: Abhängigkeit der Anschaffungskosten von der Kabeldämpfung

*)Mitteilung der Standard Elektrik Lorenz AG., Mix u. Genest Werke, Stuttgart

Für ein auf dem Koaxialpaar zu übertragendes Bündel von n Kanälen sind die Kabelkosten und Gerätekosten getrennt aufgetragen. Das Minimum der Gesamtkosten liegt dort, wo beide Teilkosten etwa gleich groß sind. Es läßt sich bereits abschätzen, daß dieses Optimum für das z.Zt. entwickelte 12 MHz-System für 2.700 Sprechkreise recht gut erreicht werden wird. Will man aber z.B. nur n/3 Kanäle übertragen, so steigen die Kabelkosten auf das Dreifache, während angenommen werden kann, daß sich die Gerätekosten nur geringfügig erhöhen. Unterstellt man, daß der Verstärker für n/3 Kanäle die gleiche maximale Verstärkung hätte und gleichviel kosten müßte, so würde die Zahl der Verstärker um den Faktor $\sqrt{3}$ reduziert werden (der Dämpfungsverlauf des Kabels über der Frequenz zeigt einen Wurzelgang); aber die auf den Sprechkreis bezogenen Gerätekosten würden trotzdem um den Faktor $\sqrt{3}$ ansteigen, da die Anzahl der zu übertragenden Kanäle auf 1/3 gesunken ist. In Wirklichkeit kann, unter Berücksichtigung der Geräuschaufteilung, die Zahl der Verstärker weiter herabgesetzt und auch angenommen werden, daß der Verstärker für kleinere Kanalzahlen etwas billiger sein wird, so daß die Gerätekosten in Bild 1 bei Übergang von n Kanälen auf n/3 Kanäle nur unwesentlich ansteigen. Das Optimum für die Gesamtkosten liegt nun, wie wir sehen, bei einem Kabel mit höherer Dämpfungskonstanten oder, anders ausgedrückt, bei einem Koaxialpaar mit kleinerem Durchmesser.

Die französische Verwaltung hat wohl als erste, und zwar schon im Jahre 1952 auf diese Zusammenhänge hingewiesen und ein neuartiges dünnes Koaxialpaar vorgeschlagen, [1, 2, 3, 4, 5] das dann in den folgenden Jahren in verschiedener Richtung weiterentwickelt wurde. Auch die Engländer nahmen sehr bald diese Idee auf und veranlaßten später eine neue Frage beim CCITT zum Thema der dünnen Koaxialpaare. Heute ist bereits in sehr vielen Ländern das Interesse an einer Trägerfrequenztechnik für dünne Koaxialleitungen feststellbar. Zwar befinden sich alle Kabel- und Geräteentwicklungen noch in einem Anfangsstadium, aber es lassen sich doch schon einige übereinstimmende charakteristische Merkmale feststellen.

Die Kabeltechnik

Betrachtet sei zunächst ein Muster eines dünnen Koaxialpaares (Bild 2). Es soll hier nicht auf die verschiedenen Herstellungsmethoden, wie sie im In- und Ausland verfolgt werden, eingegangen, sondern nur gezeigt werden, welche Möglichkeiten sich ergeben. Es sei noch kurz darauf hingewiesen,

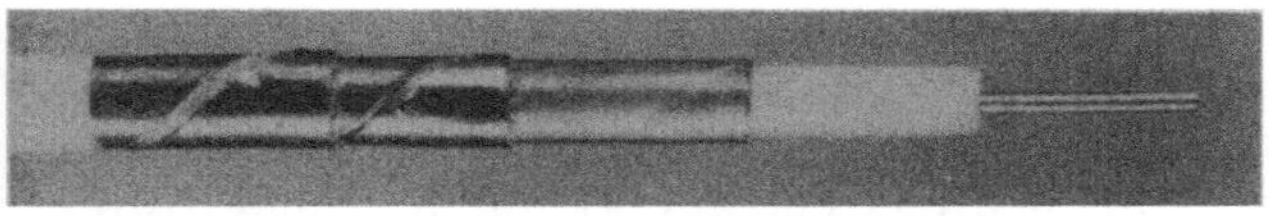

Bild 2: Aufbau eines Koaxialpaares 1, 15/4, 2 mm

daß die im folgenden beschriebenen technischen Einzelheiten auf eine Entwicklung bei unserer Schwestergesellschaft in London*) zurückgehen. [6, 7, 8] Der Durchmesser des massiven Kupferleiters beträgt 1, 15 mm. Die Isolation besteht aus geschäumtem Polyäthylen (PET), das etwa 60 % Luft enthält. Der Außenleiter ist in Längsbedeckung aufgebracht und hat einen Durchmesser von nicht ganz 4, 2 mm. Darüber sind zur Abschirmung und zur Erhaltung einer ausreichenden Stabilität im Durchmesser des Außenleiters zwei überlappende Stahlbänder gewickelt. Die dünne Außenumhüllung besteht aus PVC-Folien. Der äußere Durchmesser beträgt etwa 5, 2 mm.

Bei Schaumstoffpolyäthylen-Isolierung und Einhaltung des für eine minimale Dämpfung optimalen Durchmesserverhältnisses (Innendurchmesser des Außenleiters zu Außendurchmesser des Innenleiters) von 3, 6 ergibt sich ein Wellenwiderstand von rd. 65 Ω bei 1 MHz. Die auf die Länge bezogene Dämpfung liegt bei etwa 750 mN je Kilometer bei 1 MHz und ist damit angenähert zweieinhalb mal so groß wie bei dem vom CCITT empfohlenen Koaxialpaar großen Durchmessers. Das dünne Paar hat eine Durchschlagfestigkeit bei angelegter Gleichspannung von mindestens 1500 Volt.

Bild 3 zeigt ein unmittelbar für Verlegung in der Erde geeignetes Kabel, das aus sechs dünnen Koaxialpaaren und mehreren polyäthylenisolierten Doppeladern, die für Überwachungszwecke und Dienstkanäle benötigt werden, besteht. Der Außenmantel des hier gezeigten Musters ist nur aus Polyäthylen mit Rußzusatz hergestellt.

Das mehrpaarige, aus dünnen Leitungen bestehende Koaxialkabel ermöglicht auch eine von der Trägerfrequenztechnik auf symmetrischen Kabeln her geläufige Abzweigtechnik, die ohne Modulationsgeräte und Filter auskommt. Hierfür wurden besondere Abzweigmuffen geschaffen, wie sie im Bild 4 in schematischer Darstellung zu sehen sind. Die obere Muffe ist nur für eine einfache Abzweigung, die untere für Abzweigung und Wiedereinfügung von Vielkanalbündeln gedacht.

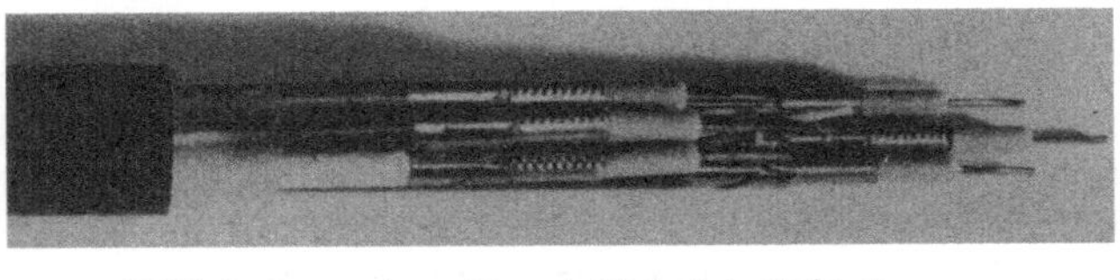

Bild 3: 6 paariges Koaxialkabel 1, 15/4, 2 mm

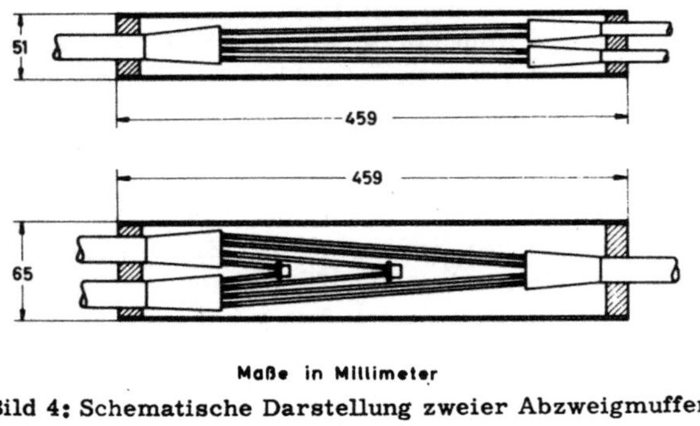

Bild 4: Schematische Darstellung zweier Abzweigmuffen

*) Standard Telephones and Cables Limited

Die Gerätetechnik

Bei der Entwicklung der Geräte für ein Trägerfrequenzsystem mittlerer Kanalzahlen für dünne Koaxialleitungen hat man nun unter Ausnutzung aller Vorteile, die heute die Transistortechnik bieten kann, aber unter Beachtung der hohen Qualitätsforderung, wie sie der CCITT an Vielkanalsysteme stellt, auch neue Wege beschritten, die vielleicht ganz allgemein für die künftige Trägerfrequenztechnik von Bedeutung sein können. Es soll daher im folgenden, ohne zu sehr in eine allgemeine Gerätebeschreibung zu geraten, auf die wesentlichsten Merkmale dieser neuartigen Technik hingewiesen werden.

Das Auffallendste ist wohl der "Untergrundverstärker", wie man ihn in Analogie zum Unterwasserverstärker nennen darf. Für die Zwischenverstärkerstelle wird kein Gebäude mehr benötigt. Der Verstärker sitzt unterhalb der Erdoberfläche und ist vollkommen wartungsfrei. Er wird daher, ähnlich wie ein Spulenkasten, im Zuge der Kabelverlegung in bestimmten Abständen, z.B. Vielfachen der Fabrikationslänge, in das Kabel eingefügt. Bild 5 zeigt, wie man sich eine solche

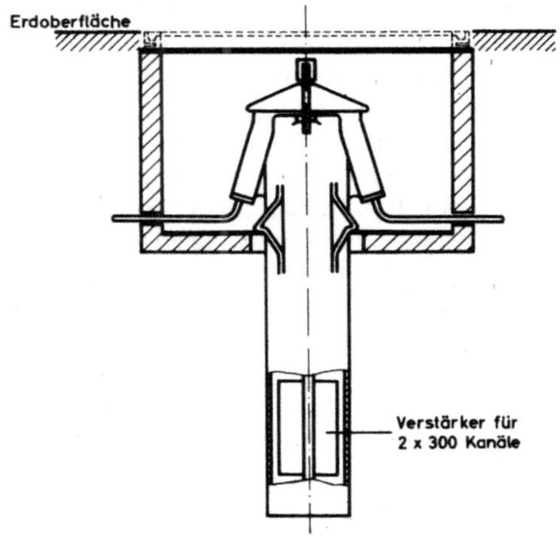

Bild 5: Verstärkerstelle für Trägerfrequenzsysteme auf dünnen Koaxialleitungen

unter der Erdoberfläche untergebrachte Zwischenverstärkerstelle vorstellen muß. Ein luftdicht verschließbarer Behälter, in den die Koaxialkabel seitlich über Kabelendverschlüsse eingeführt werden, enthält alle notwendigen elektrischen Einrichtungen für Verstärkung, Pilotregelung, Speisung und Überwachung. Dieser Behälter, also das eigentliche Verstärkergehäuse, kann z.B., wie dargestellt, in einen relativ niedrigen Zementschacht eingelassen werden. Dadurch wird das Öffnen des Behälters im Störungsfall ermöglicht. Die Verstärker und Kabelzuführungen bleiben also zugänglich, so daß für Inbetriebnahmemessungen, für Fehlereingrenzungen und selbst für den Austausch defekter Verstärker keine Schwierigkeiten bestehen.

Den Verstärkerbehälter allein zeigt Bild 6. Er

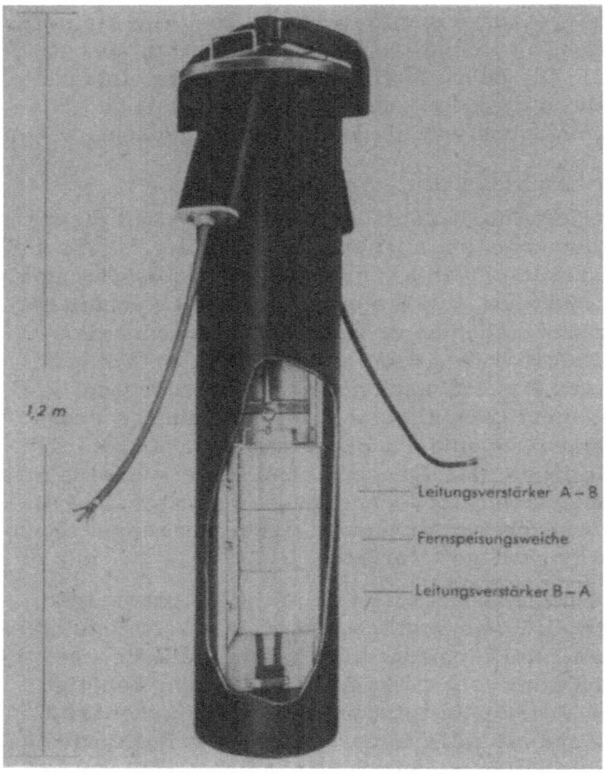

Bild 6: Zwischenverstärker für Trägerfrequenzsysteme auf dünnen Koaxialleitungen (2 x 300 Kanäle)

besteht aus einem Stahlrohr mit festem Boden und abnehmbarem Deckel, der sich mit Hilfe eines Spezialschlüssels fest auf das Rohr pressen läßt. Im Inneren ist an Gleitschienen ein kleiner Rahmen herabgelassen worden, der verschiedene steckbare Baugruppen trägt. Die Zuleitungen im Inneren sind beweglich angeordnet. Dieser Rahmen kann, wenn der Behälter geöffnet ist, so hoch über den Rand hinausgezogen werden, daß im Störungsfall die Baugruppen leicht zugänglich werden. Diese sind jedoch nur als Ganzes auswechselbar, da eine Berührung stromführender Teile wegen der Gefahr von außen induzierter Ströme vermieden werden soll.

Die im Bild 6 sichtbaren drei Baugruppen enthalten die beiden Leitungsverstärker und den Fernspeisungszusatz für ein 300-Kanal-System. Auf der anderen Seite befindet sich dieselbe Anordnung für ein zweites 300-Kanal-System. Der Leitungsverstärker besteht aus zwei automatisch bestückten Leiterplatten, von denen eine sämtliche Bauelemente für einen Vorentzerrer und Vorverstärker, für ein Zwischenregelnetzwerk und einen Hauptverstärker trägt und die andere alle benötigten Teile für ein Pilotfilter, einen Pilotverstärker und einen Gleichstromverstärker und dazu noch ein Pilotüberwachungsrelais aufnimmt. Da bei dem vorliegenden System in jeder Verstärkerstelle nur der Verstärker einer Übertragungsrichtung automatisch geregelt wird, ist diese zweite Platte bei sonst identischer Baugruppe im Leitungsverstärker für die Gegenrichtung nicht eingesetzt. Der Fernspeisungszusatz, der für die Stromversorgung der beiden Leitungsverstärker benötigt wird, besteht nur aus den Fernspeisungsweichen, einigen Zenerdioden und einem Überwachungsrelais.

Form und Aufbau des hier gezeigten Verstärkergehäuses sind nicht entscheidend. Wichtig ist nur, daß im Störungsfall der dichtverschlossene Behälter geöffnet und der Fehler so schnell wie möglich beseitigt werden kann. Die Tiefe des Behälters sorgt jedoch dafür, daß die absolute Umgebungstemperatur für die Verstärkerelemente niedrig bleibt und daß Temperaturschwankungen klein gehalten werden. Dies erhöht die Lebensdauererwartung der verwendeten Bauelemente und vereinfacht überdies noch etwas die für die Berücksichtigung von Temperaturschwankungen erforderlichen Regeleinrichtungen, da praktisch nur noch die Temperaturschwankungen auf dem Kabel zu beachten sind.

Die Fernspeisungsfrage

Über die Lösung des Fernspeisungsproblems für die unbemannten Verstärkerstellen gehen die Meinungen noch auseinander. Sicher liegen auch z. Zt. noch zu wenig Betriebserfahrungen vor. Bei der hier beschriebenen Entwicklung wurde die Gleichstromfernspeisung über die Innenleiter beider Koaxialpaare (Hin- und Rückleitung) gewählt. Sie ist zweifellos wirtschaftlich sehr attraktiv, da das Speisegerät je Verstärker nur aus einer einzelnen Zenerdiode besteht, über der eine Spannung von rd. 12 Volt zur Versorgung der Transistoren abgegriffen wird. Die Leistungsaufnahme des Zwischenverstärkers ist sehr gering und beträgt im vorliegenden Fall nur etwa 1,6 Watt. Daher ist ein Speisestrom von 50 mA ausreichend, der ohne zu große Leitungsverluste über die Innenleiter geschickt werden kann. Dieser Strom wird an der speisenden Stelle sehr konstant gehalten, so daß die temperaturbedingten Änderungen des Kupferwiderstandes im Kabel keinen Einfluß auf die Speisung der Verstärker haben. Die Stromregelung ist eine Art Zweipunktregelung, bei der die angebotene Gleichspannung einer Batterie zunächst in eine Pulsfolge verwandelt wird, deren Pulsdauer in Abhängigkeit von dem sich einstellenden mittleren Gleichstrom geregelt wird. Der Speisestrom ändert daher seinen Wert auch im Kurzschlußfall nicht. Die Speisespannung am Leitungsanfang hängt jetzt aber von der Zahl der fernzuspeisenden Zwischenverstärkerstellen ab. In dem hier erwähnten Beispiel eines 300-Kanal-Systems können fünfzehn Verstärkerstellen ferngespeist werden. Das entspricht bei einem Verstärkerabstand von z. B. 4,5 km, wie er mit heute eingeführten Transistoren ohne weiteres realisierbar ist, einem Fernspeisungsabschnitt von rund 140 km. Die maximale Speisespannung am Beginn der Leitung beträgt dann 2 x 300 Volt. Sie erhöht sich auch im Leerlauf bei Leitungsunterbrechungen auf Grund einer sinnvollen Anordnung nur unwesentlich.

Der Außenleiter der Koaxialpaare darf nun, abgesehen vom Ort der Speisestelle, nicht geerdet werden, damit sich bei Ausbildung einer induzierten Längsspannung keine unzulässig hohen Spannungen zwischen Innen- und Außenleiter ergeben. Beide liegen daher in jedem Fall auf angenähert gleichem Potential, das aber vom Erdpotential verschieden sein kann. Daher sind in der Verstärkerstelle alle der Berührung zugänglichen Teile geerdet und alle mit der Leitung in Verbindung stehenden Teile, die eine hohe Prüfspannung von 2000 Volt gegen Erde aushalten müssen, nicht zugänglich. Erst nach dem Herausziehen der Baugruppe kann diese gefahrlos geöffnet werden.

Der Nachteil der Gleichstromfernspeisung soll nicht verschwiegen werden. Wie bereits angedeutet, können sich in stark beeinflussungsgefährdeten Gebieten (z. B. längs elektrischer Bahnen oder Hochspannungsleitungen), da eine Abriegelung der Leitung nicht möglich ist, große Längsspannungen ausbilden. Sobald aber die dünnen Koaxialpaare, z. B. im Kern eines kombinierten vieladrigen Bezirkskabels liegen - ein Anwendungsfall, der vielleicht recht interessant werden kann - ist auf Grund des günstigeren Reduktionsfaktors die Beeinflussungsgefahr nahezu vernachlässigbar.

Die Frage der Fernüberwachung

Von besonderer Bedeutung für ein Vielkanalsystem, bei dem die Verstärkergehäuse in die Erde eingegraben oder in unterirdische Schächte eingebaut werden und sich somit im Betrieb vollkommen selbst überlassen sind, ist die Frage der Fernüberwachung und die Festlegung der zu treffenden Sofortmaßnahmen bei auftretenden Störungen. Bei dem hier diskutierten Trägerfrequenzsystem wurden folgende allgemeine Richtlinien aufgestellt, wobei natürlich auf Erfahrungen mit bereits bestehenden Breitbandsystemen zurückgegriffen worden ist:

1. Ein fehlerhafter Verstärker soll stets als Ganzes ausgewechselt werden. Die Baugruppe soll erst an einer geeigneten Reparaturstelle geöffnet werden.
2. Außerhalb der Verstärkerbaugruppe, aber innerhalb des eingegrabenen, im Störungsfall von außen zugänglichen Verstärkergehäuses, müssen der Pilotpegel und die Fernspeisung kontrolliert werden können und ein Anschluß an eine Dienstleitung, die alle Zwischenverstärkerstellen mit dem speisenden Amt verbindet, vorhanden sein.
3. Abweichungen in der Pilotanzeige und im Fernspeisungsstrom müssen automatisch nach der Endverstärkerstelle bzw. der bemannten Zwischenverstärkerstelle gemeldet werden, wo eine Fehlerlokalisierung möglich sein muß.
4. Ein auf einem Leitungsabschnitt eingegrenzter Fehler muß von einer Spezialmannschaft behoben werden, die in der Lage ist, die genauen Fehlerursachen festzustellen und die notwendigen Maßnahmen zu treffen, z. B. den Austausch eines fehlerhaften Verstärkers vorzunehmen.

Wie die in der Zwischenverstärkerstelle auftretenden Fehler in einfacher Weise zur bemannten Stelle gemeldet werden können, ist aus Bild 7 zu ersehen, das die gewählte Lösung für das erwähnte 300-Kanal-System zeigt. In jedem Zwischenverstärker überwacht ein vom Speisestrom durchflossenes Überwachungsrelais R die Fernspeisung.

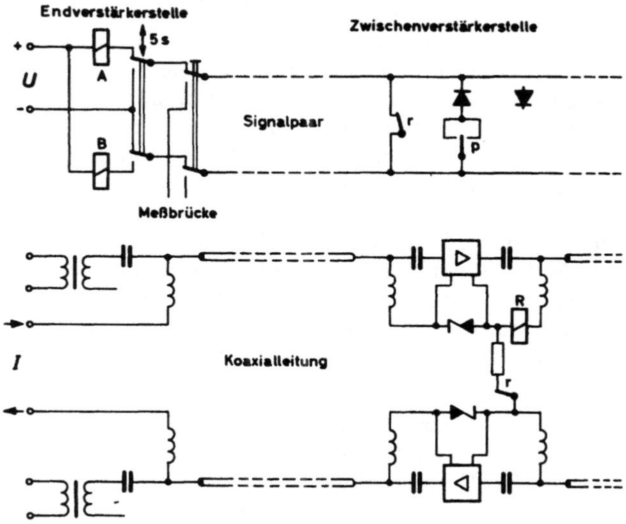

Bild 7: Vereinf. Darstellung der automatischen Überwachung der Verstärkerstelle

Tritt eine Störung auf, so fällt in sämtlichen Zwischenverstärkern das Relais ab. Ruhekontakte legen dabei einen Kurzschluß in die zugehörige mitverseilte Doppelader und verbinden über einen für jede Verstärkerstelle festgelegten Widerstand die beiden Koaxial-Innenleiter. Diese Widerstände sind so bemessen, daß bei dem Verstärker, welcher dem speisenden Amt am nächsten liegt, das Überwachungsrelais R sofort wieder anzieht und damit die Kontakte wieder öffnet. Dadurch erhöht sich aber der Speisestrom in dem darauf folgenden Zwischenverstärker, und zwar so stark, daß auch dort das Überwachungsrelais wieder anzieht und die Querzweige geöffnet werden. Das Spiel setzt sich so fort bis zu der Verstärkerstelle, hinter der der Speisestrom nicht mehr fließen kann, weil entweder das Kabel zerstört worden ist, oder z. B. die Fernspeisungsweiche ausgefallen ist. Das mitverseilte Signalpaar wird also jetzt nur noch von dem letzten Verstärker vor der Störungsstelle und allen nachfolgenden kurzgeschlossen.

Bei Pilotabweichungen von unzulässiger Größe, die auf eine Störung im Verstärker oder den davor liegenden Kabelabschnitt hinweisen, wird je nach Übertragungsrichtung, bei der die Störung auftritt, der Kurzschluß im Signalpaar durch Einschalten eines Gleichrichters nur für eine Stromrichtung wirksam. Da bei dem beschriebenen Vierdraht-System immer nur jeder zweite Verstärker einer Übertragungsrichtung automatisch geregelt wird, -in der dazwischen liegenden Verstärkerstelle wird für die Gegenrichtung geregelt- genügt es, die Gleichrichter von Verstärker zu Verstärker zyklisch umgepolt anzuordnen.

An der speisenden und bemannten Verstärkerstelle wird an das Signalpaar dauernd eine periodisch umgepolte Gleichspannung gelegt. Auf diese Weise ist es leicht möglich, über die Überwachungsrelais A und B in Bild 7 zunächst die Fehlerart zu erkennen. (Pilotfehler in der einen oder anderen Übertragungsrichtung oder Fernspeisungsfehler). Anschließend läßt sich der Fehlerort durch eine Messung des Gleichstrom-Widerstandes der Kurzschlußschleife auf der Signalleitung feststellen.

An dem hier diskutierten Beispiel eines 300-Kanal-Systems sollte gezeigt werden, wie sich bei der Entwicklung eines möglichst wirtschaftlichen Vielkanal-Systems mittlerer Sprechkreiszahlen für dünne Koaxialpaare neue Wege beschreiten ließen, die zum Teil ungewohnt sind und daher beim Leser vielleicht auch noch hier und da auf Skepsis stoßen werden. Ob die hier gezeigten und beschriebenen Methoden eine glückliche Lösung der Aufgabe darstellen, wird die Erfahrung zeigen, die man schon in allernächster Zeit im Betrieb sammeln wird. Die neuartigen Merkmale der hier beschriebenen Technik sind, um es noch einmal deutlich herauszustellen:

das dünne Koaxialpaar selbst,
der Einsatz der Transistoren in der Breitbandtechnik,
die Gleichstromfernspeisung,
die vereinfachte Fernüberwachung
und schließlich
die Anordnung des unter dem Erdboden liegenden wartungsfreien Zwischenverstärkers.

Schrifttum

[1] Informations: Un Nouveau Type de Paire Coaxiale. Câbles & Transmission 6 (1952) S. 183
[2] R. Sueur: L'Evolution des Cables à Paires Coaxiales. Câbles & Transmission 8 (1954) S. 124
[3] R. Sueur: L'Organisation Fonctionnelle des Commissions de la Sotelec et Leur Rôle Technique. Câbles & Transmission 11 (1957) S. 277-278
[4] R. Bélus: Evolution de la Technique des Câbles Souterrains à Grande Distance au Cours des Dix Dernières Années. Câbles & Transmission 11 (1957) S. 298-299
[5] R. Belus: Le Câble Autoporteur Aérien à Une Paire Coaxiale. Câbles & Transmission 12 (1958) S. 4-9
[6] H. T. Prior, D. J. R. Chapman, A. A. M. Whitehead: The Application of Transistors to Line Communication Equipment. Proc. Instn. Electr. Eng. 106 (1959) S. 285-286, Part B
[7] Adolf Raab: Ein STC-Koaxialkabelsystem für mittlere Kanalzahlen. STT-Techn. Mitt. (1959) S. 5-11
[8] L. Becker: Ein neuartiges 300-Kanal-Trägerfrequenzsystem für den Einsatz auf dünnen Koaxialleitungen (Zwergtuben). SEL-Nachrichten 7 (1959) S. 1-6

BEITRAG ZUR TECHNIK DER FREQUENZMULTIPLEXÜBERTRAGUNG ÜBER KURZE ENTFERNUNGEN *)

L. Becker, Stuttgart

Mit 7 Bildern

Einleitung

Über die Vorteile der Trägerfrequenztechnik für den Fernsprechweitverkehr bestehen keine Zweifel. Der immer größer werdende Anteil der über Trägerfrequenzverbindungen geführten Leitungen beweist dies. Auch macht es heute keine unüberwindlichen Schwierigkeiten, alle auf der Erde vorkommenden Entfernungen durch trägerfrequent betriebene Leitungen zu überbrücken.

Bei der Betrachtung kurzer Entfernungen kann man aber für jedes Trägerfrequenzsystem und für jeden Anwendungsfall eine Grenzentfernung errechnen, bei deren Unterschreitung die wirtschaftlichen Vorteile der Trägerfrequenztechnik verschwinden. Diese Grenzentfernung ist dann erreicht, wenn eine gleichwertige, niederfrequent betriebene Verbindung mit gleichem Kostenaufwand errichtet, bzw. unterhalten werden kann.

Trägerfrequenztechnik im Ortsnetz

Bei der Berechnung der Grenzentfernung einer trägerfrequenten Verbindung ergibt sich, daß die Kosten der Trägerfrequenzendgeräte den größten Anteil an den Gesamtkosten ausmachen. Man kann also die Grenzentfernung nur verringern, indem man den Aufwand für die Endgeräte herabsetzt. Dieser ist unter sonst gleichen Umständen abhängig von den Anforderungen, die man an die Geräte stellt. Da die bisherigen Trägerfrequenzgeräte ausschließlich im Fernverkehr benutzt wurden, gelten für sie die Anforderungen, die diese Verkehrsart stellt. Diese Anforderungen sind in den CCI-Empfehlungen niedergelegt. Da die Geräte der Weitverkehrstechnik einen ausgereiften Entwicklungsstand aufweisen, kann man den Aufwand für die Geräte nur verringern, wenn die Anforderungen an die Geräte herabgesetzt werden. Hierbei muß man unterscheiden zwischen Forderungen, die einen Einfluß auf die Übertragungsgüte haben und solchen, deren Änderung vom Telefonbenutzer nicht bemerkt werden können. Zu den Forderungen der letztgenannten Art gehört z.B. die Festlegung des Trägerrasters mit 4 kHz Trägerfrequenzabstand. Durch Vergrösserung dieses Trägerfrequenzabstandes kann eine Verbilligung der Trägerfrequenzendstellen erreicht werden. Dieses Problem, das zur Zeit bei der 1. Studiengruppe des CCITT bearbeitet wird, soll jedoch hier nicht weiter erläutert werden.

Verringert man die Forderungen der erstgenannten Art, dann heißt das mit anderen Worten, daß Fernsprechkanäle, die durch solche Geräte geschaffen werden, nicht ohne weiteres in den Fernverkehr einbezogen werden dürfen. Dieses ist aber kein großer Mangel, da sehr viele Leitungen

*)Mitteilung der Standard Elektrik Lorenz A.G. Mix u. Genest Werke, Stuttgart

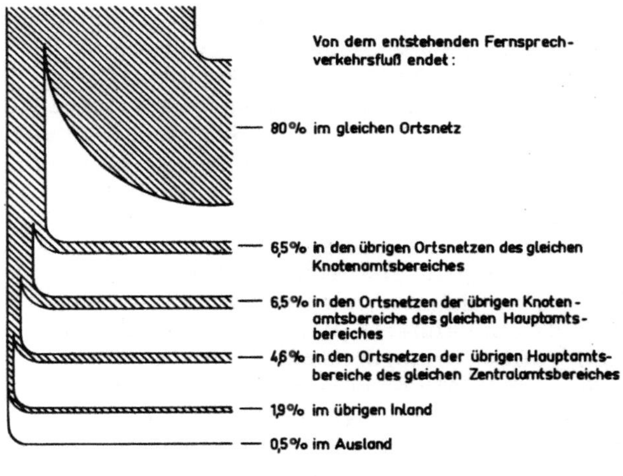

Bild 1: Aufteilung des Fernsprechverkehrs in Orts- und Fernverkehr

diese Forderung überhaupt nicht stellen. Bild 1 zeigt, daß im Durchschnitt für die Bundesrepublik Deutschland 80 % des entstehenden Fernsprechverkehrsflusses im Ortsnetz des Entstehungsortes selbst wieder enden. Nur 20 % bilden den Fernverkehr. Diese Tatsache drückt sich auch in der Aufteilung der Verbindungsleitungen auf die verschiedenen Verkehrsarten in großen Ortsnetzen aus. (Die statistischen Ermittlungen wurden mit frdl. Erlaubnis des Fernmeldetechnischen Zentralamtes der Deutschen Bundespost durchgeführt.)

Aufbau der Ortsnetze

Das Bild 2 stellt für die Städte Hamburg und Frankfurt als Beispiel die Aufteilung der Ortsverbindungsleitungen dar in solche, über die nur Ferngespräche geführt werden, die dem Aufbau von Orts- und Fernverbindungen dienen und zuletzt in solche, über die nur Ortsverkehr abgewickelt wird. Dabei ist für Hamburg dieser letztgenannte Anteil, also die Leitungen, die nur dem Ortsverkehr

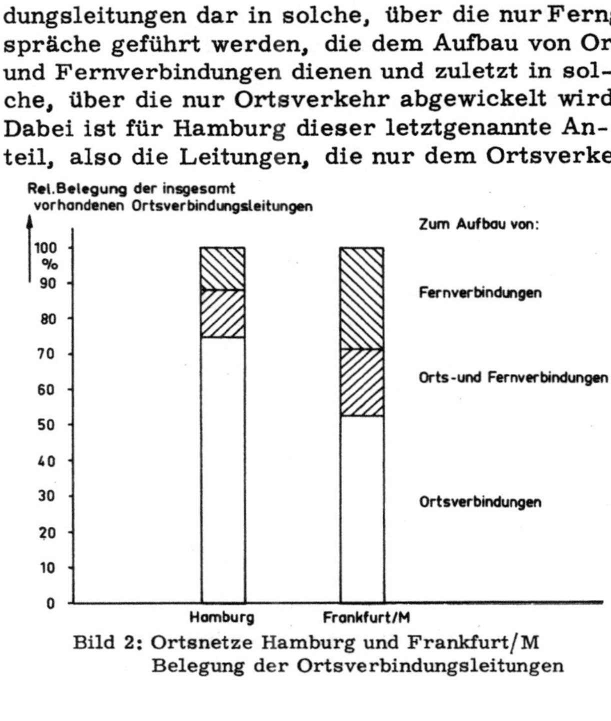

Bild 2: Ortsnetze Hamburg und Frankfurt/M Belegung der Ortsverbindungsleitungen

dienen, größer als z. B. für Frankfurt. Diese Tatsache hat verschiedene Ursachen: So ist z. B. der prozentuale Anteil der Ortsgespräche bei großen Städten größer als bei kleineren; zum anderen ist in Hamburg eine entsprechende Bündeltrennung durchgeführt. Dieser Begriff wird nachfolgend erläutert.

Das Bild 3 zeigt das Schema eines Ortsverbindungsnetzes für ein großes Ortsnetz mit Ortsknotenämtern. Dieses Schema gilt selbstverständlich nur für Ortsnetze mit Vermittlungseinrichtungen, die nach dem Direktwahlsystem arbeiten. Der ausgefüllte Kreis bedeutet das letzte Amt des Fernverkehrs - in großen Städten ein Haupt- oder Zentralamt.

Die beiden Doppelkreise sind mit Vollämtern vereinigte Ortsknotenämter; die großen Kreise links und rechts sind einfache Vollämter, und die kleinen auf Vollämter abgestützte Teilämter. Die zwischen diese Ämter gezeichneten Verbindungslinien stellen die Leitungsbündel dar, und zwar sind die durchgezogenen Linien Leitungsbündel, über die nur Ortsverbindungen aufgebaut werden; die gestrichelten, die auf denselben Leitungen Orts- und Fernverkehr abwickeln, und die strichpunktierten, die nur dem Fernverkehr dienen.

Eine Ortsverbindung von einem Teilnehmer des linken unteren Teilamtes zu einem Teilnehmer des rechten unteren Teilamtes wird also über folgende Bündel aufgebaut:

Vom Teilamt zum zugehörigen Vollamt, von dort zum Knotenamt des gerufenen Teilnehmers, dann zum Vollamt und danach zum Teilamt des gerufenen Teilnehmers.

Eine abgehende Fernverbindung führt dagegen vom Teilamt zum Vollamt und von dort direkt zum Zentralamt. Ein ankommendes Ferngespräch läuft vom Zentralamt zum Ortsknotenamt des gerufenen Teilnehmers und weiter über das Vollamt zum Teilamt.

Ist die Bündeltrennung durchgeführt, dann besteht vom Zentralamt für den ankommenden Fernverkehr zu jedem Vollamt ein getrenntes Bündel, so daß die Bündel von den Ortsknotenämtern zu

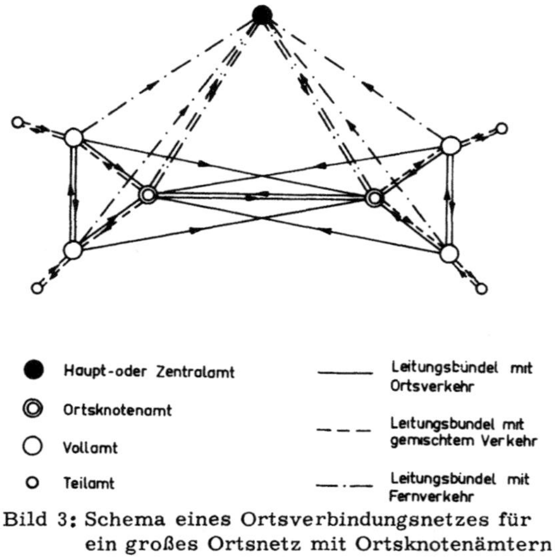

Bild 3: Schema eines Ortsverbindungsnetzes für ein großes Ortsnetz mit Ortsknotenämtern

den zugehörigen Vollämtern keinen Fernverkehr mehr tragen. In Großstädten gibt es also eine große Anzahl Verbindungen zwischen den Wählvermittlungsstellen, die nur Ortsverkehr tragen, die demzufolge statt durch zusätzliche Kabelverbindungen durch den Einsatz von Trägerfrequenzgeräten mit verringerten Anforderungen ohne weiteres vermehrt werden könnten.

Zusätzliche Verbindungen der übrigen Leitungsarten durch den Einsatz solcher Trägerfrequenzgeräte zu schaffen, ist ebenfalls denkbar, da ja nur zu fordern ist, daß solche TF-Kanäle mindestens die gleiche Übertragungsgüte aufweisen müssen, wie die sonst dafür verwendeten NF-Kanäle. Die Bedingungen dafür sind aber nicht so scharf wie die Forderungen, die an eine Fernleitung gestellt werden.

In Bild 4 ist ebenfalls für die Städte Frankfurt/M und Hamburg der Anteil der Leitungen mit reinem Ortsverkehr dargestellt, die gleich oder kürzer als der Abzissenwert sind. In Frankfurt sind 50 % dieser Leitungen kürzer als 3 km, in Hamburg kürzer als 3,5 km. Der 90-Prozentwert liegt bei 7 bzw. 10 km.

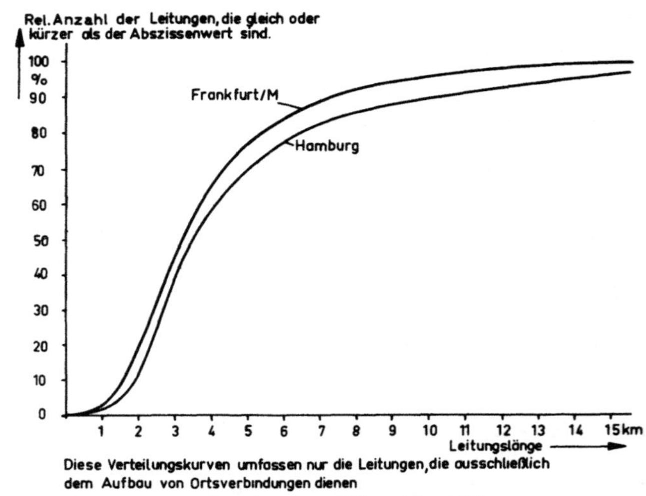

Bild 4: Ortsnetze Hamburg und Frankfurt/M
Prozentuale Verteilung der OVL-Längen (nur Ortsverkehr)

Forderungen an die TF-Geräte

Aus Bild 4 ist folgende Schlußfolgerung zu ziehen:

Ein Trägerfrequenzsystem, das die Möglichkeit geben soll, innerhalb eines Ortsnetzes die Anzahl der Verbindungen zu erhöhen, muß eine Reichweite von etwa 10 ... 12 km aufweisen, wobei möglichst keine Zwischenverstärker benutzt werden sollen. In diesem Fall könnten die Endgeräte in den Vermittlungsstellen untergebracht und auf den Ortsverbindungskabeln betrieben werden, ohne an den Kabelausrüstungen etwas zu ändern.

Da für TF-Geräte, die für solche Zwecke eingesetzt werden, z. Zt. keine verbindlichen Festlegungen bzgl. der Übertragungseigenschaften vorhanden sind, wurde für ein solches Gerät die interne Forderung aufgestellt, daß an einem Punkt mit dem relativen Pegel 0 keine größere Geräuschleistung als 10 000 pW auftreten darf, weil auch das CCI für einen 2500 km-Bezugskreis diese Geräuschleistung zuläßt.

Der Aufwand, der für die Filter notwendig ist, stellt einen großen Teil des Endgeräteaufwandes dar. Er kann durch Zulassung größerer Dämpfungsverzerrungen im Sprachband verringert werden. Als interne Forderung wurde aus diesem Grunde für eine Kanalverbindung des beschriebenen Systems das volle vom CCI festgelegte Toleranzschema für Dämpfungsverzerrungen zugelassen. Ein vorliegendes Mustergerät nimmt jedoch diese Toleranzen nicht voll in Anspruch. Die Anzahl der Trägerfrequenzkanäle, die durch ein Trägerfrequenzsystem gebildet werden können, hängt von den Eigenschaften der Ortsverbindungskabel ab. Voraussetzungsgemäß sollen die Geräte auf den vorhandenen Ortsverbindungskabeln betrieben werden. Da aber für eine bestimmte Verkehrsbeziehung in vielen Fällen nur ein Kabel vorhanden ist, bedeutet das, daß die beiden Sprechrichtungen auf demselben Kabel zu führen sind. Man hat also an den Enden der Verbindung jeweils hohe Sendepegel und tiefe Empfangspegel.

Um genügend hohe Werte für die Nebensprechdämpfung ohne eine teure Frequenzweiche zu erhalten, wurde eine Übertragung nach dem Vierdraht-Getrenntlage-Verfahren gewählt, d.h. die beiden Sprechrichtungen eines Kanals sind auf zwei Leitungen geführt und liegen außerdem in verschiedenen Frequenzbereichen. Durch diese Maßnahme ist der tiefste noch mögliche Empfangspegel nur durch die auf den Leitungen vorhandenen, von Niederfrequenzstromkreisen herrührenden Geräusche festgelegt. Diese haben ihre Ursache in den Schaltgliedern der Vermittlungstechnik, die beim Verbindungsaufbau mit einer im Vergleich zur normalen Sprachleistung sehr großen Leistung betrieben werden. Die Geräusche haben ein sehr breites Frequenzspektrum und gelangen hauptsächlich über das Nahnebensprechen in die Trägerfrequenzkanäle. Mit den heute üblichen Transistoren und der damit erzielbaren Sendeleistung läßt sich eine maximale Leitungsdämpfung von rund 7 N überbrücken.

Technik der TF-Geräte

Da geprüft werden sollte, mit welchem minimalem Aufwand solche Geräte gebaut werden können, mußte auch das einfachste Modulationsverfahren ausgesucht werden. Es ist dies die aus der Rundfunktechnik bekannte Amplitudenmodulation, also die Zweiseitenbandübertragung mit Träger. Diese Modulationsart erfordert zur Demodulation keine zusätzlichen Träger. Außerdem werden an die sendeseitige Trägerversorgung keine allzu hohen Forderungen für die Frequenzgenauigkeit gestellt. Der Trägerfrequenzabstand beträgt damit 8 kHz. Aus den Dämpfungskonstanten der Stämme, bzw. Phantomkreise der Ortsverbindungskabel in Abhängigkeit von der Frequenz, der oben angegebenen Maximaldämpfung von rund 7 N, dem Trägerabstand von 8 kHz und aus der Tatsache, daß die beiden Sprechrichtungen verschiedene Frequenzbänder einnehmen müssen, läßt sich die bei der gewünschten Reichweite maximal mögliche Kanalzahl ermitteln. Dabei zeigt sich, daß 12 Trägerfrequenzkanäle je System sinnvoll sind.

Bild 5 zeigt das Frequenzschema, nach dem das Gerätemuster arbeitet. Beginnend bei 24 kHz werden die Frequenzbereiche der beiden Sprechrichtungen immer benachbart angeordnet. Die von einer Endstelle gesendeten Träger haben also einen Abstand von 16 kHz, während die empfangenen Träger immer dazwischen liegen. Dies bringt den Vorteil, daß auch größere Leitungslängen überbrückt werden können, wenn man die Kanalzahl entsprechend reduziert. Bei stark durch Geräusche verseuchten Kabeln kann auf die Benutzung der höchsten Kanäle verzichtet werden. Auch sind die durch das Nahnebensprechen in die Kanäle gelangenden Geräusche für die beiden Sprechrichtungen dann etwa gleich.

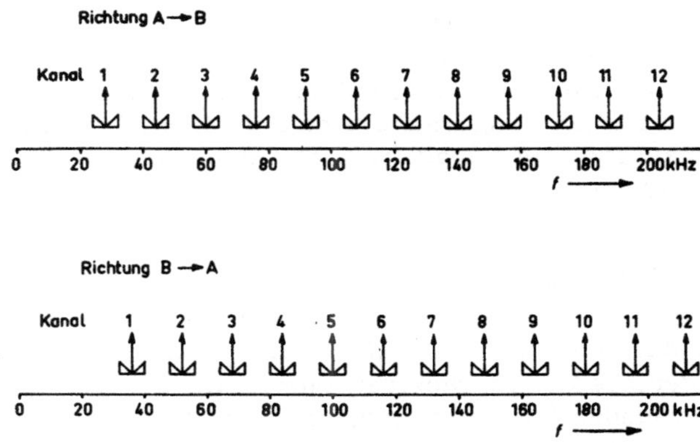

Bild 5: Kurzstreckenträgerfrequenzsystem V 12 T Frequenzschema

Die Verwendung der Amplitudenmodulation gestattet auf einfache Weise, die notwendigen Zeichen der Vermittlungstechnik zu übertragen. Bei der Demodulation ergibt der empfangene Träger einen Gleichstrom, der über ein Relais geführt werden kann. Dieses Relais zeigt dann an, ob der Träger ankommt oder nicht. Durch entsprechende Tastung des Trägers ist es somit möglich, Zeichen zu übermitteln. Außerdem ist es damit möglich, die Trägerfrequenzverbindung zu überwachen, indem geprüft wird, ob der Träger,abgesehen von den Zeiten der Zeichenübermittlung, empfangen wird oder nicht.

Die Geräte sollen in den Wählvermittlungsstellen untergebracht und damit auch von dem Aufsichtspersonal dieser Ämter gewartet werden können. Es darf also keine schwierige Einpegelung notwendig sein, auch darf dieses Gerät keine Nacheichung verlangen. Das Mustergerät wurde daher mit einer automatischen Pegelregelung ausgestattet, die bei Zweiseitenbandmodulation wiederum durch den Träger auf einfache Weise möglich ist. Schwankungen des empfangenen Trägerpegels von ± 1 N werden bis auf einen Rest von ± 0,15 N ausgeregelt.

In Bild 6 ist der Kanalumsetzereinschub zu sehen, wie er sich auf Grund der Aufgabe, den minimal möglichen Aufwand festzustellen, ergeben hat.

Er ist konstruktiv so ausgeführt, daß er, wie alle Teile dieses Mustergerätes, steckbar ist. Die Verbindungen zwischen den Bauelementen sind als

Bild 6: Kurzstreckenträgerfrequenzsystem V 12 T
Kanalumsetzerplatte

gedruckte Schaltung ausgeführt. Der Kanalumsetzer enthält neben einer Niederfrequenz-Gabel den sendeseitigen Trägergenerator mit Modulator, das empfangsseitige Kanalfilter, den Demodulator mit Verstärker, den Pegelregler und den Zeichenempfänger.

Zeichenübertragung

Werden Trägerfrequenzsysteme eingesetzt, dann muß durch diese Geräte nicht nur sichergestellt werden, daß die Sprachfrequenzen mit der entsprechenden Übertragungsgüte übermittelt werden, sondern es sind auch noch Einrichtungen notwendig, die die Zeichen, die zum Verbindungsaufbau von den Vermittlungsgeräten benötigt werden, so umwandeln, daß sie über die Trägerfrequenzstrecke übertragen werden können. Es sind dies die sogenannten Übertragungen. In der Weitverkehrstechnik werden Übertragungen auch bei NF-Leitungen benötigt, weil die Gleichstromwiderstände der Leitungen im allgemeinen zu hoch sind.

Bild 7: Kurzstreckenträgerfrequenzsystem V 12 T
12-Kanal-Endstelle mit Übertragungen

Bei den für die neuen TF-Geräte in Frage kommenden kurzen Entfernungen ist aber eine Gleichstromzeichengabe im allgemeinen noch ohne weiteres möglich, so daß im Gegensatz zu der beschriebenen TF-Lösung eine vergleichbare Niederfrequenzverbindung keine oder nur einfache Übertragungen benötigt. Diese Tatsache muß bei Überlegungen über die Wirtschaftlichkeit einer Trägerfrequenzlösung beachtet werden.

Das Bild 7 zeigt ein Gestell, in dem die Endeinrichtungen für zwölf Trägerfrequenzkanäle untergebracht sind. In der obersten Zeile befinden sich die zwölf Kanalumsetzer und die sonstigen für eine Trägerfrequenzendstelle notwendigen Geräte. Die darunter liegenden Zeilen 2 bis 4 werden von den zwölf Relaisübertragungen eingenommen, die für einen Einsatz nach dem I. GW der heute gebräuchlichen Vermittlungssysteme des deutschen öffentlichen Netzes benötigt werden. Soweit dies notwendig ist, werden die zu übertragenden Zeichen in Impulsfolgen umgewandelt. Diese Übertragungen sind in der bisherigen Technik mit Flachrelais aufgebaut. Durch die Anwendung elektronischer Bauelemente könnte man den Raumbedarf dieser Übertragungen noch verringern, wobei aber die Wirtschaftlichkeit, gemessen am heutigen Stand nicht verbessert würde.

Zusammenfassung

Die hier gemachten Erläuterungen sollten zeigen, welchen Schwierigkeiten man beim Einsatz von Trägerfrequenzgeräten auf sehr kurzen Entfernungen begegnet und welche Lösungsmöglichkeiten die Technik der Frequenzmultiplexübertragung bietet. Eine definierte Grenzentfernung der Wirtschaftlichkeit anzugeben, ist nicht ohne weiteres möglich, weil diese von sehr vielen Faktoren abhängt. Zusammenfassend kann man sagen, daß die Untersuchung gezeigt hat, daß sich der Aufwand, der für einen Kanal notwendig ist, verglichen mit den üblichen Kanalumsetzern der Weitverkehrstechnik, annähernd auf ein Fünftel reduzieren läßt.

In vielen Fällen ist jedoch die Wirtschaftlichkeit allein nicht ausschlaggebend. So wird es vor allem in großen Städten nicht immer möglich sein, ein neues Kabel auf dem kürzesten Wege mit tragbarem Kostenaufwand zu verlegen. Auch ist oft aus verkehrs- und bautechnischen Gründen eine Kabelneuverlegung nicht zu jedem Zeitpunkt möglich. Andererseits wird es oft zweckmäßig sein, größere Investitionen - wie sie eine Kabelneuverlegung darstellt - zu umgehen durch einen Ausbau des Netzes in kleineren Schritten, wie es ein 12-Kanal-TF-System der beschriebenen Art möglich macht. In allen diesen Fällen kann der Einsatz von Trägerfrequenzgeräten zu einer beachtlichen Flexibilität im Ausbau und in der Anpassung der Ortsnetze an die jeweiligen Verkehrsbedürfnisse führen.

BEITRAG ZUR TECHNIK DER ZEITMULTIPLEXÜBERTRAGUNG ÜBER KURZE ENTFERNUNGEN *)

H. Knapp, München

Mit 5 Bildern

Trägerfrequenzgeräte, wie sie heute gefertigt werden, können etwa von 25 km ab aufwärts wirtschaftlich eingesetzt werden. Will man mit der Mehrfachausnutzung im Bezirksnetz bis an die untere Grenze, das sind rd. 10 km, vordringen, so muß der Aufwand für die Endgeräte etwa auf die Hälfte gesenkt werden können. Die Kosten der Geräte werden aber mitbestimmt von den elektrischen Eigenschaften der Kabel, die in den niederen Netzebenen andere Eigenschaften als die Fernkabel haben. Es liegt deshalb nahe, außer der Einseitenbandtechnik auch andere Modulationsverfahren auf ihre Brauchbarkeit für den Nahverkehr zu untersuchen. Der folgende Beitrag bringt einige Überlegungen zum Einsatz von Zeitmultiplexsystemen im Nahverkehr.

1. Zeitmultiplexverfahren

Nach dem Abtasttheorem genügt es, den Wert einer Signalfunktion, die im Frequenzband beschränkt ist, in periodischen Zeitabständen festzustellen und nur diese "Abtastwerte" zu übertragen. Die Abtastfolge muß so schnell gewählt werden, daß die höchste im Signal enthaltene Frequenz mindestens zweimal in einer Periode abgetastet wird. Bei einer Signalbandbreite von 4 kHz entsprechend einer Periodendauer von 250 μs muß mindestens in Zeitabständen von T_o = 125 μs abgetastet werden (Abtastfrequenz 8 kHz). Macht man die Impulse kurz genug, so können in die Lücken von 125 μs Dauer weitere Impulse anderer Nachrichten geschachtelt werden und man kommt auf diese Weise zu einem Zeitmultiplexsystem. Die Impulse können nun auf verschiedene Art moduliert werden, um den Abtastwert zu übertragen. Moduliert man sie in der Höhe, so erhält man die Pulsamplitudenmodulation (PAM). Man kann sie auch in der Breite modulieren, das ergibt die Pulsdauermodulation (PDM). Schließlich kann man den zu übertragenden Amplitudenwert durch die zeitliche Lage des Impulses (bezogen auf seine unmodulierte Ruhelage) ausdrükken, man kommt dann zur Pulsphasen- (PPM) und Pulsfrequenzmodulation (PFM). Von den genannten Verfahren ist die Pulsphasenmodulation für die Übertragung über Kabel am besten geeignet. Bild 1 zeigt in der oberen Zeile eine unmodulierte Impulsfolge bei PPM mit z Kanälen. Die Impulse können entsprechend der Modulation Lagen zu beiden Seiten der gezeichneten Ruhelage einnehmen. Die Auslenkung, die ohne Störung des Nachbarkanals zulässig ist, läßt sich leicht als "maximaler Zeithub" T_{Smax} ablesen:

$$\pm|\Delta T_{Smax}| = \frac{T_z}{2} - T_p = T_p\left(\frac{T_z}{2T_p} - 1\right) = \frac{1}{2f_p}\left(\frac{f_p}{f_z} - 1\right), \qquad (1)$$

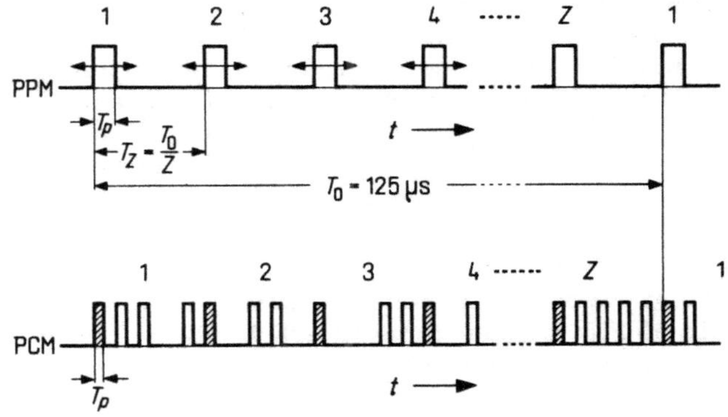

Bild 1: Impulsfolgen bei PPM und PCM

wobei $f_z = \frac{1}{T_z}$ die Pulsfrequenz für z Kanäle und

$f_p = \frac{1}{2T_p}$ die Punktfrequenz des Impulses bedeuten. Als Beispiel wird für z = 6 Kanäle bei einer Abtastfrequenz von 8 kHz:

f_z = 6 . 8 = 48 kHz und die Pulsperiodendauer $T_z \approx$ 20 μs. Mit einer Impulsdauer T_p = 5 μs entsprechend einer Punktfrequenz von 100 kHz ist der maximale Zeithub ΔT_{Smax} = 10 - 5 = 5 μs.

Als weiteres Modulationsverfahren soll die Pulscodemodulation (PCM) betrachtet werden. Bei diesem Verfahren teilt man den ganzen möglichen Bereich von Amplitudenwerten in eine endliche Anzahl von Stufen. Jeder Abtastwert fällt in eine bestimmte Stufe und nur die Kennzahl dieser Stufe wird durch ein Codesignal übertragen, das nur zwei Amplituden "Ja" und "Nein" benötigt. Am Empfangsort kann daraus der Abtastwert wieder gewonnen werden mit einem Fehler, der maximal die Hälfte einer Stufenhöhe beträgt. Diese Modulationsart ist besonders unempfindlich gegen äußere Störungen, da erst Störamplituden, die in die Größe der halben Impulsamplitude kommen, ein falsches Codezeichen erzeugen können. Die untere Zeile von Bild 1 zeigt ein Beispiel. Der Stufenwert wird hier durch einen vierstelligen, binären Code übertragen, mit dem man also 2^4 = 16 verschiedene Zahlen übermitteln kann. Ein Impuls am Anfang eines jeden Codezeichens dient zur Synchronisierung. Im Beispiel müssen also r = 5 Zeichen während der Zeit T_z gesendet werden, für die Punktfrequenz muß also gelten

$$f_p = r \cdot f_z . \qquad (2)$$

Um ausreichende Übertragungsgüte zu erreichen, muß man 7 Elemente verwenden. Damit kann man 2^7 = 128 Stufen kennzeichnen, und es wird r = 8. Für 6 Kanäle ergibt sich dann:

*) Mitteilung aus dem Zentral-Laboratorium der Siemens u. Halske AG.

$f_p = r \cdot f_z = 8 \cdot 6 \cdot 8 \approx 400$ kHz.

2. Übertragung der Impulse über ein Kabel

Wie schon erwähnt, darf ein Impuls nicht so lange andauern, daß er merkbar in den Bereich des nachfolgenden Impulses kommt. Bei PPM würde sonst Nebensprechen zwischen den beiden entsprechenden Sprachkanälen entstehen, bei PCM u.U. ein falsches Zeichen. Wir suchen daher eine Impulsform, die wenig nachschwingt und die auch bei der Übertragung über das Kabel wenig verändert wird. Oberhalb 30 kHz hat das Kabel konstante Phasengeschwindigkeit, alle Frequenzteile des Impulses oberhalb dieser Frequenz kommen am Leitungsende zeitrichtig an, der Impuls würde also nicht auseinanderfließen. Frequenzanteile unterhalb 30 kHz werden dagegen erheblich in der Phase verschoben, deshalb sollte das Impulsspektrum möglichst nur Anteile oberhalb 30 kHz enthalten. Die Dämpfung steigt oberhalb 30 kHz etwa mit $\sqrt{f}$ an, die Amplituden der Spektralkomponenten werden verschieden stark gedämpft und damit der Impuls verzerrt. Je schmaler nun das gesamte Spektrum des Impulses ist, desto kleiner werden die Verzerrungen sein. Wir wollen die Spektren verschiedener Impulsformen daraufhin untersuchen (Bild 2).

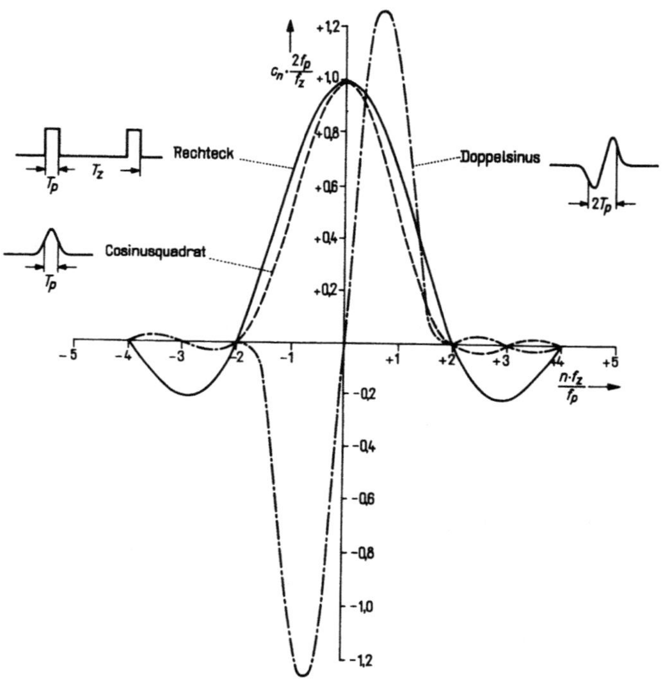

Bild 2: Spektren verschiedener Impulsformen

Die Impulsfolge mit Rechteckimpulsen hat ein Spektrum, in dem tiefe Frequenz- und Gleichstromanteile stark hervortreten; außerdem ist es nach oben weit ausgedehnt. Das Spektrum des abgerundeten Cosinusquadratimpuls ist bei tiefen Frequenzen dem des Rechteckimpuls ähnlich, hat aber nur sehr geringe Anteile oberhalb von

$$\frac{n \cdot f_z}{f_p} = 2,$$

d.h. oberhalb der doppelten Punktfrequenz. Noch günstiger ist der Doppelsinusimpuls, dessen Spektrum ein Maximum in der Nähe der Punktfrequenz hat und das nach tiefen und hohen Frequenzen schnell abfällt. Für ein System mit 6 Sprachkanälen ist die Pulsfrequenz $f_z \approx 50$ kHz, wählt man dabei die Punktfrequenz f_p zu 100 kHz, so treten die folgenden Spektrallinien beim Doppelsinus-Puls auf; die angegebenen relativen Amplitudenwerte sind auf die Amplitude bei der Pulsfrequenz bezogen:

n = 0	f = 0 kHz mit	0 %
n = 1	f = 50 kHz mit	100 % (Pulsfrequenz)
n = 2	f = 100 kHz mit	83 % (Punktfrequenz)
n = 3	f = 150 kHz mit	18 %
n = 4	f = 200 kHz mit	0 %
n = 5	f = 250 kHz mit	2,5 % usw.

Eine Bandbreite von der Pulsfrequenz f_z bis etwa zur doppelten Punktfrequenz $2f_p$ ist für die Übertragung ausreichend. Sie ist jedoch in jedem Fall größer als die Bandbreite eines EM-Systems gleicher Kanalzahl. Aus der Banderweiterung ergibt sich aber für PPM ein Gewinn gegen Störungen durch Wärmerauschen und Nebensprechen, wie das Bild 3 zeigt. Der Abtastwert sei z.B. durch die zeitliche Lage des Impulsnulldurchganges gekennzeichnet. Tritt eine Störung mit der Amplitude A_N hinzu, so wird der Nulldurchgang zeitlich verschoben um einen Störhub ΔT_N, der umso kleiner ist, je steiler der Nulldurchgang erfolgt. Bezieht man den Störhub auf den Nutzhub ΔT_S bei halber Aussteuerung des Kanals, so erhält man als Maß für den Geräuschabstand im Sprachkanal für den Doppelsinusimpuls

$$\frac{\Delta T_S}{\Delta T_N} = \frac{\pi}{2} \left(\frac{f_p}{f_z} - 1\right) \frac{A_S}{A_N} \qquad (3)$$

Der Geräuschabstand $\Delta T_S / \Delta T_N$ ist also größer als der Geräuschabstand A_S / A_N in der Pulsebene, und zwar um einen Faktor, der mit wachsender Punktfrequenz f_p zunimmt.

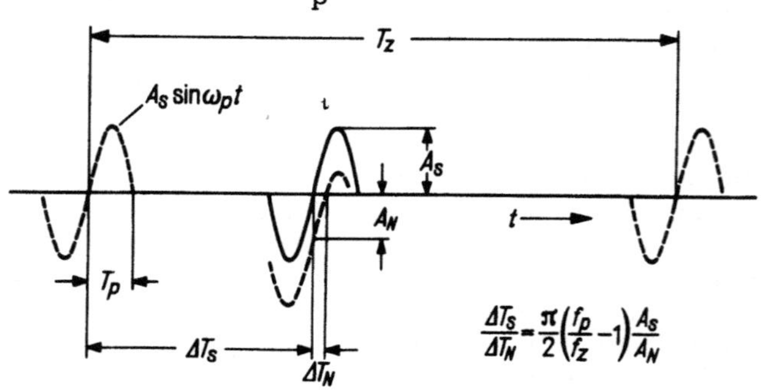

Bild 3: Störungsminderung bei PPM

3. Begrenzung der Reichweite durch Nebensprechen und Wärmerauschen

Wir wollen jetzt die Störungen betrachten, die die Reichweite der Verbindung begrenzen, das sind das Nebensprechen und das Wärmerauschen. Dazu ist es notwendig, die Dämpfung bei Impulsbetrieb in geeigneter Form festzulegen. Für die Nachricht ist der Verlauf des Impulses zwischen seiner negativen und positiven Spitzenamplitude wichtig. In diesem Bereich läßt sich der Doppelsinusimpuls darstellen durch eine Sinusschwingung mit der Amplitude A_S und der Frequenz f_p. Berücksichtigt man, daß das Spektrum des Impulses verhältnismäßig schmal ist, so dürfte es zulässig sein, mit der Dämpfung der Leitung bei der Punktfrequenz f_p zu rechnen. Man kann dann zur Berechnung der Störungen die bekannten Gleichungen der Leitungstechnik benutzen. Eine Arbeit von Kaden über das Nebensprechen bei Impulsbetrieb [1] sowie unveröffentlichte Arbeiten von Rasch und Fischer bestätigen diese Überlegungen.

Damit haben wir die Möglichkeit, die Reichweite eines PPM-Systems mit der eines Einseitenbandsystems gleicher Kanalzahl zu vergleichen. Wir übernehmen aus der Theorie der Kabel folgende vereinfachenden Gleichungen:

a) Nahnebensprechdämpfung a_n

$$a_n = \ln \frac{K_n}{\sqrt{f}} \tag{4}$$

b) Fernnebensprechdämpfung a_f

$$a_f = \ln \frac{K_f}{f \cdot \sqrt{l}} + a \tag{5}$$

Dabei sind K_n und K_f vom Kabel abhängige Konstanten, f die Frequenz, l die Kabellänge und a die Kabeldämpfung, für die gelten soll:

$$a = a_o \cdot l \cdot \sqrt{f} \tag{6}$$

Es sei angenommen, daß die Kanäle des zum Vergleich benutzten Einseitenbandsystems von Null beginnend ohne Lücke nebeneinander liegen, so daß sich als höchste Frequenz bei z Kanälen der Wert $f_{max} = 4 \cdot z$ kHz ergibt. Das Verhältnis p von Punktfrequenz f_p des PPM-Systems zu höchster Frequenz f_{max} des EM-Systems wollen wir als Maß für die Banderweiterung benutzen. Das Nebensprechen zwischen PPM-Systemen ist bei normalem Einsatz unverständlich, also als Geräusch zu bewerten; bei EM-Systemen ist es verständlich, wenn sowohl der störende als auch der gestörte Kanal in Regel- oder Kehrlage liegen. Wir wollen es trotzdem als Geräusch betrachten, um einfach vergleichen zu können, müssen aber für den Einsatz bedenken, daß bei Kabeln mit geringer Nebensprechdämpfung das verständliche Nebensprechen die Reichweite bestimmt, da hierfür die Forderung wesentlich schärfer ist als für das unverständliche Nebensprechen.

Wir setzen nun den durch das Nebensprechen verursachten Geräuschabstand im obersten Kanal des EM-Systems gleich dem eines Kanals im PPM-System und berücksichtigen den schon besprochenen Gewinn des PPM-Verfahrens; dann kommt man zu folgenden angenähert gültigen Beziehungen für die Felddämpfungen oder Feldlängen, bei denen in beiden Systemen gleiche Geräuschbeträge aufgelaufen sind:

für das Nahnebensprechen $$a_{PPM} \approx a_{EM} + \ln \frac{p-2}{\sqrt{p}} \tag{7}$$

für das Fernnebensprechen $$l_{PPM} \approx l_{EM} \cdot \left(1 - \frac{2}{p}\right)^2 \tag{8}$$

Da man für die Punktfrequenz mindestens $f_p = 2 f_z$ wählen muß und f_z wegen der Abtastgeschwindigkeit doppelt so groß ist wie f_{max}, ist p mindestens gleich 4.

Wir betrachten nun eine Übertragung über ein einziges Kabel mit gleicher Frequenzlage für beide Richtungen. In diesem Fall stört das Nahnebensprechen am stärksten. Setzt man in (7) zunächst den kleinsten Wert p = 4 ein, so wird $a_{PPM} \approx a_{EM}$, d. h. beide Systeme können die gleiche Felddämpfung überbrücken. Da aber bei der Frequenz f_p die kilometrische Dämpfung um den Faktor $\sqrt{4} = 2$ größer ist als bei f_{max}, so kann mit PPM in diesem Fall nur die halbe Entfernung wie mit EM überbrückt werden. Bei stärkerer Banderweiterung wird die überbrückbare Dämpfung durch den Gewinn, den das letzte Glied in Gleichung (7) ausdrückt größer, für p = 16 z. B. um 1,25 N. Ob auch die Feldlänge größer wird, hängt davon ab, wie stark die Felddämpfung für die höhere Punktfrequenz angestiegen ist.

Durch das Nahnebensprechen wird der Verstärkerabstand für ein Gleichlageverfahren auf einem einzigen Kabel unwirtschaftlich kurz, so daß man schon frühzeitig in der Trägerfrequenztechnik entweder getrennte Kabel oder getrennte Frequenzlagen für beide Richtungen einführte. Dann stört hauptsächlich das Fernnebensprechen. Ein 2-Draht-Getrenntlagesystem ist bei PPM wegen der erforderlichen Dämpfung der störenden Spektrallinien wohl nicht realisierbar, wohl aber ein 4-Draht-Getrenntlagesystem. Dabei muß man die beiden Punktfrequenzen so weit auseinanderlegen und die Impulsspektren so formen und begrenzen, daß sie sich nicht überdecken; das dürfte mit dem Doppelsinusimpuls durchaus möglich sein.

Gleichung (8) liefert für diesen Fall unmittelbar das Verhältnis der Streckenlängen eines PPM- und eines EM-Systems bei Störung durch Fernnebensprechen: Für den kleinsten zulässigen Erweiterungsfaktor p = 4 ergibt sich $l_{PPM} = 1/4\ l_{EM}$, für große Werte von p werden die Feldlängen beider Systeme gleich.

Schließlich wollen wir noch die Störung durch das Wärmerauschen betrachten, die uns die äußerste, physikalisch mögliche Reichweite liefert. Setzt man voraus, daß die mittlere Sendeleistung bei beiden Systemen gleich ist, so gilt für kleine Kanalzahlen:

$$a_{PPM} \approx a_{EM} + \ln \left(\frac{p}{2} - 1\right) \tag{9}$$

Diese Beziehung ist der Gleichung (7) für das Nahnebensprechen sehr ähnlich, es gelten die gleichen Folgerungen: Für den kleinsten Wert p = 4 werden die Streckendämpfungen beider Systeme gleich groß, die Feldlängen verhalten sich also wie 1 : 2; bei großem Erweiterungsfaktor p wird die Felddämpfung für PPM größer als für EM, die Feldlänge hängt aber vom Absolutwert der Dämpfung ab.

Für PCM gelten andere Gesetze als für PPM, wie bereits früher erwähnt. Störamplituden, die unter der halben Impulsamplitude bleiben, haben überhaupt keine Wirkung. Bei Störamplituden oberhalb dieser Schwelle wird das System schnell unbrauchbar. Das bedeutet, daß beim Nebensprechen die Amplitude des störenden Pulsrahmens um etwa 1 N kleiner sein muß als die des gestörten Rahmens. Gegenüber dem Effektivwert des Wärmerauschens muß der Abstand etwa 2,3 N betragen, da Spitzenwerte vom 3-fachen Betrag des Effektivwertes vorkommen.

4. Beispiel

Ein Beispiel soll diese Zusammenhänge zeigen (Bild 4). Hier sind für ein PPM- und ein PCM-System mit je 6 Kanälen bei einer Sendespannung von $\hat{u}$ = 10 V die verschiedenen Geräuschleistungen in Abhängigkeit von der Streckenlänge aufgetragen. Die Nahnebensprechdämpfung a_n = 8 N und der Grundwert des Fernnebensprechens $a_f - a$ = 7,5 N für 1 km sind Meßwerte an einem Ortskabel bei 100 kHz. Man sieht, daß bei PPM die Störleistung durch Nahnebensprechen vor allem bei hoher Punktfrequenz mit der Leitungslänge rasch ansteigt; schon nach etwa 4 km müßte man Zwischenverstärker einfügen. Ein Kompander kann diese Grenze entsprechend weiter hinausschieben.

Die Geräuschleistung beim Fernnebensprechen steigt wie beim Einseitenbandsystem proportional mit der Kabellänge an. Für ein Getrenntlagesystem mit den Punktfrequenzen 100 und 600 kHz für die beiden Richtungen kann man eine Verstärkerfeldlänge von etwa 10 km wählen, da oberhalb dieser

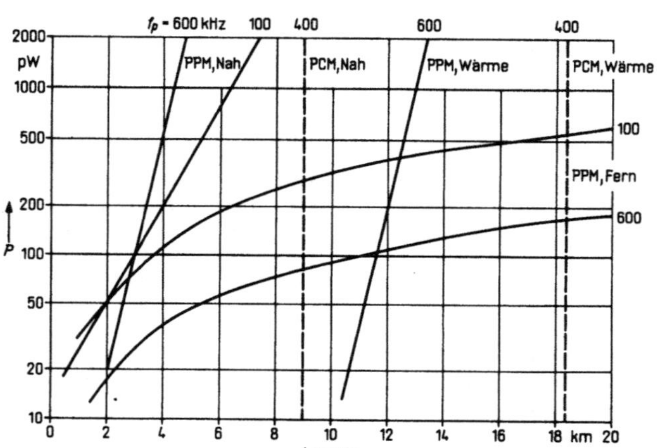

Bild 4: Nebensprechen und Wärmerauschen bei PPM und PCM
——— 6 Kanäle PPM; - - - 6 Kanäle PCM
Kabeleigenschaften: Aderdurchmesser = 0,8 mm
a_n = 8 N bei 100 kHz
$a_f - a$ = 7,5 N bei 100 kHz und l = 1 km

Länge das Wärmegeräusch für f_p = 600 kHz stark ansteigt. Es muß erwähnt werden, daß im Bild 4 für das Nebensprechen nur die Störleistung eines einzigen Nachbarsystems berücksichtigt wurde, und zwar unter der Voraussetzung, daß die Pulsfolgefrequenz beider Systeme genau gleich groß ist und der störende Kanal moduliert ist. Macht man die Frequenzen etwas verschieden, so tritt die Störung nicht dauernd, sondern kurzzeitig im Takte der Schlupffrequenz auf. Aus diesen Gründen wird sich die Störleistung nur wenig erhöhen, wenn mehrere störende Systeme auf dem Kabel liegen.

Etwa die gleiche Feldlänge kann man mit dem PCM-System (f_p = 400 kHz) erreichen. Das Fernnebensprechen ist vernachlässigbar klein. Bei PCM liegt die Grenze, bei der das Nahnebensprechen stört, höher als bei PPM, aber die äußerste Feldlänge, die durch das Wärmerauschen gegeben ist (etwa 18 km), kann man bei dem angenommenen Nahnebensprechwert nicht ausnutzen. Ein 4-Draht-Getrenntlagesystem bringt nur eine geringe Erhöhung der Reichweite, da das Wärmerauschen die zulässige Feldlänge der Richtung mit der höheren Frequenz stark herabsetzt.

Pulssysteme brauchen also bei Strecken bis 25 km in jedem Fall Zwischenverstärker. Diese Verstärker sind aber einfacher als bei Einseitenbandsystemen: sie brauchen keine Linearisierung durch Gegenkopplung und keinen Leitungsentzerrer. Die aufgenommene Leistung eines Verstärkers mit 4 Transistoren beträgt etwa 100 bis 200 mW, so daß er leicht ferngespeist werden kann.

5. Wirtschaftlichkeitsbetrachtung

Wir wollen nun noch kurz die wirtschaftliche Seite streifen; dazu zeigt Bild 5 den grundsätzlichen Auf-

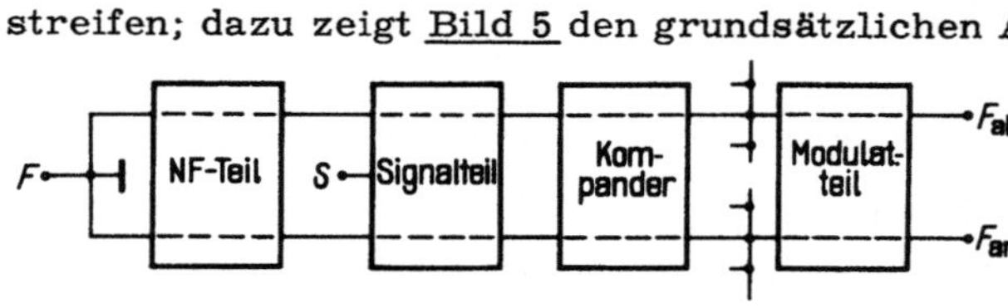

Bild 5: Aufbau der Endgeräte

bau einer Endstelle für Multiplexbetrieb. Vom Teilnehmer kommt man über eine Gabel in den NF-Teil, der die Nachricht in der Senderichtung im Frequenzband und in der Amplitude begrenzt und der im Kanalverstärker der Empfangsrichtung die erforderliche Sprechleistung erzeugt. Der folgende Signalteil soll alle Elemente enthalten zur Ein- und Auskopplung der Wahlzeichen sowie die zur Umwandlung erforderlichen Relaisübertragungen. Der gestrichelt gezeichnete Kompander ist beim PCM-System unbedingt notwendig, damit das Grundgeräusch im unbesprochenen Kanal klein bleibt und auch die Sprache von Leisesprechern mit genügender Stufenzahl gequantelt wird. Bei den übrigen Systemen kann man ihn einsetzen, um die Reichweite zu vergrößern. Das letzte Kästchen soll den Anteil enthalten, der vom Modulationsverfahren auf einen Kanal entfällt.

NF-Teil und Signalteil haben unabhängig vom Modulationsverfahren etwa den gleichen Aufwand.

Sieht man vom Kompander ab, so können Unterschiede im Gesamtaufwand nur vom Modulationsteil kommen. Vermutlich wird also PCM teurer sein als PPM, da ein Modulator für PCM sicher aufwendiger ist als ein PAM/PPM-Wandler. Es ist aber kaum anzunehmen, daß die verschiedenen Modulationsverfahren sehr große Unterschiede ergeben werden; sichere Angaben kann man aber erst machen, wenn entsprechende Systeme entwickelt sind.

Für den Kurzstreckeneinsatz kommt es also gar nicht so sehr auf das Modulationsverfahren an; der Aufwand für alle Bausteine eines Systems muß so weit gesenkt werden, daß es billiger wird als eine NF-Verbindung. Versuche über Kabelstrecken wurden schon vor längerer Zeit in kleinerem Rahmen sowohl mit PPM als auch mit PCM durchgeführt. Es sind aber noch weitere Überlegungen und Versuche nötig, um zu entscheiden, ob Zeitmultiplexsysteme im Kurzstreckenverkehr auf Kabeln eingesetzt werden können.

Zum Schluß sollen noch einmal einige Punkte zusammengefaßt werden, die für oder gegen Zeitmultiplexsysteme sprechen:

Vorteile

1. Keine Pegelschwankung durch die Leitung, dadurch kleinere Restdämpfung möglich.
2. Wegen der hohen Frequenzlage geringere Beeinflussung durch Knackstörungen auf der Leitung.
3. Einfache Zwischenverstärker, keine Leitungsentzerrung.
4. Momentankompander bei PPM im Aufwand wahrscheinlich günstiger als Silbenkompander bei EM.

Nachteile

1. Kleinere Verstärkerfelder als bei EM.
2. Voraussichtlich nur Einsatz als 4-Drahtsystem; dadurch Kabelausnutzung schlechter als bei 2-Draht-EM.

Schrifttum

[1] H. Kaden: Das Nebensprechen in Kabeln bei nichtstationären Vorgängen (Impulsen). Arch. elektr. Übertr. 11 (1957) 9, S. 349-354

MECHANISCHE FILTER FÜR DIE TRÄGERFREQUENZTECHNIK *)

M. Börner, Ulm

Mit 9 Bildern

Bei allgemeinen Untersuchungen über mechanische Filter wurde ein Filtertyp gefunden, der sich im Gegensatz zu praktisch allen bekannten anderen Anordnungen dieser Art sehr gut für ein Einseitenbandfilter hoher Qualität im Frequenzbereich zwischen etwa 100... 300 kHz eignet. Dabei haben wir unsere Ansprüche zunächst an den Forderungen orientiert, die bei drahtlosen Einseitenbandgeräten auftreten. Hierüber ist bereits kurz berichtet worden [1]. Man könnte nun die Forderungen an Einseitenbandfilter noch weiter verschärfen, wie dies in der Trägerfrequenztechnik geschieht. Hier verlangt man, daß bei der Übertragung über einen Nachrichtenweg die bekannten CCI-Forderungen eingehalten werden. Für unsere Einseitenbandfilter bedingt dies im wesentlichen eine noch sehr viel kleinere Schwankung der Betriebsdämpfung und damit des Reflektionsfaktors im Übertragungsbereich. Bei der herkömmlichen Spulenfiltertechnik erfüllt man diese Forderungen bekanntlich nach der Vorgruppenmethode mit Filtern zwischen 12 kHz und 24 kHz. Bei hochwertigen mechanischen Filtern aber ist man, wie schon bemerkt, auf Frequenzen zwischen 100 kHz und 300 kHz eingeschränkt. Es ergibt sich also bei Verwendung von mechanischen Einseitenbandfiltern für die Trägerfrequenztechnik neben hohen Forderungen an die Filter die sehr ernst Konsequenz einer Änderung des Aufbereitungsschemas einer trägerfrequenten Grundgruppe.

Ein mögliches System ist in Bild 1 wiedergegeben. Der niederfrequente Sprachkanal wird mit einem Träger von 200 kHz und einem mechanischen Filter 200...204 kHz in die Lage 200... 204 kHz gebracht. Mit Hilfe eines weiteren Trägerrasters zwischen 264...308 kHz mit 4 kHz Abstand läßt sich dann die normale Grundgruppe zwischen 60 und 108 kHz aufbauen. Diese zweite Umsetzung erfordert bekanntlich praktisch keine weitere Selektion; ein Kennzeichen diesert Art

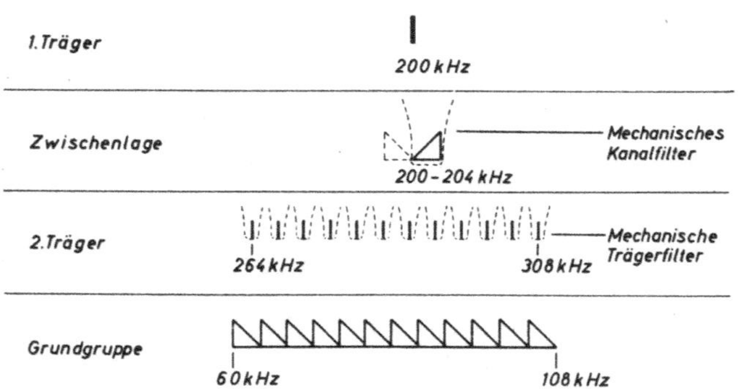

Bild 1: TF-System mit mech. Filtern

*) Mitteilung aus dem Forschungsinstitut der Telefunken G. m. b. H.

von Vormodulationstechnik.

Bei diesem System ergibt sich die Möglichkeit eines weiteren Einsatzes mechanischer Filter für die Erzeugung der Träger, die man zweckmäßig aus den Oberwellen eines 4-kHz-Generators aussiebt. Über diese Träger- und Kanalfilter wird in folgendem berichtet.

1.) Die Trägerfilter

Aus einem Frequenzraster ist die jeweilige Trägerfrequenz auszusieben. Bei einer Trägerkonstanz besser 2.10^{-6} würde an sich ein wenige HZ

stanz besser 2.10^{-6} würde an sich ein wenige Hz breites Filter genügen, das die Nachbarträger in einem Abstand von 4 kHz mit wenigstens 8 N unterdrückt. Die Dämpfungsschwankungen im Durchlaßbereich sollen z. B. 0,04 N nicht überschreiten. Für den Entwurf eines solchen Filters ist jedoch zu beachten: Bei einem aus einem Stück gedrehten Torsions- oder Longitudinalfilter (s. u.) kann die Genauigkeit der Lage von Bandkanten nur mit Mühe besser als ± 100 Hz gemacht werden. Bei einer Temperaturschwankung zwischen + 10°C und + 70°C und einem TK von 5.10^{-6} [Grad Cels.$^{-1}$] wandert die Bandkante um etwa weitere 100 Hz. Die Dämpfungsschwankungen von 0,04 N sind nur in einem kleinen Teil des Durchlaßbereiches leicht einzuhalten.

Wir haben deshalb, um diese Forderung zu erfüllen, ein 1 kHz breites, maximal flaches Filter entworfen. Mit einer Zahl von fünf mechanischen Resonatoren können auch die Selektionsforderungen im Abstand von 4 kHz erfüllt werden.

Zur Wahl des Filtertyps ist zu bemerken: An erprobten Anordnungen stehen Torsionsschwinger mit torsionaler Kopplung, Longitudinalschwinger mit longitudinaler Kopplung [2] und Torsionsfilter mit longitudinaler Kopplung zur Verfügung [1].

Bild 2a zeigt das Torsionsfilter. Es fällt bei gleicher Bandmittenfrequenz wie das in Bild 2b ge-

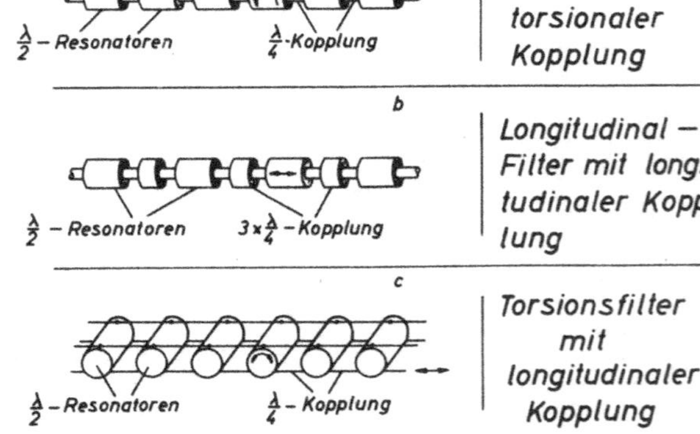

Bild 2: Typen mechanischer Filter

zeigte Longitudinalfilter um den Faktor 1,8 kürzer aus als dieses. Während bei Bild 2a und b der gleiche Schwingungsmodus torsionaler oder longitudinaler Bewegung bei $\frac{\lambda}{2}$ -Resonanzkreisen und $\frac{\lambda}{4}$ Koppelleitungen beibehalten wird, ändert man in Bild 2c den Schwingungsmodus (s. unter 2).

Die ersten beiden Anordnungen eignen sich, wenn bei kleiner Kreiszahl und mäßigen Forderungen nur kleine Stückzahlen zu bewältigen sind. Die Abstimmtechnik ist nicht ganz einfach, und sie ist ungenau. Die Filter können aber leicht durch Drehen aus Rundmaterial hergestellt werden. Sie sind reich an Nebenwellen, die speziell das Torsionsfilter als ungeeignet erscheinen lassen. Das Longitudinalfilter kann man jedoch hiervon befreien. Bei diesem Typ treten die Nebenwellen, anders als beim Torsionsfilter gleicher relativer Bandbreite, vornehmlich als Resonanzen nicht näher bekannten Schwingungstypes an den Longitudinalschwingern auf. Verändert man bei gleicher Lage der longitudinalen Resonanz etwas die Geometrie der Schwinger, so werden diese Resonanzen entkoppelt und sind in der Übertragungscharakteristik nicht mehr zu finden. Die dünnen $\frac{\lambda}{4}$ - Koppelstege neigen bei gewissen, leicht angebbaren Abmessungen zu Biegeschwingungen, die man durch Vermeidung gewisser Durchmesser bei vorgegebener Länge unterdrücken kann. Wir bemerken hier, daß von den ersten beiden Filtertypen praktisch nur das longitudinale Filter brauchbar erscheint. Auch das longitudinal gekoppelte Torsionsfilter wollen wir, trotz verschiedener sehr guter Eigenschaften, für Zwecke der Trägererzeugung nicht verwenden. Es hat seine Vorteile, wo große Stückzahlen e i n e s Types bei großer Kreiszahl verwendet werden sollen.

Bild 3 zeigt den Dämpfungsverlauf eines 5-kreisigen Longitudinalfilters für den 308 kHz-Träger (s. Bild 1). Die Grunddämpfung beträgt etwa 0,7 N. Die Filter arbeiten auf einen Betriebswiderstand von Z = 150 Ω. An diesen Widerstand können 15 mW

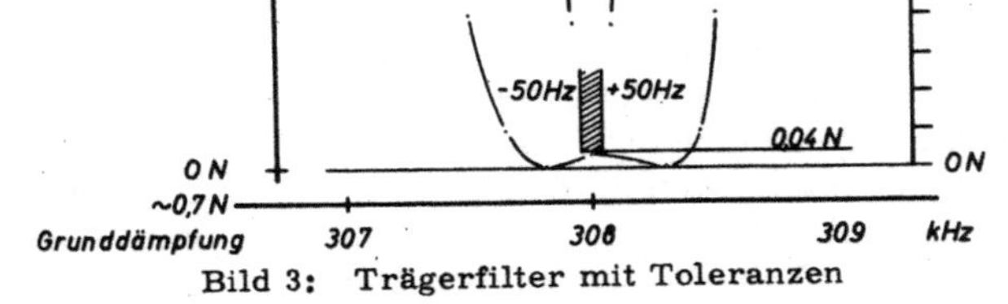

Bild 3: Trägerfilter mit Toleranzen

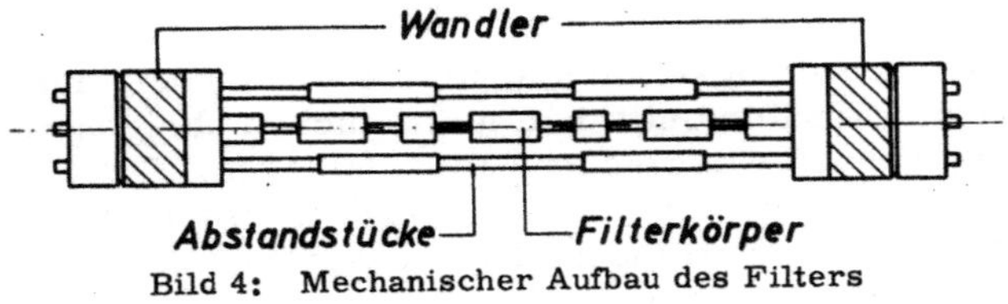

Bild 4: Mechanischer Aufbau des Filters

abgegeben werden. Die Linearität mechanischer Filter ist eine Frage der übertragenen Leistung (s. Bild 6). In Bild 4 ist der mechanische Aufbau des Filters wiedergegeben (Bild 4: Nur Längsschnitt).

2.) Das Kanalfilter

Die Forderungen an das Kanalfilter sind in Bild 5 dargestellt.

Die Dämpfung im größten Teil des Durchlaßbereiches darf nicht mehr als ± 0,025 N schwanken, wenn man dem Filter $\frac{1}{10}$ der Toleranz zubilligt, die international für eine Weitverkehrsverbindung zugelassen ist. Kritisch ist ferner die Einhaltung der Flankenforderungen auf der Trägerseite.

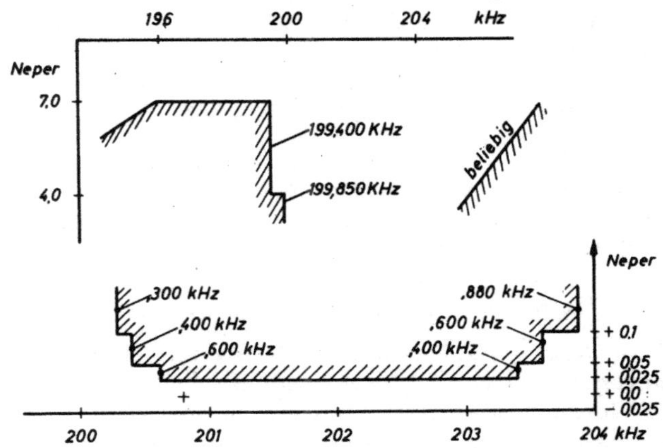

Bild 5: Toleranzen für das Kanalfilter

Die von uns gewählte Trägerfrequenz ist durchaus günstig. Wir sehen, daß schon das erwähnte Trägerfrequenzsystem durch das Vermeiden der Vorgruppen und die Verwendung nur eines Types des Kanalfilters vorteilhaft erscheint. Bei den speziellen Eigenschaften des mechanischen Filters muß man Gründe, die für eine niedere Frequenz des mechanischen Filters und solche, die für eine hohe Frequenz sprechen, gegeneinander abwägen. Für eine niedere Frequenz spricht, daß bei wachsenden Frequenzen die Forderungen an die Temperaturkoeffizienten des Filters und an dessen Abstimmgenauigkeit immer größer werden, sowie daß das Material für die Metall- und Ferritresonatoren der Alterung unterworfen ist. Im allgemeinen muß man die Eigenschaften eines Filters über viele Jahre garantieren. Diese Garantie kann man bei fehlender Erfahrung nur bei möglichst niederen Frequenzen aussprechen.

Für hohe Frequenzen hingegen spricht, daß die Abmessungen der Elemente des Filters sehr klein werden. Bei dem Aufbau des Filters ist man an bisherige Gestellgrößen gebunden, und außerdem ist es ein großer Vorzug mechanischer Filter, daß sie prinzipiell kleiner gemacht werden können als elektrische Filter. Für eine hohe Frequenz spricht weiter die Tatsache, daß man den elektrischen Abschluß des mechanischen Filters, bedingt durch einen begrenzten elektromechanischen Koppelfaktor, immer nur in einem relativ schmalen Frequenzbereich verwirklichen kann. Dies geht also bei vorgegebener absoluter Bandbreite, die übertragen werden soll, mit zunehmender Frequenz immer besser. Die Frequenz von 200 kHz erscheint uns bei Berücksichtigung all dieser Gründe als durchaus vertretbar. Zu den verschiedenen eben erwähnten Punkten ist dabei im Einzelnen bei dieser Frequenz das Folgende zu sagen, wobei wir gleich verschiedene in Betracht kommende Filtertypen auf ihre Eignung untersuchen wollen:

a) Der Temperaturkoeffizient (TK) kann im Augenblick leider nur im Zusammenhang mit der Schwinggüte gesehen werden. Eine Schwinggüte Q von $2,5 \cdot 10^4$ scheint uns überhaupt erst die genügende Sicherheit für das Funktionieren des Filters zu geben. Wir denken hierbei vor allem an die Dämpfungsverzerrung an den Bandkanten, weniger an die Durchlaßdämpfung. Diese für magnetische Werkstoffe außerordentlich hohe Güte kann bei den bisher nur auf sehr guten Temperaturkoeffizienten gezüchteten Werkstoffen nur gegen den Verzicht auf einen sehr guten TK erkauft werden. Man erreicht etwa $Q = 2,5 \cdot 10^4$, TK (f) $\sim 7 \cdot 10^{-6}$ [Grad Cels. $^{-1}$]. Zum Glück ist diese hohe Güte bei der von uns verwendeten Nickel-Eisenlegierung nur wenig temperaturabhängig, was durchaus nicht so sein muß. TK und Güte hat man durch saubere Führung von Glühprozessen ziemlich gut in der Hand. Bei dem angegebenen TK von $7 \cdot 10^{-6}$ [Grad Cels. $^{-1}$] hat man bei 200 kHz mit einer Flankenwanderung von 70 Hz zu rechnen ($\Delta T = 50^o$). Zur Güte der Metallresonatoren sei noch bemerkt, daß sie nicht nur durch die Materialeigenschaft bestimmt ist, sondern auch wesentlich abhängt von der Art der Halterungen, die man benötigt, um das Filter schüttelsicher in einem Gehäuse unterzubringen. Bei den vorhin gezeigten rein longitudinal oder torsional schwingenden Leitungsfiltern z.B. ist dieses Problem prinzipiell nicht lösbar, weil es bei Abschluß des Filters mit seinem Wellenwiderstand nur eine fortlaufende Welle gibt; es treten also keine Knoten auf, in denen das Filter gelagert werden kann. Allerdings sind diese Filter schon von sich aus ziemlich steif, so daß man unter Umständen mit je einer einseitigen Lagerung am Anfang und am Ende des Stabes auskommt. Anders bei dem longitudinal gekoppelten Torsionsfilter. Der Energietransport bei Anpassung findet nur entlang der Koppeldrähte statt. Die Torsionsschwinger sind also eigentlich keine Leitungsvierpole, sondern nur 2-Pole. Die Halterung der Resonatoren an ihrer Mittelebene bildet dann auch keine Schwierigkeiten, wie man am Bild 9 erkennen kann.

b) Die Abstimmgenauigkeit ist nach unseren Erfahrungen nur bei einem einzigen bisher bekannten Filtertyp befriedigend gelöst worden, das ist das longitudinal gekoppelte Torsionsfilter. Zunächst scheiden nämlich die aus einem Stück gedrehten Leitungsfilter vollständig aus. Beim Abstimmen dieser Filter geht man so vor, daß man die Kreise, die man im Augenblick nicht betrachtet, mechanisch "kurzschließt" oder wenigstens genügend weit, oder zumindest genügend definiert verstimmt. Das ist aber nicht möglich. Gute Kanalfilter dieser Art würden immer ein Zufallsprodukt sein.

Besonders beim Torsionsfilter mit torsionaler Kopplung (Bild 2a) kommen noch die Schwierigkeiten mit Nebenwellen in Form von Biegeschwingungen hinzu, die nur schwer zu beseitigen sind [3]. Als Lösung ist ein Filter gedacht, das man in den Elementen vorabgleicht, wobei die Möglichkeit zur Automatisierung gegeben sein soll, und das beim Zusammenbau zu völlig reproduzierbaren Filtern führt, an denen keine Abstimmarbeit mehr nötig ist. Das Filter soll außerdem nebenwellensicher sein. Beim longitudinal gekoppelten Torsionsfilter sind diese Forderungen erfüllt. Bei einer kleinen Serie solcher Filter fanden wir eine Reproduzierbarkeit beider Filterflanken besser als ± 15 Hz bei einer Vorabgleichgenauigkeit der Resonatoren besser ± 3 Hz.

c) Über die Langzeit-Alterungsrate ist uns noch wenig bekannt. Wir haben jedoch eine Reihe von Resonatoren gemessen, die nach einem Jahr ihre Eigenfrequenz nur in einem Ausmaß geändert haben können, das innerhalb der Größenordnung der Meßgenauigkeit liegt.

Diese drei Punkte ließen es uns geraten erscheinen, das Filter bei möglichst tiefen Frequenzen zu realisieren. Man sieht aber, daß die bei 200 kHz zu erwartenden absoluten Streuungen durch TK, Abstimmungsgenauigkeit und Alterung zu meistern sind.

Kommen wir nun zu dem Punkt, der für eine möglichst hohe Frequenz spricht, den äußeren Abmessungen.

Die Tablettlänge von ca. 160 mm, auf dem ein Kanalfilter in den modernen Gestellen montiert werden muß, ist vorgegeben. Bei einer Kreiszahl von 17 (mit viel Sicherheit) hat das rein longitudinal schwingende Filter eine Länge von wenigstens 360 mm, das reine Torsionsfilter eine Länge von wenigstens 200 mm, während das Torsionsfilter mit longitudinaler Kopplung wenigstens 150 mm lang wird. Nun stecken in der angegebenen Kreiszahl freilich noch Reserven, die man abbauen kann, wenn es vor allem gelingt, Güte bzw. TK gleichzeitig auf $2,5 \cdot 10^4$ bzw. $1 \ldots 2 \cdot 10^{-6}$ [Grad Cels. $^{-1}$] zu bringen. Trotzdem bleibt auch hier wohl nur der dritte Filtertyp zur Realisierung der gestellten Forderungen übrig. Während man also den bekannten Filteranordnungen der reinen Longitudinal- und Torsionsfilter wenig Aussicht machen kann, den Bau eines in jeder Hinsicht brauchbaren Kanalfilters zu ermöglichen, erscheint es uns recht aussichtsreich, das Torsionsfilter mit longitudinaler Kopplung weiter zu vervollkommnen. Wie aus dem vorhergehenden zu ersehen ist, muß insbesondere der Technologie solcher Filter eine große Bedeutung beigemessen werden. Auch fertigungstechnische Fragen müssen bedacht sein. Es kann hier nicht auf alle Einzelheiten eingegangen werden. Als Beispiel sei erwähnt:

Große Schwierigkeiten machte die Verbindung des Ferritresonators mit dem metallischen übrigen Filterkörper. Inzwischen ist es gelungen, Ferrit und Metall über eine Glasschmelze ultraschallmässig sauber zu verbinden. Die Auswirkung dieser Maßnahme sieht man in Bild 6.

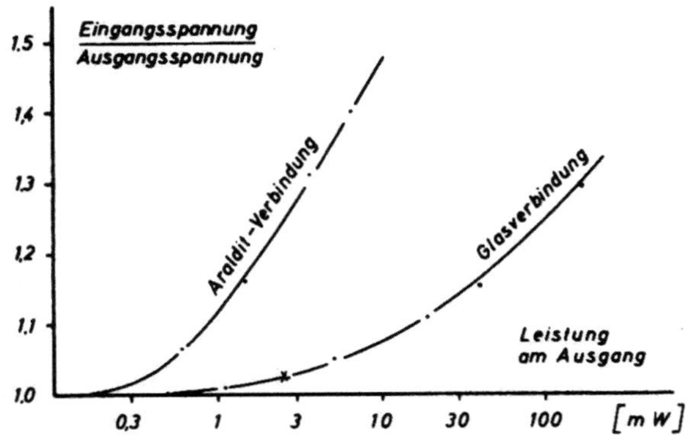

Bild 6: Linearität mechanischer Filter

Dort ist die Linearität der Übertragung in der Bandmitte bei zwei Filtern verglichen. Das eine Filter hat eine Araldtklebestelle als Ferrit-Metallverbindung, bei dem anderen Filter ist hierzu ein Glasfluß verwendet. Die angegebenen etwa 300 mW beim Filter mit Glasverbindung werden ohne bleibende Änderung im Filtergefüge übertragen. Die Grenze der zu übertragenden Leistungen in mechanischen Filtern ist offenbar nur noch durch den verfügbaren Ferritquerschnitt gegeben. Man kann maximal 5 - 8 W/cm^2 Leistung übertragen. Der Querschnitt eines Ferritresonators bei 200 kHz ist durch Nebenwellensicherheitsforderungen und Forderungen an die Größe des elektromechanischen Koppelfaktors vorgegeben.

In der erwähnten Veröffentlichung [1] wurde dargestellt, warum sich unser Filter auch hinsichtlich Nebenwellensicherheit sehr bewährt hat. Es geht hier offenbar vor allem um die Vermeidung von Biegeschwingungen, die mit der bei dem Trägerfilter erwähnten Methode nicht zu beeinflussen sind. Über eine weitere Möglichkeit des Auftretens von Nebenwellen möchte ich jetzt noch etwas bemerken. Zur Approximation eines Tschebyscheffschen Dämpfungsverlaufes im Durchlaßbereich des Filters sind wir gezwungen, die Kopplung von Kreis zu Kreis zu variieren. Dies geschieht bekanntlich [1] durch entsprechende Abstufung des Wellenwiderstandes der Resonatoren bei Beibehaltung des Querschnittes des Koppeldrahtes. Zu einer bestimmten Welligkeit der Dämpfung gehört also eine bestimmte Durchmesserverteilung der Bohrungen der Resonatoren.

Diese Bohrungen (s. Bild 7) sind durchaus nicht unkritisch bezüglich des Auftretens von Nebenwellen.

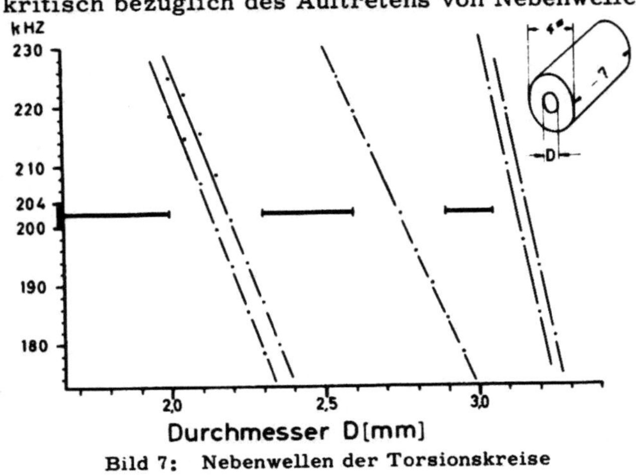

Bild 7: Nebenwellen der Torsionskreise

Wir vermuten, daß es sich bei den Nebenwellen um eine radiale Biegung des Zylindermantels handelt. Dafür spricht die Abhängigkeit sowohl von der Wandstärke als auch von der Länge. Überschlägige Rechnungen geben das Verhalten weitgehend richtig wieder. Man sieht jedoch, daß es nicht sehr schwer fallen kann, durch Vermeidung gewisser Bohrungen die Nebenwellen genügend weit wegzulegen. Es reicht völlig aus, wenn man Nebenwellenabstände von 20 kHz erreicht; in der Betriebsübertragung findet man dann schon nichts mehr mit Dämpfungen kleiner 10 N. Übrigens schränkt die Ausscheidung gewisser Bohrungen die möglichen Filtertypen praktisch nicht ein.

Bild 8 zeigt die Übertragungscharakteristik eines 18-kreisigen Filters. Der Nebenwellenabstand ist besser als 10 N. Der Betriebswiderstand beträgt 600 Ω, Die Grunddämpfung etwa 0, 5 N.

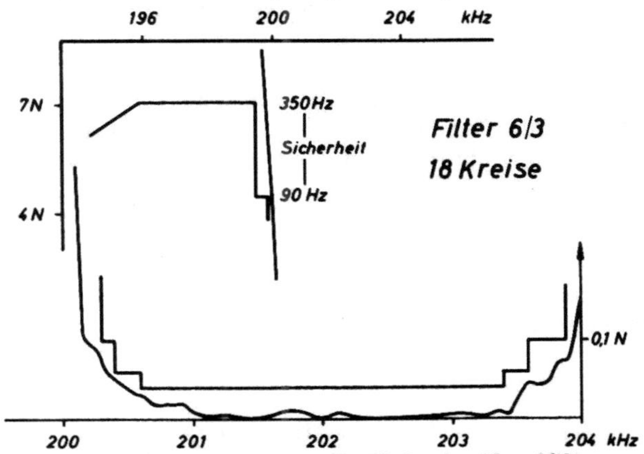

Bild 8: Dämpfungsgang für 18-kreis. Kanalfilter

Auf Bild 9 sieht man den äußeren Aufbau des Filters mit Halterung.

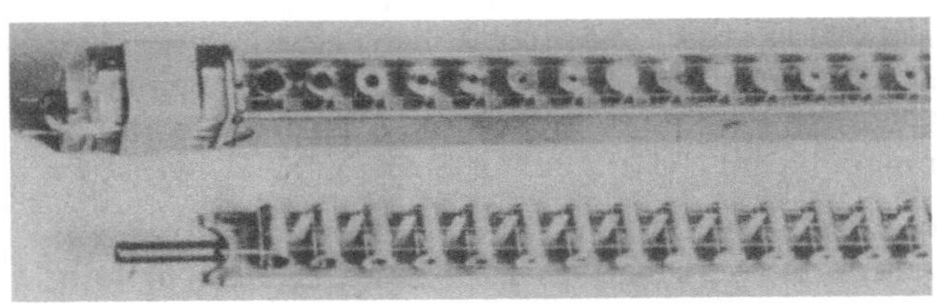

Bild 9: Äußerer Aufbau des Filters mit Halterung

Zusammenfassend kann gesagt werden, daß es möglich ist, mechanische Kanal- und Trägererzeugungsfilter für die Trägerfrequenztechnik zu bauen, wobei allerdings auch das Frequenzschema für die Bildung der TF-Grundgruppe zu ändern wäre. Dieser Umstand zwingt jedoch, vor einer Umstellung der Trägerfrequenzgeräte auf mechanische Filter noch sehr sorgsame weitere Überlegungen anzustellen. Hierzu gehört vor allem eine Wirtschaftlichkeitsbetrachtung, die auch den Vergleich mit dem Einsatz von Quarzfiltern berücksichtigen muß.

Schrifttum

[1] M. Börner, E. Kettel, H. Ohnsorge: Mechanische Filter für die Nachrichtentechnik. Telefunken-Zeitung, Jg. 31 (Juni 1958) H. 120, S. 105-114

[2] W. v. B. Roberts, L. L. Burns: Mechanical Filters for radio frequencies. RCA-Review, Vol. 10 (Sept. 1949) S. 348-365

[3] M. Börner: Biegeschwingungen in Mechanischen Filtern. Telefunken-Zeitung, Jg. 31 (Juni 1958) S. 115-123 und Jg. 31 (Sept. 1958) S. 188-196

MOMENTANWERT-NF-KOMPANDER *)

K. Lindig, Stuttgart

Mit 12 Bildern

Einleitung

Schon seit vielen Jahren werden in Nachrichtenübertragungssystemen auf Leitungen sowie auch über Funk Geräte eingesetzt, die die Aufgabe haben, vorhandene Geräusche oder auch Nebensprechen bis auf ein zulässiges Maß zu unterdrücken.

Die Ursachen dieser Geräusche oder des Nebensprechens können entweder die Übertragungsleitungen oder auch die Übertragungssysteme selbst sein. Als Übertragungsstrecken mit relativ grossem Geräuschbelag kann man Funkfelder, Freileitungen, Hochspannungsleitungen und Ortsleitungen bezeichnen. Bringen die Übertragungsgeräte die erwähnten Störungen, so ist dieses in der Systemtechnik begründet oder aus Wirtschaftlichkeitsgründen gegeben.

In all diesen Fällen kann man Geräuschminderer einsetzen, wobei deren technische Ausführung von der gewünschten Güte der Sprachübertragung abhängig ist.

Überblick

Ein klassisches Beispiel einer Geräuschunterdrückung bei optimaler Erhaltung der Sprachqualität ist der Kompander, der sich sowohl im Ausland als auch bei der Deutschen Bundespost bewährt hat [1], [2]. Im Bild 1 ist ein Pegeldiagramm einer Kompanderverbindung ganz allgemein dargestellt. An ein Übertragungssystem mit Fernleitung sind am Eingang des Übertragungssystems ein Presser und am Ausgang ein Dehner angeschaltet. Ein großes Störsignal P_S wirkt im System oder auf der Leitung. Dieser Störer sei beispielsweise mit einem Abstand von 3,5 N am

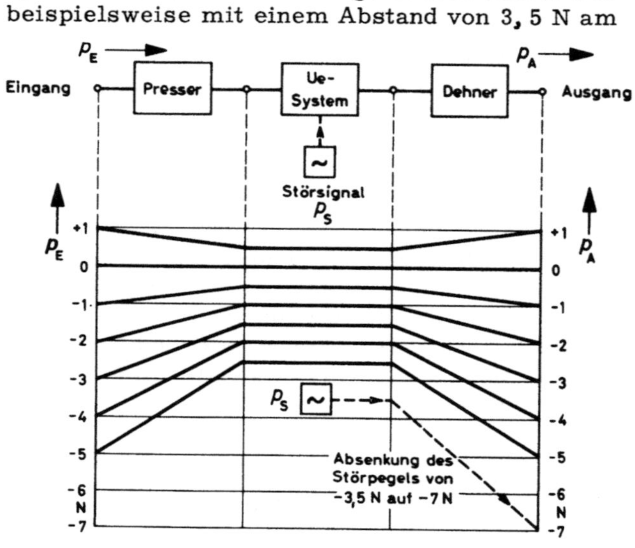

Bild 1: Pegeldiagramm einer Kompanderverbindung

relativen Pegel 0 vorhanden. Der Dynamikbereich der Sprache wird am Eingang durch den Presser im Verhältnis 2 : 1 verkleinert und über das Übertragungssystem mit Leitung übertragen. Am Ausgang ist ein Dehner mit komplementärer Charakteristik angeschaltet, der den verkleinerten Dynamikbereich im umgekehrten Verhältnis 1 : 2 auf den ursprünglichen korrigiert. Der Gewinn an Störabstand von -3,5 auf -7 N wird allein durch die Charakteristik des Dehners erreicht. Die Aufgabe des Pressers ist es, dadurch, daß er den Dynamikbereich der Sprache verkleinert und somit auch kleinere Pegel durch größere Verstärkung über das Störsignal auf der Leitung anhebt, die übertragene Sprache natürlicher und verständlicher zu machen.

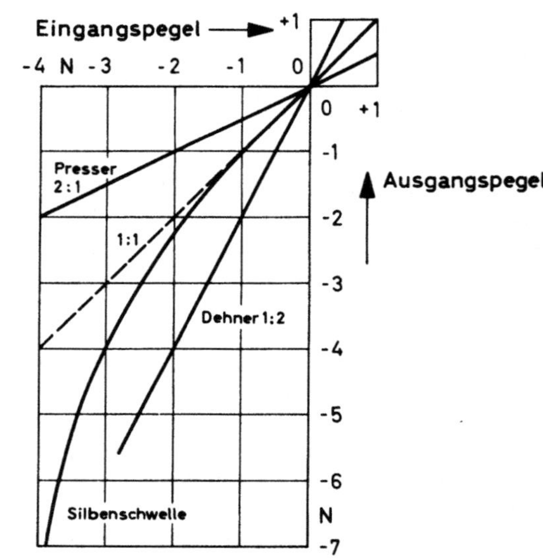

Bild 2: Aussteuerungskennlinien Presser, Dehner und Silbenschwelle

In Bild 2 sind die Kennlinien von Presser und Dehner in einer anderen Darstellung gezeichnet. Die gewünschte Kennlinie für eine natürliche Sprachübertragung ist die lineare Kennlinie mit 1 : 1, die man durch die Einschaltung der beiden Geräte mit den aufgezeichneten Kennlinien erhält. Schaltet man einen Dehner, der den oben genannten Gewinn an Störunterdrückung bringt, allein am Ende einer Übertragungsleitung ein, so wird die Qualität der übertragenen Sprache durch Verdopplung der Dynamik (Kennlinie 1:2) stark verschlechtert. Es besteht nun die Möglichkeit, eine Schwelle einzusetzen, die in dem Arbeitsbereich des Nutzsignales eine lineare Kennlinie besitzt, nach kleineren Pegeln hin aber durch steilen Abfall der Kennlinie einen Gewinn an Geräuschunterdrückung bringt. [3]. Untersuchungen und auch der Einsatz in der Praxis haben diese Überlegungen bestätigt. Beide Geräuschminderer, sowohl Kompander als auch Schwelle, hat man hauptsächlich in Verbindung mit sprachgesteuerten Regelkreisen einge-

*)Mitteilung der Standard Elektrik Lorenz AG, Mix u. Genest Werke, Stuttgart

setzt (Silbenkompander, Silbenschwelle). Bei der Entwicklung von wirtschaftlichen TF-Systemen, insbesondere für kürzere Entfernungen, ist der Aufwand eines solchen Silbenkompanders nicht mehr vertretbar, da die Kosten einer Kanalverbindung durch diesen beträchtlich erhöht würden. An Stelle der aufwendigen Steuerung durch die Sprach- und Silbenenergie versucht man deshalb, direkt mit dem Augenblicks- oder auch Momentanwert der Sprachfrequenzamplitude eine nichtlineare Kennlinie anzusteuern, wodurch sich gleichfalls in Abhängigkeit der Eingangsspannung der Übertragungsfaktor ändert.

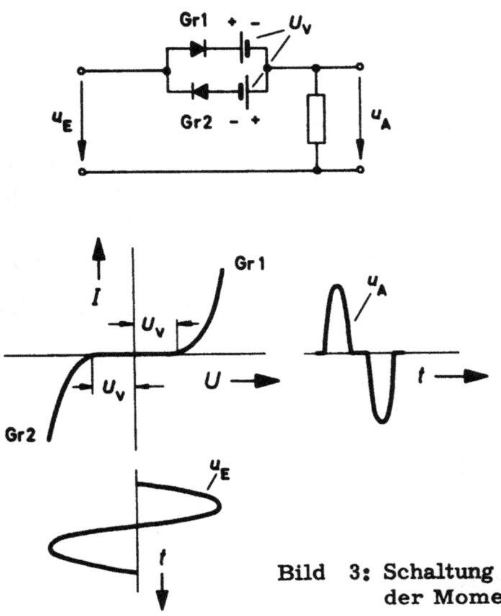

Bild 3: Schaltung und Arbeitsweise der Momentanwertschwelle

In Bild 3 sind die Schaltung und die Arbeitsweise einer Momentanwert-Schwelle dargestellt. Zwei in der Sperrichtung mit der Spannung u_v vorgespannte Dioden Gr sind in Reihe mit einem Widerstand geschaltet und werden mit der Eingangsspannung u_e angesteuert. Der Übertragungsfaktor ändert sich bei jedem Momentanwert der Sprachfrequenzamplitude. Die Kennlinie der Ausgangsspannung u_a in Abhängigkeit von der Eingangsspannung u_e ähnelt der Kennlinie der sprachgesteuerten Schwelle in Bild 2. Der Klirrfaktor ist aber wesentlich größer und der Klang der Sprache unangenehm. Will man trotzdem momentanwertgesteuerte Geräuschminderer am Ende einer Leitung einsetzen, so muß man dafür sorgen, daß eine komplementäre Schaltung mit entgegengesetzter Charakteristik auf der sendenden Stelle am Eingang einer Leitung oder eines Übertragungssystems vorhanden ist. Man hat also damit wiederum einen Kompander, der, anders als der Silbenkompander, mit Momentanwerten der Sprachfrequenzen angesteuert wird. In seinem Schaltungsaufbau ist der Momentanwertkompander wesentlich einfacher.

Von entscheidender Bedeutung für den Einsatz des Momentanwert-NF-Kompanders ist die Beherrschung der nichtlinearen Verzerrungen, die trotz der aus ökonomischen Gründen beschränkten Übertragungsbandbreite niedrig gehalten werden sollen. Die Abweichung der Presser- und Dehnerkennlinien von ihrem Sollverlauf, die gleichfalls nichtlineare Verzerrungen verursacht, kann durch geeignete Dimensionierung verhindert werden. Im folgenden werden zunächst die Bemessungsregeln für einen Momentanwert-Kompander angegeben. Danach werden die Anforderungen diskutiert, die an den Übertragungsweg zu stellen sind, damit die nichtlinearen Verzerrungen genügend klein bleiben.

Aufbau und Wirkungsweise des Momentanwert-NF-Kompanders

In Bild 4 sind die beiden Grundschaltglieder eines Momentanwert-NF-Kompanders mit den zugehörigen Arbeitskennlinien dargestellt. Bei dem Presser erkennt man einen Widerstand, in Reihe dazu ein gegeneinandergeschaltetes Diodenpaar, wobei die Ausgangsspannung parallel zu den Dioden abgenommen wird. Bei dem Dehner ist es die gleiche Anordnung mit dem Unterschied, daß hier die Ausgangsspannung an dem Widerstand abfällt. Wird eine Sinusschwingung mit der Spannung u_1 auf die nichtlineare Kennlinie des Pressers gegeben, so ist u_2 an seinem Ausgang nahezu eine Rechteckschwingung. Steuert man nun die komplementäre Kennlinie des Dehners mit dieser Rechteckschwingung der Spannung u_2 an, so wird an dessen Ausgang u_3 als Sinusspannung wiedergewonnen. Für das Zusammenwirken beider Schaltungen ist eine genaue Dimensionierung der zur Verwendung kommenden Schaltglieder erforderlich; sonst erreicht man nicht den optimalen Arbeitsbereich, und es entstehen Verzerrungen. Im folgenden sollen daher die grundsätzlichen Bemessungsmerkmale eines Momentanwert-NF-Kompanders aufgezeichnet werden.

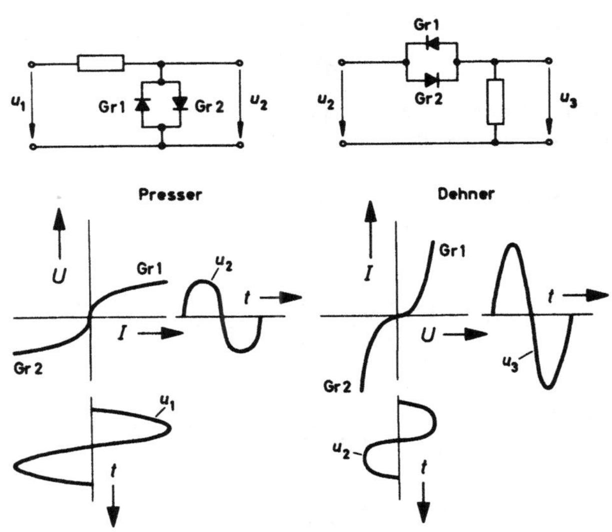

Bild 4: Momentanwertkompander Schaltung und Arbeitsweise

Bemessung eines Momentanwert-NF-Kompanders

Bild 5 zeigt ein Ersatzschaltbild, in dem die wirksamen Schaltglieder des Pressers und Dehners über ein lineares System zusammengeschaltet sind. Der Längswiderstand R_2 in Reihe zu den Dioden im Presser und der Parallelwiderstand R_3 parallel zu den Dioden im Dehner bewirken einerseits eine Linearisierung der zugehörigen Kenn-

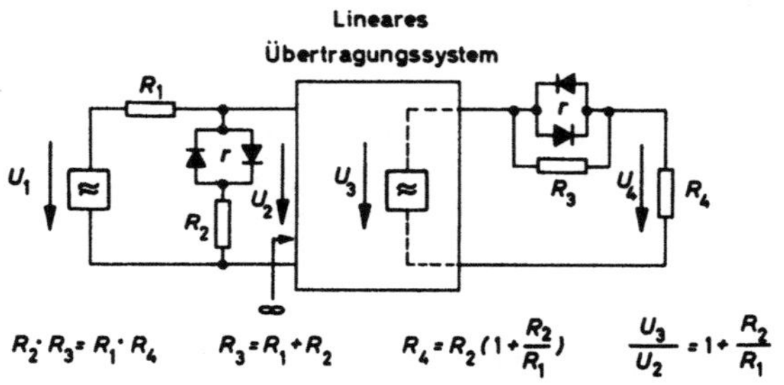

Bild 5: Momentanwert-NF-Kompander Ersatzschaltbild

linien und andererseits eine Stabilität gegen thermische Einflüsse. Es ist darauf zu achten, daß Presser und Dehner in beiden Fällen mit Spannung anzusteuern sind ($R_i \longrightarrow 0$) und die Abschlußwiderstände hochohmig sein sollen ($R_a \longrightarrow \infty$).

Es treten keine Verzerrungen auf, wenn folgendes gilt:

$$U_4 = K_1 U_1 \quad (K_1 = \text{const.}) \tag{1}$$

$$U_3 = K_2 U_2 \quad (K_2 = \text{const.}) \tag{2}$$

$$\frac{U_2}{U_1} \cdot \frac{U_4}{U_3} = K_3 = a \cdot b \quad (K_3 = \text{const.}) \tag{3}$$

Zwischen U_2 und U_1 am Presser und zwischen U_4 und U_3 am Dehner ergibt sich:

$$U_2 = U_1 \frac{r + R_2}{r + R_1 + R_2} = a \cdot U_1 \tag{4}$$

$$U_4 = U_3 \frac{R_4 (r + R_3)}{rR_3 + R_4 (r + R_3)} = b \cdot U_3 \tag{5}$$

Geht man nun zu den Grenzwerten für r in den Gleichungen (4) und (5), so erhält man

$$\text{für } r \rightarrow \infty;\ a_\infty = \lim_{r \rightarrow \infty} \frac{r + R_2}{r + R_1 + R_2} = 1\ ;$$

$$b_\infty = \lim_{r \rightarrow \infty} \frac{R_4 (r + R_3)}{rR_3 + R_4 (r + R_3)} = \frac{R_4}{R_3 + R_4}$$

$$\text{für } r \rightarrow 0;\ a_0 = \lim_{r \rightarrow 0} \frac{r + R_2}{r + R_1 + R_2} = \frac{R_2}{R_1 + R_2}\ ;$$

$$b_0 = \lim_{r \rightarrow 0} \frac{R_4 (r + R_3)}{rR_3 + R_4 (r + R_3)} = 1$$

Nach Gleichung (3) ergibt sich die Bedingung

$$a_\infty \cdot b_\infty = a_0 \cdot b_0 \text{ oder}$$

$$\frac{R_4}{R_3 + R_4} = \frac{R_2}{R_1 + R_2} \text{ oder}$$

$$\boxed{R_2 \cdot R_3 = R_1 \cdot R_4} \tag{6}$$

Einen anderen Zusammenhang erhält man durch die Gleichungen (5), (2) und (4):

$$U_4 = K_2 \cdot U_1 \frac{r + R_2}{r + R_1 + R_2} \cdot \frac{R_4 (r + R_3)}{rR_3 + R_4 (r + R_3)} \tag{7}$$

Dieses in Gleichung (1) eingesetzt, ergibt

$$K_1 = K_2 \frac{r + R_2}{r + R_1 + R_2} \cdot \frac{R_4 (r + R_3)}{rR_3 + R_4 (r + R_3)}$$

oder mit

$$K_3 = \frac{K_1}{K_2};\ K_3 = \frac{r + R_2}{r + R_1 + R_2} \cdot \frac{R_4 (r + R_3)}{rR_3 + R_4 (r + R_3)} \tag{8}$$

Setzt man die Gleichung (6) in (8) ein, so erhält man nach Umformung

$$K_3 = \frac{R_2 \left[r^2 + r (R_2 + R_3) + R_2 R_3 \right]}{r^2 (R_1 + R_2) + r \left[R_2 R_3 + (R_1 + R_2)^2 \right] + R_2 R_3 (R_1 + R_2)} \tag{9}$$

Da K_3 nicht von r abhängen soll, muß gelten, wenn g (r) den Zähler und h (r) den Nenner des Ausdrukkes Gleichung (9) bezeichnen.

$$\frac{g\,(r)}{h\,(r)} = m \quad (m = \text{const.})$$

Daraus ergibt sich: $g\,(r) = m \cdot h\,(r)$

oder

$$R_2 r^2 + R_2 r (R_2 + R_3) + R_2^2 R_3$$

$$= mr^2 (R_1 + R_2) + mr \left[R_2 R_3 + (R_1 + R_2)^2 \right] + mR_2 R_3 (R_1 + R_2) \tag{10}$$

Aus (10) ergeben sich 3 Gleichungen

$$R_2 = m (R_1 + R_2) \tag{11}$$

$$R_2 (R_2 + R_3) = m \left[R_2 R_3 + (R_1 + R_2)^2 \right] \tag{12}$$

$$R_2 = m (R_1 + R_2) \tag{13}$$

oder nach (12) und (13) eine weitere Bedingung zur Bemessung der Widerstände in den Grundschaltgliedern für Presser und Dehner:

$$\boxed{R_3 = R_1 + R_2} \tag{14}$$

Mit Gleichung (6) und (14) kann man auch schreiben

$$\boxed{R_4 = R_2 \left(1 + \frac{R_2}{R_1}\right)} \tag{15}$$

Zur Vervollständigung der Bemessungsgleichungen für den Momentanwert-NF.

Zur Vervollständigung der Bemessungsgleichungen für den Momentanwert-NF-Kompander fehlt noch eine Beziehung für den Verstärkungsfaktor des linearen Systems. Man kann annehmen, daß bei großen Eingangsspannungen die Diodenpaare im Presser und Dehner durchgesteuert sind und deren Widerstand r gegen 0 geht, ($r \longrightarrow 0$). Dann wird U_4 in der Schaltung des Dehners gleich U_3.

Unter Voraussetzung, daß die Ströme in den Diodenpaaren von Presser und Dehner gleich sind, kann man dann schreiben

$$\frac{U_3}{U_2} = \frac{R_4}{R_2}$$

oder entsprechende Gleichung (15) eingesetzt:

$$\boxed{\frac{U_3}{U_2} = 1 + \frac{R_2}{R_1}} \qquad (16)$$

Diese Beziehung trifft auch zu jeder Zeit bei allen Momentanwerten der Sprachfrequenzen zu, wenn sichergestellt ist, daß die Dioden im Presser und Dehner die gleiche Stromspannungscharakteristik und damit auch den gleichen Widerstand haben.

Bild 6 zeigt ein Prinzipschaltbild eines Momentanwert-NF-Kompanders. Die Schaltelemente von Presser und Dehner wurden so in eine Transistorschaltung eingefügt, daß vorstehende Bemessungsmerkmale erfüllt sind.

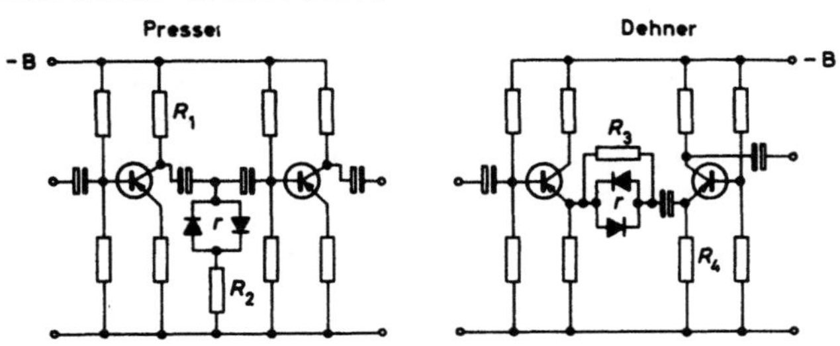

Bild 6: Momentanwert-NF-Kompander Schaltungsbeispiel

Die Diodenschaltung des Pressers wird aus einer Emitterschaltung mit dem im Prinzipschaltbild als R_1 bezeichneten Reihenwiderstand angesteuert. Zur Entkopplung am Ausgang wird gleichfalls eine Emitterschaltung verwendet, deren Eingangswiderstand im Aufbau mit berücksichtigt ist. Bei dem Dehner werden die Dioden aus einer niederohmigen Kollektorschaltung angesteuert. An seinem Ausgang dient eine Basisschaltung zur Entkopplung. Auch hierbei sind neben dem Widerstand R_4 (vgl. Ersatzschaltbild) noch die Widerstände der Transistoren zu berücksichtigen. Zur verzerrungsfreien Übertragung der Sprachfrequenzen wählte man HF-Transistoren mit ihrer relativ hohen Grenzfrequenz. Im Gegensatz dazu liegt bei der Wahl der Koppelkondensatoren eine sehr niedrige Übertragungsfrequenz zu Grunde.

Besteht der Wunsch, einen Momentanwert-NF-Kompander einzusetzen, der einen größeren Pressungs- und Dehnungsgrad aufweist, so kann man in gleicher Art je zwei Diodenpaare im Presser und Dehner einsetzen und diese über Entkopplungsstufen betreiben. Diese Maßnahme ist nur vorteilhaft für Kompander in einem Übertragungssystem, in dem Restdämpfungsänderungen auf der Leitung auf jeden Fall ausgeregelt werden oder keinen Einfluß haben. Das trifft für Übertragungssysteme mit Frequenzmodulation oder Pulscodemodulation zu [4]. Übertragungssysteme mit Amplitudenmodulation und ohne Regelung sind für den Einsatz eines "Tandem"-Kompanders nicht geeignet.

Bis jetzt wurden das Übertragungssystem und die Leitung als "lineares System" angenommen. Dies ist in der Praxis bei weitem nicht der Fall, und der folgende Abschnitt soll die Übertragungsstrecke behandeln, die für eine einwandfreie Übertragung der Sprachfrequenzen mit verantwortlich ist.

Anforderung an die Übertragungsstrecke

Die Übertragungsstrecke für die Sprachfrequenzen setzt sich zusammen aus den Endeinrichtungen eines Übertragungssystems und der Fernleitung. Es ist leicht einzusehen, daß die Fernleitung bei einem Trägerfrequenzsystem mit mehreren Sprachkanälen in ihren Eigenschaften nicht für die Qualität der Sprachübertragung bestimmend ist, sondern, daß die übertragungstechnischen Schwierigkeiten in den Frequenzumsetzern und Filtern der zugehörigen Kanalverbindung sende- und empfangsseitig auftreten. Beim Einsatz eines Momentanwert-NF-Kompanders ist auf die Bemessung dieser kanaleigenen Baugruppen grosser Wert zu legen. Dämpfungsverzerrungen und Laufzeit- oder Phasenverzerrungen der Kanalverbindung haben nichtlineare Verzerrungen zur Folge, die die Sprachübertragung stören. Dies soll an folgenden Betrachtungen erläutert werden:

Der Presser werde mit einer Sinusspannung der Frequenz ω angesteuert. Am Ausgang des Pressers entsteht durch die Nichtlinearität seiner Kennlinie ein Frequenzspektrum, in dem neben der Grundwelle ω noch die ungeradzahligen Harmonischen vorhanden sind. Dieses Spektrum gelangt auf eine Kanalverbindung, die gemäß Bild 7 Dämpfungsverzerrungen Δ a und Phasenverzerrungen Δ b aufweist. Zur Berechnung des Klirrfaktors soll die 3. Harmonische einer Grundwelle der Frequenz ω betrachtet werden, da sie für den Klirrfaktor maßgebend ist.

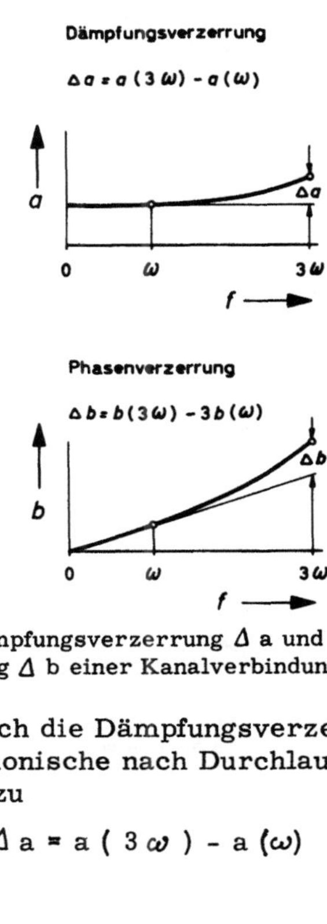

Bild 7: Dämpfungsverzerrung Δ a und Phasenverzerrung Δ b einer Kanalverbindung

Es ergibt sich die Dämpfungsverzerrung Δ a für die 3. Harmonische nach Durchlaufen der Kanalverbindung zu

$$\Delta a = a(3\omega) - a(\omega) \qquad (17)$$

und die Phasenverzerrung Δb für die gleiche 3. Harmonische am Ausgang der Kanalverbindung zu

$$\Delta b = b(3\omega) - 3b(\omega) \tag{18}$$

Treten diese Verzerrungen am Ausgang der Kanalverbindung auf, so wird die durch den Presser erzeugte 3. Harmonische durch den am Ausgang angeschalteten Dehner nicht mehr restlos kompensiert.

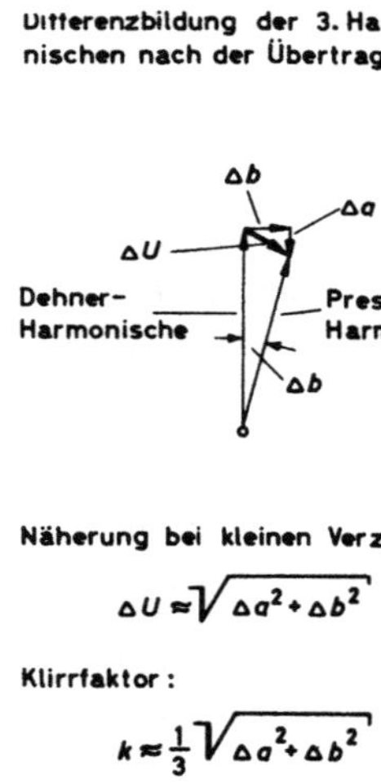

Bild 8: Differenzbildung der 3. Harmonischen nach der Übertragung

Entsprechend dem Vektorbild (Bild 8) verbleibt eine Restspannung ΔU für die 3. Harmonische, für die man bei kleinen Verzerrungen näherungsweise schreiben kann

$$\Delta U \approx \sqrt{\Delta a^2 + \Delta b^2} \tag{19}$$

Daraus ergibt sich als Näherung für den zu erwartenden Klirrfaktor bei Annahme einer Rechteckspannung am Ausgang des Pressers, wobei die Amplitude der 3. Harmonischen 1/3 der Grundwellenamplitude beträgt,

$$k \approx 1/3 \sqrt{\Delta a^2 + \Delta b^2} \tag{20}$$

In Bild 9 ist der Klirrfaktor in Abhängigkeit von der Dämpfungsverzerrung Δa, bei der Phasenverzerrung $\Delta b = 0$ und ferner der Klirrfaktor in Abhängigkeit von der Phasenverzerrung Δb bei der Dämpfungsverzerrung $\Delta a = 0$ aufgetragen.

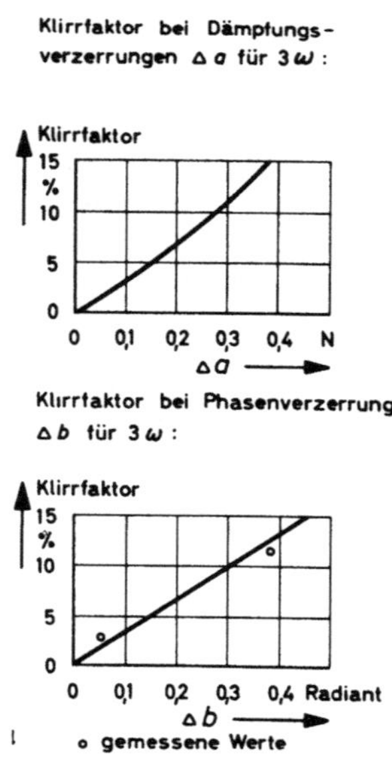

Bild 9: Klirrfaktor bei Dämpfungsverzerrungen Δa für 3ω und Phasenverzerrungen Δb für 3ω

Möchte man z.B. einen Klirrfaktor von 10 % bei Vorhandensein von Δa und Δb zu gleichen Teilen zulassen, so kann man aus den dargestellten Kurven entnehmen, daß die frequenzabhängige Restdämpfungsänderung bei 3ω 0,2 N und die frequenzabhängige Phasenänderung bei 3ω 0,2 rad $\approx 12^\circ$ nicht übersteigen darf.

Der Anstieg des Klirrfaktors bei Phasenänderung Δb wurde bei Zusammenschaltung eines Pressers und eines Dehners über einen Tiefpaß mit der Grenzfrequenz 3,4 kHz für eine Grundwelle 500 Hz und 1000 Hz durch Messung bestätigt. Die frequenzabhängige Restdämpfungsänderung war dabei vernachlässigbar. Die Meßpunkte sind im Bild 9 eingetragen.

Für Frequenzen des Sprachbandes, deren 3. Harmonische nicht mehr in das übertragene Band fallen, sondern herausgefiltert werden, würde der Dehner einen großen Klirrfaktor bringen. Man kann jedoch am Ausgang des Dehners einen Tiefpaß vorsehen, dessen Grenzfrequenz etwas niedriger gewählt wird als diejenige des Übertragungsweges, so daß die entstehenden Störfrequenzen wieder unterdrückt werden.

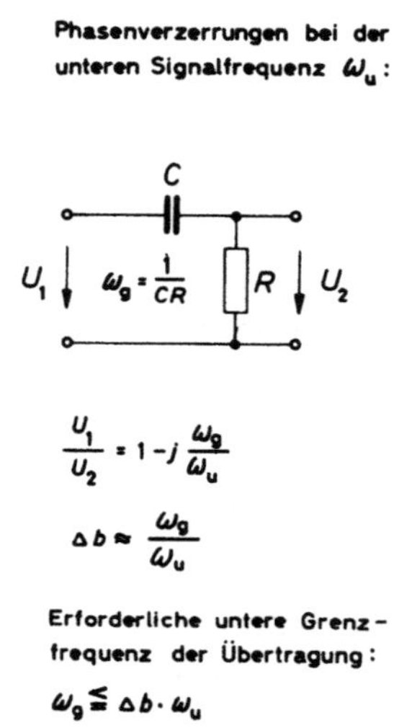

Bild 10: Phasenverzerrungen bei der unteren Signalfrequenz ω_u

Wichtig ist die Wahl der Übertragungsgrenze für tiefe Frequenzen. Nimmt man nur ein charakteristisches RC-Glied an, das bei tiefen Frequenzen begrenzend wirkt (Bild 10), so verhalten sich die Spannungen:

$$\frac{U_1}{U_2} = \frac{R + \frac{1}{j\omega_u C}}{R} = 1 - j\,\frac{1}{\omega_u CR}$$

Führt man für die Grenzfrequenz des RC-Gliedes

$$\omega_g = \frac{1}{CR} \quad \text{ein,}$$

so erhält man

$$\frac{U_1}{U_2} = 1 - j\frac{\omega g}{\omega_u}$$

Daraus ergibt sich näherungsweise für kleine Phasenverzerrungen

$$\Delta b \approx \frac{\omega g}{\omega_u} \qquad (21)$$

oder die erforderliche untere Grenzfrequenz der Übertragung zu

$$\omega_g \leqq \Delta b \cdot \omega_u \qquad (22)$$

Will man z. B. einen Klirrfaktor von 7 % zulassen, so darf die Phasenänderung $\Delta b = 0,2$ rad $\approx 12^{o}$ sein. Dieses erreicht man entsprechend Gleichung (22), wenn als tiefste übertragene Frequenz $0,2\omega_u$ gewählt wird. Ein Niederfrequenzband, das als tiefste Frequenz 300 Hz übertragen soll, muß bei der eben erwähnten Klirrfaktorforderung von 7 % bereits 60 Hz gut übertragen. Bei kleinerem Klirrfaktor muß die Grenzfrequenz des RC-Gliedes noch kleiner gewählt werden.

Für die RC-Koppelglieder des Momentanwert-NF-Kompanders ist dieses gleichfalls zu berücksichtigen.

Der Momentanwert-NF-Kompander bietet sich also für solche Systeme an, die tiefste Frequenzen bis zum Gleichstrom übertragen können. Es sind dies Systeme mit AM-Zweiseitenbandmodulation und Systeme mit Frequenzmodulation.

Messungen am Momentanwert-NF-Kompander

Im Bild 11 sind die Klirrverhältnisse eines Momentanwert-NF-Kompanders bei einer direkten pegelrichtigen Zusammenschaltung von Presser und Dehner dargestellt.

Am Eingang des Pressers liegt eine Wechselspannung der Frequenz 500 Hz mit einem Pegel P_E.

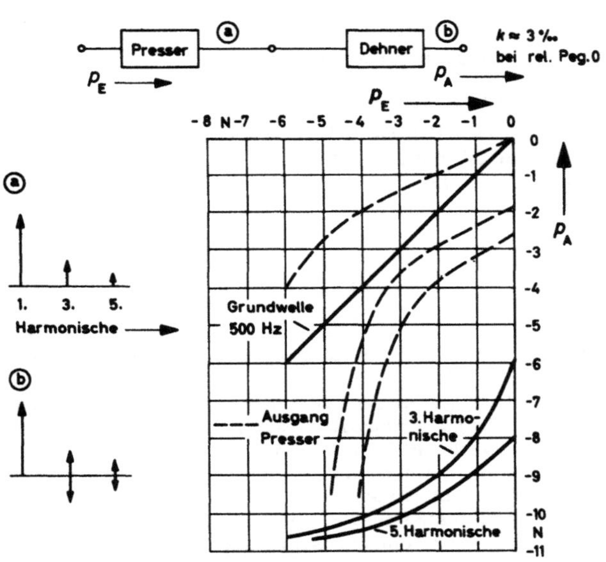

Bild 11: Momentanwert-NF-Kompander; Oberwellenklirrmessung bei direkter Zusammenschaltung von Presser und Dehner

Das Frequenzspektrum am Ausgang des Pressers, (Spektrum in a) in dem die Harmonischen mit enthalten sind, steuert den Dehner. Durch diesen werden die störenden Harmonischen kompensiert, und am Ausgang (Spektrum in b) wird der Pegel P_A in Abhängigkeit vom Eingangspegel P_E empfangen. Man erkennt im Pegelschaubild die 500 Hz-Grundwelle am Ausgang des Pressers, die im Verhältnis 2 : 1 gepreßt wird und die zugehörige 3. und 5. Harmonische, die bei großem Pegel wesentlich stärker als bei kleinem Pegel vorhanden sind. Am Ausgang des Dehners sind die Harmonischen kompensiert; ihre Kennlinien haben einen großen Abstand von der Kennlinie der Grundwelle 500 Hz, die in Abhängigkeit vom Eingangspegel P_E wieder linear zurückgewonnen wird. Der Oberwellenklirrfaktor, der sich bei der direkten Zusammenschaltung von Presser und Dehner ergibt, ist rund 3 ‰. Dieser Wert ist durch Nichtlinearitäten der verwendeten Transistoren gegeben.

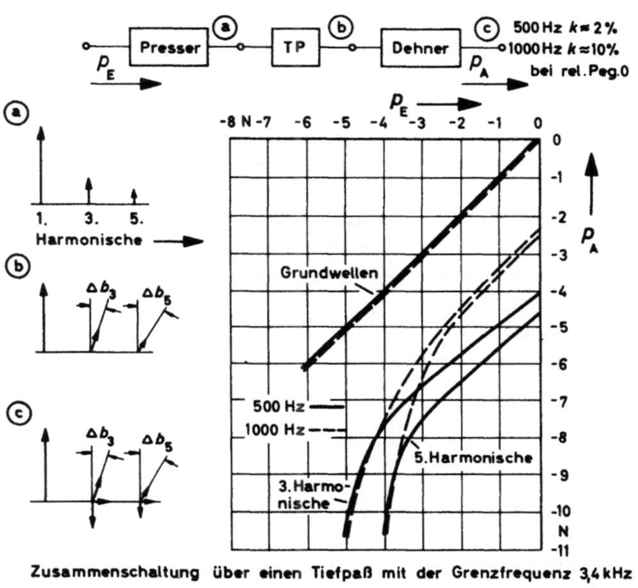

Bild 12: Momentanwert-NF-Kompander; Oberwellenklirrmessung bei Zusammenschaltung von Presser und Dehner über einen Tiefpaß mit der Grenzfrequenz 3, 4 kHz

Wird die Zusammenschaltung eines Momentanwert-NF-Kompanders über einen Tiefpaß mit der Grenzfrequenz 3,4 kHz durchgeführt, so ergeben sich die Klirrverhältnisse, wie sie im Bild 12 aufgezeichnet sind und wie sie im vorhergehenden Abschnitt schon erläutert wurden (Spektren in a, b und c). Die Messung ist mit 500 Hz und 1000 Hz ausgeführt worden, um die theoretischen Ergebnisse bei verschiedenen Phasenverzerrungen zu bestätigen. Beim Durchlaufen des Tiefpasses tritt eine Phasendrehung der 3. und 5. Harmonischen auf, die nicht vollständig kompensiert werden, deshalb als Restharmonische verbleiben und am Ausgang des Dehners zur Klirrfaktorbildung führen. Die Kompanderverbindung bringt in dieser Zusammenschaltung für die Grundwelle von 500 Hz einen Oberwellenklirrfaktor von 2 % und für die Grundwelle von 1000 Hz einen von 10 %. Das entspricht den Meßpunkten, die im Bild 9 eingetragen sind.

Zusammenfassung

In Tafel 1 sind die verschiedenen Merkmale der Geräuschminderer dargestellt worden.

Die Steuerung wird bei der Silbenschwelle und bei dem Silbenkompander durch den zeitlichen Mittelwert der Sprache mit Hilfe eines Regelkreises, bei der Momentanwertschwelle und beim Momentanwert-NF-Kompander durch die Momentanwerte der Sprache bewirkt.

Vergleicht man die Klirrfaktoren der verschiedenen Geräuschminderer, so erkennt man, daß der des Momentanwert-NF-Kompanders mit < 10 % für eine Sprachübertragung durchaus brauchbar ist. Bei den Schwellen sind die Klirrfaktoren wesentlich größer.

Dieses wirkt sich in der Sprachqualität aus. Für den Silbenkompander kann man die Qualität auf jeden Fall als gut bezeichnen. Beim Momentanwert-NF-Kompander kann man eine gute Sprachqualität erreichen, wenn die erwähnten Anforderungen und Dimensionierungen zur Genüge erfüllt worden sind. Anders ist es bei der Silben- und Momentanwertschwelle; hiermit sind nur mäßige Sprachqualitäten zu erzielen.

	Silben-schwelle	Silben-kompander	Momentanwert-schwelle	Momentanwert-kompander
Steuerung erfolgt durch	zeitlichen Mittelwert der Sprache (Regelkreis)		Momentanwerte der Sprache	Momentanwerte der Sprache
Anforderung für den Einsatz	Syst. mit konst. Restdämpfung; kleiner Dynamikbereich der Sprache	Syst. m. konst. Restdämpfung; nicht unbedingt erforderlich	Syst. mit konst. Restdämpfung; kleiner Dynamikbereich der Sprache	Systeme m. konst. Restdämpfung; klein. Dämpfungs- und Laufzeitverzerrungen. Zweckmäßig. Eins. in Syst. m. niederer Übertr. frequenz (AM-Zweiseitenbd.-, FM-u. Pulssystem.)
Klirrfaktor	10 ... 20 % abhängig vom Eingangspegel	< 5 %	10 ... 70 % abhängig vom Eingangspegel	< 10 %
Sprach-qualität	befriedigend	gut	ausreichend	gut
Schaltungs-aufwand	50 %	100 %	15 %	30 %

Tafel 1: Merkmale der Geräuschminderer

Beim Einsatz dieser Geräuschminderer sind immer Systeme mit zeitlich konstanter Restdämpfung anzustreben, d.h. geregelte Übertragungskanäle. Beim Silbenkompander ist dieses nicht unbedingt erforderlich, wenn eine Verdopplung der Restdämpfungsänderung in Kauf genommen wird. Für den Einsatz der Schwellen (engl. Slicer) soll der Dynamikbereich der Sprache möglichst klein sein, was z.B. dann gegeben ist, wenn nur ein Sprecher in Frage kommt oder wenn das Sprachvolumen geregelt wird. Bekannt ist die Verwendung der Geräuschminderer für Funkgeräte. Für den Momentanwert-NF-Kompander muß man noch zusätzlich fordern, daß die Dämpfungs- und Laufzeitverzerrungen des Übertragungskanals entsprechend dem zugelassenen Klirrfaktor klein sind. Der Einsatz des Momentanwert-NF-Kompanders scheint besonders zweckmäßig zu sein in AM-Zweiseitenbandsystemen (mit Regelung), in FM-Systemen und Pulssystemen, da diese Systeme eine konstante Restdämpfung besitzen und wegen ihrer Fähigkeit, Gleichstrom zu übertragen, nur geringe Phasenverzerrungen aufweisen.

Die Wirtschaftlichkeit des Momentanwert-NF-Kompanders ist gut, der Aufwand an Schaltelementen beträgt nur 30 vH des Aufwandes für den Silbenkompander.

Schrifttum

[1] M. Jänke, E. Prenzel und W. Speer: Dynamikpresser- und dehner für Fernsprechverbindungen. FTZ 6 (1953), S. 459

[2] L. Christiansen, F. Buchholtz und W. Zaiser: Das Sechskanal-Kompandersystem Z6NC für den Fernsprechnahverkehr. FTZ 8 (1955), S. 502

[3] K. Lindig: Untersuchungen von Sprachschwellen. Unveröffentlichte Arbeit

[4] B. Smith: Instantaneous Companding of Quantized Signals. Bell System Techn. J., May 1957, S. 653-709

TRÄGERFREQUENZ-RUNDFUNKKOMPANDER *)

W. v. Guttenberg, München

Mit 2 Bildern

Will man Rundfunkprogramme übertragen oder speichern, so müssen die hierzu verwendeten Hilfsmittel besonders störungsfrei sein. Vielfach werden zur Verbesserung des Störabstandes Preemphasisschaltungen benutzt, mit denen man jedoch das Geräusch nur um einige Dezibel absenken kann [1]. Kompander, die aus einem Kompressor (Presser) auf der sendenden und einem Expander (Dehner) auf der empfangenden Seite bestehen, gestatten zwar, das Geräusch erheblich stärker herabzumindern, sie wurden jedoch bisher in der Rundfunktechnik wenig angewendet, da sie nicht genügend verzerrungsarm arbeiteten, wenn man nicht zulassen wollte, daß das Frequenzband bei der Übertragung wesentlich breiter ist als das Originalfrequenzband.

Unter dieser Bedingung scheiden bei strengen Forderungen bezüglich der nichtlinearen Verzerrungen Momentankompander überhaupt aus, aber auch bei Silbenkompandern, die mit einer geringen Verbreiterung des Übertragungsbandes auskommen, war es bei den bisher angewandten Verfahren nicht möglich, die nichtlinearen Verzerrungen soweit einzuschränken, daß die Musikwiedergabe hohen Anforderungen genügte. Folgende Ursachen sind hierfür verantwortlich:

1. Die linearen Verzerrungen der Übertragungsstrecke, die hauptsächlich an den Kanalgrenzen auftreten, machen eine korrekte Dehnung unmöglich und rufen nichtlineare Verzerrungen hervor. Man muß also den Presser in einer solchen Frequenzlage einsetzen, daß das durch die Pressung verbreiterte Signalband in den Teil des Übertragungskanals fällt, in dem nur geringe lineare Verzerrungen auftreten.

2. Bei tiefen Signalfrequenzen, die mit der Regelgeschwindigkeit vergleichbar sind, findet das Signal in Presser und Dehner nicht mehr solche Stellglieder vor, die für das Signal quasilinear sind. Sie werden nicht mehr nur von der Amplitude bzw. von der Hüllkurve des Signals, sondern von dessen Momentanwerten gesteuert. Presser und Dehner müssen nunmehr nicht nur statisch, sondern auch dynamisch sehr gut reziprok arbeiten. Andernfalls entstehen Verzerrungen auch bei quasistationären Klängen, wofür das Gehör besonders empfindlich ist. Man hilft sich mit relativ langen Ausschwingzeiten, die den Nachrauscheffekt hörbar werden lassen, oder mit anderen Kunstgriffen, die zumeist nicht voll befriedigen. Die tiefste zu pressende Frequenz sollte also hoch gegenüber der Regelgeschwindigkeit sein.

3. Ein großer Teil der bei der Pressung entstehenden Harmonischen und Kombinationstöne fallen gewöhnlich in das Übertragungsband. Wählt man die Frequenzlage vor der Pressung hoch genug, so gilt das nur noch für einen Teil der ungeradzahligen Differenztöne. Diese werden im Dehner dann am besten kompensiert, wenn die Übertragung der Regelgröße durch das übertragene Signal selbst und nicht in einem Pilot- oder Hilfskanal geschieht.

4. Bei den Kompandern, die in der Niederfrequenzlage arbeiten, ist es gewöhnlich nicht möglich, die Ausgänge der Stellglieder genügend frei von Resten der Regelspannungen zu halten. Befindet sich dagegen das Signal in trägerfrequenter Lage, so kann diese Störung durch Filter entfernt werden.

5. Durch die Restdämpfungsschwankungen der Übertragungsstrecke wird der Dehner leicht um einen falschen Arbeitspunkt ausgesteuert.

Ferner werden diese Schwankungen bei Kompandern ohne Pilot vom Dehner vergrößert. Ein Pilot, der die Dehnung bewirkt, vermeidet dies, führt aber zu anderen Nachteilen.

Unter Berücksichtigung dieser Umstände wurde ein Kompander entwickelt, der in der Trägerfrequenzlage (Nullfrequenz 85, 35 kHz, 10 kHz-Frequenz 95, 35 kHz) arbeitet und zum Einsatz in Trägerfrequenz-Rundfunksystemen in der CCITT-Grundgruppe bestimmt ist. Mit seiner Hilfe kann man einwandfreie Rundfunkleitungen in Trägerfrequenz-Fernsprechsystemen einrichten, obwohl das in diesen Systemen vorhandene und nach den CCITT-Empfehlungen für Fernsprechen zulässige Geräusch bis um 11, 5 dB höher ist als es sein dürfte, um ohne Kompander die Herstellung einer TF-Rundfunkverbindung zu ermöglichen, die den Empfehlungen des CCITT für Normale Rundfunkleitungen entspricht.

Die nichtlinearen Verzerrungen bei Strecken bis 2000 km Länge liegen zwischen 0, 1 und 0, 15 %. Übertragungsversuche vor musikalisch geschultem Publikum zeigten, daß keine Beeinträchtigung des Klanges wahrnehmbar ist.

Der Kompander ist mit einer relativ trägen Pilotsteuerung ausgestattet, die einerseits die Restdämpfungsschwankungen der Strecke herabsetzt, andererseits zugleich dafür sorgt, daß der

---

*) Mitteilung aus dem Zentral-Laboratorium der Siemens u. Halske AG.

Dieser Vortrag, gehalten auf der Fachtagung der Nachrichtentechnischen Gesellschaft in Darmstadt am 20.10.59, war ein Auszug aus dem Artikel von W. von Guttenberg und H. Hochrath in der NTZ 13 (1960) S. 9: "Ein Kompander für Rundfunkprogramm-Übertragung". Es wird hier deshalb nur ein kurzer Abriß mitgeteilt.

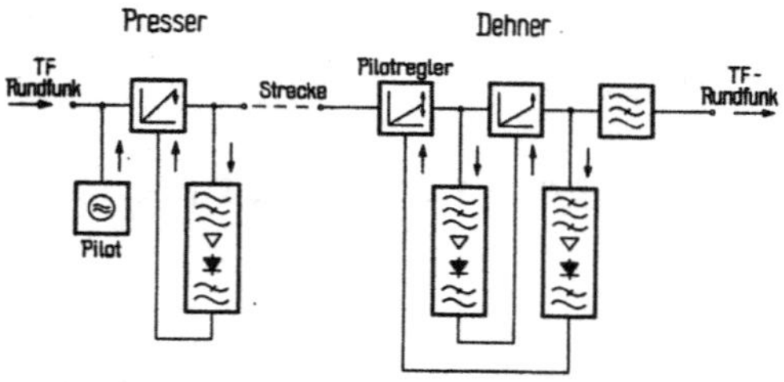

Bild 1: **Trägerfrequenz-Rundfunkkompander (Bandpaß und Bandsperren wirken bei der Pilotfrequenz)**

Dehner stets im richtigen Punkt seiner Kennlinie ausgesteuert wird.

Die Bilder zeigen die Prinzipschaltung und den hier verwendeten Frequenzplan. Die Pilotfrequenz beträgt 84,65 kHz.

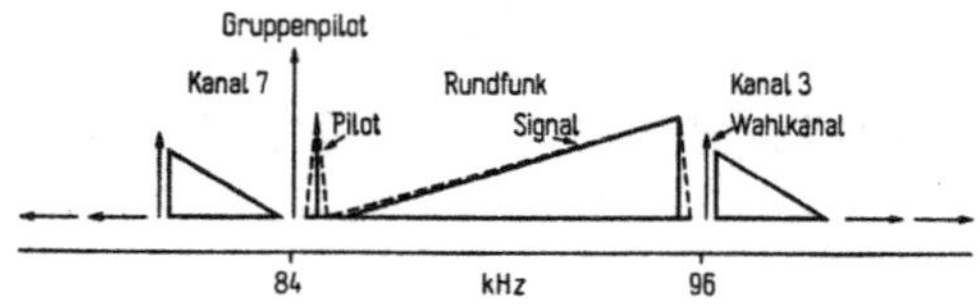

Bild 2: **Trägerfrequenzrundfunk mit Kompander in der Grundgruppe B des CCITT**

S c h r i f t t u m

[1] W. v. G u t t e n b e r g und H. H o c h r a t h : Untersuchungen über die Geräuschverminderung mittels Pre- und Deemphasis bei Rundfunkübertragung; Nachrichtentechn. Z. 12 (1959) S. 467-474

CODIERUNG FÜR GESTÖRTE KANÄLE

K. Steinbuch, Karlsruhe

Mit 12 Bildern

1. Einleitung

Bei der Übertragung digitaler Informationen über störungsbehaftete Kanäle, deren Kanalkapazität größer als Null ist, kann die Wahrscheinlichkeit für empfangsseitig falsch decodierte Informationen durch geeignete Codierung beliebig klein gemacht werden, sie wird jedoch nie zu Null. Die Vor- und Nachteile verschiedener Codierungen werden im folgenden diskutiert. Hierbei wird vorausgesetzt, daß das Synchronisierungsproblem gelöst ist und ausschließlich binäre Signale (also mit nur 2 Signalamplituden) verwendet werden.

Zuerst wird angenommen, daß die Wahrscheinlichkeiten der Störung aufeinanderfolgender Codeelemente statistisch voneinander unabhängig seien. Danach werden Codierungsverfahren diskutiert, welche besonders für gebündelte Störungen (error bursts) vorteilhaft sind.

2. Quersummenprüfung im Einzelzeichen

Durch Kombination von m Binärzeichen können $N = 2^m$ verschiedene Codes gebildet werden (Positionscodes). Bild 1 zeigt beispielsweise die $2^4 = 16$ möglichen Codes unter Verwendung von m = 4 Binärzeichen. Wird ein einziges Binärzeichen einer dieser 16 Kombinationen geändert (entweder 0 in 1 oder 1 in 0), so entsteht eine andere vorkommende Kombination. Beim Empfang dieses Codes über einen gestörten Kanal führt also jede Verfälschung eines Binärzeichens zu einer falschen Decodierung des gesendeten Zeichens. Nützt man von den 16 möglichen Kombinationen nicht alle, sondern z. B. nur 10 aus, so führen einige der Binärzeichenfehler zu Kombinationen, die nicht erlaubt sind. Bei Verwendung des Dualzahlencodes wird beispielsweise die Dezimalziffer 6 dargestellt durch 0110. Wird das vierte Binärzeichen (x_4) von 0 in 1 verfälscht, so entsteht 0111, eine Kombination, die voraussetzungsgemäß nicht ausgenützt wird und deshalb der Empfangsseite anzeigt, daß ein Übertragungsfehler auftrat. Günstiger als der Dualzahlencode verhalten sich solche Codes, welche die Folgen 0000 und 1111 nicht enthalten, wie z. B. der Stibitzcode. Ihr Vorteil liegt u. a. darin, daß mangelhafte Schaltungen meist Folgen von 0 oder Folgen von 1 erzeugen, seltener Mischungen von 0 und 1 und deshalb als mangelhaft erkannt werden können.

Um nicht nur in einigen Spezialfällen, sondern auch im Normalfall feststellen zu können, ob ein Zeichen gestört ist, fügt man den m Binärstellen eine weitere Prüfstelle y zu. y wird so ausgewählt, daß die Quersumme der sämtlichen Binärzeichen gerade oder ungerade wird ("parity-check"). In Bild 1 ist die Prüfstelle y so ausgewählt, daß die Quersumme gerade ist (0, 2 oder 4, nicht 1, 3 oder 5).

Dezimale Ziffer im		Binärstelle				Prüfstelle	Quersumme
Dualzahlencode	Stibitzcode	x_1	x_2	x_3	x_4	y	
0	-	0	0	0	0	0	0
1	-	1	0	0	0	1	2
2	-	0	1	0	0	1	2
3	0	1	1	0	0	0	2
4	1	0	0	1	0	1	2
5	2	1	0	1	0	0	2
6	3	0	1	1	0	0	2
7	4	1	1	1	0	1	4
8	5	0	0	0	1	1	2
9	6	1	0	0	1	0	2
-	7	0	1	0	1	0	2
-	8	1	1	0	1	1	4
-	9	0	0	1	1	0	2
-	-	1	0	1	1	1	4
-	-	0	1	1	1	1	4
-	-	1	1	1	1	0	4

Bild 1: Codierung mit unbenützten Kombinationen (-) und Quersummenprüfstelle (y)

Wird ein einziges dieser m + 1 Binärzeichen verfälscht, so ergibt sich auf der Empfangsseite eine ungerade Quersumme. Durch ein einziges zusätzliches Binärzeichen wurde der Code also (1F) - prüfbar. (Die Bezeichnung "selbstprüfend" als Übersetzung von "self-checking" sollte vermieden werden). Im Code mit n = m +1 Binärstellen unterscheidet sich jedes Zeichen von jedem anderen in mindestens 2 Binärstellen. Dies wird später als ein Code mit einer "Hamming-Distanz" $d \geq 2$ bezeichnet.

Einen wichtigen Sonderfall der prüfbaren Codes stellen solche Codes dar, bei welchen nur eine einzige Quersumme q bei n Binärzeichen vorkommt. Diese "q aus n-Codes" ergeben

$$N = \binom{n}{q} = \frac{n \cdot (n-1) \ldots (n-q+1)}{1 \cdot 2 \cdot \ldots \cdot q} \qquad (1)$$

Möglichkeiten. Häufig verwendete Beispiele sind:

"zwei aus fünf-Code" q=2 n=5 N=10
"drei aus sieben-Code" (van Duuren) q=3 n=7 N=35

Diese "q aus n-Codes" haben den Vorteil, daß nicht nur ein einziges falsches Binärzeichen entdeckt werden kann, sondern z. T. auch mehrere, nämlich immer dann, wenn die Anzahlen der Fehler 0 → 1 und 1 → 0 nicht gerade gleich sind und sich deshalb zufällig wieder die richtige Quersumme ergibt. Diese Kompensation der beiden Fehlerarten ist bei manchen Modulationsverfahren unwahrscheinlich. Wenn die Wahrscheinlichkeit der Verfälschung von 0 in 1 einen anderen Wert als die Verfälschung von 1 in 0 hat, spricht man von Einseitenstörungen.

3. Einzelzeichen korrigierbar

Verwendet man außer den m (zur Unterscheidung von $N = 2^m$ erforderlichen) Binärstellen nicht nur eine einzige Prüfstelle y, sondern mehrere (y_1, y_2 .... y_k), so daß sich insgesamt $n = m + k$ Binärstellen zur Codierung ergeben, so kann erreicht werden, daß auf der Empfangsseite Fehler nicht nur erkannt, sondern auch korrigiert werden können. Codes, bei denen man zwischen informationstragenden Binärstellen x_1, x_2, ... x_m und nur zur Fehlerfeststellung dienenden (redundanten) Binärstellen y_1, y_2, ... y_k unterscheiden kann, werden nach R. W. Hamming als systematische Codes bezeichnet.

N	m	Schema	k	n=m+k
≤ 2	1	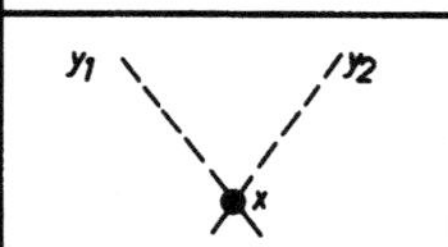	2	3
≤ 4	2		3	5
≤ 8	3	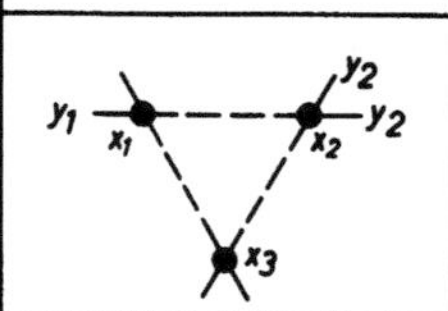	3	6
≤ 16	4	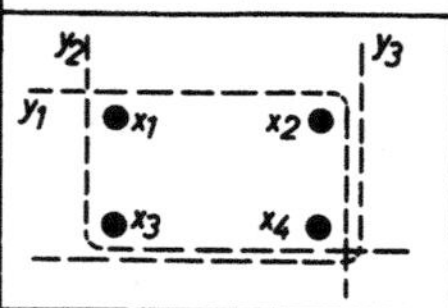	3	7

Bild 2: Aufbau eines systematischen Code mit Mindest-Hamming-Distanz $d_{min} = 3$
Die Regeln: Jede der m Binärstellen x wird durch mindestens 2 Prüfungen y erfaßt,
jede der m Binärstellen x wird durch verschiedene Prüfungen erfaßt
führen auf $m \leq 2^k - k - 1$

Unter Verwendung der beiden Regeln (Bild 2):

a) Jede der m Binärstellen wird durch mindestens 2 Quersummenprüfungen kontrolliert

b) Jede der m Binärstellen wird durch eine charakteristische Kombination von Quersummen kontrolliert,

ergibt sich m aus k gemäß

$$m \leq 2^k - k - 1 \qquad (2)$$

Wird der Code nach diesem Schema aufgebaut, so können ein oder zwei Fehler nicht nur festgestellt, sondern einzelne Fehler auch lokalisiert und damit korrigiert werden.

Bild 3 veranschaulicht, wie mit diesen Überlegungen das Quersummenschema aufgebaut werden kann.

y_1	y_2	y_3	y_4	
~~0~~	~~0~~	~~0~~	~~0~~	kein x (keine Quersummenprüfg. !)
~~1~~	~~0~~	~~0~~	~~0~~	kein x (nur eine Quersummenprüfung !)
~~0~~	~~1~~	~~0~~	~~0~~	kein x (" " ")
1	1	0	0	x_1
~~0~~	~~0~~	~~1~~	~~0~~	kein x (" " ")
1	0	1	0	x_2
0	1	1	0	x_3
1	1	1	0	x_4
~~0~~	~~0~~	~~0~~	~~1~~	kein x (" " ")
1	0	0	1	x_5
0	1	0	1	x_6
1	1	0	1	x_7
0	0	1	1	x_8
1	0	1	1	x_9
0	1	1	1	x_{10}
1	1	1	1	x_{11}

Bild 3: Zum Aufbau des Quersummenschemas (Beispiel k = 4; $m \leq 11$)

Quersummenschema:

x_1 (m = 2)	x_2	y_1 (k = 3)	y_2	y_3	
●		●			Quersumme 1
	●		●		Quersumme 2
●	●			●	Quersumme 3

Codetabelle:

	Zeichen	x_1	x_2	y_1	y_2	y_3
$N = 2^m = 4$	a	0	0	0	0	0
	b	1	0	1	0	1
	c	0	1	0	1	1
	d	1	1	1	1	0

Unterscheidungsmatrix:

Mindestwert der "Hamming-Distanz" $d_{min} = 3$

	a	b	c	d
a	0	3	3	4
b	3	0	4	3
c	3	4	0	3
d	4	3	3	0

Bild 4: Beispiel eines systematischen Code mit $d \geq 3$; m = 2; k = 3

In Bild 4 ist ein Beispiel eines solchen systematischen Codes mit m = 2, $N = 2^m = 4$, k = 3 angegeben. Man erkennt, daß sich der Code jedes der 4 Zeichen von jedem anderen in mindestens 3 Binärstellen unterscheidet. Diese Anzahl wird als "Hamming-Distanz" d bezeichnet. Diese Bezeichnung rührt von der Darstellung eines Binärcode mit n Binärstellen als ein Eckpunkt eines n-dimensionalen Würfels her.

Die "Hamming-Distanz" d ist ein Maß für die Sicherheit des Code gegenüber Störungen.

Ist p die Wahrscheinlichkeit, daß eine einzige Binärstelle auf dem Übertragungsweg verfälscht wird (0 ⟶ 1 oder 1 ⟶ 0), und sind die Einzelstörungen voneinander statistisch unabhängig, so wird die Wahrscheinlichkeit, daß von n Binärstellen eines Zeichens q falsch sind:

$$P_{qz} = \binom{n}{q} p^q (1-p)^{n-q} \qquad (3)$$

Beispielsweise

$$0 \text{ Fehler } P_{0z} = \binom{n}{0} p^0 (1-p)^n \approx 1 = np \qquad (3a)$$

$$1 \text{ Fehler } P_{1z} = \binom{n}{1} p^1 (1-p)^{n-1} \approx np \qquad (3b)$$

$$2 \text{ Fehler } P_{2z} = \binom{n}{2} p^2 (1-p)^{n-2} \approx \frac{n.(n-1)}{1.2} p^2 \qquad (3c)$$

$$3 \text{ Fehler } P_{3z} = \binom{n}{3} p^3 (1-p)^{n-3} \approx \frac{n.(n-1)(n-2)}{1.2.3} p^3 \qquad (3d)$$

(Näherungswerte unter der Annahme $p \ll 1$).

In Bild 5 ist veranschaulicht, wie die Wahrscheinlichkeit unerkennbarer Fehler berechnet werden kann. Die allgemein gültige mathematische Formulierung ist etwas schwerfällig, es sei deshalb auf die Literatur verwiesen [30, 31 und 40].

Unterscheidungsmatrix:

	a	b	c	d
a	0	3	3	4
b	3	0	4	3
c	3	4	0	3
d	4	3	3	0

Wahrscheinlichkeit für Vertauschungen

a ⟶ b $\quad p^3 (1-p)^2$

a ⟶ c $\quad p^3 (1-p)^2$

a ⟶ d $\quad p^4 (1-p)$

Da für gesendete b, c und d dieselben Ausdrücke gelten, wird die Wahrscheinlichkeit unerkennbarer Fehler:

$$W_u = 2p^3 (1-p)^2 + p^4(1-p) \approx 2p^3 \quad (\text{für } p \ll 1)$$

Bild 5: Zur Berechnung der Wahrscheinlichkeit unerkennbarer Fehler

Ist die Hamming-Distanz $d > 2$, so kann man den Decodierprozeß alternativ so einrichten, daß ein Teil der Fehler korrigiert wird (und damit auch die Wahrscheinlichkeit der nicht kennbaren Fehler größer wird) oder aber, daß keine Fehler korrigiert werden, jedoch die Wahrscheinlichkeit der nicht kennbaren Fehler verkleinert wird (Bild 6).

Die Alternativentscheidung (korrigieren oder nicht korrigieren) beeinflußt die Fehlerwahrscheinlichkeiten. Mit Korrektur ist die Wahrscheinlichkeit unerkennbarer Fehler größer als ohne Korrektur. Allerdings treten mit Korrektur keine erkennbaren Fehler auf, welche evtl. Rückfrage auf der Sendeseite erzwingen und damit die Übertragungsgeschwindigkeit verringern.

	x_1	x_2	y_1	y_2	y_3
Korrektes Zeichen: a	0	0	0	0	0
			↓?		
Gestörtes Zeichen: s	0	0	1	0	0
	↑?				↑?
Korrektes Zeichen: b	1	0	1	0	1

Alternative:

(1F-korrigierbar)	(2F - prüfbar)
Das gestörte Zeichen s ist aus a durch 1 Fehler entstanden.	s ist entweder aus a durch 1 Fehler oder aus b durch 2 Fehler entstanden.

Bild 6: Alternative bei $d \geqq 3$

Codes mit größerer Hamming-Distanz ermöglichen mehrere Alternativen bei der Decodierung. Beispielsweise erlaubt eine (Mindest-) Hamming-Distanz d = 5 alternativ

4 Fehler erkennen und 0 Fehler korrigieren
oder 3 Fehler erkennen und 1 Fehler korrigieren
oder 2 Fehler erkennen und 2 Fehler korrigieren.

Allgemein kann man bei Codes mit einer Hamming-Distanz d maximal $\frac{d}{2} - 1$ bzw. $\frac{d-1}{2}$ Fehler korrigieren (je nachdem, ob d geradzahlig oder ungeradzahlig ist).

Die erforderliche Anzahl der redundanten Quersummenprüfstellen k für einen systematischen Code von insgesamt $n = m + k$ maximal e Fehler korrigieren zu können (wozu eine Mindest-Hamming-Distanz $d = 2e + 1$ erforderlich ist) ergibt sich aus der Ungleichung

$$2^k \geqq \sum_{v=o}^{v=e} \binom{n}{v} \qquad (4)$$

2^k ergibt sich als Anzahl der verschiedenen möglichen Aussagen der k Quersummenprüfungen (z. B. r, r, r, / r, r, f / r, f, r / .... f, f, f), $\binom{n}{o} = 1$ ist der Fall, daß alle QSP "richtig" ergeben, $\binom{n}{1}$ daß ein Zeichen falsch ist, usw.

Da $k = n-m$ und $N = 2^m$ ist, ergibt sich aus Gl. (4):

$$N(n, e) = 2^m \leqq \frac{2^n}{\sum_{v=o}^{v=e} \binom{n}{v}} = \frac{2^n}{1+n+\binom{n}{2}+ \ldots \binom{n}{e}} \qquad (4a)$$

4. System mit Rückfragemöglichkeit

Die Sicherheit der Übertragung kann erhöht werden durch Verwendung von Systemen mit Rückfragemöglichkeit (Bild 7). Die Information kann (aber muß nicht) dem Sendespeicher in Blöcken zu b Zeichen in den Empfangsspeicher übertragen werden. Die Prüfschaltung auf der Empfangsseite prüft die ankommenden Codes auf Richtig-

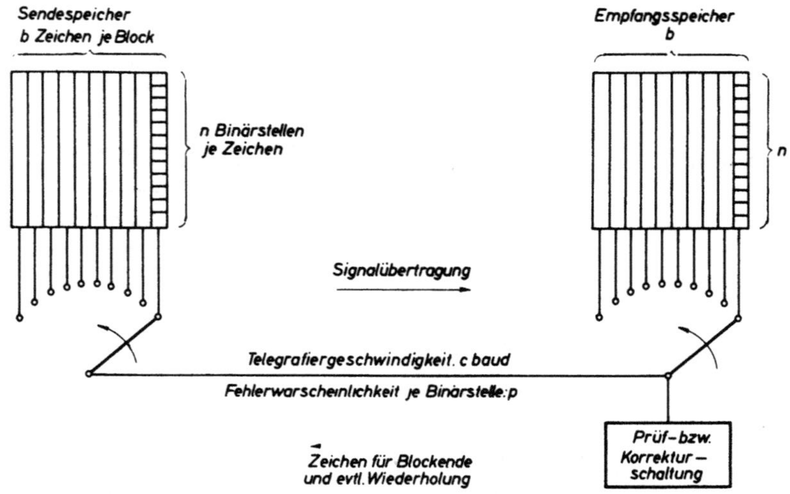

Bild 7: Schema eines Systems mit Rückfragemöglichkeit

keit. Sind alle Zeichen eines Blockes ohne erkennbaren Fehler empfangen worden, so wird von der Empfangsseite ein Blockende-Zeichen an die Sendeseite gegeben, andernfalls ein Wiederholungszeichen. Die Zeit, welche die Sendeseite nach dem Blockende auf die Quittung der Empfangsseite warten muß (bis entweder der nächste Block ausgesandt oder der letzte wiederholt wird) sei t_w.

Es erhebt sich nun die Frage, welche Art der Codierung und welche Blocklänge zweckmäßig sind, um einerseits eine möglichst hohe Geschwindigkeit der Übertragung (bei vorgegebener Telegrafiergeschwindigkeit c) und andererseits eine möglichst fehlerfreie Übertragung zu erzielen. Als einfachste Beispiele seien hier verglichen:

a) 1 F-prüfbarer Code, d=2, mit Rückfrage

b) 1 F-korrigierbarer Code, d=3, ohne Rückfrage

Beim 1 F-prüfbaren Code wird der Block dann wiederholt, wenn eine oder mehrere Zeichen einen einzigen Fehler in einer Binärstelle enthalten. Die Wahrscheinlichkeit hierfür ist nach Gl. 3b: $\approx p n_2 b$. (Der Koeffizient 2 an n soll auf die Hamming-Distanz hinweisen). Damit wird die mittlere Übertragungszeit für einen Block (einschließlich etwaiger Wiederholungen)

$$t_b = \left(\frac{n_2 b}{c} + t_w\right) \cdot (1 + p n_2 b) \qquad (5)$$

$$t_b \approx \frac{n_2 b}{c} (1 + p n_2 b) + t_w \qquad (5a)$$

Die mittlere Übertragungszeit für ein Zeichen wird

$$t_z \approx \frac{n_2}{c} (1 + p n_2 b) + \frac{t_w}{b} \qquad (5b)$$

Durch Differentiation ergibt sich hieraus die (vom Standpunkt der Übertragungsgeschwindigkeit) optimale Blocklänge zu

$$b_{opt} \approx \frac{1}{n_2} \cdot \sqrt{\frac{t_w \cdot c}{p}} \qquad (6)$$

Bei dieser Blocklänge wird der relative Zeitverlust durch evtl. Wiederholung und durch Warten auf das Quittungssignal gerade gleich und es ergibt sich die mittlere Übertragungszeit pro Zeichen zu

$$t_{z\ opt} \approx \frac{n_2}{c} (1 + 2 \sqrt{t_w \cdot c \cdot p}) \qquad (7)$$

Bei dem zum Vergleich herangezogenen System mit 1 F-korrigierbarem Code, d=3 ohne Rückfrage wird die Übertragungszeit pro Zeichen

$$t_z' = \frac{n_3}{c} \qquad (8)$$

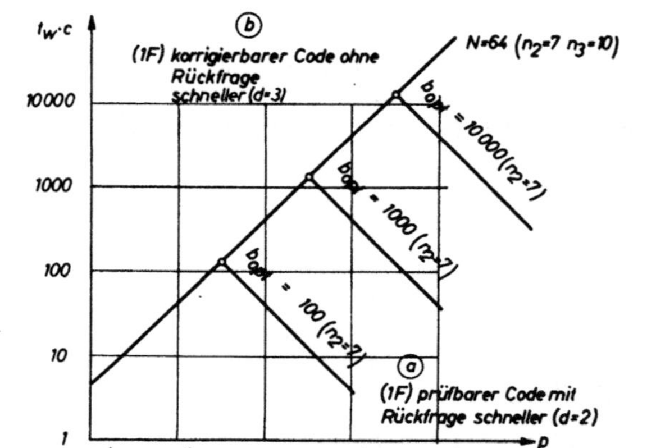

Bild 8: Vergleich der mittleren Übertragungsgeschwindigkeit bei korrigierbarem Code mit prüfbarem Code und Rückfrage

Bild 8 zeigt die Grenzlinie zwischen den Bereichen, in welchen der (1F) korrigierbare Code ohne Rückfrage bzw. der (1F) prüfbare Code mit Rückfrage schneller überträgt, und zwar für

$$N = 64 \qquad (n_2 = 7 \ ; \ n_3 = 10)$$

Diese Grenzlinie ergibt sich durch Gleichsetzen der Gl. (7) und Gl. (8). Für den (1F)-prüfbaren Code sind die optimalen Blocklängen nach Gl. (6) eingetragen.

Die Häufigkeit falsch übertragener Zeichen unterscheidet sich bei den beiden Systemen nur unwesentlich:

Das System mit Rückfrage hat den Vorteil, daß

Unterbrechungen der Verbindung auf der Sendeseite erkannt werden. Dem steht allerdings ein größerer Aufwand an Übertragungsgeräten (für die Rückfrage) gegenüber. Eine weitere Verbesserung der Übertragungssicherheit kann durch Vergrößerung der Hamming-Distanz erreicht werden, allerdings auf Kosten komplizierter Prüfschaltungen.

Wird das Rücksignal für den v o r vorhergehenden Übertragungsblock gegeben, dann kann t_w sehr klein gemacht werden, so daß die Verlustzeit nur durch die Wahrscheinlichkeit der zu wiederholenden Blöcke gegeben ist. Dies führt zu erhöhtem Speicheraufwand, (jeweils 2 Blöcke im Speicher).

Die zu übertragende Information m u ß n i c h t in Blöcke aufgeteilt werden. Ebenso kann auch bei Feststellung eines nichtkorrigierbaren Fehlers auf der Empfangsseite um eine vereinbarte Zeichenzahl zurückgesprungen werden und die Sendeseite durch ein Rückwärtssignal zu einem gleichgroßen Rücksprung veranlaßt werden. Dieses Verfahren dürfte vorteilhafter als die blockweise Übertragung sein, besonders wenn gebündelte Störungen (error bursts) auftreten.

5. Sicherung durch Wiederholung

Wiederholung der Zeichen ist eine naheliegende, aber nicht sehr wirkungsvolle Art der Sicherung. Bei der Wiederholung werden die m informationstragenden Binärstellen zweimal übertragen und stellenweise verglichen, so daß insgesamt $n_w = 2m$

m

x_1	x_2	x_3	x_4	x_5	x_6	...	x_m	Anzahl der Codeelemente
x'_1	x'_2	x'_3	x'_4	x'_5	x'_6	...	x'_m	$n_w = 2m$

x_i richtig und x'_i richtig: kein Fehler, Wahrscheinlichkeit $(1-p)^2$

x_i richtig und x'_i falsch: erkennbare Fehler, Wahrscheinlichkeit $2 \cdot p \cdot (1-p)$

x_i falsch und x'_i richtig: erkennbare Fehler, Wahrscheinlichkeit $2 \cdot p \cdot (1-p)$

x_i falsch und x'_i falsch: unerkennbare Fehler, Wahrscheinlichkeit p^2

Wahrscheinlichkeiten für Zeichen:

kein Fehler: $W_k = (1-p)^{2m}$

erkennbare Fehler:

$$W_b = \sum_{v=1}^{v=m} \binom{m}{v} [2p(1-p)]^v \cdot [1 - 2p(1-p)]^{m-v}$$

unerkennbare Fehler:

$$W_u = \sum_{v=1}^{v=m} \binom{m}{v} p^{2v} (1-p)^{2(m-v)}$$

Bild 9: Sicherung durch Wiederholung

Binärstellen gebraucht werden. Aus Bild 9 ergeben sich die Wahrscheinlichkeiten, daß kein Fehler auftritt (W_k), daß erkennbare Fehler auftreten (W_b) und daß unerkennbare Fehler auftreten (W_u).

Vergleicht man die Fehlerwahrscheinlichkeiten bei Sicherung durch Wiederholung mit einem etwa entsprechenden systematischen Hamming-Code (d=4, ohne Korrektur), so zeigt sich, daß in dem meist interessierenden Bereich mäßiger Störwahrscheinlichkeiten der Hamming-Code in jeder Hinsicht überlegen ist (und alternativ die Möglichkeit bietet, einzelne Fehler zu korrigieren, was bei einmaliger Wiederholung ausgeschlossen ist). Lediglich bei sehr stark gestörten Kanälen ($p \approx 0,5$) ergibt die Wiederholung weniger unerkennbare Fehler.

Die Sicherung durch Wiederholung kann natürlich auch auf bereits (nach H a m m i n g) gesicherte Codes angewandt werden. Beispielsweise, indem nur solche Zeichen, die besonders zuverlässig übertragen werden müssen, wiederholt werden. Schaltungsmäßig ist die Sicherung durch Wiederholung besonders einfach zu verwirklichen. Die Wiederholung kann auch komplementiert erfolgen (0 und 1 vertauscht), was evtl. für den Modulationsvorgang Vorteile bietet.

6. Gebündelte Störungen (error bursts)

Bisher wurde angenommen, daß die Wahrscheinlichkeit der Störung einer Binärstelle, p, für alle aufeinanderfolgenden Binärstellen gleich sei. Messungen an Übertragungssystemen zeigen jedoch, daß die Störungen meist gebündelt auftreten, d.h. große Störamplituden in begrenzten, zusammenhängenden Zeiträumen auftreten. Die Ursache dieser Bündelstörung sind hauptsächlich ältere Schrittschaltwähler, deren stoßweise Funktion die Übergangswiderstände in Nachbarwählern verändert. Für diejenigen Zeichen, welche zeitlich mit solchen Störbündeln zusammenfallen, ergibt sich ein großer Wert von p und damit eine hohe Wahrscheinlichkeit erkennbarer und unerkennbarer Fehler.

Die wichtigste Forderung an digitale Übertragungssysteme ist eine sehr kleine Wahrscheinlichkeit für falsch decodierte Zeichen, z.b. kleiner als 10^{-7}. Bei derartig strengen Forderungen muß die Möglichkeit der Rückfrage in irgend einer Form gegeben sein. Damit wird das Kernproblem der Codierung, die Wahrscheinlichkeit u n e r k e n n b a r e r F e h l e r, W_u, so klein wie möglich zu halten. Andererseits sollte die Übertragungszeit für eine bestimmte Informationsmenge durch Codesicherung, Zeichenwiederholung oder Blockwiederholung nicht allzu sehr erhöht werden. Zwischen diesen beiden sich widersprechenden Forderungen - fehlerfreie Übertragung und schnelle Übertragung - muß ein günstiger Kompromiß gefunden werden.

Zunächst sei die Frage gestellt:

Welches ist der höchstzulässige Wert von p,

(p_{max}), wenn die Wahrscheinlichkeit nicht erkennbarer Fehler $W_u < 10^{-7}$ sein soll? Es ergibt sich größenordnungsmäßig:

		p_{max}
d = 1	$n_1 = 6$	$\approx 10^{-8}$
d = 2	$n_2 = 7$	$\approx 10^{-4}$
d = 3	$n_3 = 10$ (ohne Korr.)	$\approx 10^{-3}$
d = 3	$n_3 = 10$ (mit Korr.)	$\approx 10^{-4}$
d = 4	$n_4 = 11$ (ohne Korr.)	$\approx 10^{-2}$
d = 4	$n_4 = 11$ (mit Korr.)	$\approx 10^{-3}$
Zeichenwiederholung $n_w = 12$		$\approx 10^{-4}$

Von den 7 hier betrachteten Möglichkeiten der Codierung ergibt also der Hamming-Code mit d = 4 ohne Korrektur den größten Wert von p_{max} für $W_u < 10^{-7}$. Verallgemeinert kann man feststellen, daß Codes mit großer Hamming-Distanz, aber ohne Korrektur bei großen Werten von p zweckmäßig sind.

Wird p noch größer als oben angenommen und nähert es sich gar dem Wert $p = \frac{1}{2}$, so kann die Wahrscheinlichkeit unerkennbarer Fehler W_u mit den bisher diskutierten "digitalen" Methoden praktisch nicht mehr sichergestellt werden. Zweckmäßiger als solche schwerfälligen Codesicherungen durch redundante Binärstellen dürfte es sein, an den empfangenen Signalen vor der "Digitalisierung" den Grad der Störung zu messen, und der Prüf- evtl. Korrekturschaltung mitzuteilen, mit welchem Wert von p momentan gerechnet werden muß. Es ergibt sich hier der scheinbar paradoxe Fall, daß die Amplitude der Störung eine wertvolle Information für den Decodierungsprozeß darstellt. Bei großen Werten von p darf nicht korrigiert werden, um W_u unter der zulässigen Grenze zu halten, bei kleinen Werten von p sollte korrigiert werden, damit nicht wegen jeder einzelnen gestörten Binärstelle der Rückfragemechanismus in Gang gesetzt wird.

Hat man beispielsweise einen Code mit einer Hamming-Distanz d=5, so könnte man der Empfangsschaltung folgendes Prinzip zugrunde legen:

p sehr groß: Rückfrage auch bei scheinbar richtigen Zeichen
p groß : Rückfrage schon bei einer falschen Binärstelle
p mittel : Eine falsche Binärstelle wird korrigiert
p klein : Zwei falsche Binärstellen werden korrigiert.

Dieses Verfahren der störungsunabhängigen Decodierung ist m. W. bisher noch nirgends diskutiert worden. Ich vermute, daß es einen günstigen Kompromiß zwischen den beiden sich widersprechenden Forderungen - geringe Fehlerhäufigkeit und hohe Übertragungsgeschwindigkeit - ermöglicht.

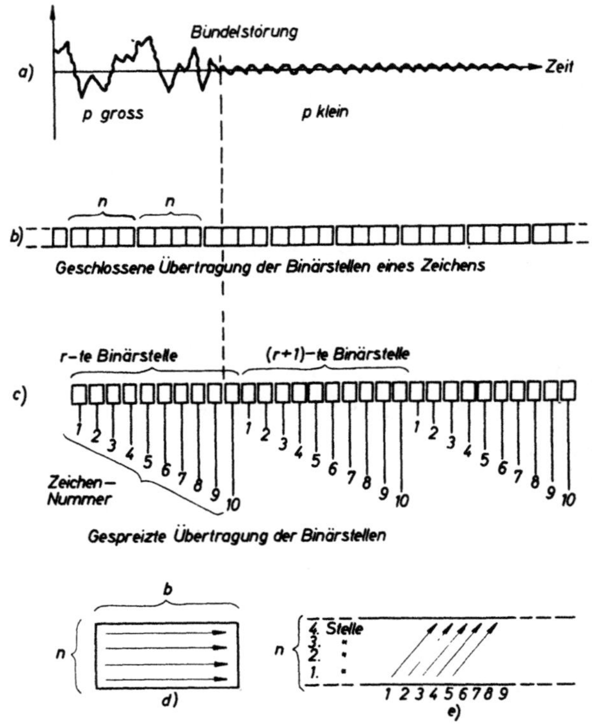

Bild 10: Codespreizung

Eine andere Möglichkeit, die schädlichen Folgen der Bündelstörungen klein zu halten, ist die "Codespreizung" (Bild 10). Das Wesentliche an der "Codespreizung" ist, daß die Binärstellen eines Zeichens nicht geschlossen nacheinander übertragen werden (Bild 10b), sondern (wie in Bild 10c angedeutet) z. B. zuerst alle 1. Binärstelle der Zeichen eines Blockes, dann alle 2. Binärstellen usw. Dadurch werden die Störungen einigermaßen gleichmäßig auf die Zeichen eines Blocks verteilt. Man nähert sich damit wieder der anfangs gemachten Annahme, daß p für alle Zeichen gleich sei. Die Codespreizung kann auch versetzt vorgenommen werden, wie mit Bild 10e angedeutet wird. Hierbei wird beispielsweise nacheinander übertragen:

1.	Binärstelle	des	Zeichens Nr.	1
2.	"	"	"	2
3.	"	"	"	3
4.	"	"	"	4
1.	"	"	"	2
2.	"	"	"	3 usw.

Diese versetzte Codespreizung fügt sich besser in ein kontinuierlich arbeitendes System ein, (das also ohne Blockaufteilung arbeitet).

Es gibt spezielle Codierungen, welche besonders vorteilhaft sind, wenn benachbarte Binärstellen gestört sind. Es sei vor allem auf die Arbeiten von N. M. Abramson u.a. [43, 14] hingewiesen, in welchen systematische Codes angegeben werden, welche erlauben, zwei benachbarte Binärstellen zu korrigieren (DAEC - Double adjacent error correcting), nicht jedoch zwei beliebige Binärstellen, und die deshalb weniger redundante Binärstellen erfordern als ein systematischer Code mit d = 5.

Bild 11a zeigt für den einfachen Fall: m = 3; k = 4

a) Quersummenschema

x_1	x_2	x_3	y_1	y_2	y_3	y_4	
●	●		●				Quersumme 1
	●	●		●			" 2
		●	●		●		" 3
●	●	●	●	●	●	●	" 4

b) Fehlerpaar-Erkennung

Gestörtes Binärstellenpaar		Quersummenprüfung (r=richtig, f=falsch) 1	2	3	4
x_1	x_2	r	f	r	r
x_2	x_3	f	r	f	r
x_3	y_1	f	f	r	r
y_1	y_2	f	f	f	r
y_2	y_3	r	f	f	r
y_3	y_4	r	r	f	r
x_1	y_1 (nicht Paar!)	r	r	f	r

wird falsch korrigiert !

c) Erforderliche Anzahl der redundanten Binärstellen

k	m (DAEC)	m (d=5)
3	0	0
4	3	1
5	10	2
6	25	4
7	56	8
8	119	14

Bild 11: 2-Nachbarstellen korrigierender Code (DAEC) nach N. M. Abramson

das Quersummenschema. Bild 11b zeigt, daß jedes gestörte Binärstellenpaar ein charakteristisches Prüfungsergebnis liefert, ebenso wie die (nicht aufgeführten) Einzelfehler und deshalb korrigiert werden kann. Treten Fehler in zwei n i c h t benachbarten Binärstellen auf, so führen diese zu einer f a l s c h e n Korrektur. Beispielsweise wird ein Fehler in x_1 und y_1 fälschlicherweise so korrigiert, als ob y_3 und y_4 gestört gewesen wären.

Diese Eigenschaft des DAEC-Codes erscheint gefährlich. Die erforderliche Anzahl k der redundanten Binärstellen ergibt sich aus der Überlegung, daß ein Code von insgesamt $n = m + k$ Binärstellen n einfache und n Paarfehler enthalten kann. (Erste und letzte Stelle werden auch als ein "Paar" betrachtet). Um diese 2n Fehler eindeutig identifizieren zu können, muß die Quersummenprüfung 2n verschiedene Aussagen liefern können. Hierzu braucht man - weil die Aussage "alle Quersummen richtig" nicht verwendbar ist - insgesamt k Prüfstellen, wobei k der Ungleichung

$$2^k - 1 \geqq 2n \qquad (9)$$

gehorchen muß. Damit ergeben sich die Zahlenwerte von Bild 11c.

Eine andere, für Bündelstörungen geeignete Art der Codierung geht auf D. W. H a g e l b a r g e r [33] zurück (Bild 12). Während die bisher erwähnten Codierungen Quersummen nur zwischen den zu einem einzigen Zeichen (evtl. auch zu einem Block, "Blocksicherung") gehörenden Binärstellen bildeten, ignoriert H a g e l b a r g e r diese Grenzen. In Bild 12a sind x_1, x_2, x_3 .... informationstragende Binärstellen, die nicht zu einem einzigen Zeichen zu gehören brauchen. Jeweils zwischen zwei dieser Stellen x wird eine Prüfstelle y eingeschoben. Diese Prüfstellen überwachen Informationsstellen, die um mehrere Einheiten entfernt sind, z. B.

y_{14} (zwischen x_7 und x_8) überwacht x_1 und x_4

y_{25} (zwischen x_8 und x_9) überwacht x_2 und x_5 usw.

Dies hat den Vorteil, daß durch kurze Bündelstörungen nicht g l e i c h z e i t i g die Informationsstellen und die sie überwachenden Prüfstellen verfälscht werden. Bilder 12b und 12c zeigen die Codier- und Decodierschaltung. Je länger die Schieberegister sind, desto länger können Bündelstörungen sein, desto länger dauert es aber auch, bis in der Decodierschaltung die Folgen fehlerhafter Binärstellen verklungen sind.

Jede Informations-Binärstelle wird durch 2 Quersummenprüfungen erfaßt, z. B. x_4 durch y_{14} und y_{47}. Die Sicherung nach Bild 12 erlaubt die Kor-

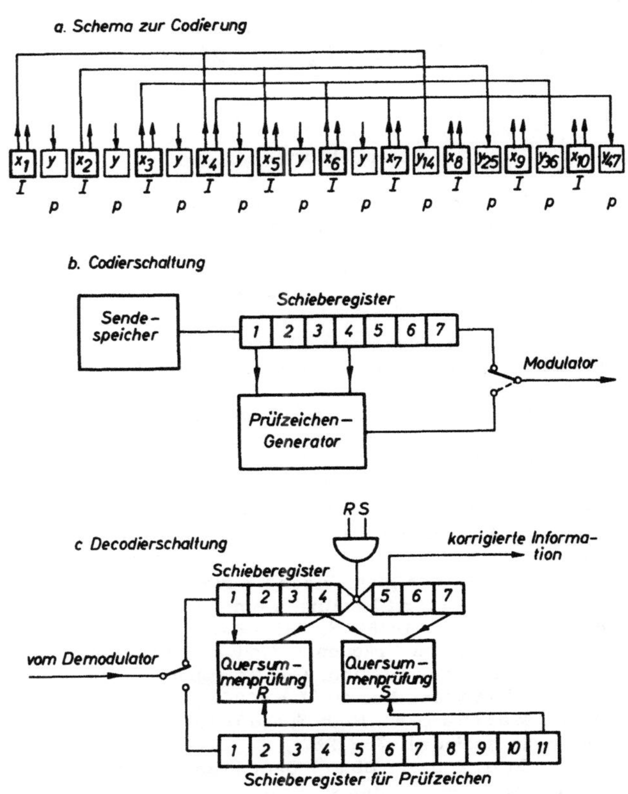

Bild 12: Codierung nach D. W. Hagelbarger

rektur jeder Stelle, wenn deren zugehörige Prüfstellen außerhalb des Störbündels liegen.

Der Vergleich mit einem Hamming-Code mit d = 3 zeigt, daß im interessierenden Bereich (m = 5, 6, 7) die Codierung nach Hagelbarger einige Binärstellen mehr kostet:

	m =	1	2	3	4	5	6	7
Hamming (d=3)	n =	3	5	6	7	9	10	11
Hagelbarger (d=3)	n =	2	4	6	8	10	12	14

7. Zusammenfassung

Die bisherigen Überlegungen lassen erkennen, daß durch geeignete Codesicherung die Wahrscheinlichkeit falsch decodierter Zeichen vermindert werden kann. Die scharfen Forderungen an die Häufigkeit falsch decodierter Zeichen, die man vernünftigerweise an digitale Übertragungssysteme stellen muß, z.B. $< 10^{-7}$, lassen sich vermutlich bei den im normalen Fernsprechnetz vorhandenen Störungen kaum durch Codesicherung allein erfüllen. Bei starken Störungen entstellen auch bei gesicherten Codes zu häufig zufällig mögliche Kombinationen.

Die Möglichkeit der Rückfrage wird unumgänglich sein. Dies bedeutet eine Komplizierung des Übertragungssystems. Zur Bewältigung der Bündelstörung sei hingewiesen einerseits auf das Verfahren der Codespreizung, welches die Fehlerwahrscheinlichkeiten ausgleicht, andererseits auf das Verfahren nach D. W. Hagelbarger, welches die Prüfstellen weit ab von den Informationsstellen entfernt überträgt und schließlich auf das Verfahren der "störungsabhängigen Decodierung", welches die empfangenen Zeichen je nach dem Grad der meßbaren Störwahrscheinlichkeit verschieden behandelt und damit die Forderungen nach geringer Fehlerwahrscheinlichkeit und hoher Übertragungsgeschwindigkeit möglichst günstig erfüllt.

Schrifttum

[1] R. W. Hamming: Error Detecting and Error Correcting Codes. Bell Syst. techn. J. 26 (1950), S. 147-160

[2] H. Oden: Über den Gebrauch von Codes in der Fernschreib- und Fernsprechtechnik. Nachr. techn. Fachber. 6 (1956)

[3] R. C. Clark: Diagrammetic Methods of Code Construction. Commun. & Electronics No. 40 (Jan. 1959), S. 817 - 823

[4] J. O. Edson, M. A. Flavin and A. D. Perry: Synchronized Clocks for Data Transmission. Commun. & Electronics No. 40 (Jan. 1959), S. 832 - 836

[5] R. Filipowsky: Recent Progress in Applying Information Theory to Digital Transmission Systems. Commun. & Electronics No. 40 (Jan. 1959), S. 848 - 855

[6] F. B. Wood: Optimum Block Length for Data Transmission with Error Checking. Commun. & Electronics No. 40 (Jan. 1959), S. 855 - 861

[7] L. A. Weber: A Frequency-Modulation Digital Subset for Data Transmission. Our Telephone Lines. Commun. & Electronics No. 40 (Jan. 1959), S. 867 - 872

[8] W. A. Malthaner: High-Speed Data Transmission. Bell Syst. techn. J. 35 (1957), S. 121-125

[9] M. L. Doelz u.a.: Binary Data Transmission Techniques for Linear Systems. Proc. IRE 45 (1957), S. 656 - 661

[10] E. J. Casey: A Self-Checking System for High-Speed Transmission of Magnetic Tape Digital Data. Proc. East. Joint Comput. Conf. 9. - 13.12.1959, S. 190 - 192

[11] E. A. Irland: A High-Speed Data-Signalling System. Bell Lab. Rec. 36 (1958), S. 376 - 380

[12] W. Keister, A. E. Ritchie and S. H. Washburn: The Design of Switching Circuits. Van Nostrand Company, Princeton 1951

[13] H. J. Held: Fehlerwahrscheinlichkeit binär codierter Meldungen bei Störung. Nachrichtentechn. Z. 11 (1958), S. 244 - 249

[14] N. Abramson and B. Elspas: Double-Error Correcting Encoders and Decoders for Non-Independant Binary Errors. International Conference on Information Processing, Paris 1959 in "Information Processing" Oldenbourg-Verlag, München 1960

[15] W. H. Sanders: Redundancy for Error-Detection. International Conference on Information Processing, Paris 1959 in "Information Processing" Oldenbourg-Verlag, München 1960

[16] D. Slepian: A Class of Binary Signalling Alphabets. Bell Syst. techn. J. 35 (1956), S. 203 - 234

[17] I. S. Reed: A Class of Multiple Error-Correcting Codes and the Decoding Scheme. Trans. IRE, PGIT-4 (Sept. 1954), S. 38 - 49

[18] Reiger: Error Probabilities of Binary Data Transmission Systems in the Presence of Random Noise. Conv. Rec. IRE 1953 Part 8, S. 72

[19] W. B. Bishop and B. L. Buchanan: Message Redundancy versus Feedback for Reducing Message Uncertainty. Conv. Rec. IRE 5 pt. 2 (1957), S. 33 - 35

[20] B. Harris, A. Hauptschein, K. C. Morgan and L. S. Schwartz: Binary Communication Feedback Systems. Commun. & Electronics No. 40 (Jan. 1959), S. 960 - 969

[21] P. Elias: Coding for Noisy Channels. Conv. Rec. IRE pt. 4 (1955), S. 37 - 46

[22] D. W. Hagelbarger: A New Correcting Code for Bursts of Errors. Bell Lab. Rec. Jan. 59, News note p. 33 (siehe auch [33])

[23] P. R. Keller and L. K. Weeler: Automatic Error Correction. Wireless Wld.(1959), S. 28 - 33

[24] F. Rausch: Selbstprüfungstechnik in elektronischen Rechenmaschinen. Elektron. Rdsch. 13 (1959), S. 206-210

[25] C. E. Shannon: Prohability of Error for Optimal Codes in a Gaussian Channel. Bell Syst. techn. J. 38 (1959), S. 611 - 656

[26] E. J. Tanana: The map method for Logical Design. Western Electric Eng. (1959), S. 41 - 48

[27] L. Calabi and H. G. Haefeli: A Class of Binary Systematic Codes Correcting Errors at Random and in Bursts. Trans. IRE, CT, 6 (May 1959), S. 79 - 94

[28] J. H. Green and R. L. Sansouci: An Error Correcting Encoder and Decoder of High Efficiency. Proc. IRE 46 (1958), S. 1741 - 1744

[29] J. Dutka: Notes on Error-correcting techniques. RCA-Rev. 19 (1958), S. 628 - 641

[30] S. P. Lloyd: Binary Block Coding. Bell Syst. techn. J. 36 (1957), S. 517 - 535

[31] H. S. Shapiro and D. L. Slotnick: On the Mathematical Theory of Error Correcting Codes. IBM-J. Res. and Dev. 3 (1959), S. 25 - 34

[32] E. N. Gilbert and E. F. Moore: Variable-Length Binary Encodings. Bell Syst. techn. J. 38 (1959), S. 933 - 967

[33] D. W. Hagelbarger: Recurrent Codes: Easily Mechanized, Burst Correcting, Binary Codes. Bell Syst. techn. J. 38 (1959), S. 969 - 984

[34] M. J. E. Golay: Binary Coding. Trans. IRE PGIT-4, (1954), S. 23

[35] P. Elias: Error-Free Coding. Trans. IRE PGIT-4, (1954), S. 29

[36] D. E. Muller: Application of Boolean Algebra to Switching Circuit Design and to Error Detection. Trans. IRE, EC-4 (1954), S. 6

[37] W. Ulrich: Non-Binary Error Correction Codes. Bell Syst. techn. J. 36 (1957), S. 1341

[38] A. B. Brown and S. T. Meyers: Evaluation of Some Error Correction Methods Applicable to Digital Data Transmission. Conv. Rec. IRE (1958), Part 4, S. 37

[39] G. E. Sacks: Multiple Error Correction by Means of Parity Checks. Trans. IRE IT-4 (1958), S. 145

[40] H. Zschekel: Darstellung, Gruppierung und Verarbeitung von Informationen bei der automatischen Datenverarbeitung. SEL-Nachr. 7 (1959), S. 84 - 92 und ETZ-A 79 (1958), S. 617 - 624

[41] W. H. Kim and C. V. Freiman: Multi-Error Correcting Codes for a Binary Asymmetri Channel. Trans. IRE CT-4 (1959), S. 71 - 78

[42] E. J. McCluskey .jr.: Error-Correcting Codes - A Linear Programming Approach. International Conference on Information Processing, Paris 1959 in "Information Processing" Oldenbourg-Verlag, München 1960

[43] N. M. Abramson: A Class of Systematic Codes for Non-Independant Errors, Stanford Electronics Laboratories, Stanford University, Stanford, California

[44] A. B. Fontaine and W. W. Peterson: Group Code Equivalence and Optimum Codes. Trans. IRE, CT-6 (1959), S. 60-70

VERFAHREN UND ERGEBNISSE VON FREMDSPANNUNGSMESSUNGEN IM HINBLICK AUF EINE DATENÜBERTRAGUNG ÜBER FERNSPRECHLEITUNGEN

R. Hoffmann, Darmstadt

Mit 13 Bildern

I. Einleitung

Um Daten von Ort zu Ort zu übertragen, kann man sich verschiedener Übertragungsmittel bedienen. Die am meisten verbreiteten Wege sind einmal die Telegraphenkanäle mit 80 Hz Bandbreite, auf denen man mit einer Geschwindigkeit von 50 Baud arbeiten kann, und zum anderen die Fernsprechkanäle mit 3100 Hz Bandbreite, die eine Geschwindigkeit von einigen 100 Baud zulassen. Betrieblich gesehen könnte man entweder die öffentlichen Fernschreib- und Fernsprechnetze oder besonders zu schaltende Einzelleitungen oder Sondernetze benutzen. Im Hinblick auf den großen Aufwand sollte man sich jedoch sehr überlegen, ob es wirklich notwendig ist, besondere öffentliche Datennetze - ähnlich den Telex-Netzen - einzurichten.

Das Augenmerk hat sich demgemäß zunächst auf die Mitbenutzung der öffentlichen Fernsprechnetze gerichtet [1] [2] [3]. Hierbei treten allerdings Schwierigkeiten auf, da die auf diesen Leitungen vorhandenen impulsartigen Geräusche [4], die für das Fernsprechen normalerweise ganz unerheblich sind, bei der Übertragung von Daten empfindliche Störungen hervorrufen können. Es wurde daher die Aufgabe gestellt, diese Geräusche näher zu untersuchen und zahlenmäßig zu bestimmen, um daraus Schlüsse für die Entwicklung von Datenübertragungssystemen ziehen zu können [5].

Für diese Untersuchungen haben die Beteiligten - die Firmen Siemens u. Halske, Standard Elektrik Lorenz sowie das Fernmeldetechnische Zentralamt der Bundespost - verschiedene Meß- und Auswerteverfahren angewandt, über die im folgenden ein kurzer Überblick gegeben wird. Dabei wird jeweils auf die damit gewonnenen Ergebnisse eingegangen.

II. Meßverfahren und Meßergebnisse für impulsförmige Störspannungen auf Fernsprechwählverbindungen

1. Anschalteinrichtung und Tonbandgerät zur Aufnahme der Störspannungen

Nach den ersten Vorversuchen ging man dazu über, grundsätzlich alle Störgeräusche, die untersucht werden sollen, auf Tonband aufzunehmen. Bild 1 zeigt das Blockschaltbild der Anschalteinrichtung: Die zu untersuchende Fernsprechverbindung Ltg. 1 - Ltg. 2 wird zunächst in der üblichen Weise durch Betätigen einer Nummernscheibe und Abheben der Handapparate bei Teilnehmer (Tln) 1 und Tln 2 hergestellt. Durch Umlegen des Schalters "Wählen - Messen" werden die beiden Fernsprechapparate dann durch 600 Ω -Abschlüsse ersetzt, um Störungen durch Mikrophongeräusche zu vermeiden. Die aus der Leitung kommenden Störgeräusche gelangen dabei über einen Übertrager, einen 300 Hz-Hochpaß, der Brummspannungen und deren Harmonische unterdrücken soll, und einen Verstärker zum Aufsprechkopf des Tonbandgeräts T. Um Übersteuerungen zu vermeiden, werden die Störamplituden in dem Verstärker auf etwa 500 mV_{so} begrenzt.

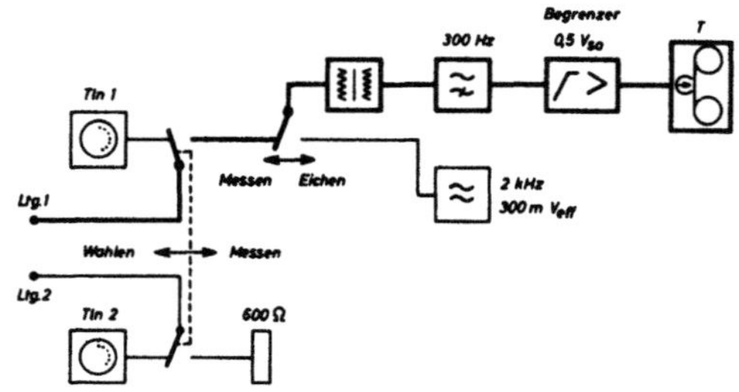

Bild 1: Anschalteinrichtung zur Aufnahme der Störimpulse auf Magnetband (Siemens u. Halske)

Als Vergleichsmaß wird am Bandanfang und Bandende eine Sinusspannung von 2 kHz und 300 mV_{eff} (≈420 mV_{so}) aufgespielt. Die Bandgeschwindigkeit beträgt 19 cm/sec.

2. Kathodenstrahl-Oszillograph und Registrierkamera

Die so bespielten Tonbänder wurden nun nach den verschiedensten Gesichtspunkten ausgewertet. Um zunächst einen rohen Überblick über die Art und Verteilung der Störimpulse zu bekommen, wurden einige Bänder auf einen Kathodenstrahl-Oszillographen abgespielt und bei ausgeschalteter Zeitablenkung die Impulsamplituden mit Hilfe einer Registrierkamera auf einem lichtempfindlichen Papierstreifen aufgezeichnet. Ein typisches Ergebnis ist in Bild 2 oben dargestellt (Registrierdauer 12 min): Man erkennt längere Impulsserien relativ geringer Amplitude (Größenordnung 50 mV_{so}) und Einzelimpulse sehr unterschiedlicher Größen bis zu einigen 100 mV_{so}. Da die Zeitauflösung relativ gering ist, kann ein hier dargestellter einzelner Impuls noch aus mehreren dicht aufeinander folgenden Impulsen bestehen. Die Ursache für derartige Geräusche liegt einmal in schwankenden Widerständen der Wählerkontakte, die im Rhythmus der Bewegung anderer im gleichen Gestell befindlicher Wähler erschüttert werden, sowie in Schalt-

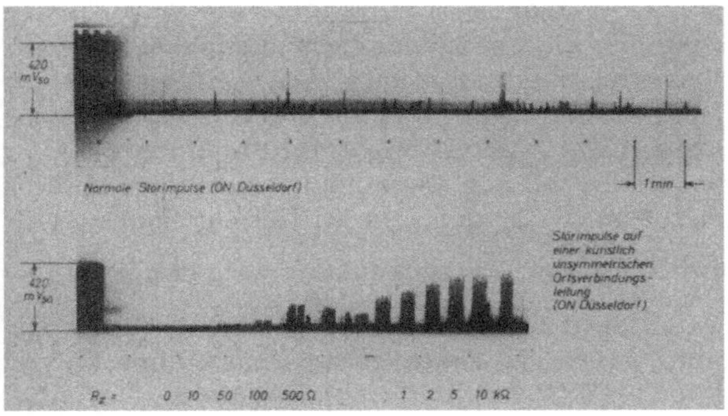

Bild 2: Störspannungen, aufgenommen vom Kathodenstrahl-Oszillographen

oder Kondensator-Entladeimpulsen. Weitere Störimpulse können durch Nebensprechen in Verbindungskabeln zwischen zwei Wählvermittlungsstellen auftreten, wenn einerseits in der störenden Leitung Wählimpulse unsymmetrisch übertragen werden (Wählsysteme 22 bis 40) und andererseits die gestörte Leitung durch unterschiedliche Wählerkontaktwiderstände ebenfalls unsymmetrisch geworden ist. Bild 2 unten zeigt diesen Effekt, und zwar der Anschaulichkeit halber künstlich hervorgehoben durch Einschalten verschiedener Zusatzwiderstände R_z in eine der beiden an sich symmetrischen Adern der gestörten Leitung. Gewählt wurde auf der Nachbarader jeweils achtmal die Ziffer 0. Man erkennt, daß bei einem Widerstandsunterschied von z.B. nur 50 Ω schon Störspitzen von etwa 50 mV_{so} auftreten.

3. Schleifenoszillograph und Registrierkamera

Will man die einzelnen Impulsformen genauer erkennen, so muß man die Schreibgeschwindigkeit erheblich erhöhen. So wurden - von der Firma Standard Elektrik Lorenz - mittels eines Schleifenoszillographen bei etwa 10^4facher Geschwindigkeit die folgenden Aufnahmen gemacht. Man sieht in Bild 3, wie die Geräusche beim Heben und Drehen sowie beim Heimlauf eines Wählers aussehen: Jedesmal wird eine ganze Serie von Impulsen angeregt. Die Dauer einer Serie beträgt etwa 15 ms, ihre Amplitude liegt wieder in der Größenordnung von 50 mV_{so}. Bild 4 zeigt oben eine Knackspannung von 2 ms Dauer und 200 mV_{so} Amplitude. In Bild 4 unten sind einige durch Nebensprechen eingekoppelte Wählimpulse von je 0,7 ms Dauer und etwa 30 mV_{so} Amplitude aufgeschrieben.

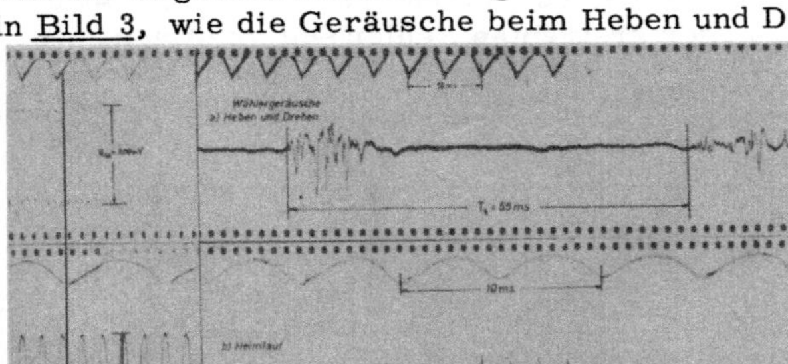

Bild 3: Störspannungen (Wählergeräusche), aufgenommen vom Schleifen-Oszillographen

4. Auswerteverfahren mit mechanischer Zählvorrichtung

Nachdem man die verschiedenen Arten von Störimpulsen erkannt hat, möchte man zahlenmäßige Angaben gewinnen über die Häufigkeit bestimmter Amplituden, ihre Dauer, ihre spektrale und zeitliche Verteilung usw. Zu diesem Zweck sind zwei verschiedene Auswerteverfahren entwickelt worden, die im folgenden mit den dabei erzielten Meßergebnissen kurz beschrieben werden. Die erste - von der Firma Siemens u. Halske entwickelte - Methode arbeitet mit einem mechanischen Zählwerk (Bild 5): Die auf dem Tonband aufgezeichneten Störungen gelangen über einen Anpassungsübertrager, wählbare Bandfilter, ein regelbares Dämpfungsglied, einen Verstärker und einen Hochpaß (300 Hz), der Brummstörungen fernhält, auf den Taktschalter S des Zählgeräts. S ist abwechselnd für eine Meßperiode von 0,8 sec geschlossen und für eine Rückstellzeit von 0,2 sec geöffnet. Während der Meßperioden von 0,8 sec Dauer gelangen die Störimpulse an einen Spitzenspannungsmesser (umgebauter Aussteuerungsmesser) mit einer Ladezeitkonstanten von 0,4 ms und einer Entladezeitkonstanten von 20 sec. Nun werden den Spannungsspitzen entsprechende Gleichspannungen in einem Modulator in proportionale Wechselspannungen umgewandelt und einem Schreibwerk zugeführt. Ein hier-

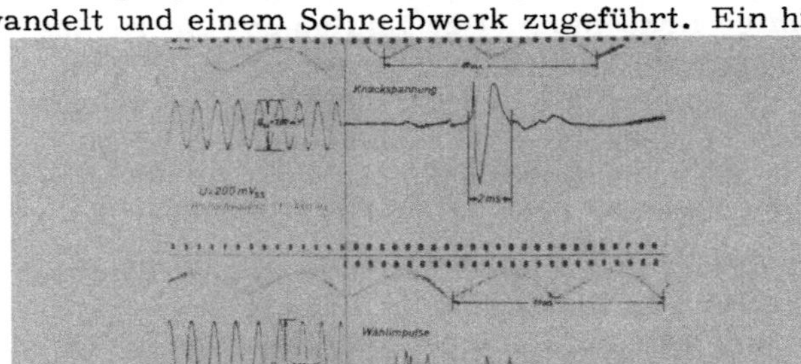

Bild 4: Störspannungen (Knackspannungen, Wählimpulse), aufgenommen vom Schleifen-Oszillographen

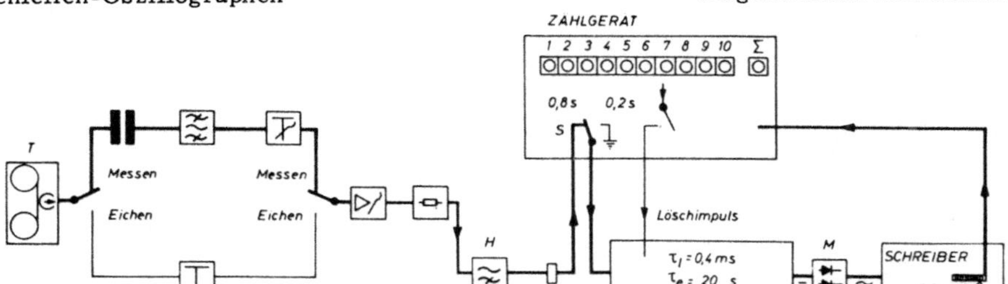

Bild 5: Meßeinrichtung I zur statistischen Auswertung der auf Band aufgezeichneten Störimpulse (Siemens u. Halske)

mit verbundener Schleifer gleitet auf einer lamellierten Kontaktbank entlang. Die 10 Lamellen arbeiten auf die Zähler 1 ... 10 ; außerdem ist ein Summenzähler vorhanden, der die Anzahl der abgelaufenen Meßperioden zählt. Die 10 Zähler erfassen 10 Amplitudenstufen, d.h. es wird jedesmal dann ein Zählimpuls ausgelöst, wenn die betreffende Amplitudenstufe mindestens einmal in der Meßperiode von 0,8 sec überschritten wird.

Einige nach diesem Verfahren gewonnene Meßergebnisse sind in den folgenden Bildern dargestellt:

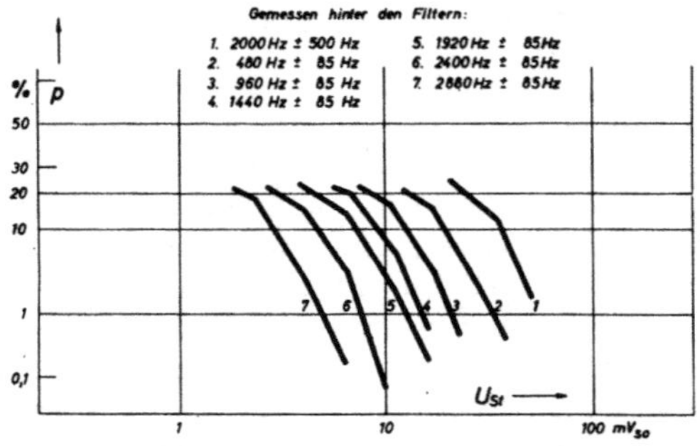

Bild 6: Summenhäufigkeit der Störspannungen für verschiedene Frequenzbereiche (Ortsnetz München)

Bild 6 zeigt die Summenhäufigkeit von Störspannungen, die an einer Verbindung im Ortsnetz München aufgenommen wurden. D.h., der Faktor p gibt den Prozentsatz der Meßperioden zu 0,8 sec Dauer an, in dem die auf der Abszisse abzulesende Spitzenspannung mindestens je einmal überschritten wurde. Die Aufnahme wurde einmal breitbandig (1000 Hz) ausgewertet (Kurve 1) und zum anderen mit Bandfiltern von 85 Hz Breite mit verschiedenen Mittenfrequenzen von 480 ... 2880 Hz (Kurven 2 ... 7). Wie man sieht, rücken die Kurven mit zunehmender Mittenfrequenz in Gebiete geringerer Störamplituden, eine für die Wahl des Frequenzbereichs einer Datenübertragung sicherlich wichtige Erkenntnis. Der Einfluß der Breite des übertragenen Bandes geht aus einem Vergleich der Kurven 1 und 5 hervor, die für etwa gleiche Mittenfrequenz, aber verschiedene Bandbreite gelten. Danach sind die Amplituden der Störspannungen ungefähr proportional der Bandbreite.

Bild 7 zeigt im gleichen Koordinatennetz Eintragungen aus 39 Bandaufnahmen von je etwa 1 Stunde Dauer aus den Hauptverkehrszeiten von 8 Ortsnetzen der Bundesrepublik, die mit den verschiedensten älteren Wählsystemen ausgerüstet sind (Systeme 22 ... 50). Es wurden dabei hauptsächlich solche Wählämter untersucht, die vom Fernsprechen her als besonders geräuschbehaftet bekannt waren. Wie man sieht, ist die Streuung sehr groß. So werden z.B. in 1,66 % der Meßperioden (d.h. einmal je Minute) Störamplituden überschritten, die je nach Verbindung zwischen etwa 10 und 100 mV_{so} liegen, im Mittel werden es etwa 50 mV_{so} sein. Demgegenüber zeigen die - bis jetzt allerdings noch wenigen - Messungen an EMD-Wählern, daß in dem interessierenden Bereich von p = 0,1 ... 10 % die Störimpulsamplituden mindestens um den Faktor 10 geringer sind. Aus den Werten für 1,66 % der Meßperioden ist das Diagramm von Bild 8 entstanden, das den Prozentsatz q der Bandaufnahmen angibt, in dem die auf der Abszisse abzulesende Spitzenspannung einmal je Minute überschritten wird. So wird z.B. bei der Hälfte aller Bandaufnahmen ein Wert von 50 mV_{so} einmal je Minute überschritten.

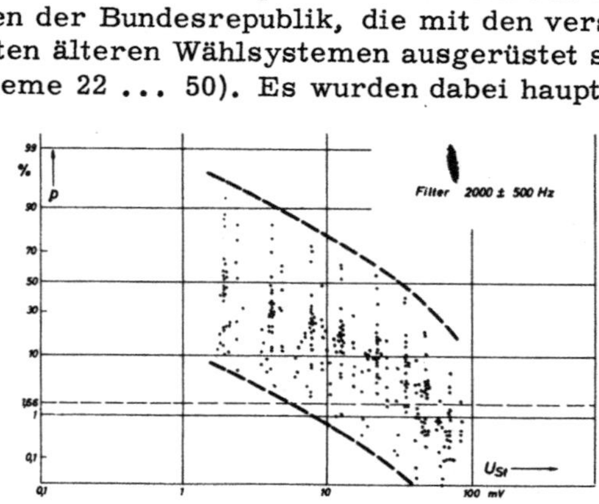

Bild 7: Streuung der Summenhäufigkeitswerte von Störspannungen (aus den Hauptverkehrszeiten von 8 Ortsnetzen)

Diese Werte für Perioden von 1 min können vielleicht aus folgender Überlegung bei der Beurteilung einer Verbindung für eine Datenübertragung interessant sein: Nimmt man nämlich an, daß dieser im Durchschnitt einmal je Minute auftretende Störimpuls jeweils ein Datenzeichen verfälscht, dann würde z.B. bei einer Telegraphiergeschwindigkeit von 500 Baud und einem Code mit 10 Schritten, auf 3000 Zeichen 1 Fehler entfallen. Durch fehlererkennende Codes läßt sich der tatsächliche Fehleranteil noch etwa um den Faktor 100 verbessern, d.h. auf $1 : 3 \cdot 10^5$. Da die Störimpulse jedoch, wie man aus den Oszillogrammen gesehen hat, meist in Serien von etwa der Dauer eines Datenzeichens auftreten, kann vielleicht noch mit einer weiteren Verbesserung gerechnet werden, so daß man dann in die Größenordnung der erstrebten Fehlerhäufigkeit von $1 : 10^7$ gelangt.

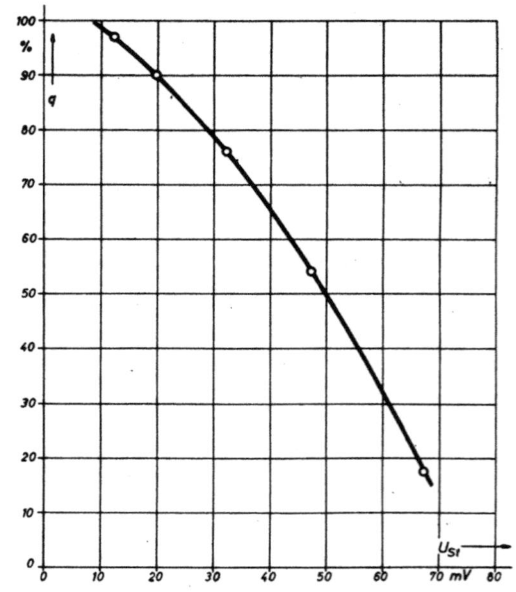

Bild 8: Summenhäufigkeit der Störspannungen für Perioden von 1 Minute (aus Bild 7)

5. Auswerteverfahren mit elektronischer Zählvorrichtung

Das zweite - von der Firma Standard Elektrik Lorenz entwickelte - Auswerteverfahren arbeitet mit elektronischen Zählern. Bild 9 zeigt wieder das Blockschaltbild: Die vom Tonband abgenommenen Störimpulse gelangen über einen Übertrager auf ein veränderbares Dämpfungsglied, mit dem die Empfindlichkeit der Meßapparatur, d.h. die Ansprechschwelle des Zählers, eingestellt wird. Es folgen wieder ein Verstärker, ein Gleichrichter und ein Bandpaß. Ein Impulsformer mit fester Ansprechschwelle trifft die Auswahl der zu zählenden Störimpulse und wandelt diese in geeignete Zählimpulse um. Zur Kontrolle können die Störimpulse - ebenso wie bei der Meßeinrichtung I - auf einem Oszillographen sichtbar und durch einen Lautsprecher hörbar gemacht werden. Das in Bild 9 nur angedeutete Zählwerk besteht aus drei Zählern, die in drei verschiedenen Schaltungen betrieben werden können.

In der ersten Schaltung (Bild 10 links) mißt man die Störimpulsdichte, d.h. die Anzahl der Störimpulse je Sekunde, die den eingestellten Ansprechwert überschreiten, sowie die mittlere Impulslänge: Zähler 1 zählt alle während der Beobachtungszeit den Ansprechwert überschreitenden Störimpulse. Die Störimpulsdichte erhält man dann durch Division der Angabe des Zählers 1 durch die Beobachtungsdauer in sec. Ein Beispiel für die tageszeitliche Verteilung der Störimpulsdichte bei verschiedenen Ansprechpegeln P_A ist in Bild 11 gegeben. Für Ansprechpegel von -3 ... -4N, die etwa dem Nutzpegel an einem Daten-Empfangsgerät entsprechen dürften, liegt die Störimpulsdichte in der Größenordnung von 1 ... 10 Impulsen/sec. In Bild 12 wurden die Ergebnisse für einige Verbindungen im Ortsnetz Stuttgart in Abhängigkeit vom Ansprechpegel aufgetragen (stark ausgezogene Kurven). Man erkennt wieder den ausgedehnten Streubereich. Einige mit dem ersten Meßverfahren in München gewonnene Ergebnisse

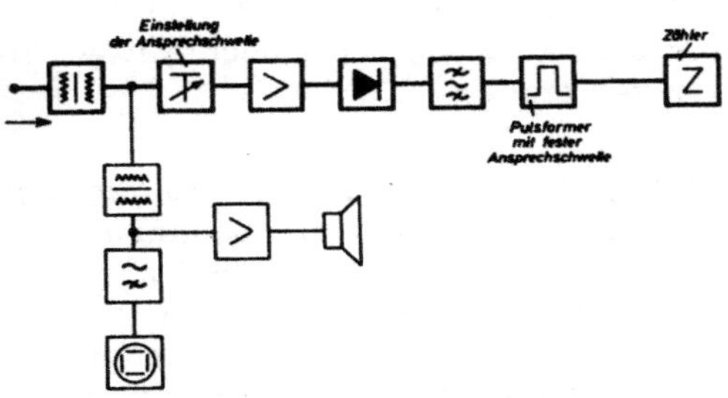

Bild 9: Meßeinrichtung II zur statistischen Auswertung der Störimpulse (Standard Elektrik Lorenz)

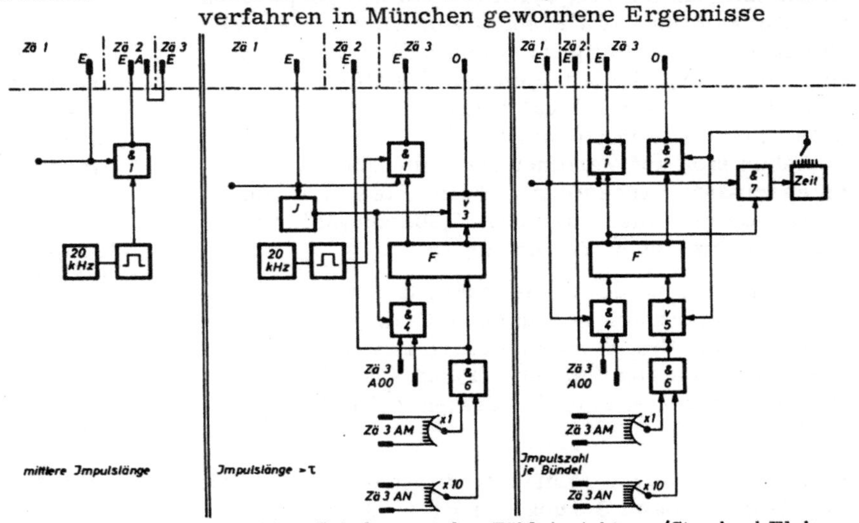

Bild 10: Schaltungen der Zähleinrichtung (Standard Elektrik Lorenz)

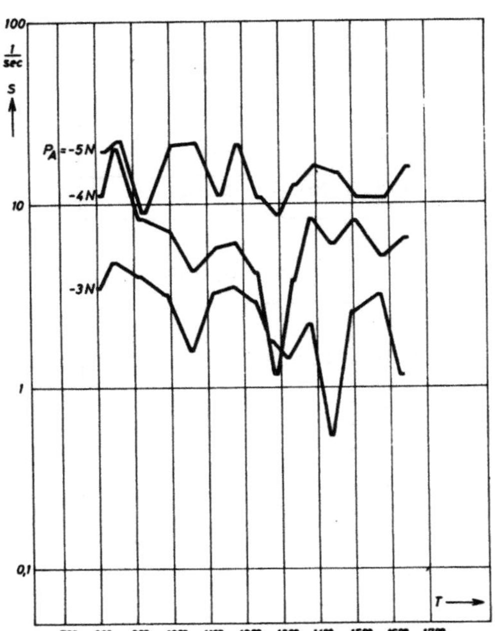

Bild 11: Störimpulsdichte in Abhängigkeit von der Tageszeit für verschiedene Ansprechpegel des Empfängers (Ortsnetz Stuttgart)

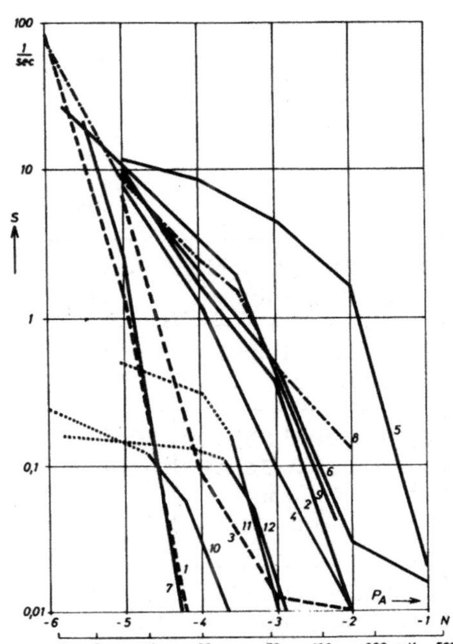

Bild 12: Störimpulsdichte in Abhängigkeit vom Ansprechpegel des Empfängers für verschiedene Wählverbindungen (Ortsnetze Stuttgart und München)

(Kurven 10 ... 12) sind zum Vergleich mit eingetragen; sie liegen am linken Rand des Streubereichs, da sie über ein Bandpaßfilter 1500 ... 2500 Hz ausgewertet wurden. Die grundsätzliche Übereinstimmung ist jedoch zu erkennen, nur im oberen Bereich sind diese Kurven gestrichelt wiedergegeben, da oberhalb von etwa s = 0,1 die beiden Verfahren nicht mehr vergleichbar sind. Man kann die gesamte Kurvenschar des Bildes 12 nach zwei Gesichtspunkten interpretieren: Erstens sieht man, daß die Störimpulsdichte in dem interessierenden Gebiet von -3 ... -4 N einen Bereich von < 0,01 ... 10 umfaßt. Zweitens kann man sagen, wenn man eine Fehlerwahrscheinlichkeit von $1:10^7$ erreichen will, was - wie oben erörtert - einer Störimpulsdichte von unter etwa 1,66 % (s = 0,0166) entspricht, müßte man je nach der Qualität der Verbindung mit Nutzempfangspegeln von etwa -4 ... -1 N arbeiten. Zum Vergleich sind in das Diagramm einige weitere Kurven eingezeichnet: Kurve 8 ist das Ergebnis von einer gewählten Fernverbindung Stuttgart -Essen. Wie man sieht, liegt diese innerhalb derjenigen der Ortsverbindungen, d.h. die reine Fernleitung bringt offenbar keine zusätzlichen Störungen. Die Kurven 1 und 3 beziehen sich auf Verbindungen, die über Koordinatenschalter hergestellt wurden. Sie liegen günstiger als die Masse der über Hebdrehwähler zustandegekommenen Verbindungen.

Ungünstiger sind die Ergebnisse, die aus den übrigen Bandaufnahmen von anderen Ortsnetzen erzielt wurden; die Werte aus einer repräsentativen Auswahl von 9 aus den unter Punkt 4 erwähnten 39 Bandaufnahmen sind in der ersten Zeile der Tafel 1 zu finden.

Bezeichnend ist die relativ große Abnahme der Störimpulsdichte beim Sprung von P_A = -3 N auf -2 N im Vergleich zu dem Sprung von -4 auf -3 N.

Gleichzeitig mit den Werten für die Störimpulsdichte erhält man die mittlere Impulsdauer in ms, indem man die Angaben von Zähler 2 und 3, welche die durch die Summe der Impulse belegte gesamte gestörte Zeit in Einheiten von 0,1 ms darstellen, mit 0,1 multipliziert und durch die von Zähler 1 angezeigte gesamte Impulsanzahl dividiert. Aus den Bandaufnahmen haben sich die in Zeile 2 der Tafel 1 eingetragenen Werte ergeben.

Man hat es also mit Störimpulsen zu tun, die im Vergleich zu der Dauer eines Zeichenschrittes von z.B. 2 ms bei 500 Baud im Mittel sehr kurz sind. Die Streuung und die Abhängigkeit vom Ansprechpegel sind nur gering.

Wenn man nun etwa Genaueres über die Häufigkeit verschiedener Impulslängen wissen möchte, so benutzt man die zweite Schaltung des Zählwerks (Bild 10 Mitte): Zähler 1 zählt wieder die Gesamtzahl der Störimpulse innerhalb der Beobachtungszeit, Zähler 2 zählt die Anzahl derjenigen Störimpulse, deren Dauer größer ist als ein an den Wahlschaltern AM und AN eingestellter Wert, der in Einheiten von 0,1 ms bis zu max. 10 ms gewählt werden kann. Ein Beispiel für die Auswertung einer Messung aus dem Ortsnetz Stuttgart zeigt Bild 13. Man erkennt, daß das Schwergewicht der Impulslängen bei etwa 0,17 ms liegt, daß aber auch längere Impulse bis zu etwa 2 ... 3 ms noch mit geringem Anteil vertreten sind.

Die dritte Schaltung des Zählwerks (Bild 10 rechts) schließlich erlaubt Aussagen über die Bündelung der Störimpulse in Impulsserien. Während Zähler 1 wieder die Gesamtzahl der Störimpulse zählt, gibt Zähler 2 die Anzahl derjenigen Zeitabschnitte an, die mehr als eine bestimmte Anzahl Impul-

Tafel 1

Auswertung von 9 verschiedenen Bandaufnahmen

			Ansprechpegel P_A								
			-4 N			-3 N			-2 N		
			Mittel	Min.	Max.	Mittel	Min.	Max.	Mittel	Min.	Max.
1	Störimpulsdichte [Impulse/sec]		18	1,0	40	2,9	0,1	13	0,033	0,002	0,16
2	Mittlere Impulsdauer [ms]		0,17	0,12	0,24	0,18	0,12	0,34	0,26	0,15	0,58
3	Zeitanteil [%] der gestörten Zeitabschnitte von je ... ms	20 ms	6,8	1,1	19	1,4	0,1	2,5			
		40 ms	9,2	1,7	26	2,0	0,2	3,8			
4	Mittlere Bündelstärke [Imp./Bündel] bei Zeitabschnitten von ... ms	20 ms	7,0	2,8	16	3,1	1,6	8,1			
		40 ms	11	3,8	26	4,5	2,1	13			

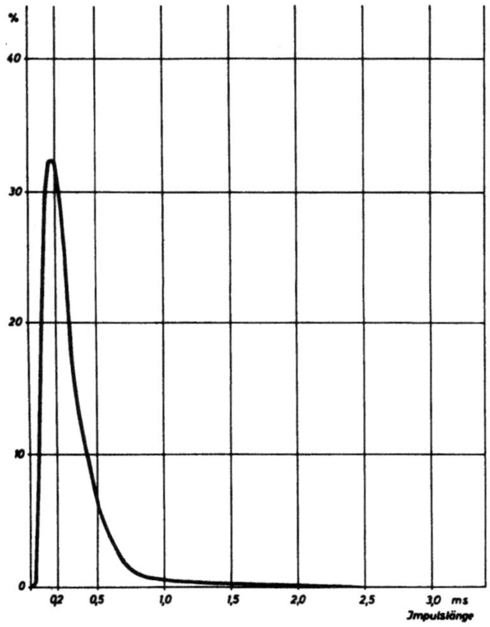

Bild 13: Häufigkeit der Störimpulslängen (Ortsnetz Stuttgart)

se enthalten. Dabei beginnt jeweils mit dem ersten Impuls einer Serie ein solcher Zeitabschnitt. Die Dauer der einzelnen Zeitabschnitte ist auf 20 ... 640 ms einstellbar. Die Mindestanzahl von Impulsen, die das Bündel enthalten soll, damit es gezählt wird, kann von 1 ... 100 gewählt werden. Um einerseits die Auswertearbeit auf ein vernünftiges Maß zu reduzieren, andererseits aber doch einen charakteristischen Überblick zu bekommen, wurden zunächst Zeitabschnitte von 80 ms gewählt. Bei einem Ansprechpegel von -4 N wurden dann die Bündel gezählt, die mehr als 10 bzw. 50 Impulse enthielten, und bei - 3 N solche mit mehr als 2 bzw. 10 Impulsen. Dabei ergaben sich aus den erwähnten neun Bandaufnahmen folgende Werte:

Tafel 2

Prozentsatz der in Bündeln auftretenden Störimpulse

Ansprechpegel P_A [N]	Prozentsatz der Störimpulse in Zeitabschnitten von 80 ms und mit Impulsen:				Summe %
	10...50	> 50	2...10	> 10	
-4	37	33			70
-3			55	17	72

Man kann also sagen, daß die Störimpulse fast nur - vorsichtig ausgedrückt zumindest mit mehr als 70 % - in Bündeln auftreten. (Neuere Messungen bestätigen, daß bei den genannten Ansprechpegeln tatsächlich mit einer 100%igen Bündelung gerechnet werden kann.) Die Kenntnis dieser Vorgänge wird für die Abschätzung der Fehlerhäufigkeit bei der Übertragung von Datenzeichen vermutlich bedeutsam sein.

Weitere in der Zwischenzeit durchgeführte Auswertungen an den erwähnten 9 Bandaufnahmen haben - bei einer eingestellten Dauer der Zeitabschnitte von 20 bzw. 40 ms und einer eingestellten Impulszahl von $\geqq$ 2/Bündel - für den Anteil der durch diese Zeitabschnitte belegten Zeit an der gesamten Beobachtungszeit Werte ergeben, die in Zeile 3 der Tafel 1 eingetragen sind.

Würde man also z. B. mit Datenzeichen von 20 ms Dauer in ununterbrochener Reihenfolge arbeiten, so würden z. B. bei einem Empfangspegel von -4 N etwa 7 % der Zeichen gestört. Andererseits sind 93 % der Zeit - abgesehen von gelegentlichen Einzelimpulsen - störungsfrei. Man sieht ferner, daß bei einer Erhöhung des Ansprechpegels von -4 auf -3 N der Mittelwert des von den gestörten Zeitabschnitten belegten Zeitanteils auf etwa 1/5 zurückgeht; dies geschieht fast unabhängig von der eingestellten Dauer der Zeitabschnitte.

Dieselbe Meßreihe führte für die mittlere Anzahl der Störimpulse, die in einem solchen Bündel enthalten sind, zu den in Zeile 4 der Tafel 1 angegebenen Werten. Bei einer Erhöhung des Ansprechpegels von -4 auf -3 N ergibt sich hier eine Abnahme der in einem Bündel enthaltenen Impulse etwa um den Faktor 2,3; wiederum fast unabhängig von der Länge der Zeitabschnitte.

III. Zusammenfassung der Ergebnisse

Die gewonnenen Erkenntnisse lassen folgenden Schluß zu: Die beobachteten Störungen werden verursacht durch Schwankungen der Kontaktübergangswiderstände von Wählern, durch Nebensprechen von Wählimpulsen und durch Knackspannungen, deren Herkunft noch nicht eindeutig geklärt ist. Die Störungen treten meist als Impulsserien und selten als Einzelimpulse auf; Die Dauer der einzelnen Impulse beträgt im Mittel 0,2 ms (Tafel 1, Zeile 2). Die Häufigkeit des Auftretens von Störimpulsen und deren Amplitude sind miteinander verquickt; die Werte streuen über einen sehr weiten Bereich: Bei den für eine Datenübertragung vermutlich in Frage kommenden Empfangspegeln von -3 ... -4 N liegen die Mittelwerte für die mittlere Störimpulsdichte bei einigen Impulsen je Sekunde (Tafel 1, Zeile 1). Erhöht man den Nutzpegel um nur 1 N, dann geht die Störimpulsdichte plötzlich auf etwa 1/1oo zurück. Oder anders ausgedrückt: Im Mittel tritt einmal in der Minute ein Störimpuls mit einer Amplitude von mehr als 50 mV_{so} auf (vorläufiger Wert für EMD-Wähler 4 mV_{so}). Störamplituden von mehr als 100 mV_{so} erscheinen dagegen schon zehnmal seltener (Bild 7). Bei einem Empfangspegel von -4 N liegt der Anteil der von Impulsbündeln belegten Zeit in der Größenordnung von 10 % der gesamten Übertragungszeit; bei -3 N sind es nur etwa 2 % (Tafel 1, Zeile 3). Die Größenordnung der mittleren Anzahl der Störimpulse, die in gestörten Zeitabschnitten von 20 bzw. 40 ms bei -3 ... -4 N auftreten, liegt bei 10 (Tafel 1, Zeile 4).

Aufgrund des vorliegenden Materials, das in der einen oder anderen Richtung noch ergänzt werden kann, wäre die Frage zu prüfen, ob auf dem öffentlichen Fernsprechnetz eine Datenübertragung von hoher Telegraphiergeschwindigkeit mit der gewünschten Fehlersicherheit durchführbar ist. Die Beantwortung geht jedoch schon über den Rahmen dieses Berichtes hinaus; es sei lediglich die Vermutung ausgesprochen, daß in vielen Fällen ein einwandfreier Betrieb möglich sein wird, daß man aber in anderen Fällen mit großen Schwierigkeiten rechnen muß.

Für die stets bereitwillige Hilfe der Firmen Siemens u. Halske und Standard Elektrik Lorenz und für die Überlassung der Apparaturen sei an dieser Stelle allen Beteiligten gedankt.

Schrifttum

[1] A. W. Horton, jr. and H. E. Vaughan: Transmission of Digital Information over Telephone Circuits. Bell Syst. Techn. J. 34 (1955), S. 511-528

[2] Dataphone Service in Three Bell System Areas. Bell Lab. Rec. 36 (1958), S. 148-149

[3] CCITT: Doc. COM 1 - No 41 vom 16.9.58, Doc. GT 43 - No 1 vom 3.6.59, Doc. GT 43 - No 2 vom 10.6.59

[4] H. Müller: Kontaktstörungen in Wählämtern, Unterrichtsblätter der Deutschen Bundespost, Ausgabe B, 4 (1951), S. 166-171

[5] Telephone Circuits Tested for Data Transmission. Bell Lab. Rec. 36 (1958), S. 384-385

SYSTEMTECHNIK DER DATENÜBERTRAGUNG AUF FERNSPRECH-LEITUNGEN *)

H. Marko, Stuttgart

Mit 12 Bildern

1. Einleitung

Mit dem Fortschreiten der Automation und dem Vordringen elektronischer Rechenmaschinen für verwaltungstechnische Aufgaben, wie Buchung, Bestellwesen, Platzreservierung und ähnliches, ergibt sich die Aufgabe, größere Mengen von Daten über kürzere oder längere Entfernungen zu übertragen. Da diese Daten von automatisch arbeitenden Maschinen verarbeitet werden, ohne daß hierbei eine Kontrolle durch den Menschen durchgeführt werden kann, müssen diese Daten mit einer sehr hohen Sicherheit, bzw. geringen Fehlerwahrscheinlichkeit übertragen werden. In vielen Fällen und insbesondere dann, wenn die Informationsmengen groß sind, wird auch eine ausreichend hohe Geschwindigkeit verlangt werden müssen.

Als Übertragungsmedium für ein zukünftiges Datenübertragungssystem bieten sich in erster Linie die bereits in Form weltweiter Netze bestehenden Nachrichtenverbindungen an. Diese sind:

a) Fernschreibverbindung

b) Fernsprechverbindung

c) Übertragungsweg größerer Bandbreite wie Rundfunkverbindung, Gruppenverbindung, Übergruppenverbindung, Fernsehverbindung u.a.m.

Bei a) und b) muß man zwischen einer gewählten und einer geschalteten Verbindung (Standverbindung) unterscheiden. Die Übertragungswege nach c) sind in der Regel fest geschaltet.

Wegen der geringen Telegrafiergeschwindigkeit von 50 Bd ist die Fernschreibverbindung nur für die Übertragung relativ geringer Informationsmengen geeignet. Die Benutzung einer Fernsprechverbindung läßt demgegenüber eine Geschwindigkeitssteigerung um etwa den Faktor 10 ... 20 zu. Läßt man beliebige, also auch gewählte Fernsprechverbindungen zu, so kann man einerseits das bestehende Ortsnetz, insbesondere die Teilnehmeranschlußleitungen, und andererseits das Fernleitungsnetz des Selbstwählferndienstes benutzen. Ein solches Datenübertragungssystem hätte eine beachtliche Flexibilität, da Teilnehmer an beliebigen Orten ohne zusätzlichen Leitungsaufwand miteinander verkehren können. Das Hauptinteresse liegt also in der Schaffung eines Datenübertragungssystems, welches für diesen Dienst geeignet ist, und die folgenden Ausführungen beschränken sich daher auf diesen Einsatzfall.

Es erscheint sinnvoll, die folgenden drei Forderungen an ein solches Datenübertragungssystem zu stellen:

1.) Übertragungsmedium: Beliebiger Telefonkanal

2.) Zeichenfehlerwahrscheinlichkeit $p_z = 10^{-7} \ldots 10^{-8}$

3.) Informationsfluß: R = 500 ... 1000 bit/s

Zu 1.) Die Benutzung eines beliebigen Telefonkanals bedeutet, daß das System fähig sein muß, die sogenannten Wählergeräusche, wie sie bei gewählten Verbindungen auftreten, und kurzzeitige Unterbrechungen, wie sie in Trägerfrequenzsystemen auftreten können, zu verkraften.

Zu 2.) Eine Forderung für die Zeichenfehlerwahrscheinlichkeit von 10^{-7} bedeutet, daß bei einer 24-stündigen Übertragung mit 1000 Bd im Mittel nur ein falsches Zeichen auftritt. Diese Forderung ist zwar sehr hoch, sie muß aber wohl aus eingangs erwähnten Gründen gestellt werden.

Zu 3.) In einem beliebigen Telefonkanal erscheint es möglich, eine Telegrafiergeschwindigkeit von rund 1000 Bd zu erreichen. Es erscheint technisch sinnvoll, einen Code zu verwenden, der infolge seiner Redundanz den Informationsfluß um nicht mehr als etwa den Faktor 2 herabsetzt.

Bild 1 zeigt das prinzipielle Blockschaltbild eines Datenübertragungssystems. Es besteht aus Sendespeicher, Codierer, Modulator, Übertragungskanal, Demodulator, Decodierer und Empfangsspeicher. Bei einem beliebigen Telefonkanal steht im Prinzip auch die Rückrichtung zur Verfügung, die für die Übertragung von z.B. Quittungssignalen ausgenützt werden kann. Berücksichtigt man 5 Möglichkeiten für den Sende- bzw. Empfangsspeicher (Lochstreifen, Lochkarten, Ferritkernspeicher, Magnettrommel, Magnetband), 4 Möglichkeiten für die Codierung, 4 Möglichkeiten für das Modulationsverfahren und 3 x 2 Möglichkeiten für das Übertragungsverfahren, so ergeben sich insgesamt 5 x 4 x 4 x 3 x 2 = 480 mögliche Systeme, und es besteht die Aufgabe das am besten geeignete hieraus auszusuchen. Im folgenden werden einige Übertragungsverfahren, Modulationsverfahren sowie Codierungs- und Fehlerkorrekturverfahren besprochen, und es wird versucht, Gesichtspunkte für die Auswahl der geeigneten Verfahren zu finden. Die gegebenen Überlegungen sollen nur einen groben Überblick vermitteln, ohne daß auf Einzelheiten und technische Details eingegangen werden kann.

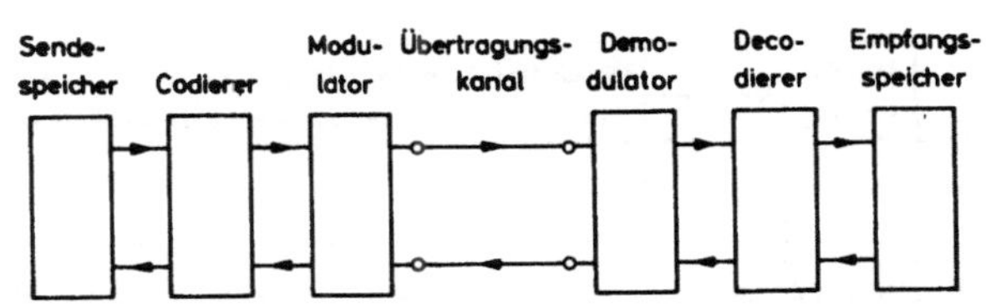

Bild 1: Blockschaltbild eines Datenübertragungssystems

*) Standard Elektrik Lorenz A.G., Mix und Genest Werk, Stuttgart

2. Übertragungsverfahren

Die möglichen Übertragungsverfahren lassen sich nach zwei Gesichtspunkten einteilen. Der erste Gesichtspunkt unterscheidet, ob für die Übertragung nur eine Richtung ausgenutzt wird (Simplex) oder ob gleichzeitig beide Richtungen ausgenutzt werden (Duplex) oder ob beide Richtungen aber zeitlich nacheinander ausgenutzt werden (Halb-Duplex). Tafel 1 zeigt eine kurze Gegenüberstellung wichtiger technischer und betrieblicher Eigenschaften dieser drei Möglichkeiten. Im Simplexfall kann keine Quittung übertragen werden, dafür ist es möglich, eine Einwegverbindung zu benutzen, was zwar nicht bei einer allgemeinen Telefonverbindung, jedoch in Sonderfällen von Vorteil sein kann. Im Duplexfall läßt sich ein Quittungssignal ohne Zeitverlust übertragen, da beide Übertragungsrichtungen gleichzeitig ausgenutzt werden. Benutzt man allerdings eine Zweidrahtverbindung, wie es ja bei der Ausnutzung z. B. des Ortsnetzes stets der Fall ist, so wird man die beiden Richtungen durch Filter voneinander trennen müssen, was wiederum eine Erniedrigung der Übertragungsgeschwindigkeit zur Folge haben kann. Im Halb-Duplexfall ist die Übertragung eines Quittungssignals grundsätzlich mit einem Zeitverlust verbunden, der mindestens gleich der doppelten Übertragungslaufzeit vermehrt um die Umschaltzeit ist. Beim Halb-Duplexbetrieb sind vorhandene Echosperren zulässig, während bei einem Voll-Duplexbetrieb vorhandene Echosperren abgeschaltet werden müssen, was eine betriebliche Schwierigkeit bedeutet. Da, wie später ausgeführt werden wird, ein Betrieb ohne Quittungssignal nicht möglich ist, kommt das Simplexverfahren nicht in Frage. Wegen der Möglichkeit einer Quittung ohne Zeitverlust, erscheint das Duplexverfahren am besten geeignet. Da, zum mindesten innerhalb des europäischen Netzes, Echosperren sehr selten sind, scheint diese betriebliche Schwierigkeit nicht sehr schwerwiegend zu sein.

Der zweite Gesichtspunkt für die Unterscheidung der Übertragungsverfahren unterscheidet, ob die Nachricht im Zeitmultiplexverfahren (Serie) oder im Frequenzmultiplexverfahren (Parallel) übertragen wird. Die beiden Verfahren unterscheiden sich hinsichtlich der Störungen und Verzerrungen, wie dies ganz grob in Tafel 2 angedeutet ist. Hierbei ist zugrundegelegt, daß die gesamte Signalleistung in beiden Fällen gleich groß ist. Diese ist durch die Forderung der Vermeidung einer Überlastung der Trägerfrequenzsysteme begrenzt. Legt man dies zugrunde, so findet man, daß die Störanfälligkeit gegenüber Rauschen in beiden Fällen gleich ist, daß jedoch bei Impulsstörungen das Parallelverfahren und bei periodischen Störungen das Serienverfahren im Vorteil ist. Bei n Parallelkanälen erscheint z. B. die Spitzenamplitude eines kurzen Störimpulses infolge der kleineren Bandbreite dieser Kanäle um den Faktor n kleiner als beim Serienverfahren. Da jedoch die Nutzamplitude eines Parallelkanales um den Faktor $1/\sqrt{n}$ kleiner als beim Serienverfahren ist, ergibt sich insgesamt beim Parallelverfahren eine Verbesserung von nur $\sqrt{n}$. Betrachtet man die linearen Verzerrungen insbesondere z. B. die Laufzeitverzerrungen an den Rändern des Übertragungsfrequenzbereiches, so ist das Parallelsystem im Vorteil, da die Laufzeitverzerrungen mit der längeren Schrittzeit des Parallelsystems verglichen werden müssen. Nichtlineare Verzerrungen dagegen (wie sie z. B. durch den Einsatz eines Kompanders entstehen können) wirken sich beim Parallelverfahren stärker aus. Besonders wichtig erscheint jedoch die betriebliche Eigenschaft, daß bei einem Parallelsystem der Code praktisch vorgegeben ist. Ein Seriensystem dagegen ist bezüglich der Codewahl noch völlig frei; es kann ein beliebiger Code benutzt werden, was besonders vorteilhaft ist, wenn man den Übertragungsteil im Sinne eines Baukastensystems für verschiedene Zwecke verwenden will. Diese Betriebseigenschaft scheint dem Verfasser ausschlaggebend zu sein, so daß die Wahl eines Serienverfahrens zu bevorzugen ist.

Tafel 1: Vergleich von Übertragungsverfahren (Simplex, Duplex, Halb-Duplex)

	Technische Eigenschaften	Betriebliche Eigenschaften
Simplex	Keine Quittung	Ein-Weg-Verbindung möglich
Duplex	Quittung ohne Zeitverlust	Echosperren nicht möglich
Halb-Duplex	Quittung mit Zeitverlust	Echosperren möglich

Tafel 2: Vergleich von Übertragungsverfahren (Serie, Parallel)

	Impuls-störung	Rauschen	Periodische Störung	Lineare Verzerrung	Nichtlineare Verzerrung	Betriebliche Eigenschaften
Serie	—	gleich	besser ($\sqrt{n}$)	—	besser	beliebiger Code
Parallel	besser ($\sqrt{n}$)	gleich	—	besser	—	starrer Code

3. Modulationsverfahren

Einige der wichtigsten binären Modulationsverfahren sind für einen ganz groben Überblick in der Tafel 3 zusammengestellt. Es bedeutet in der 1. Spalte: NF: Direkte, niederfrequente Übertragung; NF (⊓⊔): Niederfrequente Übertragung, wobei zur Vermeidung des Gleichstromanteiles jeder Nachrichtenschritt durch zwei aufeinander-

Tafel 3: Vergleich von Modulationsverfahren

	Telegrafiergeschwindigkeit	Gewinn an Störabstand bei Rauschen	Vorteile	Nachteile
NF	1	0 dB	einfachstes Verfahren	Gleichstrom Frequenzverwerfung
NF (⊓⊔)	1/2	+ 3 dB	—	Frequenzverwerfung
AM	1/2	- 1 dB	einfacher Aufbau	—
PM	1/2	+ 3 dB	Unabhängigkeit von Pegelschwankungen	Trägersynchronisation
DT	1/4	+ 2 dB	—	Frequenzbandverschwendung
FM	1/2	+ 2 dB	Unabhängigkeit von Pegelschwankungen einfacher Aufbau	—
RAM	1/1,5	(- 6 dB)	—	Quadraturverzerrung

folgende Schritte entgegengesetzter Polarität dargestellt wird; AM: Amplitudenmodulation; PM: Phasenmodulation; DT: Doppeltonverfahren; FM: Frequenzmodulation; RAM: Restseitenband-amplitudenmodulation. In der 2. Spalte ist die Telegrafiergeschwindigkeit im Vergleich zur NF-Übertragung angegeben. Hierbei wurde in allen Fällen gleiche Bandbreite des Übertragungsweges angenommen. In der 3. Spalte wird der Gewinn an Störabstand bei Rauschen unter Zugrundelegung einer gleichen Schrittfehlerwahrscheinlichkeit von 10^{-4} verglichen (s. hierzu [1]). Hierbei wird ein gleicher Rauschbelag pro Hz Bandbreite angenommen und es bedeuten positive Zahlen eine Verbesserung und negative Zahlen eine Verschlechterung in bezug auf die niederfrequente Übertragung. Die verschiedenen Verfahren unterscheiden sich nur um wenige dB, abgesehen von dem Restseitenbandverfahren, welches wegen des zur Vermeidung von Quadraturverzerrungen notwendig mitübertragenen Trägers im Nachteil ist. In der 4. und 5. Spalte sind einige Vor- bzw. Nachteile der verschiedenen Verfahren angedeutet. Man sieht, daß die beiden NF-Verfahren wegen des Effektes der Frequenzverwerfung nicht in Frage kommen. Darunter versteht man, daß die empfangene Frequenz bei Trägerfrequenzsystemen um maximal 2 Hz von der gesendeten Frequenz abweichen kann. Beim Verfahren der Phasenmodulation, das mit Rücksicht auf den Störabstand am günstigsten ist, ist eine Trägersynchronisation notwendig, was das Verfahren aufwendig und empfindlich macht. Ein betrieblicher Vorteil ist die Unabhängigkeit von Pegelschwankungen bei den Verfahren Frequenzmodulation und Phasenmodulation. Nach Ansicht des Verfassers dürfte die Frequenzmodulation wegen des letztgenannten Punktes und wegen des einfacheren Aufbaues im Vergleich zur Phasenmodulation vorzuziehen sein.

Die Entscheidung für ein bestimmtes der möglichen Übertragungsverfahren und Modulationsverfahren ist nicht zwingend gegeben. Die Auswahl eines bestimmten Verfahrens ist aber notwendig im Hinblick auf die Zusammenarbeit verschiedener Datenübertragungssysteme und sollte in diesem Sinne angestrebt werden.

4. Codierung und Fehlerkorrekturverfahren

Das Hauptproblem der fehlersicheren Datenübertragung liegt in der Codierung und Fehlerkorrektur, weshalb diesem Abschnitt der größte Raum gewidmet werden muß. Bild 2 veranschaulicht die Bezeichnungen bei einem geschützten Code. Ein solcher Code besteht aus m Nachrichtenschritten, so daß 2^m Nachrichten möglich sind. Er wird durch k zusätzliche (redundante) Schritte geschützt, die das Ergebnis von k-Quersummenprüfungen darstellen. Über den Aufbau und die Leistungsfähigkeit solcher geschützter Codes, die wahlweise entweder

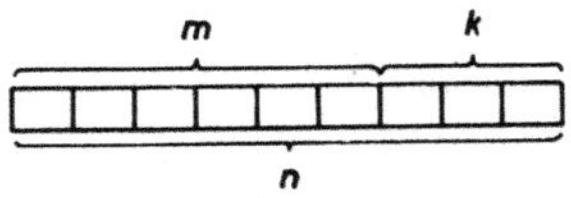

Bild 2: Geschützter Code von n Schritten; davon m Nachrichtenschritte und k Prüfschritte

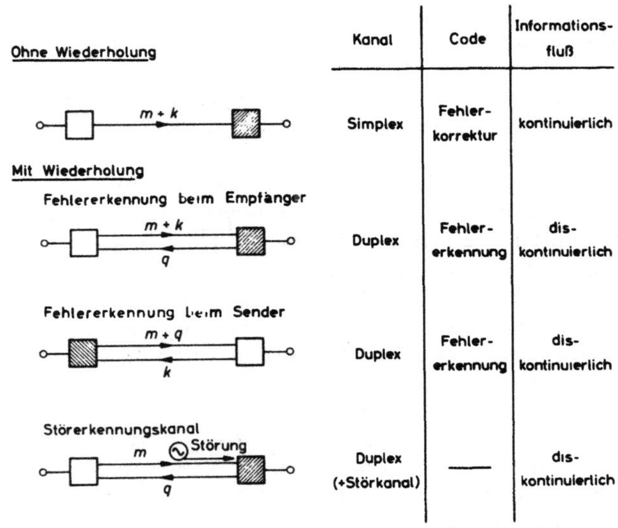

Bild 3: Vergleich von Fehlerkorrekturverfahren

zur Fehlerkorrektur oder Fehlererkennung benutzt werden können, sei auf das einschlägige Schrifttum [2] und [3] verwiesen. Bild 3 zeigt vier verschiedene Fehlerkorrekturverfahren, die unter Verwendung solcher Codes denkbar sind. Das erste Verfahren arbeitet ohne Wiederholung und überträgt die n = m + k Schritte nur in einer Richtung. Es kann ein Simplexkanal benutzt werden, und da die Rückrichtung fehlt, ist nur ein Code, der zur Fehlerkorrektur ausgenutzt wird, sinnvoll. Die folgenden drei Verfahren arbeiten mit Wiederholung, sie können daher einen fehlererkennbaren Code benutzen. Da Signale in der Rückrichtung übertragen werden müssen, ist ein Duplexkanal (oder ein Halb-Duplexkanal) notwendig. Da beim Vorliegen einer Störung eine Wiederholung gegeben wird und die Anzahl der Wiederholungen von der Größe und Dauer der Störungen abhängig ist, so ist der Informationsfluß bei allen Systemen mit Wiederholung diskontinuierlich, was einen gewissen Nachteil gegenüber einem System ohne Wiederholung, bei dem der Informationsfluß kontinuierlich ist, darstellt. Bei den Systemen mit Wiederholung lassen sich drei Verfahren unterscheiden:

Fehlererkennung beim Empfänger (in der englischen Literatur als "decision feedback" bezeichnet). Es wird ein fehlererkennbarer Code verwendet, und der Empfänger trifft die Entscheidung (daher in Bild 3 schraffiert), ob weiter übertragen werden soll oder ob wiederholt werden muß und teilt diese Entscheidung mit Hilfe des Quittungssignals q dem Sender mit.

Fehlererkennung beim Sender (in der englischen Literatur als "redundancy feedback" oder "information feedback" bezeichnet). Es werden nur die m nachrichtenhaltigen Schritte übertragen, während die k-Prüfschritte sowohl vom Sender als auch vom Empfänger abgeleitet werden und vom Empfänger rückwärts zum Sender übertragen werden. Der Sender vergleicht die selbst abgeleiteten Prüfschritte mit den vom Empfänger rückwärts übertragenen Prüfschritten und entscheidet über die Wiederholung eines Zeichens, wenn die beiden Prüfungen verschiedene Ergebnisse ergaben. Diese Entscheidung muß dem Empfänger mit Hilfe des Quittungssignals q mitgeteilt werden.

Diesen beiden bekannten Verfahren werde als drittes die Benutzung eines "Störerkennungskanales" zur Seite gestellt. Hierbei kann im Prinzip ein ungeschützter Code verwendet werden. Der Empfänger ist mit einem zusätzlichen Störerkennungskanal ausgerüstet, der die Aufgabe hat, das Vorhandensein einer Störung zur Anzeige zu bringen. Beispiele für einen solchen Störerkennungskanal sind: Ein zusätzlicher sendeseitig nicht beaufschlagter Parallelkanal, die Ausnutzung der Amplitudenmodulation des Trägers zur Störanzeige bei einem FM-Verfahren, eine Messung der Zeichenverzerrung des Empfangssignals und anderes mehr. In all diesen Fällen wird die Wiederholung der Sendung mit Hilfe des Quittungssignals q angefordert, sobald die im Störerkennungskanal angezeigte Störung einen bestimmten vorgegebenen Schwellwert überschreitet. Die Wiederholung erfolgt gewissermaßen "auf Verdacht", unabhängig davon, ob das empfangene Zeichen gerade gestört war oder nicht. Man kann dieses Verfahren vorteilhaft auch mit dem zuerst besprochenen Wiederholungsverfahren kombinieren und eine Wiederholung geben, wenn entweder der fehlererkennbare Code oder der Störerkennungskanal dieses verlangt.

Die Auswahl eines bestimmten dieser vier möglichen Fehlerkorrekturverfahren hängt stark von der Statistik der Übertragungsstörungen ab. Im folgenden werden daher die für gewählte Telefonverbindungen typischen Störungen und ihre Statistik kurz besprochen. Bild 4 zeigt die Summenhäufigkeit der bei einer gewählten Telefonverbindung auftretenden Impulsstörungen in Abhängigkeit vom Ansprechpegel des Empfängers. Zur Messung wurde eine Telefonverbindung durch Wahl hergestellt, dann wurden die beiden Telefonapparate von der Leitung abgetrennt und durch einen Abschlußwiderstand ersetzt. An einem Ende der Leitung wurden dann diejenigen Störimpulse, die einen bestimmten Pegel, den Ansprechpegel, überschreiten, mittels eines elektronischen Zählers registriert. Die beiden ausgezogenen Kurven geben typische Messungen im Ortsnetz Stuttgart (mit Hebdrehwähler bezeichnet), bzw. in der Nebenstellenanlage der Firma Standard Elektrik Lorenz AG. (mit Koordinatenschalter bezeichnet). Die Störimpulshäufigkeit läßt sich bei der Annahme von 1000 Bd Telegrafiergeschwindigkeit in Schrittfehlerwahrscheinlichkeit umrechnen. (Hierbei wurde allerdings nicht berücksichtigt, daß sich durch eine mögliche empfangsseitige Frequenzbandbegrenzung die Verhältnisse etwas verbessern). Zum Vergleich ist in Bild 4 die einem Wärmerauschen von 10 000 pW entsprechende Schrittfehlerwahrscheinlichkeit eingetragen.

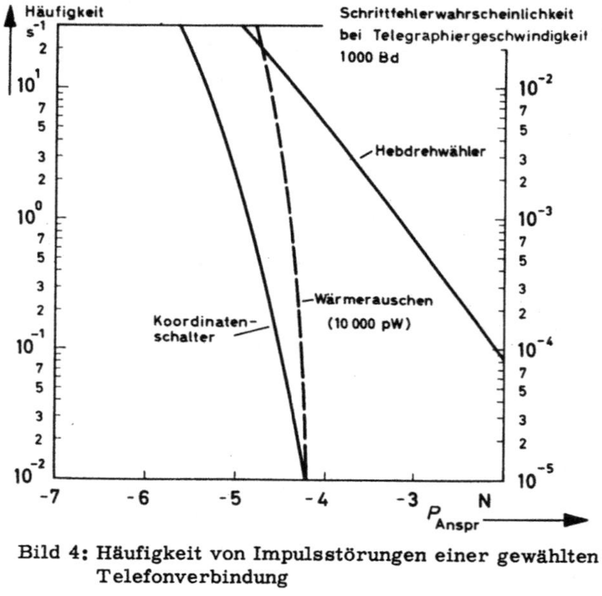

Bild 4: Häufigkeit von Impulsstörungen einer gewählten Telefonverbindung

Es ist auffallend, daß die im Ortsnetz gemessene Störhäufigkeitskurve sehr viel flacher verläuft als die theoretische, der Gauß' schen Statistik entsprechende Kurve des Wärmerauschens. Anders als beim Wärmerauschen kann man daher durch eine geringfügige Erhöhung der Sendeleistung und damit des minimalen Ansprechpegels nicht Größenordnungen an Fehlerwahrscheinlichkeit gewinnen. Im interessierenden Ansprechpegel- und Empfangspegelbereich von -3N ... -4N muß man mit Werten der Schrittfehlerwahrscheinlichkeit von 10^{-2} ... 10^{-3} rechnen.

Die wichtigste Ursache dieser Impulsstörungen sind die Wählergeräusche, die durch Modulation des Kontaktstromes der durchgeschalteten Wähler infolge mechanischer Erschütterung beim Arbeiten benachbarter Wähler entstehen. (Sie treten z. B. bei der Durchschaltung mittels Koordinatenschalter nicht auf). Einen typischen Zeitverlauf solcher Störungen zeigt Bild 5. Man erkennt die durch die horizontale Heimlaufbewegung der Wähler gegebene Periodizität. Eine solche Störung erreicht Amplituden in der Größenordnung von etwa 50 ... 100 mV, und sie kann bis zu einigen 100 ms andauern.

Für die folgende statistische Auswertung der Störungen wird die in Bild 6 skizzierte Vorstellung verwendet, daß die gesamte Zeit in aufeinanderfolgende "Blocks" von z. B. 100 ms Dauer eingeteilt wird. Die Blocks, in die ein oder mehr Störimpulse fallen, werden als "gestörte Blocks" gezählt (in Bild 6 schraffiert). Betrachtet man zunächst allein die gestörten Blocks, so interessiert eine Aussage über die "Bündelung" der Störung, d. h. über die Anzahl der Störimpulse im gestörten Block. Bild 7 zeigt die Wahrscheinlichkeitsverteilung für die Anzahl der Störimpulse im gestörten

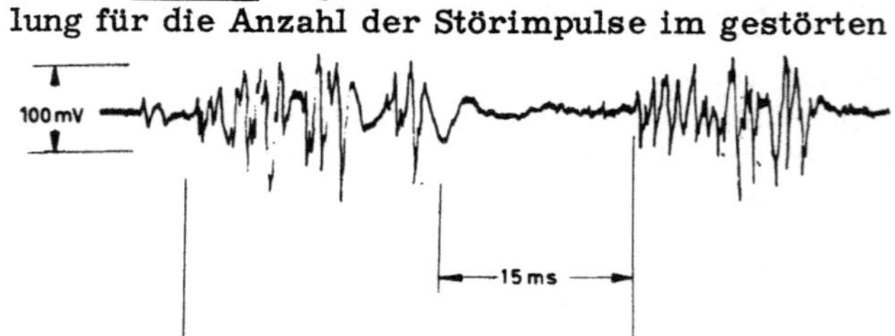

Bild 5: Typische Störung (Wählergeräusch) einer gewählten Telefonverbindung

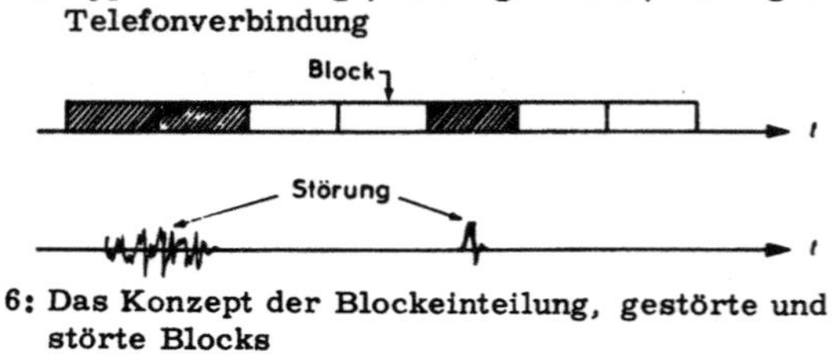

Bild 6: Das Konzept der Blockeinteilung, gestörte und ungestörte Blocks

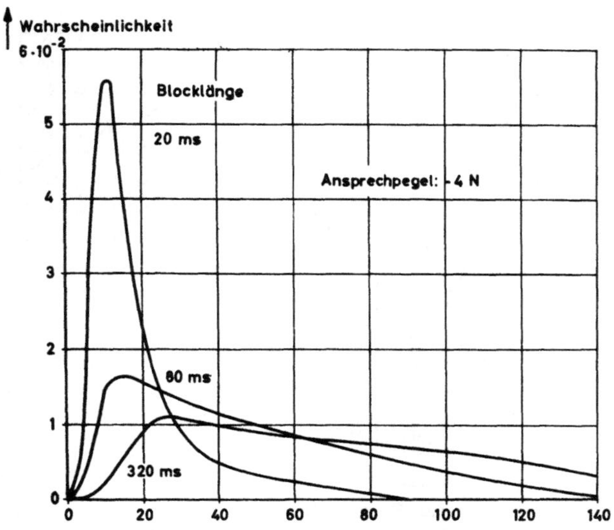

Bild 7: Wahrscheinlichkeit für das Auftreten von Störimpulsen in gestörten Blocks

Block, wobei die Blocklänge Parameter ist. Man erkennt, daß der Fall, daß nur ein oder nur wenige Störimpulse auftreten, sehr selten ist. Die Kurven verlaufen relativ flach, d.h. die Wahrscheinlichkeit, daß z.B. 10 Störimpulse auftreten, ist nicht um Größenordnungen verschieden von der Wahrscheinlichkeit, daß z.B. 20 oder 30 Störimpulse auftreten. Diese Eigenschaft führt zu der Erkenntnis, daß die Verwendung eines fehlerkorrigierbaren Codes nicht sinnvoll ist. Ein solcher Code (z.B. Hamming-Code) würde nur diejenigen Fehler korrigieren können, bei denen weniger als eine bestimmte Anzahl von Schritten gestört sind, während die Störung von mehr Schritten als dieser Anzahl entspricht, zu Fehlern führt. Störungen mit einer großen Anzahl von Störimpulsen müßten daher sehr selten sein, was, wie die Messung zeigt, nicht der Fall ist.

Neben der Störstatistik in den gestörten Blocks interessiert die Anzahl der gestörten Blocks im Verhältnis zu der Gesamtzahl der Blocks, denn dieses Verhältnis ist maßgebend für den Zeitverlust, der bei einem System mit Wiederholung der gestörten Blocks auftritt. Dieser Zeitverlust (d.h. also die in Bild 6 schraffierte Zeit im Verhältnis zur Gesamtzeit) ist in Bild 8 in Abhängigkeit der Blocklänge dargestellt. Je größer die Blocklänge gemacht wird, umso größer muß der Zeitverlust werden, da es dann immer wahrscheinlicher wird, daß ein Block eine Störung auffängt und somit als gestörter Block gerechnet wird. Die Kurve von Bild 8 zeigt jedoch, daß man mit der Blocklänge bis zu einigen 100 ms gehen kann, ohne daß der Zeitverlust merklich ansteigt. Man bewegt sich dann in der Größenordnung der gestörten Zeit zur Gesamtzeit von einigen Prozenten. Bei einem System, welches mit Wiederholung der gestörten Blocks arbeitet, ist der dadurch gegebene Zeitverlust noch vernachlässigbar klein.

Das Ergebnis der statistischen Auswertung der Störmessungen zeigte, daß zwar sehr große Störungen vorkommen, daß aber glücklicherweise die störfreie Zeit zwischen den Störungen groß genug ist, um in dieser Zeit eine Übertragung

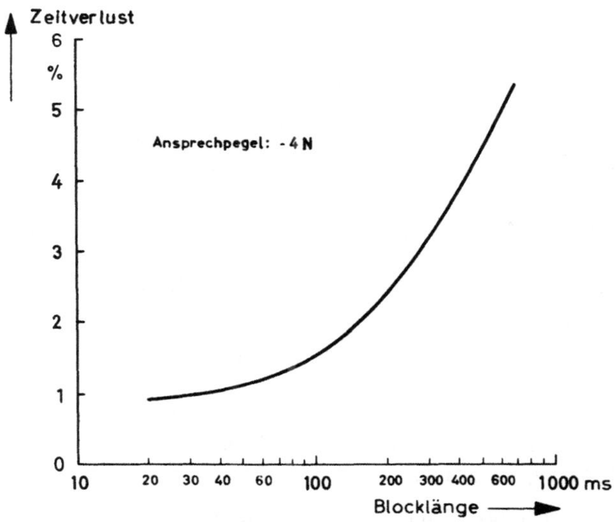

Bild 8: Verlust an Übertragungszeit in Abhängigkeit der Blocklänge

durchzuführen. Es bietet sich ein System an, bei dem die Nachrichten blockweise übertragen und die gestörten Blocks wiederholt werden. Bild 9 zeigt zwei Möglichkeiten für ein solches System. Beim Verfahren a) wartet der Sender nach Aussendung eines Blocks auf das Quittungssignal vom Empfänger. Die Wartezeit ist mindestens gleich der doppelten Laufzeit des Übertragungsweges, vermehrt um die inneren Laufzeiten der Sende- und Empfangsgeräte. Nach Empfang des Quittungssignals wird entweder der nächste Block gesendet oder bei einer Wiederholungsanforderung der erste Block wiederholt. Beim Verfahren b) wird nach Sendung des ersten Blocks unmittelbar der zweite gesendet, und es muß nur verlangt werden, daß das Quittungssignal für den ersten Block im Verlauf der Sendung des zweiten Blockes beim Sender eintrifft. Danach wird entweder der dritte Block weitergesendet, oder es wird bei einer Wiederholungsanforderung für den ersten Block dieser an Stelle des dritten Blockes gesendet. Die minimale Blockdauer beim System b) ergibt sich aus der doppelten Übertragungslaufzeit und den zusätzlichen Gerätelaufzeiten. Das Verfahren b) ist natürlich vorzuziehen, da die Wartezeit, die beim Verfahren a) zu einem beachtlichen Zeitverlust führen würde, wegfällt. Die Verlustzeit beim Verfahren b) ist dann lediglich durch die Häufigkeit der Wiederholungen gegeben, welche gemäß Bild 8 in der Größenordnung von einigen Prozenten liegt.

Bei einem solchen System würden sich etwa folgende technisch sinnvolle Grenzen für die Blockdauer und Blockgröße ergeben, wenn man mit einer maximalen Übertragungslaufzeit von 20 ms (bei beispielsweise 8 hintereinandergeschalteten TF-Abschnitten) und einer Telegrafiergeschwindigkeit von rund 1000 Bd rechnet.

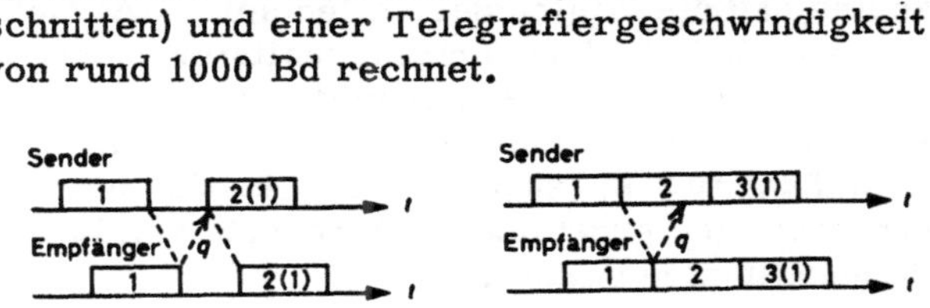

Bild 9: Verfahren mit Blockwiederholung
a) mit Wartezeit
b) ohne Wartezeit

Blockdauer: 50 ms $< t_B <$ 200 ms

Blockgröße: 50 bit $< n <$ 200 bit

Es fragt sich nun, ob mit einem solchen System die hohen Forderungen an die Zeichenfehlerwahrscheinlichkeit von 10^{-7} bis 10^{-8} erfüllbar sind. Da nur einige Prozent der übertragenen Blocks gestört sind, müssen zur Erfüllung dieser Forderung die gestörten Blocks mit einer Fehlerwahrscheinlichkeit von $p_z \leqq 10^{-6}$ als solche erkannt werden.

Da jedoch beim Auftreten einer Störung die Störamplituden im Vergleich zu dem Nutzsignal praktisch beliebig groß sein können, muß mit einer Schrittfehlerwahrscheinlichkeit gerechnet werden, die sich in dem ganzen möglichen Bereich $0 < p < 0,5$ bewegen kann.

Diese strenge Forderung scheint im Prinzip erfüllbar zu sein, wenn ein Störerkennungskanal in Kombination mit einem fehlererkennbaren Code verwendet wird, wie dies bei der Diskussion von Bild 3 angedeutet wurde. Es erscheint aber andererseits wünschenswert, eine Fehlererkennung allein auf Grund des Codes durchzuführen. Ein solcher Code müßte also folgenden Bedingungen genügen:

Zeichenfehlerwahrscheinlichkeit: $p_z = 10^{-6}$

für Schrittfehlerwahrscheinlichkeiten: $0 < p < 0,5$.

Die Berechnung der Zeichenfehlerwahrscheinlichkeit komplizierter Codes ist sehr schwierig und läßt sich im allgemeinen Fall wegen der sehr umfangreichen Rechnungen nur mit elektronischen Rechenmaschinen durchführen. Für den Sonderfall $p = 0,5$ ergibt sich jedoch sehr einfach

$$p_z = 0,5^k - 0,5^n$$

In diesem Fall ist die Wahrscheinlichkeit, daß jede der k-Quersummenprüfungen z. B. das Ergebnis 1 liefert gleich 0,5, und die Wahrscheinlichkeit, daß alle k-Quersummenprüfungen gleichzeitig das Ergebnis 1 liefern, ist daher $0,5^k$. Hiervon ist die geringe Wahrscheinlichkeit, daß das aus n Schritten bestehende Zeichen ungestört ankam, $0,5^n$, abzuziehen, was jedoch vernachlässigt werden kann. Mit $p_z = 10^{-6}$ ergibt sich

$$k \approx 20 .$$

Es sind also mindestens 20 Quersummenprüfungen durchzuführen und dementsprechend mindestens 20 redundante Prüfschritte zu übertragen. Dies Ergebnis zeigt, daß die Verwendung eines sogenannten "Zeichencodes" technisch nicht sinnvoll ist. Ein solcher Code, der die Buchstaben des Alphabetes und die Zahlen darstellen soll, läßt sich mit $m = 6$ Nachrichtenschritten realisieren, so daß das Hinzufügen von 20 Prüfschritten eine erhebliche Redundanz bedeuten würde. Man wird daher zweckmäßig zum sogenannten "Blockcode" übergehen, der eine erheblich größere Zahl von Nachrichtenelementen enthält.

Beispiele solcher Blockcodes sind in Bild 10 dargestellt. Bild 10a zeigt eine ebene Matrix (z. B. Ferritkernspeicher), in die ein Nachrichtenblock

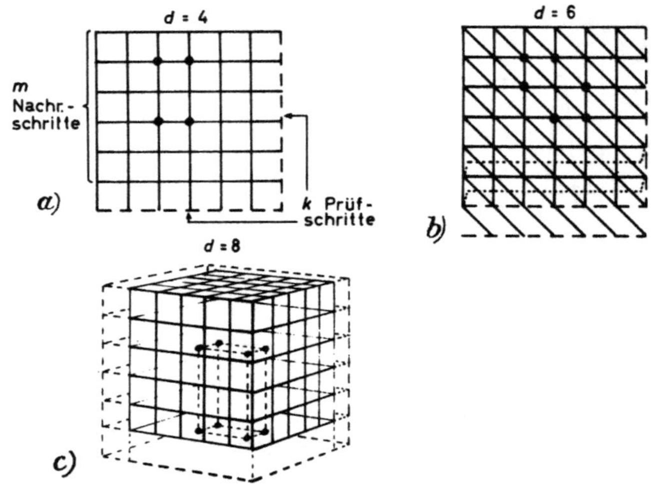

Bild 10: Beispiele für Blockcodes
a) Ebene Matrix mit Zeilen- und Spaltenprüfung
b) Ebene Matrix mit Zeilen-, Spalten- und Diagonalprüfung
c) Räumliche Matrix mit Prüfungen entlang der drei Raumkoordinaten

Zeile für Zeile eingeschrieben wird. Dieser Block wird ergänzt durch eine Prüfspalte und eine Prüfzeile, die das Ergebnis der Quersummenprüfung aller Zeilen bzw. aller Spalten enthält. Man kann z. B. die k-Prüfschritte der Prüfspalte bzw. Prüfzeile so bestimmen, daß alle Quersummenprüfungen über die Zeilen und Spalten der neuen durch die Prüfzeile und Prüfspalte ergänzten Matrix immer eine gerade Anzahl von Eins-Aussagen enthalten. Es kann dann nur eine Fehlerstruktur mit vier Fehlern in der Form eines Rechteckes, wie in Bild 10a angedeutet ist, zu einem nicht erkannten Fehler führen. Man sagt, die sogenannte Mindest-Hamming-Distanz des Codes ist $d = 4$. Fügt man entsprechend Bild 10b zu den Zeilen- und Spaltenprüfungen noch die Prüfung der Diagonalen hinzu (wobei zur Erfassung aller Elemente die Matrix links und rechts fortgesetzt gedacht werden muß), so führen erst 6 Schrittfehler in einer bestimmten Anordnung zu einem nicht erkannten Fehler ($d = 6$). Bild 10c zeigt eine räumliche Matrixanordnung, bei der neben den Zeilen und Spalten noch die vertikalen Linien geprüft werden. Hier führen erst 8 Schrittfehler in einer einem Quader entsprechenden Anordnung zu einem nicht erkannten Fehler ($d = 8$).

Die Fehlerwahrscheinlichkeit dieser Blockcodes wurde mit Hilfe einer Näherungsrechnung abgeschätzt. Es zeigt sich hierbei, daß in Abhängigkeit der Schrittfehlerwahrscheinlichkeit p die Zeichenfehlerwahrscheinlichkeit p_z ein Maximum aufweist, welches nicht bei $p = 0,5$ liegt. In Bild 11 ist dieses allein interessierende Maximum der Zeichenfehlerwahrscheinlichkeit in Abhängigkeit des Verhältnisses n/m dargestellt. Dieses Verhältnis n/m (gesamte Schrittzahl eines Blocks zur Zahl der Nachrichtenschritte) ist ein Maß für die Redundanz des Codes. Die in Bild 11 eingetragenen Zahlen bezeichnen die Blockgröße n. Die Kurven von Bild 11 sind insoweit Näherungen als nur die in Bild 10 eingetragenen Typen von Störmustern berücksichtigt wurden. Außer den in Bild 10 dargestellten Blockcodes wurde auch der Fall einer einfachen Wiederholung mit einem Vergleich

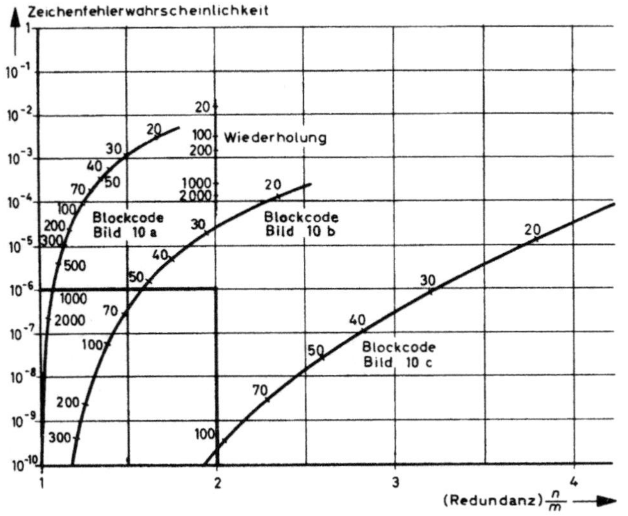

Bild 11: Maxima der Zeichenfehlerwahrscheinlichkeit verschiedener Blockcodes

Schritt für Schritt der beiden Sendungen berechnet. Wie man sieht, wird das interessierende Gebiet $p_z \leq 10^{-6}$ und $n/m \leq 2$ im Fall der Wiederholung für technisch interessante Blockgrößen nicht erreicht. Auch im Fall des Blockcodes nach Bild 10a ergeben sich zu große Blockgrößen (1000 bit). Dagegen erscheinen die beiden Blockcodes nach Bild 10b und 10c, die drei Quersummenprüfungen je Nachrichtenelement verwenden, für die Realisierung der Forderung geeignet. Der Blockcode nach Bild 10b hat hierbei die geringere Redundanz. Es scheint somit die strenge Forderung an die Zeichenfehlerwahrscheinlichkeit für die mit Rücksicht auf die zeitliche Forderungen optimale Blockgröße von rund 100 bit erfüllbar zu sein. Damit läßt sich das Problem einer ausreichend fehlersicheren Datenübertragung auf den durch Wählergeräusche gestörten Telefonverbindungen auch mit Hilfe einer rein digitalen Fehlererkennung prinzipiell lösen.

5. Systemvorschlag

Bild 12 zeigt das Blockschaltbild eines Datenübertragungssystems, welches nach dem oben diskutierten Fehlerkorrekturverfahren arbeitet. Das System ist gedacht für die Übertragung einer Nachricht aus einem Lochstreifensender in einen Lochstreifenempfänger. Sendeseitig sind drei Speicher vorgesehen, die in zyklischer Reihenfolge an den Lochstreifensender zum Einspeichern, bzw. an den Übertragungskanal zum Ausspeichern angeschaltet werden. Nach erfolgtem Einspeichern erfolgt die Zufügung der redundanten Prüfschritte, was in Bild 12 nicht weiter ausgeführt ist. In der gezeichneten Schalterstellung wird Speicher 2 ausgespeichert und Speicher 3 eingespeichert. Speicher 1, der vorher übertragen wurde, wartet, um beim Auftreten eines Störalarms nochmals ausgespeichert zu werden. Tritt kein Störalarm auf, so wird Speicher 3 ausgespeichert und Speicher 1 neu eingespeichert, womit die darin gespeicherte Nachricht gelöscht wird. Beim Auftreten eines Störalarms jedoch (welcher gemäß Bild 9b innerhalb der Sendezeit von Speicher 2 ankommen muß) wird Speicher 1 nochmals übertragen, und zwar beim Verfahren nach Bild 12 dadurch, daß zur Beibehaltung der zyklischen Reihenfolge der Speicherabfrage zunächst der Speicher Θ anstelle von Speicher 3 übertragen wird und daß danach Speicher 1, 2 usw. übertragen wird. Der Speicher Θ enthält ein fest eingespeichertes Synchronisationssignal von der Dauer eines Blocks, welches einerseits zur Unterrichtung des Empfängers über eine Wiederholung und andererseits zur Phasensynchronisation der Empfangsseite dient.

Die Empfangsseite enthält zwei Speicher, die alternativ eingespeichert bzw. ausgespeichert werden. An dem Speicher, der jeweils eingespeichert wird, ist die Codeprüfung und die Koinzidenz für das Θ-Signal angeschlossen. Zeigt die Codeprüfung einen Fehler an, so wird Störalarm gegeben. Beim Auftreten eines Störalarms sowie beim Vorliegen einer Θ-Koinzidenz wird das Ausspeichern unterbrochen. Dieses System stoppt seinen Betrieb beim Unterbrechen einer oder beider Übertragungsrichtungen und setzt den Betrieb beim Wiederherstellen der Verbindung ungestört wieder fort.

Obwohl vorstehende Überlegungen in erster Linie im Hinblick auf die bei gewählten Telefonverbindungen auftretenden Störungen angestellt wurden, dürften die Ergebnisse auch auf viele andere Störungsarten anwendbar sein. So liegen z. B. bei den Schwundstörungen der Funksysteme ganz ähnliche Verhältnisse vor, da man auch hier eine sehr stark gestörte, aber selten vorkommende Schwundzeit unterscheiden kann von der übrigen ungestörten Zeit, in der eine schnelle Datenübertragung durchführbar ist. Auch hier also scheint das oben beschriebene Systemkonzept sinnvoll zu sein, das sich kurz gefaßt etwa folgendermaßen ausdrücken läßt:

Fortlaufende Sendung in der (überwiegenden) ungestörten Zeit mit möglichst hoher Geschwindigkeit bzw. geringer Redundanz; Erkennung der (seltenen) gestörten Zeit mit einer großen Fehlersicherheit und Wiederholung der gestörten Sendung.

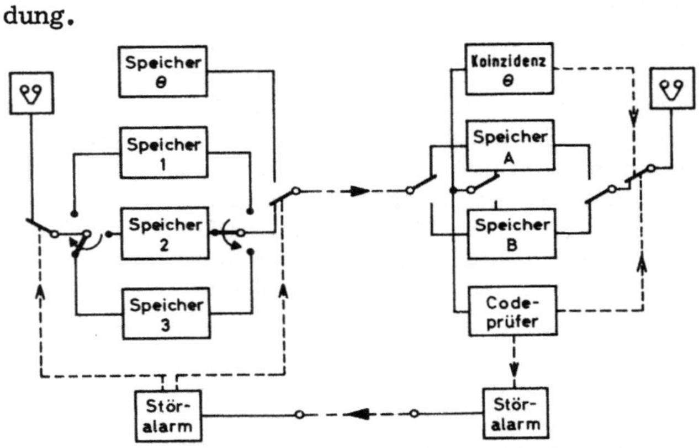

Bild 12: Datenübertragungssystem - Fehlerkorrekturmethode

Schrifttum

[1] H. J. Held: Fehlersicherheit binärer Übertragungen bei verschiedenen Modulationsarten. NTZ 11 (1958), S. 286

[2] R. W. Hamming: Error Detecting and Error Correcting Codes. Bell Syst. Techn. J. 29 (1950), S. 147

[3] D. Slepian: A Class of Binary Signalling Alphabets. Bell Syst. Techn. J. 35 (1956), S. 203

IMPULSÜBERTRAGUNG IM FERNSPRECHKANAL MIT AMPLITUDEN-MODULATION

H. W. Schüßler, Aachen

Mit 12 Bildern

1. Einleitung

Das Problem, Impulse über größere Entfernungen zu übertragen, gewinnt für die Fernwirktechnik, durch datenverarbeitende Maschinen sowie durch den Wunsch nach einer Faksimile-Übertragung in zunehmenden Maße an Bedeutung. Bei der Übertragung wird man bemüht sein, die in großen Bündeln vorhandenen Fernsprechverbindungswege auszunutzen. Während es sonst in den meisten Fällen die Aufgabe der Nachrichtentechnik ist, für die Übertragung bestimmter Signale die nötigen Kanäle zu schaffen, ist hier der Übertragungskanal mit seinen durch die CCITT-Empfehlungen festgelegten Eigenschaften vorgegeben. Für den Fall der Impulsübertragung ist dabei nicht nur das Toleranzschema der Restdämpfung wichtig. Von wesentlicher Bedeutung sind auch die Laufzeitverzerrungen und die zwischen Eingang und Ausgang zulässige Frequenzverwerfung von bis zu 2 Hz. Die Aufgabe ist, den Kanal mit diesen Eigenschaften möglichst gut auszunutzen, d.h. möglichst viel Impulse in der Zeiteinheit im Kanal zu übertragen.

Im folgenden ist eine Reihe von Möglichkeiten für die Ausnutzung des Fernsprechkanals zur Impulsübertragung gezeigt. Dabei werden besonders die Probleme behandelt, die durch die linearen Eigenschaften des Kanals sowie durch die erwähnte Frequenzverwerfung entstehen.

2. Aufteilung der Aufgabe

Da die zu übertragenden Impulse Gleichstromanteile enthalten, der Fernsprechkanal aber Bandpaßcharakter hat, ist in jedem Fall auf der Sendeseite eine Modulation, auf der Empfangsseite eine Demodulation erforderlich. Man kann den Problemkomplex der Aufgabe in zwei Gebiete aufteilen. Die erwähnte Modulation und Demodulation werden dabei als Mittel angesehen, den bandpaßförmigen Fernsprechkanal an den Enden in einen tiefpaßförmigen Kanal umzuformen, so daß das Gesamtgebilde den CCITT-Kanal als Kernstück enthält. Bild 1 deutet das schematisch an. Aus dem durch das Toleranzschema gegebenen Kanal von etwa 300 ... 3400 Hz wird ein Tiefpaß, dessen Grenzfrequenz, abgesehen von den Grenzen des CCITT-Kanals nur von dem gewählten Modulationsverfahren abhängt. Es ist wichtig, daß die Eigenschaften dieses Tiefpasses nicht durch die Frequenzdifferenz zwischen Ausgang und Eingang des Fernsprechkanals beeinflußt werden.

Die bei der Umformung des Bandpasses in einen äquivalenten Tiefpaß auftretenden Probleme seien in Anlehnung an die auch sonst übliche Bezeich-

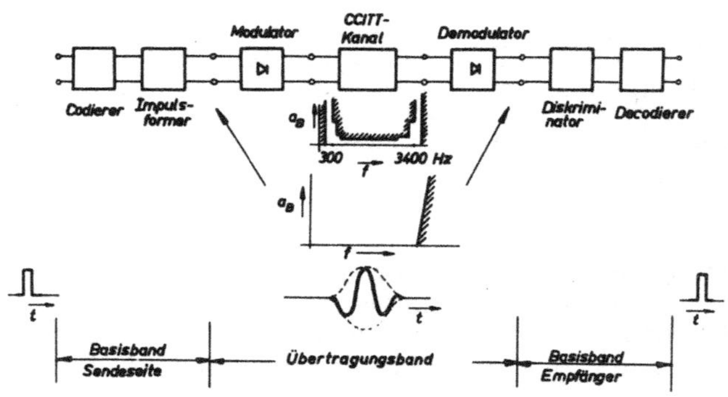

Bild 1: Schema der Impulsübertragung im CCITT-Kanal

nungsweise als Probleme des Übertragungsbandes bezeichnet (z.B. [1]). Im Übertragungsband besteht offenbar die Aufgabe, ein Verfahren zu finden, das einen möglichst breiten äquivalenten Tiefpaß liefert.

Das mit diesem Tiefpaß zur Verfügung stehende Frequenzband wird, wieder in Anlehnung an die übliche Bezeichnungsweise, das Basisband genannt. Die Aufgabe, dieses Basisband möglichst gut auszunutzen, ist weitgehend unabhängig von der im Übertragungsband gewählten Möglichkeit, ein möglichst breites Basisband zu schaffen. Es gibt auch hier eine Reihe von verschiedenen Verfahren. Durch geeignete Impulsformung und eventuell Amplitudencodierung kann man die Anzahl der in der Zeiteinheit übertragbaren Impulse z.T. wesentlich erhöhen.

3. Zweiseitenband-Amplitudenmodulation im Übertragungsband

Bild 2 zeigt als Beispiel für die Lösung der Aufgabe im Übertragungsband schematisch die Sendeseite für eine Zweiseitenband-Amplitudenmodulation. Da die spektrale Mitte des CCITT-Kanals

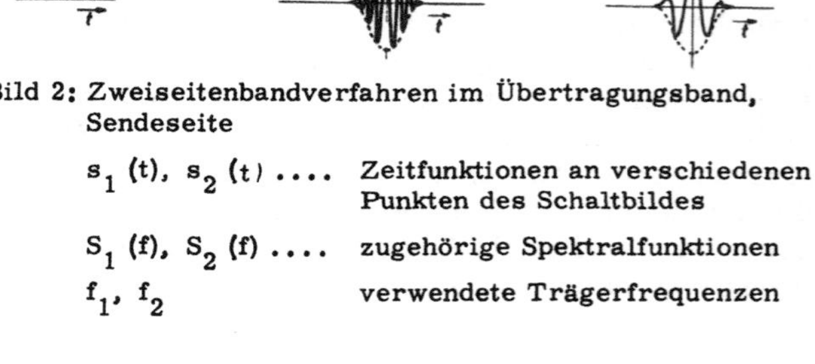

Bild 2: Zweiseitenbandverfahren im Übertragungsband, Sendeseite

$s_1(t)$, $s_2(t)$	Zeitfunktionen an verschiedenen Punkten des Schaltbildes
$S_1(f)$, $S_2(f)$	zugehörige Spektralfunktionen
f_1, f_2	verwendete Trägerfrequenzen

bei 1850 Hz liegt, muß man in diesem Fall einen Träger dieser Frequenz mit einem Signal modulieren, das spektral höchstens von 0 ... 1550 Hz gehen kann. Der dabei auftretenden apparativen Schwierigkeiten wegen wird die Modulation zweckmäßig in 2 Schritten durchgeführt, wobei zwei Träger benutzt werden, deren Frequenzdifferenz 1850 Hz beträgt. Die Skizzen geben den prinzipiellen Verlauf von Spektral- und Zeitfunktion an den verschiedenen Punkten der Schaltung an. Die am Senderausgang erscheinende Funktion paßt spektral in den CCITT-Kanal.

Bild 3 zeigt, wie auf der Empfangsseite vorgegangen werden kann. Eine einfache Gleichrichtung der Empfangsfunktion zur Rückgewinnung der Einhüllenden und damit zur Demodulation ist aus apparativen Gründen nicht möglich. Das Bild deutet an, daß man zweckmäßig einen Träger der Frequenz f_3 mit der ganzen Empfangsfunktion moduliert und nach der Modulation das eine der entstehenden Seitenbänder aussiebt. Man erhält einen Träger der Frequenz f_3 - 1850 Hz, der mit dem ursprünglichen Signal moduliert ist. Ist f_3 groß genug, so kann man ohne weitere Schwierigkeiten durch einfache Gleichrichtung demodulieren. Die geschilderte Methode wird im Prinzip auch bei der Fernsehübertragung auf Kabelstrecken angewendet, dort allerdings als Restseitenbandverfahren [2].

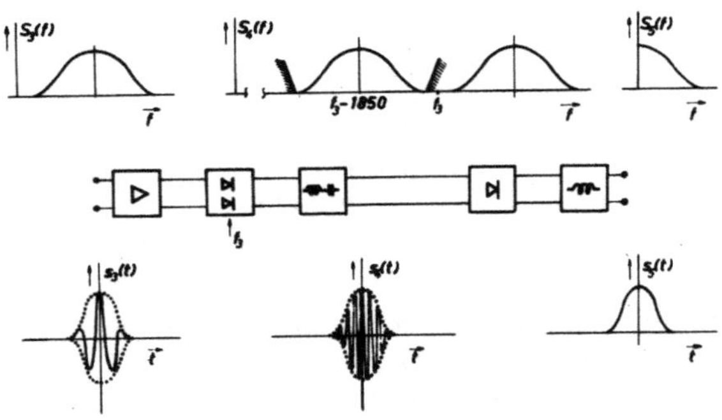

Bild 3: Zweiseitenbandverfahren im Übertragungsband, Empfangsseite

s_3 (t), s_4 (t)	Zeitfunktionen an verschiedenen Punkten des Schaltbildes
S_3 (f), S_4 (f)	zugehörige Spektralfunktionen
f_3	verwendete Trägerfrequenz

Es sind noch eine Reihe von Varianten möglich. Z.B. kann man auf der Empfangsseite den Träger der Frequenz 1850 Hz zurückgewinnen und die Demodulation durch phasenrichtigen Zusatz des Trägers vornehmen. Der apparative Aufwand wird dabei kleiner.

Bei der Zweiseitenbandübertragung kann man ein Basisband von höchstens 1550 Hz Breite bekommen. Bei Verwendung eines Restseitenbandverfahrens wird man einen breiteren Tiefpaßkanal gewinnen können. Wie groß die tatsächlich ausnutzbare Breite ist, hängt vom Amplituden- und Laufzeitgang des Fernsprechkanals ab.

Wesentlich ist, daß auf dem Kanal das Signal durch die Differenz von Frequenzen ausgedrückt wird. Eine Frequenzverwerfung bedeutet nur eine Parallelverschiebung des ganzen Spektrums ohne Veränderung dieser Differenz. Die beim CCITT-Kanal zulässige Frequenzdifferenz zwischen Ausgang und Eingang hat daher keinen Einfluß auf die Übertragungseigenschaften.

4. Möglichkeiten zur Ausnutzung des Basisbandes

Für die Diskussion der Möglichkeiten im Basisband wird zunächst angenommen, daß der durch die Maßnahmen im Übertragungsband gewonnene Tiefpaßkanal ideal sei, d.h. keine Dämpfungs- und Laufzeitschwankungen und keine Störungen aufweist. Die Aufgabe ist, durch diesen Kanal möglichst viele Impulse zu übertragen.

Für die folgenden Betrachtungen werden drei Voraussetzungen gemacht:

1. Es sei eine Quelle vorhanden, die nacheinander Signale mit zwei Amplitudenstufen ("Impuls" oder "Nicht-Impuls") abgibt. Die Übertragung soll dementsprechend im Serienbetrieb (alle Impulse nacheinander), nicht parallel auf mehreren Kanälen erfolgen.
2. Die Impulse sollen einzeln übertragen werden. Eine Gruppe von aufeinanderfolgenden Impulsen soll also auch auf der Empfangsseite als Impulsgruppe, nicht als ein langer Impuls empfangen werden.
3. Die Impulsfolgefrequenz sei konstant.

Im einfachsten Fall wird man eine Impulsübertragung so vornehmen, daß man Rechteckimpulse auf den Kanal gibt und versucht, aus dem Empfangsvorgang wieder Rechteckimpulse zu gewinnen. Die spektrale Begrenzung ergibt zunächst einen Empfangsvorgang mit langem Nachschwingen. Das erfordert einen großen Impulsabstand und damit eine kleine zulässige Impulsfolgefrequenz. Durch geeignete Formung des Spektrums gewinnt man kurze Impulse, bei denen der Abstand zum nächsten wesentlich kleiner sein kann. Als zweckmäßige Impulsformen sind der Gauss-Impuls und der $\sin^2$ - Impuls bekannt. Diskutiert wurden auch vielfach der Gauss-förmige und der cosinusförmige Übertragungsfaktor.

Es wurden nun Untersuchungen über die Wahl zweckmäßiger impulsformender Netzwerke durchgeführt, bei denen zunächst nicht eine möglichst gute Approximation des Gauss- oder $\sin^2$-Impulses bzw. eine Approximation bestimmter Übertragungsfaktoren angestrebt wurde. Vielmehr wurde bei gegebener Schaltungsart und gegebenem Aufwand versucht, durch Variation der Parameter direkt zu einem spektral und zeitlich möglichst begrenzten Impuls zu kommen. Die spektrale und zeitliche Begrenzung wurde dabei in folgender Weise definiert: Zunächst gilt im Spektralbereich, daß die Übertragungsfunktion eines Netzwerkes aus konzentrierten Bauelementen rational ist und nicht von einem bestimmten Wert an identisch verschwinden kann, wie es z.B. beim cosinusförmigen Übertragungsfaktor nötig wäre. Als Grenzfrequenz wird nun zweckmäßig die Frequenz definiert, von der an die Übertragungsfunktion eine bestimmte vorgeschriebene Schranke nicht mehr überschreitet. Die Schranke kann man als Prozentwert, bezogen auf den maximalen Wert der Spektralfunktion, vorschreiben. Auch die Zeitfunktion, die sich am Ausgang eines Netzwerkes aus konzentrierten Elementen ergibt, wenn auf den Eingang ein Dirac-Stoß gegeben wird, verschwindet nicht identisch von einem bestimmten Zeitpunkt an. Ganz entsprechend wird hier als Grenzwert die Zeit definiert, jenseits der eine bestimmte vorgeschriebene Schranke nicht mehr überschritten wird. Die wieder in Prozent angegebene Schranke wird hier zweckmäßig auf den Maximalwert der Impulsfunktion bezogen. Ihr Wert kann natürlich von der Schranke im Spektralbereich verschieden sein und wird nur durch die Anwendungen vorgeschrieben. Bei der Impulsantwort gibt es zwei Grenzzeiten t'_1 und t'_2. Im Zeitpunkt $t'_1 > 0$ wird die gegebene Schranke erstmalig überschritten, von t'_2 an wird sie nicht mehr überschritten. Die Differenz beider Zeiten ist dann die Impulsdauer.

Die Bilder 4 und 5 zeigen die Ergebnisse für eine Reihe von Polynomfiltern bei einer angenommen Schranke von 1 % im Frequenz- und Zeitbereich. Im Spektralbereich wurde auf die Grenzfrequenz normiert, bei $f/f_g = 1{,}0$ sind also alle Übertragungfunktionen, auch der zum Vergleich eingezeichnete cosinusförmige Übertragungsfaktor auf 1 % des Wertes bei $f = 0$ abgesunken. Die in Bild

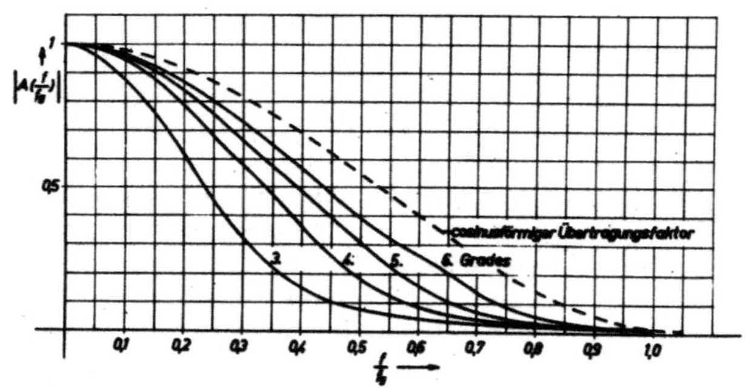

Bild 4: Frequenzgänge von optimalen Polynomfiltern

$A\left(\frac{f}{f_g}\right) = \frac{S_2\,(f)}{S_1\,(f)}$ Übertragungsfunktion

Hier sind S_2 (f) und S_1 (f) die Spektren von Ausgangs- (Index 2) und Eingangszeitfunktion (Index 1)

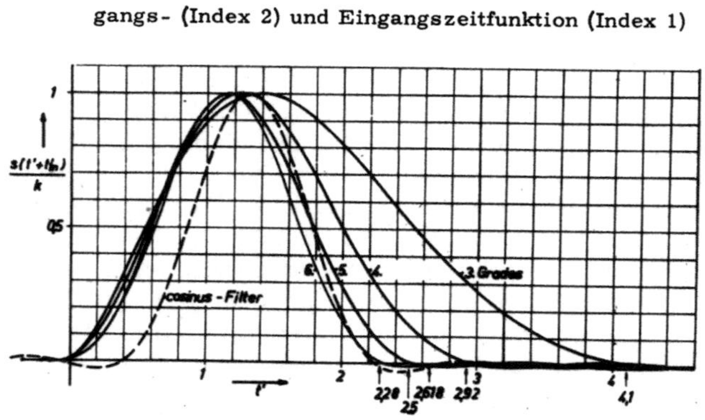

Bild 5: Einschwingvorgänge an optimalen Polynomfiltern

$s\,(t'+t'_{1n})$ Zeitfunktion am Ausgang, wenn auf den Eingang zur Zeit $(-t'_{1n})$ ein Diracstoß gegeben wird.

5 gezeigten Kurven sind jeweils um t_{1n} nach links verschoben, wobei n den Grad des betrachteten Filters angibt. Im Koordinatenanfangspunkt wird also die Schranke 1 % von allen Einschwingvorgängen erstmalig überschritten. Die Zeitvorgänge wurden auf den jeweiligen Maximalwert normiert.

Die Untersuchungen wurden für die Schranken 1 %, 2 % und 0,5 % durchgeführt, wobei im Spektral- und Zeitbereich die gleichen Schranken angenommen wurden. Über die Methode der Berechnung wurde bereits in der Literatur berichtet [3], eine ausführliche Darstellung der Ergebnisse erfolgte in [4].

Mit so gefundenen günstigen Netzwerken läßt sich eine Übertragung durchführen, deren einfaches Schema in Bild 6 angedeutet ist. Auf der Sendeseite ist im Basisband nur der Impulsformer, auf der Empfangsseite eine einfache Kippschaltung als Diskriminator erforderlich.

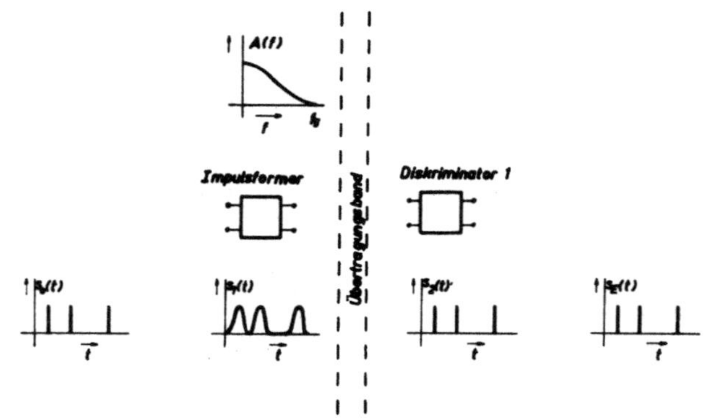

Bild 6: Möglichkeiten zur Ausnutzung des Basisbandes 1

A (f)	Übertragungsfunktion des Impulsformers
s_o (t), s_1 (t)	Zeitfunktionen an verschiedenen Punkten des Schaltbildes

Eine wesentliche Vergrößerung der Impulsfolgefrequenz läßt sich erreichen, wenn man die Anzahl der Amplitudenstufen erhöht. Die Umformung der ursprünglich unipolaren Impulsfolge in eine Folge von Impulsen mit abwechselnd positiven und negativen Vorzeichen bedeutet eine Erhöhung der Amplitudenstufenzahl von 2 auf 3, erhöht aber die mögliche Impulsfolgefrequenz wegen der möglichen größeren Annäherung der Impulse fast um den Faktor 2 (Bild 7).

Auf der Empfangsseite ist ein Diskriminator nötig, der die Empfangsfunktion in ihren Extrem-

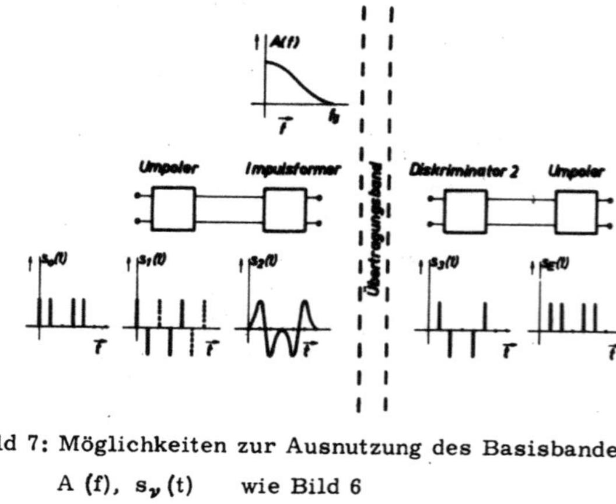

Bild 7: Möglichkeiten zur Ausnutzung des Basisbandes 2

A (f), s_ν (t) wie Bild 6

punkten abtastet. Ein Umpoler stellt die richtige Impulsfolge wieder her. Der erreichbare Gewinn durch den Vorzeichenwechsel der Impulse sowie die Arbeitsweise des Diskriminators 2 werden später noch erläutert.

Eine weitere annähernde Verdopplung der Impulsfolgefrequenz läßt sich mit einer noch stärkeren Erhöhung der Zahl der Amplitudenstufen erreichen. In Bild 8 ist gezeigt, wie einer Gruppe von jeweils 2 Impulsen ein Impuls einer bestimmten Höhe zugeordnet wird.

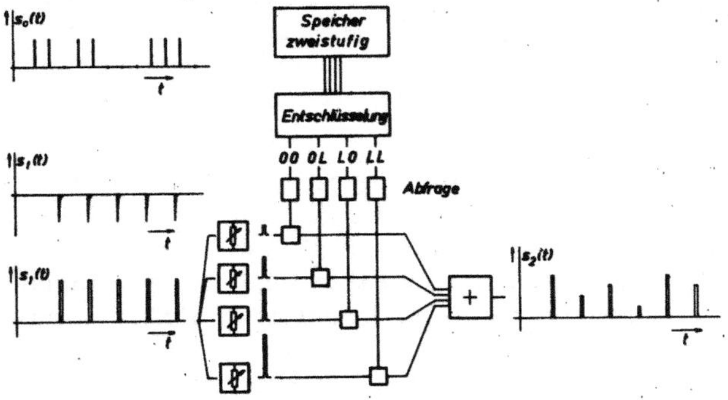

Bild 8: Amplitudencodierung

s_o (t)	Signalimpulsfolge mit der maximalen Folgefrequenz f_o
s_t (t)	Taktimpulsfolge mit der Folgefrequenz $\frac{f_o}{2}$
s_1 (t)	Impulsfolge mit der Folgefrequenz $\frac{f_o}{2}$
s_2 (t)	Amplitudenmodulierte Impulsfolge mit der Folgefrequenz $\frac{f_o}{2}$

Die Entschlüsselung hinter einem zweistufigem Speicher wird nach jedem zweiten Impuls abgefragt. Der gespeicherten Gruppe entsprechend wird ein bestimmtes Tor geöffnet, das einen Impuls durchläßt, dessen Höhe die Gruppe symbolisiert. Es ergibt sich eine Folge von verschieden hohen Impulsen mit der halben Folgefrequenz. Das Verfahren ist unter dem Namen "Pulscodemodulation verkehrt" bekannt.

Bild 9 deutet an, wie hier eine Übertragung mit Umpoler und Impulsformer auf der Sendeseite aufgebaut werden kann. Auf der Empfangsseite muß die Empfangsfunktion in ihren Extremwerten abgetastet werden, dann zur Hälfte umgepolt und wieder decodiert werden.

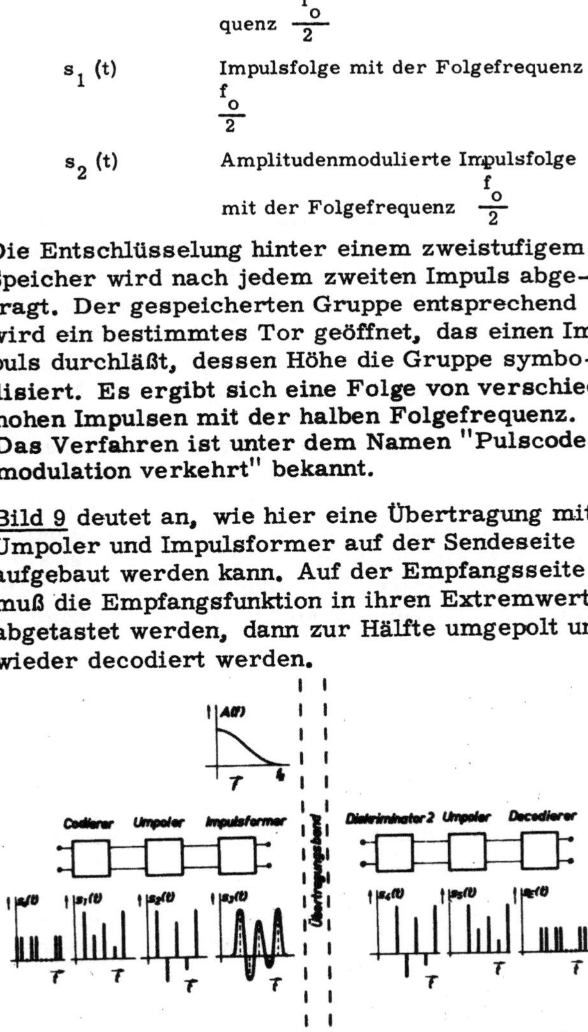

Bild 9: Möglichkeiten zur Ausnutzung des Basisbandes 3

A (f), s_ν (t) wie Bild 6

Die Verkürzung des Impulsabstandes durch eine Folge von Impulsen mit wechselnden Vorzeichen sowie die Wirkungsweise des Diskriminators 2 werden in Bild 10 erläutert.

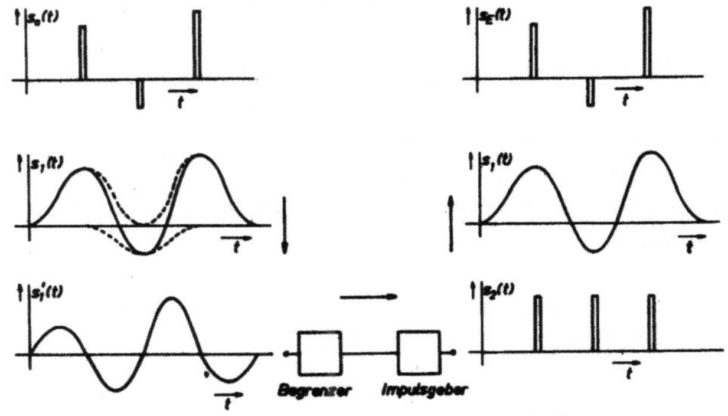

Bild 10: Wirkungsweise des Diskriminators 2

s_o (t)	Zeitfunktion am Eingang des Impulsformers
s_1 (t)	Zeitfunktion am Ausgang des Impulsformers = Eingangsfunktion des Diskriminators 2
s_1' (t)	Differenzierte Zeitfunktion s_1 (t)
s_2 (t)	Aus den Nulldurchgängen von s_1 (t) abgeleitete Taktimpulse
s_E (t)	Ausgangszeitfunktion am Diskriminator 2

Das Bild zeigt zunächst, daß aufeinanderfolgende Impulse sich in ihren Extremwerten nur im Rahmen der bei den Impulsformern gesetzten Fehlerschranken beeinflussen, wenn der folgende Impuls sein Maximum frühestens dort erreicht, wo der vorhergehende seine Grenzzeit erreicht hat. Um die Extremwerte abtasten zu können, ist es nötig, die Zeitpunkte zu fixieren, an denen diese Extremwerte auftreten. Wenn man diese Punkte aus dem empfangenen Signal selbst herleitet, kann auf die Übertragung synchronisierender Signale verzichtet werden. Die Differentiation der Empfangsfunktion liefert eine Zeitfunktion, deren Nulldurchgänge die gesuchten Zeitpunkte angeben. Mit Hilfe eines Begrenzers und eines Impulsgebers gewinnt man eine Impulsfolge, mit der die Empfangsfunktion in ihren Extremwerten abgetastet werden kann. Die weitere Behandlung erfolgt dann so wie vorher erläutert.

Die mit den verschiedenen Methoden erreichbaren Werte werden in Bild 11 angegeben. Dabei ist zu berücksichtigen, daß hierbei einerseits

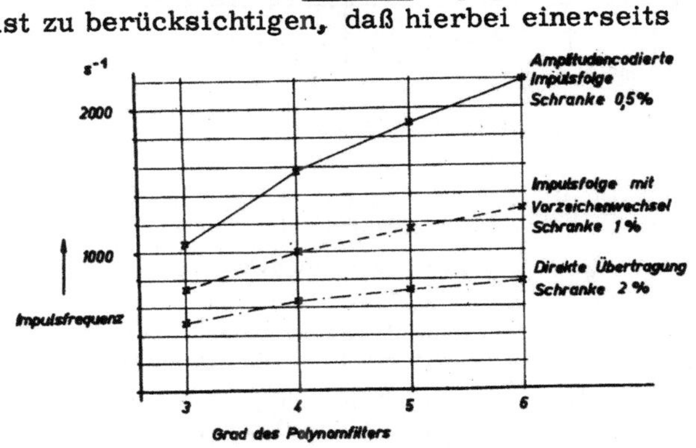

Bild 11: Mögliche Impulsfolgefrequenz bei Impulsformen verschiedenen Grades im idealen Basisband von 1500 Hz Breite

idealisierte Kanäle ohne lineare Verzerrungen und ohne Störungen zugrunde gelegt wurden; andererseits wurden die zulässigen gegenseitigen Beeinflussungen der Impulse wegen der in realen Kanälen zusätzlich auftretenden Schwierigkeiten sehr niedrig angesetzt. Für die Übertragung von Impulsen mit nur zwei Amplitudenstufen wurden so nur 2 % als Beeinflussung aufeinanderfolgender Impulse zugelassen.
Die dargestellten Werte zeigen, daß die Vergrösserung des Aufwandes beim Impulsformer eine beachtliche Steigerung der möglichen Impulsfolgefrequenz erlaubt, während die Erhöhung der Amplitudenstufenzahl fast eine Verdopplung bzw. Vervierfachung mit sich bringt.

5. Reale Kanäle

Bisher wurde im Basisband ein idealer Tiefpaß vorausgesetzt. In Wirklichkeit weist das Basisband außer Störungen Dämpfungs- und Laufzeitschwankungen auf. Soweit sie von den hier im Übertragungsband benutzten Filtern sowie von den Modulations- und Demodulationsschaltungen herrühren, kann man bei vielleicht erheblichem Aufwand durch geeignete Entzerrerschaltungen eine Korrektur erreichen. Aber auch der Fernsprechkanal, das Kernstück der ganzen Übertragung, weist einen Übertragungsfaktor auf, der im hier gemeinten Sinne nicht ideal ist, obwohl er innerhalb der für Fernsprechzwecke festgelegten Norm bleibt. Wären alle Kanäle gleich, so wäre es auch hier grundsätzlich möglich, durch entsprechend höheren Aufwand an Entzerrungsmitteln einen Ausgleich zu erreichen. In Bild 12 sind als Beispiel die Messungen an 3 Fernsprechkanälen aufgezeichnet.

Die Kurve 1 zeigt den Frequenzgang von Übertragungsfaktor und Laufzeit bei einem Zweibandsystem auf leicht bespulten Kabeln. Es wurde eine

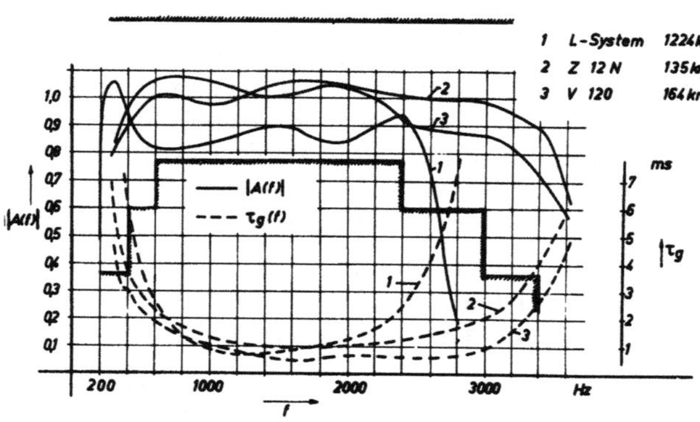

Bild 12: Beispiele von Meßergebnissen an Fernsprechkanälen

$\|A(f)\|$	Betrag der Übertragungsfunktion des gemessenen Kanales
τ_g	Gruppenlaufzeit des gemessenen Kanales
L - System	Zweikanal-Trägerfrequenzverbindung auf leicht pupinisierten Kabeln
Z 12 N	Zwölfkanal-Trägerfrequenzverbindung auf Zweidrahtleitungen im Nahverkehr
V 120	120-Kanal-Trägerfrequenzverbindung auf Vierdrahtleitungen

Schleife Aachen-Nürnberg-Aachen gemessen. Der Kanal entspricht nicht der neueren Norm des CCITT. Die Kurven 2 und 3 bleiben sehr gut innerhalb der festgelegten Toleranzen. Es ist bemerkenswert, wie verschieden sie sind und wie verschieden die Kurven gemäß CCITT sein dürfen. Für die Zweiseitenbandübertragung ist noch die Feststellung wesentlich, daß die Kurven durchaus nicht symmetrisch zur Mittenfrequenz des Bandes sind. Die angegebenen Kurven für die Gruppenlaufzeit sollen nur ein Bild von der Schwankung der Laufzeit, nicht von der absoluten Größe vermitteln. Bemerkenswert ist vor allem der starke Anstieg an den Bandgrenzen sowie auch hier die Unsymmetrie bezüglich der Bandmitte.

Die gezeigten Beispiele vermitteln ein Bild von der Verschiedenheit der Kanäle und lassen erkennen, daß mit Entzerrern höchstens die allgemeine Tendenz der Verzerrungen ausgeglichen werden kann; ein idealer Kanal wird sicher nicht erreicht. Die beim Amplituden- und Laufzeitgang eben betonte Unsymmetrie führt bei der Zweiseitenbandübertragung zu einer verschiedenen Verzerrung der beiden Seitenbänder, wodurch sich zusätzliche Verzerrungen des Basisbandes ergeben. Die Beschränkung auf einen einzigen Fernsprechkanal, der mit erheblichem Aufwand optimal entzerrt werden könnte, ist natürlich ohne Interesse, da gerade die Auswechselbarkeit der Kanäle das wesentliche Argument für die Verwendung des CCITT-Kanals ist. Die Verschiedenheit der Fernsprechkanäle bleibt also in jedem Fall als Störgröße erhalten, selbst dann, wenn die allgemeine Tendenz der Verzerrungen ausgeglichen werden kann. Es wird also nicht möglich sein, ein ideales Basisband zu erhalten; man wird darüber hinaus ein verschiedenes Basisband erhalten, je nachdem welcher Fernsprechkanal eingeschaltet ist. Die Folge ist, daß nach der Demodulation ein längerer Impuls erscheint, der den nachfolgenden erheblich stören kann. Man kann nun entweder wie vorher die gesamte spektrale Breite des Kanals ausnutzen und zur Vermeidung von Beeinflussungen den Impulsabstand vergrößern, oder man verzichtet auf die stark verzerrten Bereiche an den Grenzen des Kanals und benutzt ein Basisband, das schmaler ist als ursprünglich erwartet. Beides bedeutet eine Verringerung der Zahl der übertragbaren Impulse in der Zeiteinheit.

Schließlich sind noch die erheblichen Störungen des Kanals zu erwähnen, die durch Wählgeräusche verursacht werden. Sie führen bei der Impulsübertragung zu Fehlern, besonders dann, wenn durch die oben erwähnte Codierung mehrere Amplitudenstufen ausgenutzt werden sollen. Von den eben genannten Möglichkeiten zur Vermeidung der linearen Verzerrungen wird man der Störungen wegen die zweite wählen, bei der das benutzte Band und damit der spektrale Umfang der Störungen eingeschränkt wird.

Wieviel Impulse durch einen Fernsprechkanal übertragen werden können, hängt sehr stark von den Anforderungen ab, die im konkreten Fall an die Sicherheit der Übertragung gestellt werden. Bei einer Faksimile-Übertragung liegt ein redundantes Signal vor, das durch Störungen wenig verfälscht werden kann. Hier ist es prinzipiell möglich, mit Hilfe einer Amplitudencodierung die Anzahl der übertragenen Impulse wesentlich zu erhöhen. Bei Signalen der Fernwirktechnik oder datenverarbeitender Maschinen wird man auf die Möglichkeit verzichten müssen und darüber hinaus noch durch zusätzliche Codierung die effektive Impulszahl weiter erniedrigen müssen, um die Sicherheit zu erhöhen. Zahlenwerte über die mit den geschilderten Verfahren erreichbaren Impulszahlen und Sicherheiten liegen noch nicht vor.

Der Verfasser möchte an dieser Stelle der OPD Köln danken für die Bereitwilligkeit, mit der sie Leitungen für die Messungen zur Verfügung gestellt hat, und für die Hilfsbereitschaft bei zahlreichen Wünschen.

Schrifttum

[1] E. Hölzler und H. Holzwarth: Theorie und Technik der Pulsmodulation. Springer-Verlag, Berlin, Göttingen, Heidelberg 1957

[2] K. Barthel: Fernsehübertragung auf Kabelstrecken. Arch. Elektr. Übertrag. 9 (1955), Heft 8

[3] W. Schüßler: Schaltung und Messung von Übertragungsfunktionen an einem Analogrechner. Arch. Elektr. Übertrag. 13 (1959), Heft 10

[4] O. Herrmann und W. Schüßler: Zur Auswahl von Filtern mit günstigem Einschwingverhalten. Arch. Elektr. Übertrag. 14 (1960), Heft 4

ERKENNTNISSE ÜBER QUALITÄT UND STABILITÄT VON RICHTFUNK-STRECKEN

R. Kaiser, Darmstadt

Mit 1 Bild

In den Pflichtenheften der DBP, die sich auf die Empfehlungen der internationalen Organisationen (CCITT und CCIR) aufbauen, sind die Anforderungen an die Geräte und Strecken in bezug auf Qualität und Stabilität enthalten. Zugrunde liegt dabei der sogenannte Hypothetische Bezugskreis für das betreffende System, der eine Gesamtstrecke von 2500 km in eine Reihe von Einzelabschnitten unterteilt, die nach ihrer Länge und der Art der Zwischendemodulationen den praktisch vorkommenden Verhältnissen so weit wie möglich entsprechen. Das bewertete Gesamtgeräusch in jedem einzelnen Fernsprechkanal dieser Länge darf dabei für jede beliebige Kombination von Richtfunkgeräten den Wert von 7500 pW, gemessen am relativen Pegel Null, nur für sehr kleine Prozentsätze der Zeit überschreiten (Schwund, Hauptverkehrsstunde).

Die Aufteilung der verschiedenen Einzelkomponenten dieses Gesamtgeräusches auf die Geräte und ihre Teile (Modulator/Demodulator, HF-Geräte) gehört zu den schwierigsten Entscheidungen des Geräteentwicklers. Einige Komponenten sind auf jedem Modulationsabschnitt nur einmal vorhanden, andere steigen mit der Zahl der Zwischenstellen-Geräte an, wobei sie sich entweder leistungsmäßig oder spannungsmäßig addieren können; manche sind abhängig von der Modulationsfrequenz (dynamische Anteile), andere nicht (statische Anteile); die Grundgeräuschanteile sind unabhängig vom Volumen (Aussteuerung) des Systems, Klirranteile sind davon abhängig, wobei der Grad der Abhängigkeit (Exponent einer Taylor-Reihe) eine Funktion der Modulationsfrequenz sein kann; die Hubabhängigkeit kann entweder regulär sein oder nicht.

Es ist unmöglich, alle vorkommenden Komponenten und Additionsgesetze zu erfassen. Das Pflichtenheft beschränkt sich darauf, ein Geräuschschema für verbindlich zu erklären, welches die wichtigsten Geräuschanteile umfaßt und entsprechend systemtheoretischer Überlegungen und nach den Erfahrungen der Entwicklung die übrigen anteilmäßig berücksichtigt. Damit ist die geforderte Q u a l i t ä t des Richtfunksystems festgelegt.

Die während der Ersteinmessung einer Strecke eingestellten Werte sind nicht endgültig, sie verändern sich im Laufe der Zeit, meist im Sinne auf eine Erniedrigung der Qualität. Bezeichnet man summarisch als I n s t a b i l i t ä t des Systems die zeitliche Veränderung der Qualität, und fragt man sich, welche Maßnahmen zu ergreifen sind, um die Stabilität zu erhöhen, so zeigt sich, daß die einzelnen Faktoren genau definiert und gegeneinander abgegrenzt werden müssen.

Die erste Voraussetzung für eine stabile Richtfunkstrecke ist die Stabilität des AM-Signals. Die einem PPM-Gerät angelieferten Fernsprech-Einzelkanäle oder die entsprechenden Rundfunkkanäle sowie die einem FM-Gerät angelieferten Basisbänder (z.B. ein trägerfrequenzmäßig vorgebündeltes Vielkanal-Fernsprechband, ein Fernseh-Ton-Begleitkanal oder ein Video-Signal) erfüllen von sich aus bestimmte Qualitäts- und Stabilitätsanforderungen, die auf dem Wege über die Richtfunkstrecke nicht verfälscht werden dürfen. Das bezieht sich auf die Höhe des Pegels, den Amplitudengang über die Breite des Basisbandes, den Laufzeitgang über die Breite des Basisbandes und die Dynamik, wobei für jeden dieser Werte die entsprechenden Toleranzen eingehalten werden müssen. Weiter muß sichergestellt sein, daß die den verschiedenen Basisbändern beigefügten Meß-, Regel- und Kontinuitätsfrequenzen (Pilote) ohne Verfälschung übertragen werden.

Da in einem Richtfunkgerät der Verlauf des AM-Signals verhältnismäßig kurz ist und die nur einmal im Laufe eines Modulationsabschnittes vorhandenen Bauteile entweder nur passive Glieder (Regler, Preemphase- und Deemphase-Netzwerke) enthalten oder mit bewährten und beherrschten Kennlinien arbeiten (Trägerfrequenz-Verstärker, Video-Verstärker, Modulator- und Demodulator-Umsetzer), konnte auf eine automatische Regelung dieses Signals verzichtet werden. Die Nachstellung auf die normierten Pegelwerte muß in den notwendigen kurzen Zeitabständen im Zuge der normalen Unterhaltungsarbeit durchgeführt werden. Reserven brauchen nicht bereitgestellt zu werden.

Um unzulässige Kompensationen auf diesem Wege zu vermeiden (beispielsweise Modulator gegen Demodulator) müssen die modulatorseitigen Werte konstant gehalten werden. Dies geschieht durch Vergleich mit einem hochkonstanten Hilfspegel (Richtfunkpilot), der auch zur Einstellung und Eichung des Hubes dient. Pegelschwankungen bzw. Unterbrechungen v o r der Einspeisung des Richtfunkpiloten zählen als Modulationen des Basisbandes; sie sind für den Richtfunk uninteressant bzw. unwichtig. Da der Richtfunkpilot vor dem FM-Modulator eingespeist und hinter dem FM-Demodulator ausgewertet wird, ist er sehr empfindlich gegen Schwankungen im AM-Signal (Basisbandverstärker, Modulator, Demodulator); die Anzeigegenauigkeit ist etwa 0,5 dB. Änderungen des WM-Signals (nach der Winkelmodulation) müssen dagegen sehr groß sein (beispielsweise $\leqq$ 40 dB), ehe sie im Richtfunk-Piloten erkannt werden können.

Die Pegelschwankungen im WM-Teil (ZF- und RF-Teil) werden durch die Regelfähigkeit des Empfängers sehr schnell ausgeglichen, allerdings auf Kosten des Grundgeräuschabstandes, der jetzt zu einem feinfühligen Kriterium für den Zustand der Strecke wird. Erst sehr tiefe Pegeleinbrüche führen infolge Wegfalls der Begrenzerwirkung zu einem Abfall des AM-Signalpegels und damit des Richtfunk-Pilotpegels, wobei das Absinken auf $\leqq$ -4 dB angezeigt wird. Pilotunterbrechungen (gleichgültig, ob im AM- oder im WM-Weg) führen zu schnellem Abfall des Pilotpegels und entsprechend der Regelgeschwindigkeit des Empfängers zu fast ebenso schnellem, starkem Anstieg des Grundgeräusches bis zur Eigenrauschleistung des voll hochgeregelten Empfängers. Aus diesem Grunde ist bei Unterbrechungen und Tiefschwunden eine Schnellabschaltung des auf die Störungsstelle folgenden Empfängers nötig. Als Kriterium hierfür wird der Zwischenfrequenz-Pegel des Empfängers bzw. seine Regelspannung verwertet, da der AM-Pilot nicht zugänglich ist. Durch Systemreserven im Grundgeräuschabstand werden der Regel- und damit der Abschaltbereich vergrößert. Erhöhung des Systemwertes bedeutet aber Steigerung des Aufwandes, so daß die Reserven durch die Wirtschaftlichkeit begrenzt werden.

Die normale Änderung des Grundgeräuschabstandes ist durch Änderung des Systemwertes oder der Funkfelddämpfung bestimmt. Schwund kann man durch das Ersatzschaltbild eines Rauschgenerators erklären, der am Empfängereingang an den störungsfreien Signalweg angeschlossen ist. Dieser Störgenerator mit der Grundrauschleistung n kT_0 wird durch die Regelspannung des Empfängers hochgeregelt. Eine zusätzliche Erniedrigung des Grundgeräuschabstandes entspricht der Anschaltung eines zweiten, unabhängig vom ersten arbeitenden Störgenerators, der entweder im Richtfunksystem selbst oder außerhalb liegen kann. Beispiele für den ersten Fall sind: Sinusstörer, wie Brummstörung (Netzfrequenz und ihre Harmonischen), Pfeifen durch Interferenz mit der Harmonischen einer Oszillatorfrequenz, Einkoppeln der Gegenrichtung. Andere Störeffekte sind Prasseln, Knacken, verständliches oder unverständliches Eindringen eines fremden Senders. Weiter sind einige nicht weiße Rauschquellen zu erwähnen: Ionenrauschen (Klystron, Wanderfeldröhre), Schroteffekt, Funkeleffekt (tiefe Frequenzen). Derartige diskrete Störgeneratoren, die den Grundgeräuschabstand, meist nur in einzelnen Frequenzgebieten des Basisbandes, verschlechtern, lassen sich durch Anwendung der Additionsgesetze (Zahl der Röhren, Wanderfeldröhren, Klystrons usw.) lokalisieren und wertmäßig erfassen. Gegen Klirrgeräusche, die in vielen Fällen ähnliche Wirkungen erzielen, lassen sie sich nur durch Abschalten der Modulation (Ansteuerung) abgrenzen.

Während sich, abgesehen von diskreten Störungen, die meist nur sehr geringe Störleistungen aufweisen, das Grundgeräusch durch das Ersatzbild eines einzigen vom Systemwert und der Funkfelddämpfung gesteuerten Rauschgenerators am Empfängereingang darstellen läßt, kann man die verschiedenen Klirrgeräuschursachen nur durch entsprechend viele Generatoren an mehreren Stellen des Systems darstellen, die nicht mehr unabhängig voneinander sind und unterschiedlichen Additionsgesetzen unterliegen. Die Ursachen dieser Klirrverzerrungen kann man in mehrere Gruppen unterteilen.

Die Übertragungsfaktoren der Teil-Vierpole des Systems, wie Modulator/Demodulator, ZF- und RF-Kreise mit den zugehörigen Röhren, Filter, Kabel, Hohlleiter, Antennen usw. ändern ihre Amplituden- und/oder Phasenkennlinien. Als Gründe für diese Änderung können Alterung, Temperatur, Feuchtigkeit und die verschiedenen mechanischen Einwirkungen genannt werden. Eine andere Ursache für das Auftreten zusätzlicher Klirrverzerrung ist die Änderung der Anpassung an verschiedenen Teilen des Gerätes; es entstehen so neue oder zusätzliche Reflektionen. Der Klirrgeräuschabstand wird meist kleiner, er kann im Einzelfall aber auch ansteigen (Kompensation, irreguläre Verzerrungen). Als wichtige Fälle sind hier die Mischkreis-Aussteuerung durch Veränderung der Oszillatorleistung, die Anpassung der Filter, Kabel, Hohlleiter und Antennen zu nennen. Im letzteren Falle kann z.B. das Eindringen von Wasser oder das Auftreten einer Wasserhaut oder einer Rußschicht auf der Abdeckplatte einer Antenne die Ursache sein.

Durch die Änderung der Mittenfrequenz des WM-Signals bei Erhaltung der Amplituden- bzw. Phasenkennlinien werden alle hinter der Störungsstelle liegenden Kreise betroffen. Während hier im Einzelfall eine geringfügige Verbesserung auftreten kann, ergibt sich über die ganze Strecke bei den vielen hintereinandergeschalteten Teil-Übertragungsfaktoren eine statistische Verschlechterung, wenn vorher mit der richtigen Frequenzmitte (Oszillatorfrequenz) auf das Minimum eines Klirrgeräuschabstandes eingemessen wurde.

Ebenso wie sich die Wirksamkeit der bisher erwähnten Störquellen durch Einplanung von Reserven stark vermindern läßt, kann die Verschlechterung der Kennlinien (vorwiegend Amplitudengang) im AM-Wege, die normalerweise stetig verläuft, durch Einstellung auf etwas bessere Werte unschädlich gemacht werden. Das Zusatzklirren durch Altern der Röhren und Kreise im Basisbandverstärker und Modulator/Demodulator, welches nur einmal im Modulationsabschnitt auftritt, wird ebenso wie das erhöhte Grundgeräusch durch regelmäßige Unterhaltungsmessungen in kürzeren Zeitabständen (beispielsweise täglich) behoben. Klirrabstandsänderungen, die vor der Einspeisung des Richtfunkpiloten auftreten, gehören nicht zum Bereiche der Richtfunk-Meßtechnik.

Ein besonderes Problem der Stabilität sind starke Kurzzeit-Änderungen, die entweder als Unterbrechungen des Signal-ZF- oder -RF- Pegels oder als starkes Zusatzgeräusch in Erscheinung treten können, die dann stets vorwiegend den Grundgeräuschabstand verschlechtern. Tritt der zweite Fall als Folge des ersten auf, so sind die beiden Erscheinungen über die Regelzeitkonstante des Empfängers miteinander verbunden (Normalwert etwa 1 ... 5 dB/ms). Im Vergleich mit dieser Zahl ist die Änderungsgeschwindigkeit des

Schwundes im Sichtbereich bei 4 GHz gering, sie beträgt etwa $\leqq$ 40 dB/s $\approx$ 0,04 dB/ms, also 50 mal so langsam. Das Abschaltkriterium eines Empfängers, welches auf Schwunde mäßiger Tiefe (z.B. $\leqq$ 40 dB) nicht ansprechen soll, dafür aber bei einer sehr schnell auftretenden Totalunterbrechung des Signalpegels so schnell reagieren soll, daß hohe Rauschspitzen nicht auftreten können, könnte also auf die Steilheit der Pegeländerung gegründet sein, um Zeit für das Prüfen und Umlegen eines mechanischen Relais (Zeit 3 ... 20 ms) zu gewinnen, wenn man nicht von der aufwendigeren elektronischen Abschalttechnik Gebrauch machen will. Eine andere Möglichkeit zum Abfangen der Geräuschspitze besteht darin, daß die Regelgeschwindigkeit des Empfängers entweder in ihrer Gesamtheit herabgesetzt oder so pegelabhängig gemacht wird, daß einem hohen Signalpegel eine hohe Regelgeschwindigkeit und umgekehrt entspricht, um Zeit für das Umschlagen des Relais zu gewinnen.

Die einzelnen Kriterien in einem Richtfunksystem haben also ganz verschiedene Bedeutung und werden deshalb für verschiedene Zwecke verwendet. Der Pilotpegel des Richtfunkpiloten, dessen Signal am Anfang und Ende des WM-Modulationsabschnittes auftritt, ist sehr empfindlich gegen AM-Pegeländerungen, dagegen unempfindlich gegen Änderungen im WM-Wege. Erst der Abfall des Pilotpegels um 4 dB löst die Signalisation aus und leitet das Umschalten auf ein Reserveband ein. Wird mitten im Modulationsabschnitt umgeschaltet (ZF-Umschaltung), so muß der Pilot in einem besonderen Diskriminator (Demodulator) gewonnen werden. Gleichzeitig mit der Auswertung des Pilotpegels wird das Geräusch in einem schmalen Meßkanal um die Pilotfrequenz herum gemessen und beurteilt. Als drittes Kriterium für die Einleitung des Umschaltvorgangs kann noch der Geräuschabstand vom ZF-Signal verwertet werden. Die Dauer des Umschaltvorgangs kann nicht beliebig beschleunigt werden, da die vorher benötigte Prüfung der Reservestrecke eine gewisse Zeit erfordert (Laufzeit der Prüfsignale über die Länge der Strecke).

Der Zwischenfrequenzpegel im geregelten Empfänger dient zur Einleitung des Abschaltvorganges jedes Einzelempfängers der Strecke. Um unnötige Abschaltungen bei mäßigen Schwunden zu vermeiden, wird die Schwelle des Ansprechens auf etwa -40 dB unter dem Normalpegel gelegt. Die Zeitdauer der Abschaltung besteht aus der Regelzeit des Empfängers plus Prüfzeit plus Umschaltzeit des Relais. Im Zeit/Leistungs-Diagramm entsteht ein dreieckförmiger Rauschimpuls, der aber nur in seinem oberen Teil (Bruchteil der Umschlagzeit des Relais) so viel Leistung enthält, daß er mit Wähl- oder Zählzeichen der Vermittlungstechnik verwechselt werden kann.

Für Meß- und Unterhaltungszwecke wird häufig der Grundgeräuschabstand in bestimmten Meßkanälen ausgewertet, die entweder innerhalb des Basisbandes oder knapp unterhalb oder oberhalb liegen. Im letzteren Falle kann eine Qualitätsmessung auch während des Betriebes vorgenommen werden. Durch den Grundgeräuschabstand erfaßt werden Stabilität des Systemwertes und Schwankungen der Funkfelddämpfung (Schwunde). Wie aus systemtheoretischen Überlegungen hervorgeht, werden im unteren Meßkanal vorwiegend Klirranteile statischer Herkunft, im oberen Meßkanal vorwiegend solche dynamischer Herkunft erfaßt. Das gleiche gilt für die Auswertung der Klirrgeräuschabstände in den beiden oder verschiedenen Meßkanälen.

Während die Trennung der Grund- und Klirrgeräuschanteile in der Entwicklungszeit und bei den Ersteinmessungen des Systems sehr einfach durchgeführt werden kann (durch Abschaltung der Modulation), ist eine solche Trennung bei den Betriebsmessungen nicht möglich. Man kann bei der Auswertung des Gesamtgeräusches davon ausgehen, daß der Klirranteil völlig normal mit der Aussteuerung des Systems (Höchstwert in der Hauptverkehrsstunde) ansteigt, zudem aber durch Fehler im System vermehrt wird. Kennt man die Abhängigkeitsfunktion des Klirrgeräuschs von der Aussteuerung, so kann man durch Quotientenbildung diesen Anteil eliminieren. Eine saubere Trennung der beiden Anteile wäre durch Änderung des Hubes während der Meßzeit zu erreichen, eine Maßnahme, die aber betrieblich viele Nachteile mit sich bringt. Weiter ist versucht worden, durch Verwendung verschiedener Zeitkonstanten und Bandbreiten diese beiden Anteile gegeneinander abzugrenzen. Eine Meßreihe, die auf diesem Prinzip beruht, soll im folgenden beschrieben werden.

Es hatte sich gezeigt, daß es bei Messungen in einem echten oder einem Pseudofernsprechkanal von 3,1 kHz Breite sehr schwierig war, echtes Rauschen von Nebensprechen, Kontaktstörungen und ähnlichem zu unterscheiden. Voruntersuchungen mit einem Gerät, das einen Vergleich der zu gleicher Zeit in einem schmalbandigen (rund 500 Hz breiten) und einem breitbandigen (rund 300 kHz breiten) Meßkanal erhaltenen Werte ermöglichte, ergaben, daß erhebliche Unterschiede auftraten, je nachdem, ob das Geräusch aus Röhren- oder Schwundrauschen, also annähernd weißem Rauschen, oder aus Klirrgeräuschen mit vorwiegend sinusförmigen Teilspannungen besteht. Der Unterschied beruht auf der Verschiedenheit der Quotienten von Spitzen- zu Effektivwert für die verschiedenen Geräuschanteile. Im ersten Fall ergeben sich nahezu gleiche Werte im schmalbandigen und im breitbandigen Kanal; im zweiten Fall erscheint der Meßwert im schmalbandigen Kanal zeitweise wesentlich höher, besonders dann, wenn Klirrprodukte gerade in diesen Meßkanal fallen. Dieser Fehler machte sich besonders stark bei Messungen niedriger Geräuschwerte bemerkbar.

Aus diesem Grund wurde für die Messungen später ein breitbandiger Meßkanal benutzt, der oberhalb des übertragenen Nutzbandes lag und die Frequenzen von 3,0 ... 3,5 MHz umfaßt. Der Meßausgang der Richtfunkanlage führt zu einem Breitbandverstärker, dessen Frequenzbereich oberhalb des Basisbandes der Richtfunkanlage

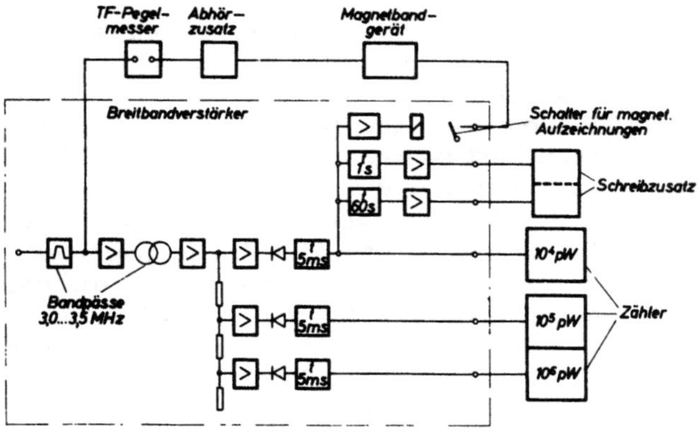

Bild 1: Anordnung zur Messung und Zählung von Geräuschen auf einer Richtfunkstrecke

liegt (Bild 1). Die Durchlaßbreite des Breitbandverstärkers von 500 kHz soll die Störgeräusche durch Rauscheinbrüche vor den Geräuschen durch Nebensprechen bevorzugen. Die Ansprechwerte der nachgeschalteten elektronischen Zähleinrichtung und die Eichung des Schreibers beziehen sich auf die Bandbreite eines normalen Fernsprechkanals von 3,1 kHz Bandbreite. Hinter dem Eingangsfilter des Breitbandverstärkers wird ein TF-Pegelmesser mit Abhörzusatz angeschaltet, dessen Ausgang zu einem Tonbandgerät führt. Das Tonbandgerät wird bei Überschreiten eines Störpegels von 10^4 pW eingeschaltet und wird bei Unterschreiten des Auslösewertes nach 10 s stillgesetzt.

Zur Unterdrückung von Störgeräuschen aus der TF ist auf der Senderseite ein Tiefpaß für das TF-Band in die ankommende TF-Leitung eingeschaltet.

Bei der Auswertung der Ergebnisse dieser Meßstrecke zeigte sich, das Anzahl und Dauer der Fehlaufzeichungen, bei denen Nebensprechen anstatt Rauschen aufgezeichnet war, im Vergleich zu früheren Aufzeichnungen stark zurückgegangen war. Andererseits ergab sich, daß eine eindeutige Trennung der Geräuschanteile bei einer in Betrieb befindlichen Strecke mit diesen einfachen Mitteln nicht möglich war.

Eine eindeutige Unterscheidung zwischen den verschiedenen Geräuscharten gestattet das Tonband; so wurden denn auch die Angaben der Zähler und Pegelschreiber an Hand des Tonbandes überprüft und solche Angaben unberücksichtigt gelassen, die mit Sicherheit als Nebensprechen oder Gerätefehler und nicht als Schwundgeräusch erkannt wurden. Für etwa 1/3 bis 1/2 der niederen Geräuschwerte (unter 100 000 pW) dürfte allerdings immer noch unsicher sein, welche Ursache sie hatten.

Die Zahl der Rauscheinbrüche konnte mit der jetzt benutzten Apparatur nicht gezählt werden, ebensowenig ließ sich die Auflösung nach Stunden durchführen und die Stunde schwersten Schwundes einwandfrei ermitteln. Der Schreiber mit einer Zeitkonstanten von 1 Minute war so geeicht worden, daß er bei 10 000 pW Vollausschlag zeigte, weil angenommen wird, daß dieser Wert nur sehr selten erreicht werden würde. In einem Fall wurde dieser Wert jedoch für etwa 40 Min. überschritten (am 12.9.), der Wert von 100 000 pW aber nach Angabe der Zähler während dieser Zeit nur 2 Sek. lang erreicht, so daß die Gesamtleistung für die ungünstigsten zusammenhängenden 60 Min. im Mittel auf die Größenordnung 10 000 pW geschätzt werden kann.

Eine Übersicht über die wichtigsten technischen Daten der Strecke ergibt die folgende Tafel.

Tafel 1

Bezeichnung des Richtfunksystems:
FM 600-TV/4000

Aufnahmefähigkeit: 600 Telefonkanäle

Zahl der Richtfunkstellen: 5 (4 Funkfelder)

Abstand zwischen den Richtfunkstationen:

Funkfeld 1: 38,5 km; Funkfeld 2: 49,5 km;
Funkfeld 3: 53,8 km; Funkfeld 4: 45,0 km.

Gesamtlänge 186,8 km.

Art des benutzten Weges: 1. Fresnel-Zone in allen Fällen frei. Funkfelder 3 und 4 überqueren ein breites Flußtal (Rhein).

Benutzte Frequenzen: 3882,5 Mc/s und 4095,5 Mc/s

Polarisation: Abwechselnd senkrecht und waagerecht.

Frequenzhub: 200 kc/s eff

Sendeleistung: 5 W.

Antennengewinn: 40 db.

Geräuschfaktor des Empfängers:

13 db (20 kT_0).

Berechnete (gemessene) Dämpfung der einzelnen Funkfelder in db:

Funkfeld 1: 56,22 (56,2) km;
Funkfeld 2: 61,52 (61,55) km;
Funkfeld 3: 64,6 (64,6) km;
Funkfeld 4: 60,82 (61,0) km.

Ersatzschalteeinrichtung in Betrieb.

Die Linie unterscheidet sich in ihrem technischen Aufbau kaum von der früher benutzten Strecke München-Stuttgart, sie überquert aber in höherem Maße hügelige Waldgebiete und größere Flußtäler.

Die Tafel 2 zeigt den Prozentsatz der Zeit, während welcher das Geräusch die angegebenen Werte erreichte oder überschritt. Die Werte in Klam-

Tafel 2

Geräuschleistung (unbewertet)	Prozentsatz der Zeit überschritten	
	August	September
	Zeitkonstante 1 Minute	
1500 pW	0.126 % (1.68%)	0.411 % (5.50 %)
3000 pW	0.0505 % (0.675 %)	0.179 % (2.39 %)
5000 pW	0.0202 % (0.270 %)	0.125 % (1.67 %)
10000 pW	0.0157 % (0.210 %)	0.102 % (1.36 %)
	Zeitkonstante 5 ms	
10000 pW	0.0283 % (0.378 %)	0.115 % (1.54 %)
100000 pW	0.000263%(0.00351%)	0.00178% (0.0238%)
1000000 pW	0.000075%(0.00100%)	0.000734%(0.0098%)

mern sind Extrapolationen für einen Hypothetischen Bezugskreis der Länge 2500 km. Aufgezeichnet wurde im August und September 1959.

Aus den Ergebnissen dieser Meßreihe können einige wichtige Folgerungen gezogen werden. Schon aus der zeitlichen Verteilungskurve, mehr noch aber aus der akustischen Auswertung der Magnetbandaufzeichnungen ergibt sich, daß eine einigermaßen befriedigende Trennung der beiden großen Geräuschanteile (Grund- und Klirrgeräusche) allein durch Wahl verschiedener Bandbreiten und Integrationskonstanten nicht möglich ist. Exakte Aussagen über das Verhalten von Betriebsstrecken können so nicht gemacht werden. Die Tatsache, daß trotz der Benachteiligung der Klirrgeräuschanteile dieses im Gesamtgeräusch so stark durchschlägt, zeigt, daß die Klirrgeräuschreserven bei einem Betriebssystem viel knapper bemessen sind als die Grundgeräuschreserven. Zu der in Deutschland allgemein üblichen Grundgeräuschreserve von 10 dB (Schwundreserve) kommt meist noch ein erheblicher Systemwertüberschuß über die im Pflichtenheft geforderten Mindestwerte, so daß mit einer Gesamtreserve von 13 - 14 dB im Grundgeräuschabstand gerechnet werden kann. Im Normalzustand der Strecke (ohne Schwund) ist also das Klirrgeräusch vorherrschend bestimmend für die Gesamtqualität. Das Auftreten der erheblichen Geräuschspitzen während sehr kleiner Vomhundertsätze der Zeit wirft die Frage auf, ob die bisher übliche Meßbelastung des Systems ausreicht. Man verwendet hier ein äquivalentes Volumen, welches nach Holbrook-Dixon der 99 %-Überschreitungswahrscheinlichkeit entspricht. Über die während der restlichen 1 % der Zeit auftretenden Volumen-Spitzen werden keinerlei Aussagen gemacht. Solche Wahrscheinlichkeitsspitzen sind besonders für Systeme mit wenigen Kanälen (beispielsweise 120 Kanäle) zu erwarten. Ausreichende Erfahrungen darüber liegen noch nicht vor. Da die Frage der Aussteuerungsreserve von grundlegender Bedeutung für die Dimensionierung von Richtfunksystemen ist, sind Untersuchungen im Gange, mit Hilfe von Zählmethoden die zeitliche Verteilung des Volumens (Integrationszeit 200-300 ms) auch während sehr kleiner Prozentsätze der Zeit zu erfassen. Über diese Untersuchungen wird getrennt berichtet werden.

DURCHSCHALTEVERFAHREN IN RICHTFUNKRELAISSTATIONEN *)

A. Egger, Backnang

Mit 7 Bildern

Die zwischen einem Richtfunksender und -Empfänger überbrückbare Entfernung hängt, freie Radiosicht zwischen den Antennen vorausgesetzt, von Sendeleistung, Empfängerempfindlichkeit, Übertragungsfrequenz, Antennengewinn und Modulationsverfahren ab und liegt im Normalfall bei etwa 50 km. Bei längeren Übertragungswegen sind Relaisstationen als Zwischenverstärker notwendig. Diese Relaisstationen haben die Aufgabe, die Dämpfung des vorhergehenden Funkfeldes auszugleichen. Da die Ausbreitungsbedingungen für elektromagnetische Wellen starken zeitlichen Schwankungen unterworfen sind, muß der Relaisstellenverstärker einen beträchtlichen Regelumfang besitzen, um bei verschiedenen Empfangsfeldstärken am Eingang immer gleiche Ausgangsleistung abgeben zu können.

Die von der Relaisstation auf der Empfangsseite aufgenommene und auf der Sendeseite abgestrahlte Frequenz ist verschieden zu wählen, damit eine Rückkopplung des Verstärkers über die beiden Antennen vermieden wird. Daraus folgt, daß für eine Richtfunklinie mit Relaisstellen mehrere Frequenzen zur Übertragung benötigt werden. Bei jedem Funkbetrieb gilt als oberstes Gesetz, mit Emissionsfrequenzen so sparsam wie möglich umzugehen. Für eine Vierdrahtlinie, d.h. Übertragung in beiden Richtungen, kann man mit einem Minimum, nämlich nur 2 Frequenzen auskommen, wenn, wie in Bild 1a gezeichnet, die beiden Sender und Empfänger einer Relaisstelle mit jeweils der gleichen Frequenz arbeiten. Dabei sind aber die angegebenen Störmöglichkeiten vorhanden. An jeder Empfangsantenne tritt ein Störsignal mit gleicher Frequenz wie das Nutzsignal auf. Auf einer Funklinie mit n Relaisstellen ergeben sich in einer Übertragungsrichtung 2 n Einzelstörer. Ein störungsfreier Betrieb ist im Zweifrequenzbetrieb nur dann möglich, wenn die Antennen sehr starke Rückendämpfung aufweisen. Anderenfalls müssen die verwendeten Frequenzen wie in Bild 1b um einen kleinen Betrag Δf nach unten und oben verschoben werden.

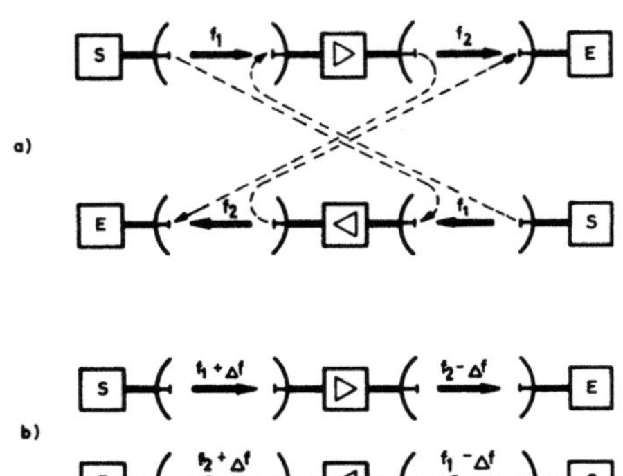

Bild 1: a) Richtfunklinie mit 2 Emissionsfrequenzen
b) Leichte Frequenzversetzung (Staggern) zur Vermeidung von Störungen

*) Mitarbeiter der Firma Telefunken G.m.b.H., Backnang

Die übertragungstechnischen Forderungen an eine Relaisstelle ergeben sich aus der von der gesamten Funklinie verlangten Übertragungsqualität. Für Weitverkehrsverbindungen sind für Fernsprech- und Fernsehübertragungen Empfehlungen für die Übertragungsgüte am Ende einer 2500 km langen Funklinie aufgestellt worden. Um diese Weitverkehrsbedingungen zu verwirklichen, dürfen die einzelnen Funkgeräte, vor allem aber die Relaisstellen, die in langen Funkstrecken ja in großer Überzahl vorhanden sind, nur äußerst wenig Geräuschbeitrag bringen. Die Größe dieses Geräuschbeitrages hängt in starkem Maß von dem verwendeten Durchschalteverfahren ab.

1. Durchschalteverfahren

Die folgenden Betrachtungen der Durchschalteverfahren sollen auf Systeme beschränkt werden, die mit Frequenzmodulation arbeiten. Diese Einschränkung wird aus dem Grund durchgeführt, weil heute die meisten Richtfunkgeräte mit dieser Modulationsart betrieben werden und sich außerdem bei FM Durchschalteverfahren ergeben, die bei anderen Modulationsarten nicht anwendbar sind.

Bei einer Richtfunkübertragung besteht die Aufgabe, senderseitig mit einem angelieferten Vielkanalträgerfrequenzbündel, dem Videosignal eines Fernsehbildes oder sonstigen Informationen wie Radarbildern, Fernmeß- und Fernsteuersignalen, dem sogenannten Basisband, einen hochfrequenten Träger in der Frequenz zu modulieren. Empfängerseitig wird das ankommende schwache Signal in eine Zwischenfrequenz umgesetzt, in dieser Frequenzlage verstärkt und durch Demodulation das Basisband zurückgewonnen. Bei der Übertragung werden vom Signal also drei Frequenzebenen durchlaufen: die Basisfrequenz- (BF), die Zwischenfrequenz- (ZF) und die Emissionsfrequenz- (EF) Ebene. Die Durchschaltung zwischen Empfänger und Sender auf einer Relaisstelle kann in jeder dieser Frequenzebenen erfolgen.

1.1 Durchschaltung in der BF-Ebene

Eine Relaisstelle mit BF-Durchschaltung entsteht durch Zusammenschaltung eines Empfängers und Senders an den Basisbandklemmen. Voraussetzung für die Zusammenschaltmöglichkeit sind genormte BF-Pegel. Die für die BF-Durchschaltung erforderliche Gerätetechnik zeigen die Bilder 2 und 3. Dabei sind beim Sender zur Erzeugung der Frequenzmodulation zwei verschiedene Verfahren gebräuchlich. Bei der Direktmodulation (Bild 2a) moduliert das Basisband, nachdem es in einem Verstärker BF-V auf den zur Modulation nötigen Pegel angehoben wurde, den Sendeoszillator SO, meist ein Kly-

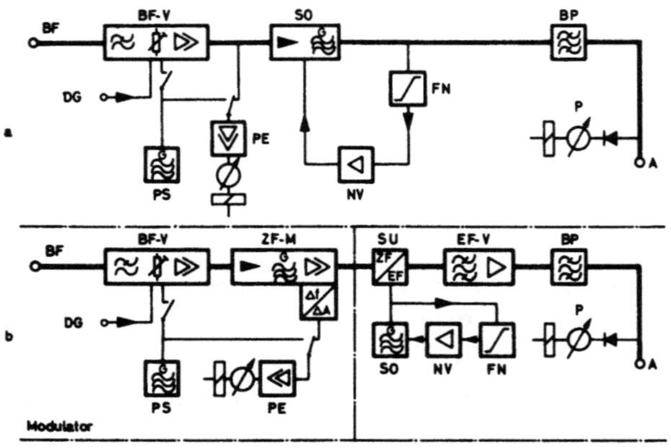

Bild 2: Sender bei BF-Durchschaltung

a) Direktmodulation
b) Modulation in der Zwischenfrequenz

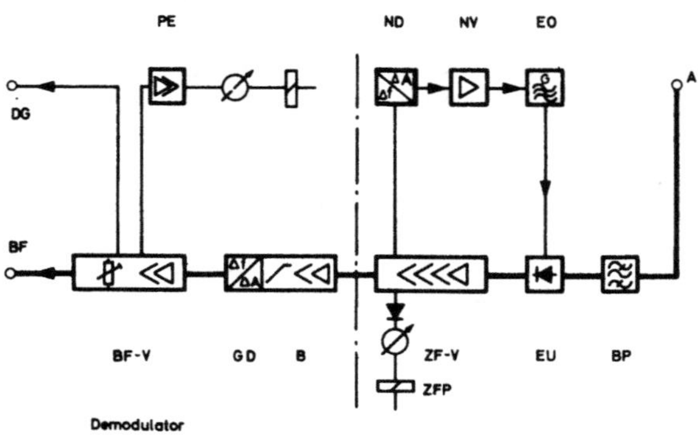

Bild 3: Empfänger bei BF-Durchschaltung

stron, der auf der Emissionsfrequenz schwingt. Die Konstanthaltung der Sendemittenfrequenz erfolgt durch Frequenzvergleich mit einem aktiven (Oberwelle eines Quarzes) oder passiven (Resonanzkreis hoher Konstanz) Frequenznormal FN und automatischer Frequenznachstimmung über den Nachstimmverstärker NV. Bei der Modulation in der Zwischenfrequenz (Bild 2b) wird ein Oszillator in dieser Frequenzlage durch das verstärkte Basisband frequenzmoduliert. Die Emissionsfrequenz wird hierbei durch Umsetzung der modulierten Zwischenfrequenz mit der Frequenz eines Hilfsoszillators SO im Sendeumsetzer SU erzeugt und nach entsprechender Verstärkung im EF-Verstärker über den Bandpaß BP auf die Antenne gegeben. Bei diesem Verfahren müssen zur Konstanthaltung der Sendefrequenz die beiden zu ihrer Erzeugung benutzten Frequenzen konstant gehalten werden. Es ist außerdem wesentlich aufwendiger als die Direktmodulation. Bei BF-Durchschaltung wird es nur selten angewendet. Es hat jedoch den Vorteil, daß die Modulation unabhängig von der Emissionsfrequenz immer auf der konstanten Zwischenfrequenz erfolgt und der Modulator dadurch zu einem festen, für alle Sender gleichen Bauteil wird. Linearitätsmessungen und -überprüfungen der Modulation können für alle Sender mit den gleichen Meßgeräten durchgeführt werden.

Beim Empfänger (Bild 3) wird im Empfangsumsetzer EU mit Hilfe der Frequenz des Empfangsoszillators EO eine Zwischenfrequenz erzeugt. Nach entsprechender Verstärkung im ZF-Verstärker wird das Signal im Begrenzer B in der Amplitude begrenzt und im Gesprächsdiskriminator GD das ursprüngliche Basisband zurückgewonnen. Über den Nachstimmdiskriminator ND und den Nachstimmverstärker NV wird die Frequenz des Empfangsoszillators so beeinflußt, daß die ZF-Mittenfrequenz konstant bleibt.

1.2 Durchschaltung in der ZF-Ebene

Wenn ein Empfänger und ein Sender nach Bild 2b gleiche Zwischenfrequenz besitzen, so können sie auch in der ZF-Ebene durchgeschaltet werden (Bild 4a). Bei diesem Verfahren gehen Frequenzschwankungen bzw. Ablagen der Zwischenfrequenz und des Sendeoszillators voll in die Sendefrequenz ein. Dies kann vermieden werden, wenn die beiden Oszillatorfrequenzen für Empfangs- und Sendeumsetzung, wie in Bild aus einem gemeinsamen Oszillator durch Frequenzversetzung gewonnen werden. Legt man hierbei die Hilfsfrequenz für den Empfangs- und Sendeumsetzer entweder beide über oder beide unter die Empfangs- und Sendefrequenz, so wird die Sendefrequenz f_s nur von der Empfangsfrequenz f_E und der Frequenz f_V des Versetzungsoszillators VO beeinflußt. Es ist dan $f_S = f_E \pm f_V$. Durch eine Quarzschaltung kann f_V sehr genau gehalten werden. Da es zudem viel tiefer als die Empfangsfrequenz liegt, somit die absolute Abweichung klein bleibt, ist praktisch die Genauigkeit der Sendefrequenz nur von der Genauigkeit der Empfangsfrequenz abhängig.

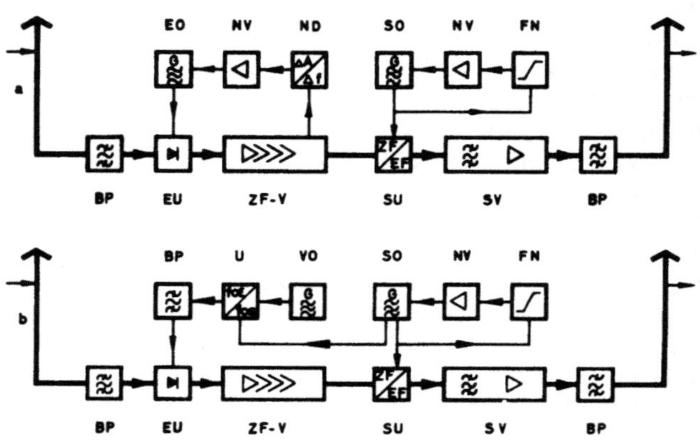

Bild 4: ZF-Durchschaltung

a) Getrennte Umsetzeroszillatoren
b) Umsetzerfrequenzen vom gleichen Oszillator abgeleitet

1.3 Direktverstärkung in der EF-Ebene

Heute stehen Wanderfeldröhren mit sehr kleiner Rauschzahl für Vorverstärker, [z.B. 1, 2, 3] und großer Verstärkung für Endverstärker zur Verfügung. Somit ist auch eine Direktverstärkung mit einmaliger Frequenzumsetzung möglich. Ein Beispiel einer solchen Relaisstelle zeigt Bild 5 [4].

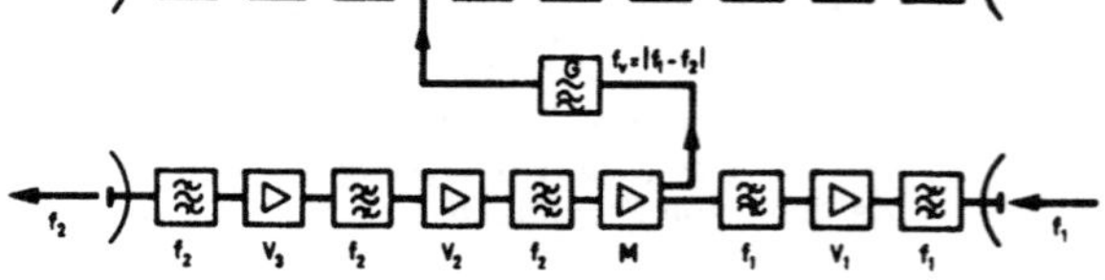

Bild 5: Direktverstärker mit Frequenzumsetzung

Die ankommende Frequenz f_1 wird zunächst in einem rauscharmen Vorverstärker V_1 verstärkt. Die Frequenzumsetzung in die Frequenz f_2 erfolgt im Mischer M, wobei die Versetzerfrequenz f_V für beide Richtungen einem gemeinsamen Oszillator entnommen wird. Die für die Mischung verwendete Wanderfeldröhre gibt eine gleichzeitige Verstärkung des umgesetzten Signales [5]. Die nötige Ausgangsleistung wird durch zwei Leistungsverstärkerstufen V_2 und V_3 erreicht. Zur Erzielung der notwendigen Selektion gegen Nachbarkanäle und Vermeidung einer Selbsterregung auf der Frequenz f_1 oder f_2 über die Antennen sind vor und hinter jeder Verstärkerstufe Bandpässe eingeschaltet.

2. Einfluß des Durchschalteverfahrens auf die Übertragungsqualität einer Richtfunklinie

Die beschriebenen Durchschalteverfahren zeigen verschiedene Einflüsse auf die Übertragungsqualität einer Richtfunklinie. Insbesondere sind der Geräuschbeitrag einer Relaisstelle, der Frequenzgang im Basisbandpegel am Ende der Funklinie und die Genauigkeit der Emissionsfrequenzen der einzelnen Funkfelder in starkem Maße von dem gewählten Durchschalteverfahren abhängig.

2.1 Störgeräuschbeitrag einer Relaisstelle

Wie schon erwähnt, muß der auf einer Relaisstelle auftretende Störbeitrag so klein wie möglich bleiben. Dieser Störbeitrag hat folgende Ursachen: Rauschen des Empfängereinganges, nichtlineares Nebensprechen, Gerätegrundgeräusch und Netzbrummen. Der erstgenannte Rauschbeitrag ist bei BF- und ZF-Durchschaltung gleich. Beim Direktverstärker mit einer Wanderfeldröhre statt einer Diodenmischstufe im Eingang kann er etwas kleiner gehalten werden. Wesentlich unterscheiden sich die Durchschalteverfahren jedoch in Bezug auf nichtlineares Nebensprechen. Dieses wird verursacht durch die nicht streng linearen Kennlinien des Modulators und Demodulators und die nichtlineare Phasenkurve der im hochfrequenten Übertragungsweg liegenden Filter und Resonanzkreise. Die vom Modulator und Demodulator erzeugten statischen Verzerrungen liefern Geräuschanteile, die bei den tiefen Frequenzen des übertragenen Basisbandes sehr große Werte besitzen und nach höheren Frequenzen abnehmen. Dagegen wirken sich die durch die nichtlineare hochfrequente Phasenkurve hervorgerufenen dynamischen Verzerrungen gerade umgekehrt aus. Es ist sehr schwierig, die statischen Verzerrungen klein zu halten, vor allem, wenn sehr breite BF-Bänder übertragen werden. In diesem Fall wird die BF-Durchschaltung nach Möglichkeit vermieden. Bei der Übertragung schmälerer Basisbänder jedoch setzt sich mehr und mehr das Verfahren der Direktmodulation des Senders wegen seiner Einfachheit durch. Es muß dann auf den Relaisstellen BF-Durchschaltung verwendet werden. Auf kürzeren Funkstrecken hat sich diese Technik bereits gut bewährt. Bei Übertragung mittelbreiter Basisbänder, z.B. einem 120-Kanal-Fernsprechbündel, können auch die Weitverkehrsbedingungen eingehalten werden. Ob dies auch mit breiteren Bändern noch möglich ist, hängt im wesentlichen von den zur Verfügung stehenden Senderöhren ab und wird augenblicklich offenbar an verschiedenen Stellen untersucht.

Die dynamischen Verzerrungen sind vom Durchschalteverfahren unabhängig. Sie können aber durch Einschaltung von Phasenentzerrern, die entweder in der EF-Ebene oder ZF-Ebene eingesetzt werden, genügend klein gehalten werden. Die beiden letzten Störgeräuschbeiträge, Gerätegrundgeräusch und Netzbrummen treten im Modulator-Demodulator ebenfalls stärker auf als im restlichen Teil der Relaisstellengeräte. In bezug auf Geräuschbeitrag ist das BF-Durchschalteverfahren also sehr ungünstig.

2.2 Auswirkungen der Relaisstellen auf zeitliche Konstanz und Frequenzgang des Basisbandpegels

Der vom FM-Demodulator der Funkendstelle abgegebene Basisbandpegel ist dem Frequenzhub vor dem Demodulator proportional. Es gehen somit alle Teile der Übertragungskette auf den Basisbandpegel ein, die den Hub variieren können. Auf den Relaisstellen mit BF-Durchschaltung wird dies vor allem durch Verstärkungsänderungen der BF-Verstärker und Steilheitsänderungen von Modulator und Demodulator verursacht. Außerdem wirkt sich der von diesen Geräten erzeugte frequenzabhängige Amplitudenverlauf innerhalb des Basisbandes auf die Endstelle voll aus. Jedoch auch der hochfrequente Übertragungsweg kann den Ausgangspegel auf der Endstelle beeinflussen. Dies tritt vor allem dann auf, wenn die Amplitudenkurve im Bereich des übertragenen FM-Spektrums nicht vollkommen eben ist. In diesem Fall ändert sich bei der Übertragung das Verhältnis von Seitenbandamplituden zur Trägeramplitude, was einer Frequenzhubänderung entspricht. Insbesondere gibt eine von der Mittenfrequenz nach beiden Seiten abfallende Durchlaßkurve eine Dämpfung der hohen Basisbandfrequenzen. Umgekehrt werden bei einer eingesattelten Amplitudendurchlaßkurve die tiefen Modulationsfrequenzen benachteiligt.

Die Beeinflussung des BF-Frequenzganges durch die hochfrequente Durchlaßkurve ist bei allen Durchschaltungsarten auf der Relaisstelle die gleiche. Bei der BF-Durchschaltung jedoch wird die zeitliche Konstanz und der Frequenzgang des Basisbandpegels durch Modulator, Demodulator und die BF-Verstärker auf der Sende- und Empfangsseite jeder Relaisstelle noch zusätzlich ungünstig beeinflußt.

2.3 Abhängigkeit der Genauigkeit der Emissionsfrequenz vom Durchschalteverfahren

Bei der BF-Durchschaltung sind auf einer Relaisstelle Empfangs- und Sendefrequenz voneinander unabhängig. Die Genauigkeit der Emissionsfrequenzen ist deshalb in allen Funkfeldern die gleiche. Bei der ZF-Durchschaltung und dem Direktverstärker hingegen wird die Empfangsfrequenz um einen Betrag f_v versetzt und wieder ausgesendet. Auf die Sendefrequenz einer Relaisstelle gehen somit Abweichungen sowohl des empfangenen Signales als auch der Umsetzerfrequenz f_v vom

Sollwert ein. Bei langen Ketten mit mehreren hintereinandergeschalteten Relaisstellen muß deshalb f_v sehr genau sein, damit die Frequenzabweichung am Ende der Kette die Toleranzgrenze nicht überschreitet.

3. Auswirkungen des Durchschalteverfahrens auf die Betriebstechnik

Nicht jedes Durchschalteverfahren auf den Relaisstellen ist für die beim Betrieb einer Funklinie auftretenden Forderungen gleich gut geeignet. Es sollen deshalb noch einige Besonderheiten bei der Abzweig- und Schalttechnik in Relaisstationen, bei der Übertragung eines zusätzlichen Dienstgesprächkanals für die Verständigung des Betriebspersonals und bei der Betriebsüberwachung und automatischen Reserveschaltung zur Vermeidung von Ausfallzeiten kurz aufgezeigt werden.

3.1 Abzweig- und Schalttechnik in einer Relaisstelle

Die Richtfunktechnik hat zwar die Aufgabe, Nachrichten von Punkt zu Punkt zu übertragen, doch schließt dies die Forderung nicht aus, daß auf einer Relaisstelle von einer Hauptlinie Nachrichten abgezweigt oder aus einer anderen Verkehrsrichtung in die Hauptlinie eingespeist werden müssen. Prinzipiell kann dies in jeder der drei Frequenzebenen erfolgen, jedoch mit dem Unterschied, daß sich in Relaisstellen mit BF-Durchschaltung mit Hilfe der in der Trägerfrequenztechnik üblichen Abzweig-, Einfüge- und Durchschaltetechnik auch Teilbänder in Form von Vor-, Gruppen und Übergruppen abzweigen lassen, während bei den anderen Durchschalteverfahren der Modulationsinhalt des Signales nicht verändert werden kann. Bei der Übertragung eines Fernsehbildes über eine Funklinie ist dies jedoch kein Nachteil. Andererseits sind gerade beim oft wechselnden Programmaustausch zwischen den Sendegesellschaften im Zuge einer Übertragungslinie mehrere Video-Verteiler und Schaltstellen nötig. Dabei haben sich Relaisstellen mit ZF-Durchschaltung als ideal erwiesen, da sich hier ein Empfänger sehr leicht auf einen beliebigen Sender durchschalten läßt. Mit Hilfe spezieller Abzweig- und Einspeisebaugruppen ist es möglich, in der ZF-Ebene einen Empfängerausgang mit mehreren Sendereingängen, ebenso mehrere Empfänger mit einem Sender zu verbinden und die gewünschte Verbindung in kürzester Zeit über einen elektronischen Schalter herzustellen. In der EF-Frequenzebene ist eine solche Umschalttechnik nicht möglich.

3.2 Übertragung eines Dienstgespräches

Zur Verständigung der Bedienungsmannschaften auf den einzelnen Funkstellen wird vielfach noch ein Dienstgesprächskanal bereitgestellt. Um die normale Übertragung durch Dienstgespräche nicht zu stören, wird der Dienstkanal entweder unterhalb des BF-Nutzbandes in der normalen Sprachlage oder geträgert über dem BF-Nutzband eingefügt. Auf den Endstellen und Relaisstellen mit BF-Durchschaltung kann er senderseitig dem Basisband additiv zugefügt und empfängerseitig durch Filter wieder abgetrennt werden (DG in Bild 2 und 3). Auf Relaisstellen mit ZF-Durchschaltung und bei Direktverstärkung ist dies nicht ohne weiteres möglich, da hier das Basisband nicht zur Verfügung steht. Es kann jedoch mit einem zusätzlichen Hilfsdemodulator sowohl aus der EF- als auch ZF-Ebene gewonnen und dann das Dienstgespräch ausgesiebt werden. In der Senderichtung läßt es sich leicht durch Frequenzmodulation des Versetzungsoszillators einfügen.

3.3 Automatische Reserveschaltung

Die Betriebssicherheit der Richtfunkgeräte ist bei guter konstruktiver und fabrikatorischer Ausführung sehr hoch. Trotzdem treten natürlich Störungen auf, die den Betrieb unterbrechen. Wie schnell eine solche Unterbrechung behoben werden muß, hängt von der Wichtigkeit und dem Umfang der übertragenen Nachrichten ab. Es liegt auf der Hand, daß bei einer Funkstrecke, über die viele Fernsprechkanäle oder ein Fernsehbild laufen, die Ausfallzeiten so kurz wie möglich gehalten werden müssen. Um größt mögliche Sicherheit zu schaffen, werden den Betriebsgeräten Reservegeräte zugeordnet, auf die im Störungsfall automatisch umgeschaltet wird.

Auf einer Relaisstelle mit Zweirichtungsverkehr sind bei dieser Umschalttechnik mehrere Varianten möglich. Es kann bei Ausfall eines Senders entweder nur auf den Sender des Reservegerätes umgeschaltet werden oder aber es wird gleichzeitig das ganze Relaisstellengestell, also Sender und Empfänger in Betrieb genommen. Das erste Verfahren bietet höhere Betriebssicherheit, ist aber etwas komplizierter, da auch in die Durchschalteleitung zwischen Empfänger und Sender ein Umschalter gelegt und bei Ausfall jedes Geräteteiles betätigt werden muß. Die durch die Umschalttechnik erreichte Betriebssicherheit erfordert den doppelten Geräteaufwand, ist also sehr unwirtschaftlich. Wenn man bedenkt, daß die Ausfallzeiten eines Richtfunkgerätes nur etwa 0,1 $^{0}/oo$ der Gesamtzeit betragen, so ist leicht einzusehen, daß die doppelte Gerätebestückung, also 100 % Reserve, eine teuere Vorsichtsmaßnahme bedeutet. Es sind aber auch wirtschaftlichere Verfahren möglich. Auf Relaisstellen, bei denen die beiden Sender und Empfänger wie in Bild 1a auf der gleichen Frequenz arbeiten, kann für beide Richtungen auch nur ein Gerät, also 50 % Reserve, für die automatische Ersatzschaltung bereitgestellt werden. Dies ist selbst bei einer Frequenzverteilung wie in Bild 2b noch bedingt möglich, wenn man die Sende- und Empfangsfrequenz des Reservegerätes in die Mitte zwischen die jeweiligen Betriebsfrequenzen legt. Allerdings wird dann bei Inbetriebnahme des Ersatzgerätes die Übertragungsqualität der Relaisstelle etwas vermindert.

Bild 6 zeigt die Umschalttechnik einer Relaisstelle mit ZF-Durchschaltung bei 100 % Reserve. Die Betriebsüberwachung und Ausfallsignalisierung erfolgt beim Empfänger mit Hilfe des ZF-Pegels, beim Sender mit Hilfe der Ausgangsleistung. Ein Geräteausfall wird über die Meldeleitung dem zugehörigen Steuergerät mitgeteilt. Dieses legt dann über die Steuerleitungen die entsprechenden Umschalter auf das Reservegerät um.

Bei Fehlen eines Signales am Empfängereingang,

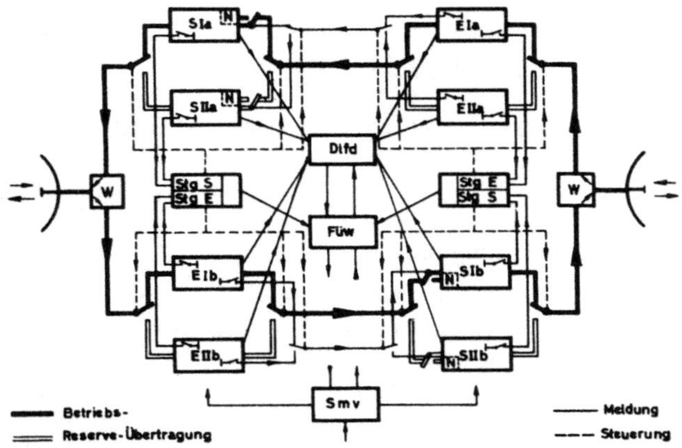

Bild 6: Reserveschaltung bei Relaisstelle mit 100 % Reserve

also Senderausfall auf der Gegenstelle, soll keine Umschaltung erfolgen, da ja in der eigenen Relaisstelle kein Fehler vorhanden ist. Dies wird erreicht, indem man am Antennenumschalter den abgeschalteten Empfänger nur wenig entkoppelt, also dafür sorgt, daß trotz des geöffneten Schalters noch ein kleines Signal an seinen Eingang kommt. Je nach Vorhandensein der Signalspannung in einem oder beiden Empfängern kann das Steuergerät leicht entscheiden, ob der Fehler in der eigenen Relaisstelle oder auf der Gegenstelle liegt und eine Umschaltung erforderlich ist.

Bleibt die Gegenstelle unterbrochen, so regelt der Betriebsempfänger auf volle Verstärkung und gibt an seinem Ausgang innerhalb des ZF-Durchlaßbandes einen beträchtlichen Rauschpegel ab. Dieses Rauschen wird nach der Frequenzumsetzung im Sender von der Antenne abgestrahlt. Dies muß vermieden werden, weil durch das breite Rauschband leicht frequenzmäßig benachbarte EF-Kanäle gestört werden können. Zu diesem Zweck wird, im Sender der Notträgergenerator N, der auf der Zwischenfrequenz schwingt, eingeschaltet und zugleich die Verbindung mit dem rauschbehafteten Empfänger unterbrochen. Dadurch wird der Sender wieder in normalen, unmodulierten Betriebszustand versetzt. Die ganze Strecke hinter der gestörten Funkstelle ist dadurch wieder betriebsklar, so daß Dienstgespräche übertragen werden können.

Das Dienstleitungsfeld Dlfd ist an sämtliche Funkgeräte angeschlossen und erlaubt, Gespräche nach beiden Funkrichtungen zu führen, gleichgültig ob Betriebs- oder Reservegeräte eingeschaltet sind. Außer der Sprechverbindung können im Dienstgesprächskanal gleichzeitig Fernüberwachungs- und Fernsteuersignale übertragen werden, die gestatten, den jeweiligen Betriebszustand der Relaisstelle auf der Endstelle anzuzeigen und auch von der Endstelle aus vom Betriebs- auf das Reservegerät umzuschalten, so daß eine solche Relaisstelle unbemannt laufen kann.

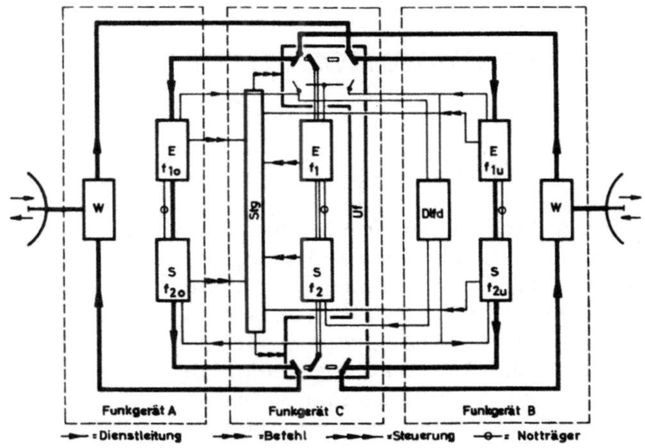

Bild 7: Reserveschaltung bei Relaisstelle mit 50 % Reserve

Bild 7 zeigt schließlich die Umschalttechnik bei 50 % Reserve auf der Relaisstelle. Hier kann das Reservegerät (Funkgerät C) wahlweise eines der beiden Betriebsgeräte ersetzen. Die Umschalttechnik ist dadurch etwas komplizierter, im wesentlichen aber die gleiche wie bei 100 % Reserve.

Die Umschaltung einzelner Funkgeräte wird zweckmäßigerweise nur durchgeführt, wenn nur eine einzelne Funklinie vorhanden ist. Laufen mehrere Richtfunkstrecken parallel, so kann wegen der geringen Ausfallwahrscheinlichkeit jeweils für mehrere Betriebslinien eine Reservelinie bereitgestellt werden. Im Störungsfall werden dann nicht Einzelgeräte, sondern ganze Streckenabschnitte umgeschaltet. Dadurch wird diese Umschalttechnik bei genügender Betriebssicherheit übersichtlich und wirtschaftlich.

Schrifttum

[1] E. W. Kinamann u. M. Magid: Very low-noise travelling-wave amplifier. Proc. Inst. Radio Engrs. 46 (1958), S. 861-867

[2] A. W. Shaw, A. E. Siegmann, P. A. Watkins: Reduction of electron beam noisiness by means of a low-potential trift region. Proc. Inst. Radio Engrs. 47 (1959), S. 334-335

[3] M. Caulton u. G. E. St. John: S-band travelling-wave tube with noise figure below 4 db. Proc. Inst. Radio Engrs. 46 (1958), S. 911-912

[4] S. Fedida: Wide band microwave radio links. Marconi Review XVIII, Nr. 118 (1955), S. 69-94

[5] W. T. Bray: The travelling-wave valve as a microwave phase modulator and frequency shifter. Journ. Inst. Electr. Engrs. Part III, 99 (1952), S. 15 - 20

EINSEITENBANDMODULATION IN DER RICHTFUNKTECHNIK *)

H. Holzwarth, München

Mit 5 Bildern

In den Anfangszeiten der Nachrichtenübertragungstechnik vor dem ersten Weltkrieg verstand man unter dem Begriff der Modulation schlechthin die Amplitudenmodulation (AM). Wollte man ein Nachrichtensignal, sei es Telegraphie oder später Sprache, einem für die Ausstrahlung geeigneten Träger aufdrücken, so modulierte man seine Amplitude im Takte dieses Nachrichtensignals. Systemtheoretische Untersuchungen zeigten bald, daß das Spektrum einer solchen Schwingung aus der Frequenz des Trägers und zwei, unterhalb und oberhalb derselben liegenden Seitenbändern besteht. Die Erkenntnis, daß es zur Nachrichtenübertragung genügt, nur eines dieser Seitenbänder ohne den Träger zu verwenden, wird Carson zugeschrieben (1915). Gleich nach dem ersten Weltkrieg machten sich die Nachrichtentechniker diese Erkenntnis - nämlich die Einseitenbandmodulation (EM) - zu Nutze, einerseits zur Mehrfachausnutzung von Drahtleitungen und andererseits für den Überseeverkehr auf Lang- und Kurzwellen; das letztere zunächst nur mit einem Sprachkanal (1927).

Diese beiden Anwendungen zeigen typisch die beiden Vorteile der EM, nämlich die Frequenzbandökonomie und die Leistungsökonomie. Für die Mehrfachausnutzung von Drahtleitungen war seinerzeit in erster Linie die Frequenzbandökonomie der EM ausschlaggebend - sie verbraucht nur das halbe Band der AM - für den Überseeverkehr war es in erster Linie die Leistungsökonomie, da sie ja die für die Nachrichtenübertragung nutzlos verschwendete Leistung des Trägers und des zweiten Seitenbandes einspart. Erst kurz vor dem zweiten Weltkrieg hat man die Überseelinien auf Kurzwellen mehrfach ausgenutzt.

Abgesehen von dieser zuletzt geschilderten Anwendung hat die EM, obwohl sie eines der ältesten Modulationsverfahren der modernen Weitverkehrstechnik ist, fast keinen Eingang in die Richtfunktechnik gefunden. Dies dürfte folgende Gründe haben:

Die Anfänge der Richtfunktechnik - das ist gleichbedeutend mit dem Vordringen in die höheren Frequenzgebiete der Ultrakurzwellen und Mikrowellen - fallen etwa zusammen mit der Erkenntnis, daß die Frequenzmodulation ein geräuschminderndes Verfahren ist, wenn man nur den Frequenzhub groß genug macht. Das dafür notwendige große Frequenzband hat damals nicht gestört, da es in den hohen Frequenzgebieten ausreichend zur Verfügung stand. Man konnte also mit wesentlich geringeren Sendeleistungen dieselben Geräuschabstände erzielen wie bei AM und auch EM; dies war ein wichtiger Faktor, da es mit zunehmender Frequenz immer schwieriger wird, große Sendeleistungen zu erzeugen.

Zum anderen war es wesentlich schwieriger, bei den hohen Frequenzen Linearität in der Amplitude zu erreichen als Linearität der Phase; für die Mehrfachausnutzung ist bei AM und EM Linearität der Amplitude notwendig, bei FM ist Linearität der Phase für die Nebensprechfreiheit zwischen den Sprachkanälen ausschlaggebend. Für Drahtleitungen beherrschte man zur Amplituden-Linearisierung die Gegenkopplung von Verstärkern bereits ausreichend gut. Alle Bestrebungen der Richtfunktechnik gingen in der Folgezeit in der Richtung nach Verfahren mit Geräuschminderung und Unempfindlichkeit gegen Amplitudennichtlinearität; erwähnt seien nur die vor allem durch die Radartechnik des zweiten Weltkrieges geförderten Verfahren der Pulsmodulationstechnik. Erst in letzter Zeit beginnt das anfangs so reichlich zur Verfügung stehende Frequenzband knapp zu werden; die Folge davon ist, daß für die Übertragung großer Bündel von Sprachsignalen mit Richtfunk einerseits die Pulsmodulationsverfahren an Bedeutung verlieren und andererseits mit steigender Bündelstärke der Frequenzhub bei Frequenzmodulation immer mehr eingeschränkt wird. Zur Illustration sind in Tafel 1 einige Zahlenwerte angegeben für Systeme mit 60, 120, 300, 600, 960 und 1800 Sprachkanälen, wie sie heute durch die CCI-Empfehlungen den Systembemessungen zu Grunde gelegt werden müssen; diese lassen nur Hübe von 50, 100, 140 und 200 kHz pro Sprachkanal zu.

Zum Vergleich sind die Werte der FM-Rundfunksender angegeben, die noch mit einem nennenswerten Verhältnis von Frequenzhub zu höchster Modulationsfrequenz, nämlich dem Wert 5, arbeiten. Man erkennt, daß dieses Hubverhältnis für die angeführten Mehrkanalsysteme im Schwergewicht bei nur etwa 2 und bei dem modernen hochwertigen Breitbandsystem FM 960 bereits in der Nähe von 1 liegt; bei dem an mehreren Stellen in Entwicklung befindlichen System FM 1800 wird mit einem Hubverhältnis von 0,6 der Wert 1 bereits merklich unterschritten. Man beginnt also, mit Rücksicht auf die Frequenzbandökonomie, bereits auf einen wesentlichen Vorteil der Frequenzmodulation, nämlich die Geräuschminderung, zu verzichten. Man macht sich also nur noch den Vorteil der Unempfindlichkeit gegen Amplituden-Nichtlinearität zu Nutze. Demgegenüber steht jedoch die Empfindlichkeit gegen Nichtlinearitäten der Phase. Macht man das Übertragungsband mit Rücksicht auf die Frequenzbandökonomie so schmal wie irgend möglich - im Prinzip reicht beim Hubverhältnis 1 etwa das vierfache Modulationsband aus - so sieht man sich mit dem Phasen- oder Laufzeitausgleich von FM-Strecken einem Problem gegenüber, das auch nicht leicht

*) Mitteilung aus dem Zentral-Laboratorium der Siemens u. Halske AG.

Zahl der Sprachkanäle	60	120		300	600	960	1800	UKW Rundfunk 1
höchste Frequenz f_{max} im Basisband MHz	0,3	0,55		1,30	2,66	4,2	8,2	15 kHz
Effekt. Hub pro Kanal kHz	50	50	100	200	200	200	140	
Spitzenhub ΔF_s MHz	0,6	0,7	1,4	3,4	4,5	5,3	5,1	75 kHz
Hubverhältnis $\Delta F_s/f_{max}$	2	1,25	2,5	2,6	1,7	1,25	0,62	5

Tafel 1: Frequenzhübe bei Richtfunksystemen mit Frequenzmodulation nach CCI

zu lösen ist. Man muß sich also heute die Frage stellen, ob die Einseitenbandtechnik nicht wieder ernsthaft in den Bereich der Betrachtungen gezogen werden sollte. Wir wollen zu diesem Zweck im folgenden die beiden bestimmenden Größen Signal-Geräuschabstand und Linearität näher betrachten.

1. Einfluß der Geräusche bei Einseitenband-Modulation im Vergleich zu Frequenzmodulation

Zur Beurteilung eines Richtfunksystems bezüglich seiner Empfindlichkeit gegen die thermischen Geräusche am Empfängereingang hat sich der Begriff "Systemwert" allgemein eingeführt. Er ist bekanntlich die Summe aus dem bewerteten Signal-Geräuschabstand in einem Sprachkanal und der Dämpfung zwischen Senderausgang und Empfängereingang. Wir wollen uns dieses Begriffs ebenfalls bedienen und damit das Einseitenbandverfahren mit dem heute vorwiegend benutzten Frequenzmodulationsverfahren vergleichen.

Ist P_N die bewertete Geräuschleistung am Empfängereingang in einer Bandbreite von 3,1 kHz und P_{so} die Signalleistung, die der Sender abgibt, wenn in einem Sprachkanal der Meßpegel angelegt wird (1 mW am relativen Pegel Null), so gilt für den Systemwert eines Einseitenbandsystems die einfache Beziehung

$$S_{EM} = \frac{P_{so}}{P_N} \quad . \tag{1}$$

Für die Spitzenleistung, die der Sender noch unverzerrt abgeben muß, legen wir im folgenden die von Holbrook-Dixon ermittelten Werte zu Grunde; sie ist z.B. bei einem 120-Kanal-System um 20 db, d.h. hundertmal größer als P_{so} und wird nur in 1 % der Zeit überschritten.

Für den Systemwert eines FM-Systems gilt

$$S_{FM} = \left(\frac{\Delta F}{f_m}\right)^2 \frac{P_s}{2P_N} \quad . \tag{2}$$

Hierbei bedeutet $\frac{\Delta F}{f_m}$ den Modulationsindex als Verhältnis des Frequenzhubs ΔF beim Meßpegel in einem einzigen interessierenden Sprachkanal zu seiner Frequenzlage f_m im Basisband. Da die Sendeleistung bei FM im Gegensatz zu EM unabhängig von der Modulation ist und damit nicht irgendwie anteilig einem Sprachkanal zugeordnet werden kann, wird als Bezugsgröße die Sendeleistung des Trägers herangezogen. P_N hat dieselbe Bedeutung wie in GL. (1).

Für das Verhältnis des FM-Systemwertes zum EM-Systemwert erhält man damit

$$\frac{S_{FM}}{S_{EM}} = \frac{1}{2}\left(\frac{\Delta F}{f_m}\right)^2 \frac{P_s}{P_{so}} \quad . \tag{3}$$

FM-Systeme arbeiten im allgemeinen mit einer Preemphasis, die den Frequenzhub je Kanal für die frequenzmäßig höherliegenden Kanäle gegenüber den mittleren Kanälen anhebt und für die tiefer liegenden senkt. Bezeichnen wir den Faktor der Anhebung mit k_p und den mittleren Hub je Kanal mit ΔF_O, so wird aus Gl. (3)

$$\frac{S_{FM}}{S_{EM}} = \frac{k_p^2}{2}\left(\frac{\Delta F_O}{f_m}\right)^2 \frac{P_s}{P_{so}} \quad . \tag{4}$$

Vom CCIR ist für Weitverkehrssysteme eine gesamte Preemphasis von 8 db und damit, bezogen auf einen mittleren Kanal, eine Anhebung von etwa 4 db für den höchsten Kanal empfohlen worden. Dann wird für diesen

$$\frac{S_{FM}}{S_{EM}} = 1,25\left(\frac{\Delta F_O}{f_{max}}\right)^2 \frac{P_s}{P_{so}} \quad . \tag{5}$$

Die Gleichungen (3), (4) und (5) sind unabhängig von Empfängerrauschen, wenn man für beide Systeme gleiche Empfängerrauschzahlen annimmt. Nimmt man ferner zum Vergleich an, daß die Spitzen-Sendeleistung des EM-Senders gleich der Dauerleistung des FM-Senders gemacht werden kann, so ist das Verhältnis $\frac{P_s}{P_{so}}$ in Funktion der

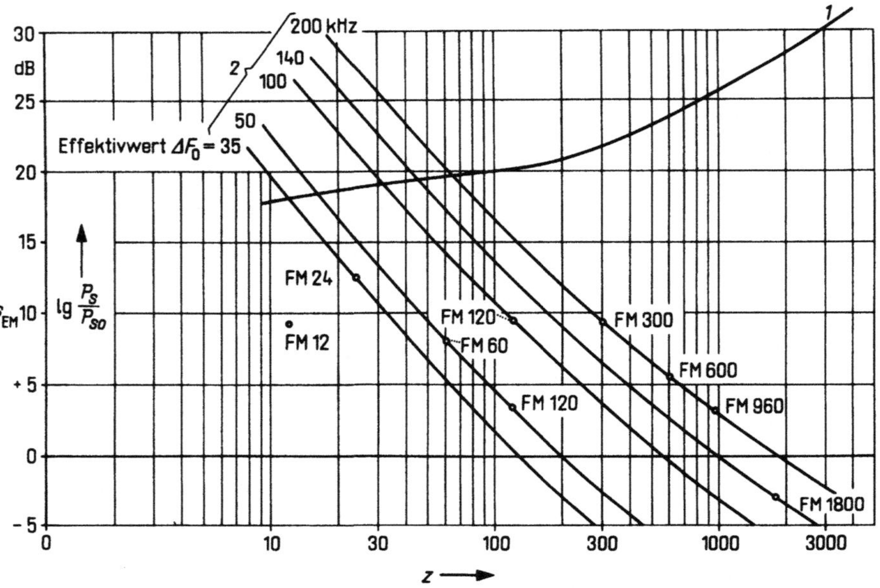

Bild 1: Systemwertdifferenz von FM und EM Systemen

Anzahl der Sprachkanäle direkt durch die Kurve von Holbrook-Dixon gegeben; sie ist in Bild 1 als Kurve 1 dargestellt. Bei einer kleineren Anzahl von Kanälen (etwa unter 200) ist das Verhältnis $\frac{P_s}{P_{so}}$ fast unabhängig von z, steigt dann stärker an und geht von z = 1000 ab zu einem Anstieg von 3 db pro Oktave über.

Die Kurven 2 aus Bild 1 sind eine logarithmische Darstellung der Gleichung (5) für die vom CCIR empfohlenen effektiven *) Frequenzhübe pro Kanal von 35, 50, 100, 140 und 200 kHz, und zwar gültig für den frequenzmäßig am höchsten liegenden Kanal und für die 8-db-Preemphasis. Es sei darauf hingewiesen, daß in der logarithmischen Darstellung des Bildes das Verhältnis $\frac{S_{FM}}{S_{EM}}$ als Differenz der Systemwerte S_{FM} und S_{EM} in db erscheint. Die Kurven haben für große z eine Neigung von 3 db pro Oktave, da das Leistungsverhältnis $\frac{P_s}{P_{so}}$ hier mit 3 db pro Oktave ansteigt und der Modulationsindex mit 6 db pro Oktave abfällt. Bei kleinen z ist die Neigung etwa 6 db pro Oktave, da hier das Verhältnis $\frac{P_s}{P_{so}}$ nahezu konstant ist.

Die Schnittpunkte der Kurven mit der Abszisse - EM-System und FM-System haben hier denselben Systemwert - liegen je nach Frequenzhub zwischen Kanalzahlen von etwa 100 und 2000. Die von CCIR empfohlenen FM-Systeme und ein Zwölfkanalsystem, das nicht den CCI-Empfehlungen unterliegt, sind als Kreise eingezeichnet. Man erkennt deutlich die eingangs erwähnte Verringerung der Systemwertdifferenz mit zunehmender Kanalzahl von mehr als 10 db auf etwa 0. Dies ist auch ein ungefähres Abbild der historischen Entwicklung, die, mit kleinen Kanalzahlen beginnend, heute bei dem modernsten System, dem 1800-Kanal-System, mit der Standardisierung bereits der Praxis einen Schritt voraus ist. Dieses System unterschreitet bereits die 0-db-Linie, d.h. ein entsprechendes EM-System würde einen etwa 3 db besseren Systemwert haben. Die schon seit einiger Zeit im Betrieb befindlichen Systeme FM 120 und FM 960 mit 50 kHz bzw. 200 kHz Effektivwert des Kanalhubes haben nur noch einen etwa um 3 db größeren Systemwert als ein entsprechendes EM-System.

*) Die in unseren Gleichungen verwendeten Grössen ΔF sind gleich $\sqrt{2}\ \Delta F_{eff}$

Aus Gl. (4) läßt sich noch eine sehr einfache Vergleichsformel ableiten. Da der Spitzenfrequenzhub ΔF_s bei voller Belegung aller Kanäle

$$\Delta F_s = \Delta F_O \sqrt{\frac{P_s}{P_{so}}}$$

ist, wird aus Gl. (4)

$$\frac{S_{FM}}{S_{EM}} = \frac{k_p^2}{2} \left(\frac{\Delta F_s}{f_m}\right)^2$$

und bei der CCIR-Preemphasis

$$\frac{S_{FM}}{S_{EM}} = 1{,}25 \left(\frac{\Delta F_s}{f_{max}}\right)^2 .$$

In dieser Gleichung ist nur noch das Hubverhältnis enthalten.

Ist also bei einem Vielkanal-Weitverkehrssystem der Spitzenfrequenzhub, der nur in 1 % der Zeit überschritten wird, gleich der höchsten Modulationsfrequenz, so ist der Systemwert praktisch gleich dem eines entsprechenden EM-Systems.

2. Zur Frage der Linearität

Die Gesetze der Nichtlinearität, denen das Nebensprechgeräusch der Sprachkanäle untereinander gehorcht, sind bei EM völlig verschieden von denen bei FM. Bei der letzteren sind viele Ursachen zu berücksichtigen, nämlich - um die wichtigsten zu nennen - die statischen Verzerrungen, die z.B. vom Frequenzmodulator und Demodulator herrühren, die dynamischen Verzerrungen, die im wesentlichen mit den Laufzeitunterschieden im Übertragungsbereich zusammenhängen und die AM-PM-Konversion, das ist die Umwandlung von Amplitudenschwankungen in Phasenschwankungen; ferner müssen sowohl Verzerrungen gerader und ungerader Ordnung berücksichtigt werden. Bei EM liegen die Dinge für theoretische Betrachtungen wesentlich einfacher; hier sind praktisch allein die Amplitudenverzerrungen maßgebend und von diesen bei Richtfunksystemen wiederum nur diejenigen ungeradzahliger Ordnung, da der Übertragungsbereich, zumindest in der Radiofrequenzlage, hier immer wesentlich kleiner als eine Oktave ist. Von praktischer Bedeutung sind dabei nur die kubischen Verzerrungen. Zur Illustration dient das Bild 2. Die Produkte der quadratischen Verzerrungen liegen weit außerhalb des Übertragungsbereiches, diejenigen der kubischen Verzerrungen überdecken jedoch das Signalband; es sei darauf hingewiesen, daß sie die dreifache Breite des Signalbandes einnehmen. Diese Tatsache ist besonders wichtig für die Störausstrahlung von EM-Sendern außerhalb ihres Nominalbandes.

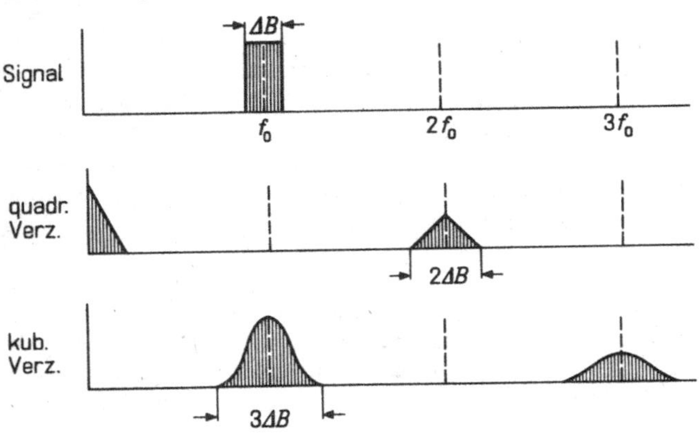

Bild 2: Verzerrungsprodukte bei quadratischer und kubischer Kennlinie

Als Maß für die Amplitudennichtlinearität benutzt man im allgemeinen den Klirrfaktor als Verhältnis der Amplituden von Oberwellen zur Grundwelle; bei Systemen mit Bandbreiten kleiner als eine Oktave sind diese Oberwellen jedoch nicht vorhanden. Man muß deshalb als Maß den Differenzfaktor heranziehen; dieser ist das Verhältnis der Amplitude einer Klirrschwingung mit der Differenzfrequenz zweier Nutzschwingungen zur Amplitude einer dieser Nutzschwingungen. Man muß dabei die Frequenzen f_1 und f_2 so wählen, daß z.B. zur Messung der kubischen Verzerrung die Differenzfrequenz $2f_1 - f_2$ oder $2f_2 - f_1$ in das Nutzband fällt.

Zwischen dem durch eine nichtlineare Kennlinie dritten Grades hervorgerufenen Klirrfaktor k_3 und dem Differenztonfaktor d_3 besteht bekanntlich bei einem frequenzunabhängigen Übertragungssystem die Beziehung

$$d_3 = \frac{3}{4} \; k_3 \, ,$$

wenn die beiden Grundschwingungen gleich groß sind und ihre Amplituden je gleich der halben Amplitude der zur Messung von k_3 benutzten Grundschwingung sind.

Für die Praxis interessiert nun die Frage, welcher Differenztonfaktor bei einem Richtfunksystem zulässig ist, das die CCI-Empfehlungen erfüllen soll. Läßt man, wie üblich, für die Nebensprechleistung die Hälfte der gesamten zulässigen Geräuschleistung zu, so darf für einen Modulationsabschnitt von 280 km eine Nebensprech-Geräuschleistung von 400 pW auftreten; d.i. ein Signal-Geräuschabstand für Nebensprechen von 64 db. Nehmen wir an, daß innerhalb der Teilstrecken eines Modulationsabschnittes sich die Nebensprechspannungen linear addieren - dies ist der ungünstigste Fall -, so muß für ein Funkfeld, d.h. für eine Sender-Empfängeranlage ein Geräuschabstand für Nebensprechen von 78 db erreicht werden, wenn ein Funkfeld etwa 56 km lang ist. Bildet man die volle Gesprächsbelegung durch weißes Rauschen mit nach CCI festgelegter Prüfleistung nach, so läßt sich der entsprechende erforderliche Differenztonfaktor errechnen. B o s s e hat dafür in einer unveröffentlichten Arbeit für ein 120-Kanal-System einen Wert von 2 ‰ (oder 54 db Abstand) ermittelt.

Bei sorgfältiger Planung ist es ohne besonders großen Aufwand möglich, in allen Gerätestufen, die mit kleinen Leistungen arbeiten, Differenztonfaktoren zu erreichen, die wesentlich unter den notwendigen 2 ‰ liegen; das trifft z.B. für den ganzen Empfängerteil zu. Wesentlich schwieriger - und bis heute nur in Sonderfällen gelöst - ist das Problem für den Leistungssender.

Der Differenztonfaktor voll ausgesteuerter Senderstufen ist z.B. bei gittergesteuerten Röhren und bei Laufzeitröhren weit größer als der geforderte Wert von 2 ‰. Von den bekannten Linearisierungsprinzipien, nämlich Unteraussteuerung, Kompensation und Gegenkopplung, dürfte heute für ein modernes Gerät nur die Gegenkopplung in Frage kommen. Wie groß die Gegenkopplung nun sein muß, hängt von der Art der Senderendstufe ab. Bei gittergesteuerten Röhren sind die statischen kubischen Verzerrungen verhältnismäßig gering; der Differenztonfaktor liegt im A-Betrieb und bei voller Aussteuerung unter 1 %; er steigt jedoch unter dem Einfluß der Elektronenlaufzeit bei hohen Frequenzen stark an. Dieses Verhalten ist ausführlich theoretisch und meßtechnisch in Abhängigkeit vom Laufwinkel durch L e y s i e f f e r untersucht worden und wird demnächst publiziert werden. Das Ergebnis der Arbeit ist wie folgt:

Der Differenztonfaktor steigt bis auf einen Maximalwert an, der bei einem Laufwinkel von 100 bis 150° fast das Zehnfache des statischen Wertes erreicht; dann nimmt er wieder ab. Bild 3 zeigt die an einer Röhre aufgenommenen Meßwerte bis zu einem Laufwinkel von 140°. Man kann also bei höheren Frequenzen, auch bei gittergesteuerten Röhren, damit rechnen, daß Differenztonfaktoren

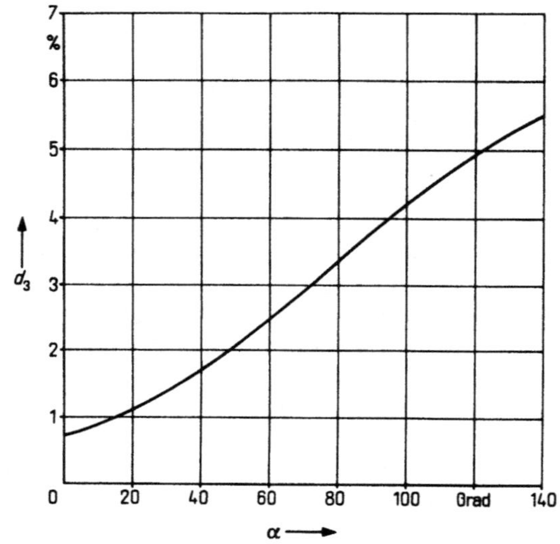

Bild 3: Differenztonfaktor d_3 einer gittergesteuerten Röhre bei Vollaussteuerung

von einigen Prozent auftreten. Als Faustregel gilt, daß man bei Wahl geeigneter Röhren und sorgfältiger Bemessung höchstens einen Differenztonfaktor von etwa 2 %, d.h. eine Dämpfung des Differenztonabstandes von etwa 35 db erreichen kann. In diesem Falle dürfte nach Bild 3 der Laufwinkel höchstens 50° betragen. Bei den zur Zeit zur Verfügung stehenden Wanderfeldröhren liegt dieser Wert im allgemeinen tiefer. Um die CCI-Empfehlungen einzuhalten, ist also ein Gegenkopplungsmaß von mindestens 20 db erforderlich; es bedarf in den höheren Frequenzen schon sorgfältiger Bemessung, um einen solchen Wert stabil zu erreichen.

An dieser Stelle seien noch die Streustrahlverbindungen erwähnt, bei denen die EM in letzter Zeit aus verschiedenen Gründen stark in den Vordergrund tritt, z.B. wegen ihres günstigen Verhaltens zur Zeit sehr kleiner Feldstärken; im Gegensatz zu FM hat man nämlich hier keine Schwelle, an der der Demodulator abrupt versagt. Solche Streustrahlverbindungen sollen Entfernungen überbrücken, die in der Größenordnung eines Modulationsabschnittes liegen. Man kann dann die gesamte Nebensprech-Geräuschleistung von 400 pW für eine Sende-Empfangsanlage zulassen; der für den Sender zulässige Differenztonfaktor beträgt dann etwa 1 % (40 db Abstand). Dafür reicht im allgemeinen ein Gegenkopplungsmaß von etwa 10 db aus; solche Gegenkopplungen sind noch gut zu beherrschen.

Die Gesetze der Gegenkopplung sind an Hand der Basisbandverstärker der Drahtübertragungstechnik eingehend studiert worden und können im Prinzip voll auf die Hochfrequenzverstärker der Richtfunktechnik angewendet werden; die Frequenz O des Basisbandverstärkers entspricht dabei der Mittenfrequenz des Hochfrequenzverstärkers. Mit steigenden Werten dieser Frequenz ergeben sich zunehmend Schwierigkeiten. Für die Bandmittenfrequenz soll nämlich die Gegenkopplungsspannung möglichst genau in Phasenopposition zur Eingangsspannung sein. Es wird nun, wie leicht einzusehen ist, mit zunehmender Frequenz immer schwieriger, eine so hohe Phasenstabilität zu erreichen, daß dieser Zustand über längere Zeit hinweg erhalten bleibt. Dies ist einer der Gründe, weshalb wir unsere erste Richtfunkanlage mit EM in einem nicht zu hohen Frequenzgebiet entwickelt haben; wir haben dazu den nach Atlantic City vorgesehenen Richtfunkbereich von 335 bis 470 MHz gewählt. Im folgenden sei der prinzipielle Aufbau dieser Anlage, die für 120 Sprachkanäle eingerichtet ist, beschrieben. Grundsätzlich dürfte es jedoch im Bereich des Möglichen liegen, Systeme mit einer größeren Zahl von Kanälen und bei höheren Frequenzen zu bauen.

3. Das Richtfunksystem EM 120/400

Das Bild 4 zeigt das Blockschaltbild einer Endstelle; im oberen Teil ist der Sendeteil, im unteren Teil der Empfangsteil zu sehen. Die Nachrich-

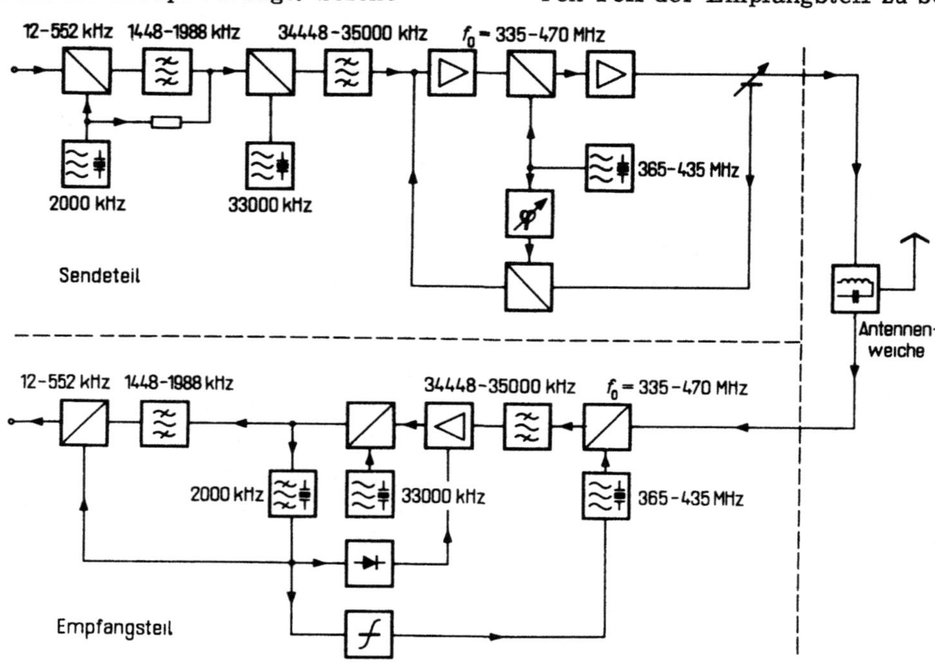

Bild 4: Blockschaltbild des Systems EM 120/400

tensignale, die im Band von 12 bis 552 kHz angeliefert werden, werden in drei Frequenzstufen in die RF-Lage umgesetzt, und zwar zunächst in eine 2-MHz-Lage, dann in eine 35-MHz-Lage und zuletzt in die RF-Lage von 335 bis 470 MHz. Die Oszillatoren der beiden ersten Frequenzumsetzer, die aus Ringmodulatoren aufgebaut sind, sind feste Quarzoszillatoren, der Oszillator der Endumsetzung ist unstimmbar und benötigt für jeden Radio-Frequenz-Kanal einen eigenen Quarz. Im Endumsetzer wird die gleiche Leistungsröhre benutzt wie im darauffolgenden Endverstärker, nämlich die EIMAC-Röhre 4 X 150 G. Zur Linearisierung wird über eine Frequenzumsetzung gegengekoppelt; für die Rückumsetzung eines kleinen Teils der Ausgangsleistung in die 35-MHz-Lage wird derselbe Trägeroszillator verwendet wie für die Aufwärtsumsetzung; damit ist Frequenz- und Phasenstarrheit zwischen 35-MHz-Eingangsspannung und Gegenkopplungsspannung erreicht.

Der Phasenschieber φ dient zur exakten Phaseneinstellung der Gegenkopplungsspannung. Mit dieser Anordnung ist eine stabile Gegenkopplung von etwa 20 db möglich. Bei einer Ausgangsspitzenleistung von 50 W werden die eingangs erwähnten Nebensprechforderungen eingehalten. Die Ausgangsleistung kann bei etwas geringerer Linearität auf etwa 100 W gesteigert werden.

Im Empfänger durchläuft das Signal den gleichen Weg in umgekehrter Richtung über drei Frequenzumsetzungen. Vom Sender wird mit geringer Leistung eine Dauerschwingung der Nullfrequenz ausgestrahlt. Sie liegt frequenzmäßig immer an einem Rande des Übertragungsbereichs der Anlage. Diese Bezugsschwingung erfüllt, nachdem sie in der 2-MHz-Lage mit einem schmalen Quarzfilter ausgesiebt ist, drei Aufgaben. Sie dient erstens zur Pegelregulierung, zweitens zur Frequenznachstellung und drittens zur Demodulation. Da die Demodulation nicht, wie bei TF-Geräten üblich, durch eine örtlich erzeugte Trägerschwingung vorgenommen wird, sondern durch die mitübertragene Nullfrequenz-Schwingung, muß die Frequenznachstellung nicht so exakt arbeiten, daß man die bei TF-Geräten übliche Toleranz von 2 Hz erreicht. Es genügt, so zu regeln, daß die auszusiebende Nullfrequenzschwingung in das Nullfrequenzbandfilter fällt.

Zur Pegelregelung werden Heißleiter verwendet. Der gesamte Regelbereich ist so bemessen, daß er Schwankungen der Eingangsfeldstärke von etwa 70 db auf etwa 0, 5 db am Empfängerausgang ausregelt.

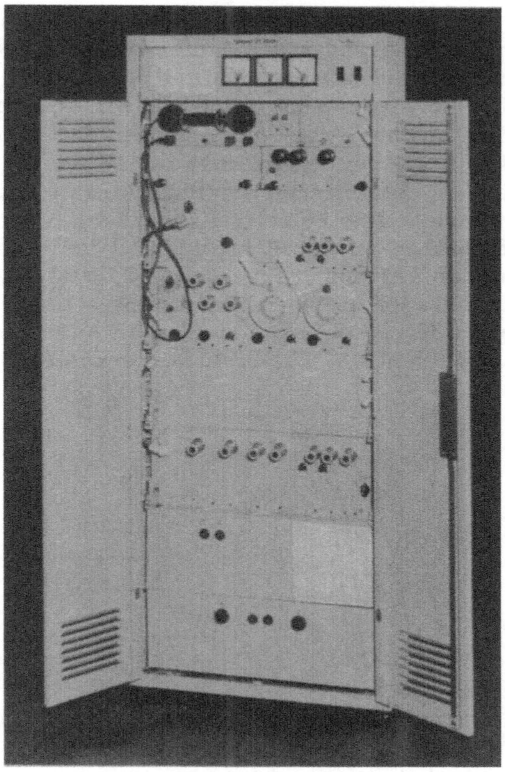

Bild 5: Einseitenband-Richtfunksystem EM 120/400

Der Systemwert des Gerätes beträgt etwa 158 db. Der Rasterabstand bei Parallelbetrieb von RF-Kanälen beträgt im Normalfall 1 MHz und im Minimalfall 700 kHz. Zum Vergleich sei erwähnt, daß der entsprechende minimale Rasterabstand bei FM-Systemen 3, 5 MHz ist. Das Bild 5 zeigt das Gestell mit den Abmessungen 1500 x 600 x 225 mm, in dem eine Endstelle untergebracht ist.

RICHTFUNKANTENNEN MIT STRAHLUNGSDIAGRAMMEN GERINGER WINKEL- UND FREQUENZABHÄNGIGKEIT *)

G. Koch, Darmstadt

Mit 14 Bildern

Der Ausbreitungsweg der Dezimeter- und Zentimeterwellen in der Troposphäre ist mehr oder weniger großen Schwankungen unterworfen, die wiederum Änderungen des Einfallswinkels und des erforderlichen Abstrahlwinkels bei einer Richtfunkverbindung zur Folge haben. Außerdem bewirken mechanische Schwankungen der Antennenträger, die bei Stahltürmen bis zu ± 1° betragen können, Änderungen der Hauptstrahlrichtung der Antennen. Aus diesen Gründen ist bei den Richtfunkstrecken die Bündelung und damit der Gewinn der Antennen begrenzt [1, 2, 3, 4, 5, 6]. Es wird im allgemeinen eine minimale Halbwertsbreite der Hauptkeule von ca. 2°, in Ausnahmefällen noch von $1,5^{\circ}$, als zulässig erachtet.

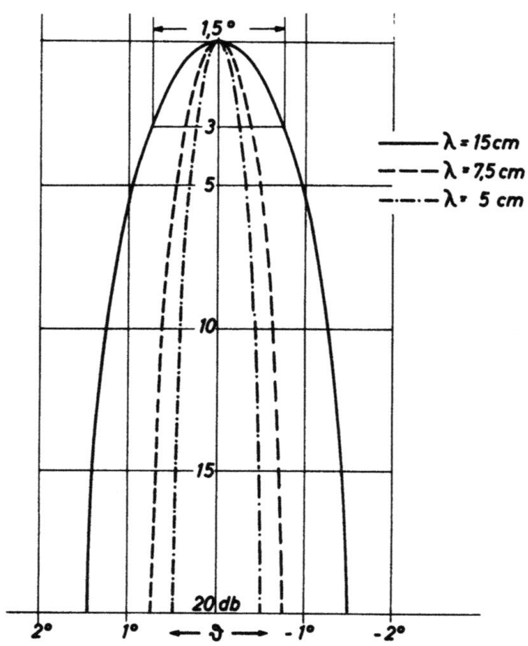

Bild 1: Die Hauptkeulen der Strahlungsdiagramme einer homogen,konphas belegten rechteckigen Apertur mit einer Kantenlänge a = 5,07 m

Die Bündelung eines Flächenstrahlers bestimmter Dimensionen ist umso schärfer, je kleiner die Wellenlänge, d.h. je höher die Frequenz ist. Wird eine Richtantenne in einem Frequenzband betrieben, das nicht breiter als 10 - 15 % der Mittelfrequenz ist, so ist die Abhängigkeit des Strahlungsdiagramms (Hauptkeule) von der Frequenz gering und daher weniger von Bedeutung. Ganz anders ist es jedoch, wenn die Antenne mit mehreren weit auseinanderliegenden Frequenzbändern betrieben werden soll. In diesem Fall müssen die beträchtlichen Änderungen des Strahlungsdiagramms durchaus beachtet werden. So wird mit einer Antenne, die bei einer bestimmten Frequenz gerade die zulässige Halbwertsbreite der Hauptkeule besitzt, bei einer weit höheren Frequenz diese zulässige Minimalbreite erheblich unterschritten. Es würde z.B. bei einer elektrisch homogen belegten rechteckigen Apertur die Halbwertsbreite, die bei 15 cm Wellenlänge gerade $1,5^{\circ}$ betragen soll, bei 7,5 cm Wellenlänge auf $0,75^{\circ}$ und bei 5 cm Wellenlänge auf $0,5^{\circ}$ absinken (Bild 1).

Mit Rücksicht auf diese Zusammenhänge wäre die ideale Form der Strahlungscharakteristik eine solche, die eine - in kartesischen Koordinaten betrachtet - rechteckförmige Hauptkeule ohne Nebenmaxima besitzt und unabhängig von der Frequenz ist (Bild 2). Auch in der Radartechnik kann die Hauptkeule des Strahlungsdiagramms - wenn auch aus anderen Gründen - nicht beliebig schmal gemacht werden, und es ist auch hier in vielen Fällen eine solche "rechteckige" Diagrammform erstrebenswert. Für ein zweidimensionales Problem, d.h. für einen Linienstrahler und eine Diagrammebene, kann die Lösung eines einfachen Näherungsverfahrens (s. aber [7]), bei dem die Strahlung durch Summation von elementaren Kugelwellen zusammengesetzt wird, angegeben werden. Allgemein gilt danach für die Fernfeldcharakteristik

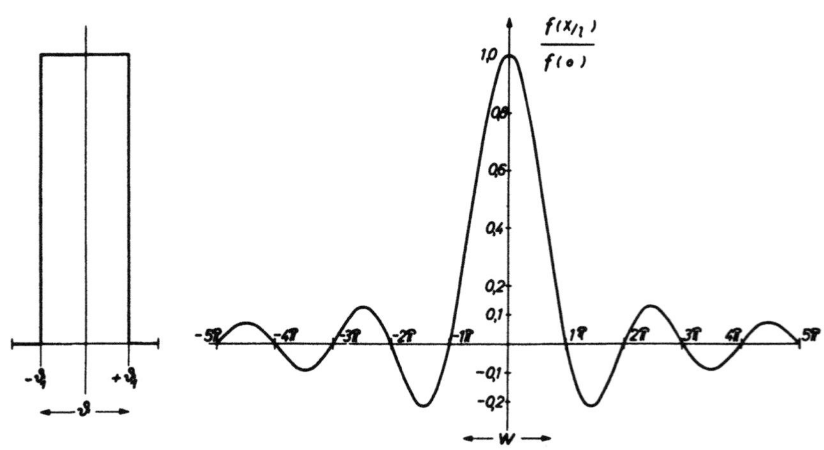

Bild 2: $\frac{\sin w}{w}$ -förmige Belegung für ein rechteckförmiges Strahlungsdiagramm ohne Nebenmaxima

*)Mitteilung aus dem Fernmeldetechnischen Zentralamt Darmstadt

$$F\left(\frac{2\pi}{\lambda}\ell \sin\vartheta\right) = \int_{-1/2}^{+1/2} f\left(\frac{x}{\ell}\right) \exp\left(j\frac{2\pi}{\lambda}\, x \sin\vartheta\right) d(x/\ell) \qquad (1)$$

$$= \int_{-\infty}^{+\infty} f\left(\frac{x}{\ell}\right) \exp\left(j\frac{2\pi}{\lambda}\, x \sin\vartheta\right) d(x/\ell)\,, \qquad (1a)$$

wenn $f(x/\ell) = 0$ für $|x| > \frac{\ell}{2}$ ist. Hierbei ist ℓ die Strahlerlänge, ϑ der gegen den Uhrzeigersinn positiv zählende Abstrahlwinkel, x die Koordinate in Strahlerrichtung und $f(x/\ell)$ die Belegungsfunktion des Strahlers. Die Integralgleichung (1) oder richtiger (1a) läßt sich mit der Fouriertransformation nach $f(x/\ell)$ auflösen:

$$f(x/\ell) = \frac{1}{2\pi}\int_{-\infty}^{+\infty} F\left(\frac{2\pi}{\lambda} l \sin\vartheta\right) \exp\left(-j\frac{2\pi}{\lambda}x \sin\vartheta\right) d\left(\frac{2\pi}{\lambda}\ell \sin\vartheta\right) \qquad (2)$$

Wendet man Gl. (2) auf ein "rechteckförmiges" Diagramm zwischen den Winkeln ϑ_1 und $-\vartheta_1$ an, so gilt die Fouriertransformation für Gl. (2) nur noch in genügender Näherung, wenn die dann auftretenden Grenzen des Integrals $\pm\frac{2\pi\ell}{\lambda}\sin\vartheta_1$ sehr groß sind, also praktisch bei sehr großer Strahlerlänge ℓ. Diese muß umso größer sein, je kleiner der Winkel ϑ_1, d.h., je schmaler das geforderte rechteckförmige Diagramm ist. Für die Belegung ergibt sich dann aus (2)

$$f(x/\ell) = \frac{2}{\lambda}\sin\vartheta_1 \; \frac{\sin\left(\frac{2\pi}{\lambda}x \sin\vartheta_1\right)}{\frac{2\pi}{\lambda}x \sin\vartheta_1}\,. \qquad (3)$$

Es ist also hier ein unendlich ausgedehnter Strahler mit einer $(\sin w/w)$-förmigen Belegung erforderlich (Bild 2). Eine praktische Verwirklichung dieser Forderungen ist natürlich nicht möglich, man kann aber das gewünschte Diagramm bis zu einem gewissen Grade durch bestimmte nichtkonphase Belegungen des Flächenstrahlers annähern, wobei bei geeigneter Dimensionierung der Phasenfunktion auch eine geringere Abhängigkeit der Hauptkeule von der Frequenz erzielt wird. Eine Abnahme oder gar Beseitigung der Nebenmaxima tritt dabei allerdings nicht auf. Das ist aber insofern nicht so schwerwiegend, als man die Größe der Nebenmaxima durch geeignete Belegung oder Formgebung der Apertur in günstiger Weise beeinflussen kann.

Die Verformung der Hauptkeule ist nun umso stärker, je größer die Abweichung von der konphasen Belegung ist [8]. Da die Phasenabweichungen, die durch bestimmte Formen von Reflektoren oder Dielektrika erzeugt werden, im allgemeinen mit zunehmender Frequenz steigen, werden dabei die normalerweise eintretenden Verschmälerungen der Hauptkeule mehr oder weniger kompensiert.

Es sollen hier einige Beispiele angeführt werden, bei denen durch nichtkonphase Belegung die gewünschte Diagrammform angenähert erzeugt wird.

Da eine exakte theoretische Behandlung nicht durchführbar ist, es aber andererseits bei der Untersuchung der Diagrammverformung durch nichtkonphase Belegung auf die Feinheiten bei den Diagrammänderungen ankommt, muß man die Leistungsfähigkeit der angewendeten Näherungsverfahren genau kennen. Als solche kommen mit Rücksicht auf den rechnerischen Aufwand praktisch nur Verfahren mit Verwendung der Kirchhoffschen Randwerte in Frage. Eingehende Untersuchungen über den Aussagewert der Kirchhoffschen Näherungsverfahren sind in [7] gemacht worden. Bei geeigneter Wahl und konsequenter Durchführung des Näherungsverfahrens können demnach sehr gute Ergebnisse bei der Berechnung nichtkonphas belegter Strahler, deren Dimensionen groß gegen die Wellenlänge sind, erreicht werden. Unter Anwendung der skalaren Kirchhoffschen Verfahren erhält man für die Strahlungscharakteristik einer homogen belegten rechteckigen Apertur, bei der die Phasenfunktion unstetig ist, d.h. eine gestufte Phasenfläche darstellt, in einer senkrecht zur Apertur stehenden Ebene (Diagrammebene), die parallel zur Kante a verläuft, folgenden Ausdruck für die Feldstärke $\hat{E}$ (Scheitelwert)

$$[\hat{E}(R,\vartheta)]^2 = \frac{a^2 b^2 \hat{E}_o^{\,2}}{\lambda^2 R^2}\left\{4\,\frac{a_1}{a}\sin^2\frac{\Lambda}{2}\left[\frac{a_1}{a}\left(\frac{\sin\frac{a_1}{a}u}{\frac{a_1}{a}u}\right)^2 - \frac{\sin u}{u}\cdot\frac{\sin\frac{a_1}{a}u}{\frac{a_1}{a}u}\right] - \left(\frac{\sin u}{u}\right)^2\right\}. \qquad (4)$$

Dabei sind a, a_1 und b die Aperturdimensionen (Bild 3), $\hat{E}_o$ die elektrische Erregung in der Apertur und R die Entfernung des Aufpunktes, an dem die Feldstärke gemessen wird. Ferner bedeuten

$$u = \frac{a\pi}{\lambda}\sin\vartheta \qquad (5)$$

$$\Lambda = 2\pi\frac{\tau}{\lambda}\,, \qquad (6)$$

wobei ϑ der Abstrahlwinkel und τ die Stufenhöhe der Phasenfläche sind.

Auf die Herleitung von Gl. (4) soll hier nicht eingegangen werden. Näheres darüber und auch über die folgenden Ausdrücke für die angegebenen Strahlungscharakteristiken siehe in [8]. In Bild 3 sind für eine gegebene Stufenhöhe τ der Phasenfläche ($\approx$ halbe Stufenhöhe einer Reflektorfläche bei senkrechter Inzidenz der einfallenden Welle) und für zwei verschiedene Wellenlängen (d.h. zwei verschiedene Parameter Λ) die Strahlungsdiagramme angegeben. Bei geeigneter Wahl von Λ ändert sich gegenüber der konphasen Belegung die Hauptkeule für 15 cm Wellenlänge nur wenig, bei 7,5 cm dagegen aber so, daß die unerwünschte Verschmälerung nicht mehr eintritt, sondern die Hauptkeule sogar breiter wird als bei 15 cm

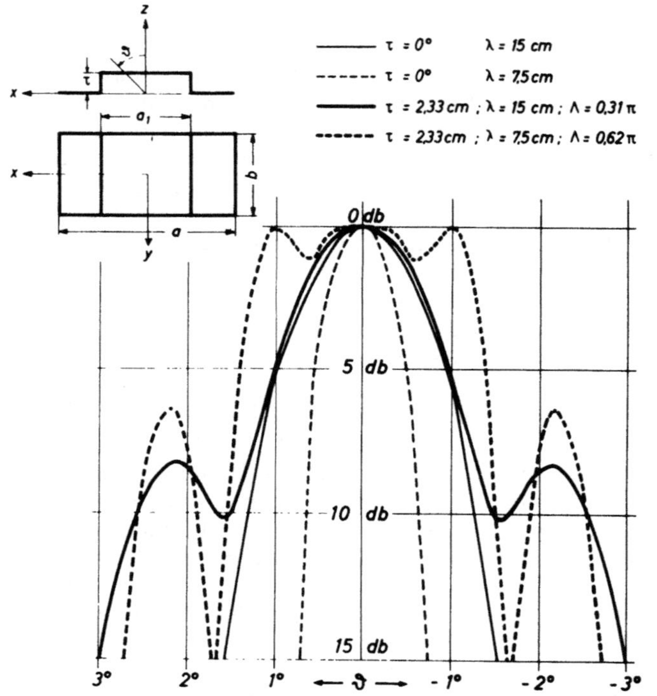

Bild 3: Strahlungsdiagramme einer homogen belegten rechteckförmigen Apertur bei ebener und gestufter Phasenfläche.
$a = 5{,}07$ m; $a_1 = \frac{a}{2}$; $\tau = 0$ und $\tau = 2{,}33$ cm

Wellenlänge. Allerdings wachsen infolge der nichtkonphasen Belegung die Nebenmaxima an.

Bei einer Phasenfunktion, deren 1. Ableitung unstetig ist, d.h., bei der die Phasenflächen zwei zueinander geneigte Ebenen bilden, ergibt sich für die Strahlungscharakteristik in der gleichen Ebene

$$[\hat{E}(R,\vartheta)]^2 =$$

$$\frac{a^2 b^2 \hat{E}_o^{\,2}}{4\lambda^2 R^2}\left[\left(\frac{\sin(u+\Delta u)}{u+\Delta u}\right)^2 + \left(\frac{\sin(u-\Delta u)}{u-\Delta u}\right)^2\right.$$

$$\left. + 2\,\frac{\sin(u+\Delta u)}{u+\Delta u}\;\frac{\sin(u-\Delta u)}{u-\Delta u}\;\cos 2u\right]. \quad (7)$$

Hierbei bedeuten

$$u = \frac{a\pi}{2\lambda}\sin\vartheta \quad (8)$$

$$\Delta u = \frac{a\pi}{2\lambda}\sin\psi^* \quad (9)$$

oder $\Delta u = \frac{\pi\delta}{\lambda}$ mit $\delta = \frac{a}{2}\sin\psi^*$, (10) (11)

wobei ψ^* der Neigungswinkel der Phasenfläche und δ die Phasendifferenz am Rande der Apertur ist. Bemerkt werden soll, daß die Gl. (7) in weiterer Näherung auch für einen Winkelspiegel mit dem Neigungswinkel ψ der beiden Spiegelhälften angewendet werden kann, wenn

$$\Delta u = \frac{a\pi}{2\lambda}\sin 2\psi \quad (12)$$

gesetzt wird. Ein genaueres Resultat ergibt sich aber für den Winkelspiegel, wenn man bei der Berechnung der Strahlungscharakteristik nicht über die Belegung in der Apertur, sondern über die Feldverteilung auf der geknickten Spiegelfläche integriert [8]. Dabei muß für

$$u = \frac{a\pi}{2\lambda\cos\psi}\sin(\vartheta+\psi) \quad (13)$$

$$\Delta u = \frac{a\pi}{2\lambda\cos\psi}\sin\psi \quad (14)$$

gesetzt werden. (Vergl. Gl. (19, 21, 22).

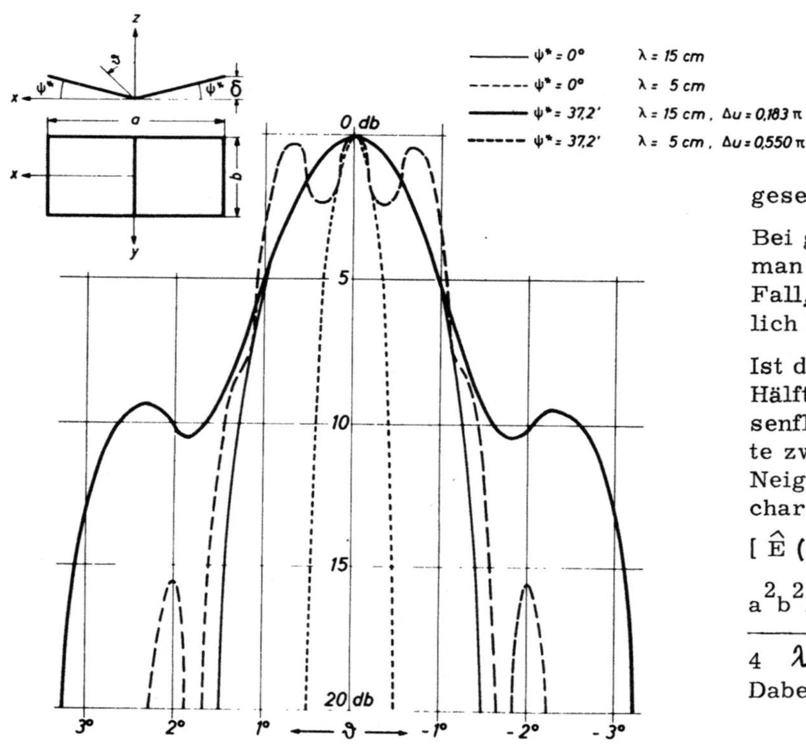

Bild 4: Strahlungsdiagramme einer homogen belegten rechteckförmigen Apertur bei ebener und geknickter Phasenfläche.
$a = 5{,}07$ m ; $\psi^* = 0°$ und $\psi^* = 37{,}2'$.

Bei geeigneter Neigung der Phasenflächen erzielt man einen ähnlichen Effekt wie im vorhergehenden Fall, nur bleiben die Nebenmaxima hier wesentlich kleiner (Bild 4).

Ist die Phasenfunktion in der unteren und oberen Hälfte der Apertur verschieden, und bilden die Phasenflächen in der unteren und oberen Aperturhälfte zwei gegeneinander gedrehte Ebenen mit dem Neigungswinkel ψ^* (Bild 5), so wird die Strahlungscharakteristik

$$[\hat{E}(R,\vartheta)]^2 = \quad (15)$$

$$\frac{a^2 b^2 \hat{E}_o^{\,2}}{4\lambda^2 R^2}\left[\frac{\sin(u+\Delta u)}{u+\Delta u} + \frac{\sin(u-\Delta u)}{u-\Delta u}\right]^2 .$$

Dabei bedeuten

$$u = \frac{a\pi}{\lambda}\sin\vartheta \quad (16)$$

$$\Delta u = \frac{a\pi}{\lambda}\sin\psi^* \quad (17)$$

Auch hier tritt wieder eine ähnliche Verformung

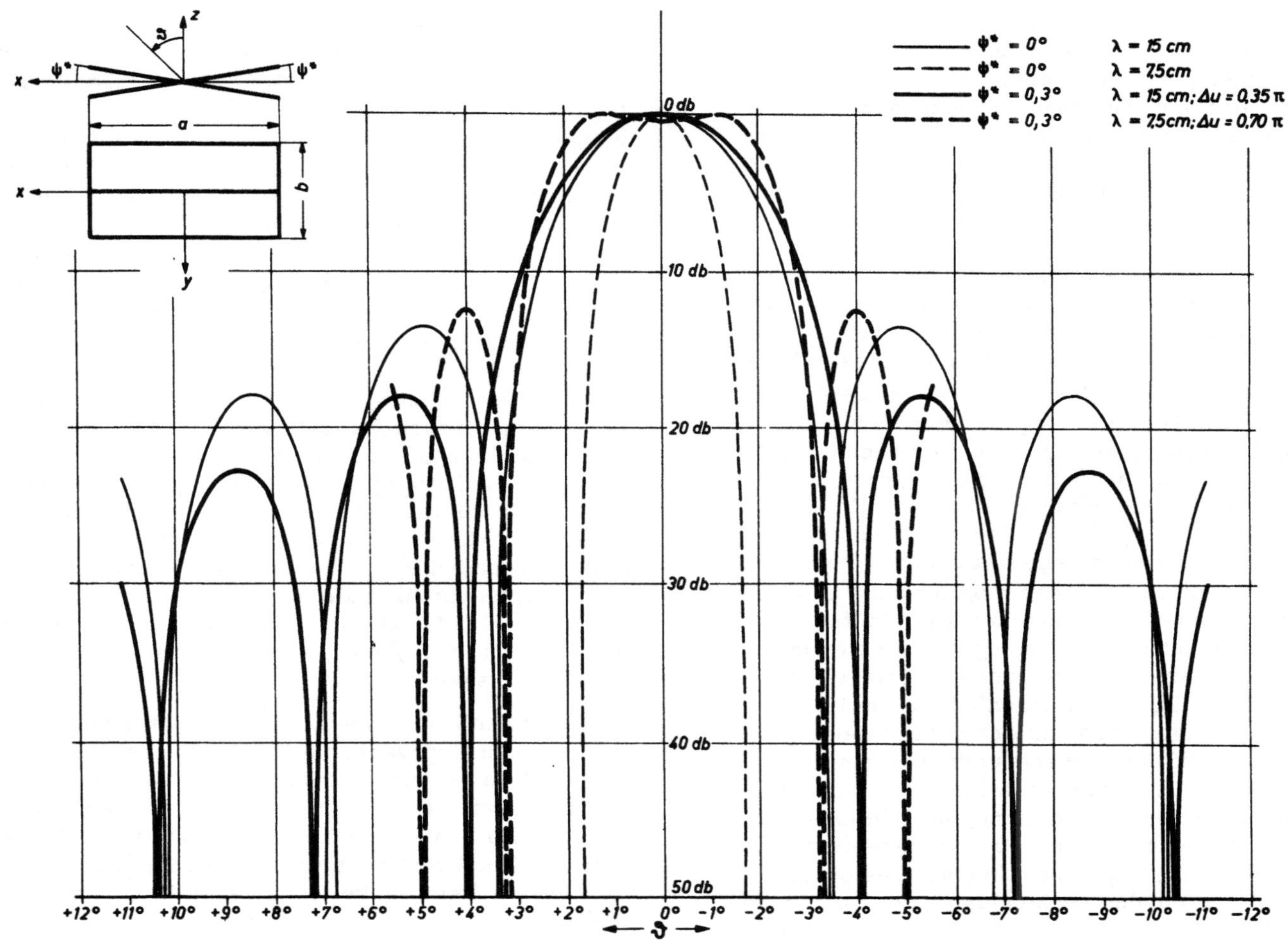

Bild 5: Strahlungsdiagramme einer homogen belegten rechteckförmigen Apertur bei ebener und bei 2 gegeneinander verdrehten Phasenflächen.
a = 5,07 m; $\psi^* = 0^{\circ}$ und $\psi^* = 0,3^{\circ}$.

der Hauptkeule wie in den beiden ersten Fällen auf.

Bei den Gl. (4), (7), (15) sind der Einfachheit halber die sogenannten Vorfaktoren (s. die Erläuterungen zu Gl. (19) und [7]), die sich aus dem angewendeten Näherungsverfahren ergeben, weggelassen, da die Gl. (4), (7), (15) nur dazu dienen, eine orientierende Übersicht über die Möglichkeiten der Diagrammverformung zu geben. Ein vollständiger Ausdruck für die Strahlungscharakteristik mit sämtlichen Vorfaktoren ist bei den rhombischen Winkelspiegeln angegeben (Gl. (19)).

Die Beispiele ließen sich noch beliebig fortsetzen mit gekrümmten Phasenflächen, anderen Aperturformen und anderen Belegungsfunktionen [8]. Sie zeigen, daß man den gewünschten Effekt der Diagrammverformung je nach der gewählten Phasenfunktion mehr oder weniger gut erreicht und lassen es aussichtsreich erscheinen, mit bestimmten Abwandlungen der gebräuchlichen Antennen die Strahlungsdiagramme in der gewünschten Weise zu beeinflussen. So kann man z. B. statt eines parabolischen Reflektors einen in bestimmter Weise von der Parabolform abweichenden benutzen, und diese Abweichung in Art und Größe so wählen, daß die gewünschten Diagrammverformungen möglichst weitgehend angenähert werden (Bild 6). Bei einer einfachen Defokussierung in Richtung der

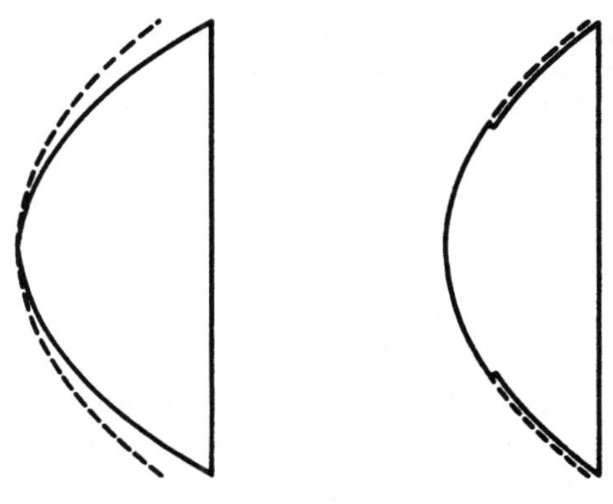

Bild 6: Parabolantennen mit nichtkonphaser Belegung der Apertur

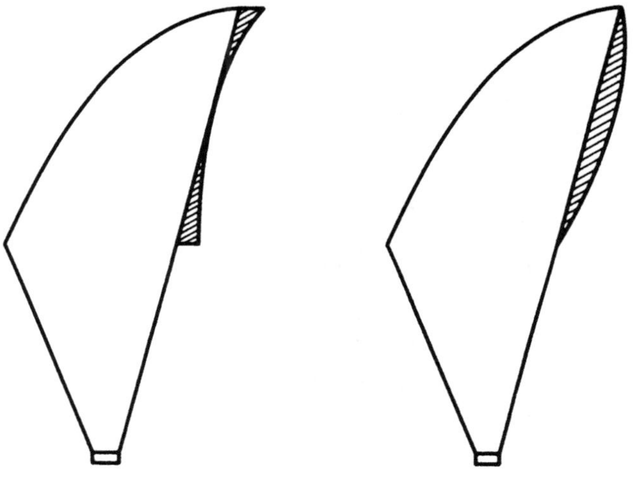

Achse des Paraboloids erzielt man zwar auch Abweichungen von der konphasen Belegung in der Aperturebene, hat dabei aber nur die Größe und nicht die Art der Phasenabweichungen in der Hand. Bei Antennen, die dielektrische Abdeckplatten besitzen, können die Phasenabweichungen durch entsprechend geformte Dielektrika erzielt werden (Bild 6).

Die Art und Größe der erforderlichen Phasenabweichungen hängen im einzelnen von der elektrischen Belegung und von der Apertur des Flächenstrahlers ab. Eine theoretische Erfassung dieser Beispiele zum Auffinden der jeweils günstigsten Phasenfunktion würde allerdings einen erheblichen Aufwand bedeuten. An die Stelle der rechnerischen Behandlung müßte hier daher das Experiment treten, um die Dimensionierung für jeden Einzelfall festzulegen. Für die in der Richtfunktechnik gebräuchlichen Umlenkspiegel ist dagegen eine theoretische Untersuchung eher möglich. Ein bestimmter Verlauf der Phasenfunktion läßt sich hier mit brauchbarer Näherung durch eine entsprechend geformte Oberfläche des Spiegels erzielen, also z. B. eine Phasenfunktion mit 2 gegeneinander geneigten Phasenflächen durch eine geknickte Spiegelfläche. Wenn auch, wie bereits erwähnt, beide Fälle nicht etwa identisch und daher im Diagramm verschieden sind, so stimmen sie doch bei großen Aperturen für den Bereich der Hauptkeule weitgehend überein (Näheres darüber s. in [8]). Es wurden rechteckige und rhombische Spiegel mit gestufter, gekrümmter und geknickter Oberfläche eingehend untersucht. Die Ergebnisse sollen im einzelnen nicht angeführt, sondern es soll nur der günstigste der untersuchten Fälle, nämlich der geknickte oder Winkelspiegel in rhombischer Form, gebracht werden. Die rhombische Form wurde im Gegensatz zur rechteckigen gewählt, um die Nebenmaxima klein zu halten [9].

Dieser Spiegel ist baulich leicht realisierbar und bringt eine recht brauchbare Diagrammverformung. Die Diagramme eines rhombischen Umlenkspiegels mit ebener Oberfläche bei 15, 7,5 und 5 cm Wellenlänge sind für senkrechte Inzidenz der einfallenden Welle für die durch die große Diagonale gehende Diagrammebene in Bild 7 dargestellt. Der hier verwendete mathematische Ausdruck für die Strahlungscharakteristik [9] ergibt sich aus Gl. (19) für $\bar{\gamma} = \psi = 0$ unter Weglassung der dort angegebenen Vorfaktoren. Die Spiegelgröße ist dabei so gewählt, daß bei $\lambda = 15$ cm die Halbwertsbreite wieder $1{,}5^{\circ}$, bei $\lambda = 7{,}5$ cm $0{,}75^{\circ}$ und bei $\lambda = 5$ cm nur noch $0{,}5^{\circ}$ beträgt. Die Diagramme eines rhombischen Spiegels der gleichen Größe mit geknickter Oberfläche und einem Knickwinkel ψ von $24{,}4'$ (Bild 8) zeigen, daß die Hauptkeule bei $\lambda = 15$ cm sich im oberen Teil nur unwesentlich geändert hat gegenüber der des Planspiegels, daß sie aber bei $\lambda = 7{,}5$ cm beim Winkelspiegel nicht mehr schmäler als bei 15 cm, sondern sogar breiter wird. Die Berechnung wurde ebenfalls nach Gl. (19) für $\bar{\gamma} = 0$ unter Weglassung der Vorfaktoren ausgeführt.

Wie man den Knickwinkel wählt, hängt davon ab, mit welchen Frequenzen man den Spiegel betreiben, und was man im Einzelfall an Diagrammänderungen erzielen will. Daher noch ein zweites Beispiel für einen rhombischen Winkelspiegel, bei dem der Knickwinkel nur $16'$ beträgt (Bild 9). Bei diesem Knickwinkel erhält man für die drei Wellenlängen 15, 7,5, 5 cm eine günstige Diagrammverformung. Man sieht wieder, daß die Halbwertsbreite bei den höheren Frequenzen nicht abnimmt, sondern im Gegenteil etwas größer ist als bei der tiefsten.

Auf den ersten Blick erscheint es nun erstaunlich, daß so geringe Knickwinkel der Spiegeloberfläche wie $16'$ oder $24'$ einen so großen Einfluß auf die

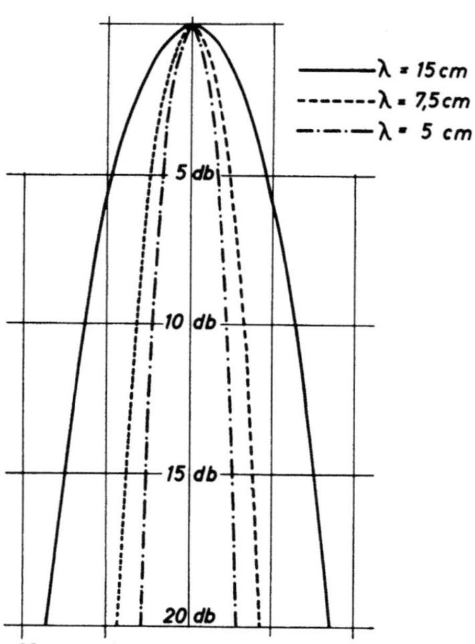

Bild 7: Die Hauptkeulen der Strahlungsdiagramme eines ebenen ($\psi = 0^{\circ}$) rhombischen Umlenkspiegels. c = 7,41 m

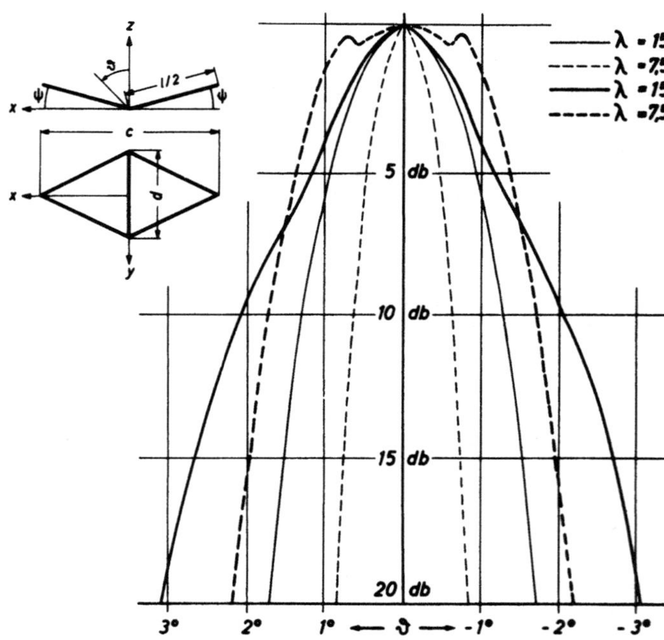

Bild 8: Die Hauptkeulen der Strahlungsdiagramme eines rhombischen Umlenkspiegels bei ebener und geknickter Oberfläche. c = 7,41 m ; $\psi = 0^{\circ}$ und $\psi = 24{,}4'$

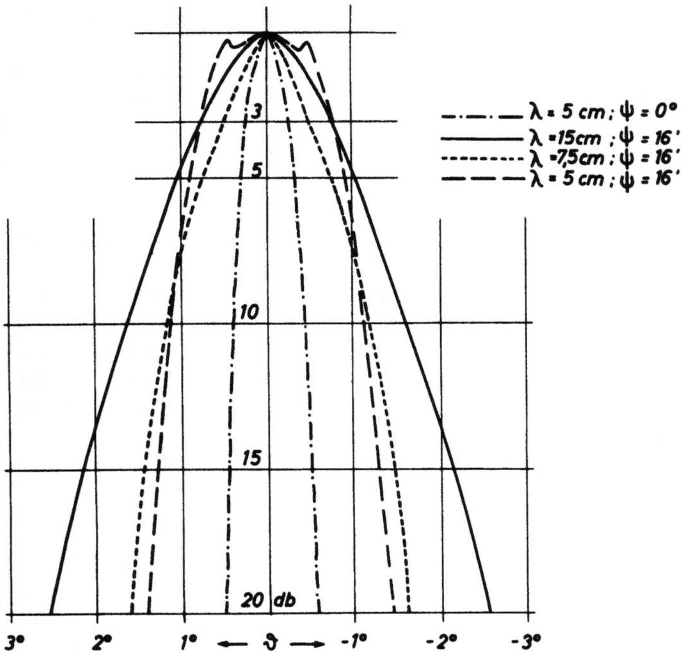

Bild 9: Die Hauptkeulen der Strahlungsdiagramme eines rhombischen Umlenkspiegels bei ebener und geknickter Oberfläche.
c = 7,41 m ; ψ = 0° und ψ = 16'

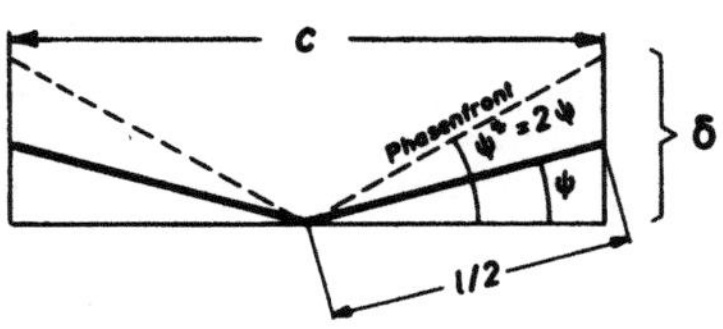

Bild 10: Die Phasenabweichung δ am Rande eines Winkelspiegels

Strahlungscharakteristik haben können wie in den Diagrammen gezeigt wurde. Der Grund dafür liegt aber - physikalisch betrachtet - darin, daß für die Beeinflussung der Strahlungscharakteristik nicht die absolute Größe des Knickwinkels maßgebend ist, sondern unabhängig von der Größe der Apertur (in geringem Maße allerdings abhängig von ihrer Form) die am Rande der Apertur auftretende Abweichung δ von der konphasen Belegung (Bild 10).

Für c = 7,41 m; λ = 5 cm (also $\ell/\lambda \approx c/\lambda$ = 148) und ψ = 16' beträgt bei senkrechter Inzidenz diese Abweichung

$$\frac{\delta}{\lambda} = \frac{\ell}{2\lambda} \sin 2\psi = 0{,}69 \;, \qquad (18)$$

liegt also in der Größe einer 3/4 Wellenlänge.

Wie die Verformung der Charakteristik von der Knickung der Spiegelfläche im einzelnen abhängt, läßt sich genau nur aus dem mathematischen Ausdruck für das Strahlungsdiagramm ablesen; und zwar soll gleich der allgemeine Fall der schrägen Inzidenz diskutiert werden, der für das am Schluß der Arbeit gegebene Beispiel zutrifft:

$$[\hat{E}(R,\vartheta)]^2 = \frac{\hat{E}_e^{\,2}\, c^2\, d^2}{16\, R^2\, \lambda^2} \cdot \left\{\left\{ \frac{1}{4} \left\langle [\cos(\vartheta+\psi)+\cos(\bar{\gamma}+\psi)] \left[\frac{\sin\left\{\frac{\ell\pi}{2\lambda}[\sin(\vartheta+\psi)+\sin(\bar{\gamma}+\psi)]\right\}}{\left\{\frac{\ell\pi}{2\lambda}[\sin(\vartheta+\psi)+\sin(\bar{\gamma}+\psi)]\right\}}\right]^2 \right.\right.\right.$$

$$\left. + [\cos(\vartheta-\psi)+\cos(\bar{\gamma}-\psi)] \left[\frac{\sin\left\{\frac{\ell\pi}{2\lambda}[\sin(\vartheta-\psi)+\sin(\bar{\gamma}-\psi)]\right\}}{\left\{\frac{\ell\pi}{2\lambda}[\sin(\vartheta-\psi)+\sin(\bar{\gamma}-\psi)]\right\}}\right]^2 \right\rangle^2$$

$$+ \left\langle [\cos(\vartheta+\psi)+\cos(\bar{\gamma}+\psi)] \cdot \left[\frac{1}{\left\{\frac{\ell\pi}{\lambda}[\sin(\vartheta+\psi)+\sin(\bar{\gamma}+\psi)]\right\}} - \frac{\sin\left\{\frac{\ell\pi}{\lambda}[\sin(\vartheta+\psi)+\sin(\bar{\gamma}+\psi)]\right\}}{\left\{\frac{\ell\pi}{\lambda}[\sin(\vartheta+\psi)+\sin(\bar{\gamma}+\psi)]\right\}^2}\right]\right.$$

$$+ [\cos(\vartheta-\psi)+\cos(\bar{\gamma}-\psi)] \cdot \left[\frac{\sin\left\{\frac{\ell\pi}{\lambda}[\sin(\vartheta-\psi)+\sin(\bar{\gamma}-\psi)]\right\}}{\left\{\frac{\ell\pi}{\lambda}[\sin(\vartheta-\psi)+\sin(\bar{\gamma}-\psi)]\right\}^2} \right.$$

$$\left.\left.\left.\left. - \frac{1}{\frac{\ell\pi}{\lambda}[\sin(\vartheta-\psi)+\sin(\bar{\gamma}-\psi)]}\right]\right\rangle^2\right\}\right\}. \qquad (19)$$

Dieser Ausdruck gibt die abgestrahlte Feldstärke $\hat{E}$ in Abhängigkeit von dem Abstrahlwinkel ϑ, dem Einfallswinkel *) $\bar{\gamma}$, dem Knickwinkel ψ und den Spiegeldimensionen ℓ, c, d in der senkrecht zur Apertur durch die große Diagonale gehenden Einfallsebene wieder. Das Hauptmaximum dieses Ausdrucks liegt bei einem Winkel $\vartheta \approx -\bar{\gamma}$, so daß für kleine Knickwinkel die vor den einzelnen Summanden stehenden Faktoren (Vorfaktoren) für das Hauptmaximum

$$\cos(\vartheta \pm \psi) + \cos(\bar{\gamma} \pm \psi) \approx 2 \cos \bar{\gamma} \qquad (20)$$

werden. Im Bereich der Hauptkeule ändern sich diese Vorfaktoren mit dem Knickwinkel bei großen Spiegeln (scharfe Hauptkeule) nur wenig im Vergleich zu den anderen in Gl. (19) enthaltenen Ausdrücken, so daß die in geschweiften Klammern { } stehenden Ausdrücke die Verformung der Hauptkeule in erster Linie bestimmen (Bei der endgül-

*) Der gerichtete, gegen den Uhrzeigersinn positiv zählende Einfallswinkel soll in Anlehnung an [7] mit $\bar{\gamma}$ bezeichnet werden.

tigen Form müssen jedoch die Vorfaktoren durchaus berücksichtigt werden (Bild 14)). Sie bewirken eine Unsymmetrie des Diagramms [7]).

Setzt man

$$\frac{l\pi}{2\lambda}\sin(\vartheta+\bar{\gamma}) = \upsilon \qquad (21)$$

und

$$\frac{l\pi}{\lambda}\cos\bar{\gamma}\ \sin\psi = \Delta\upsilon, \qquad (22)$$

so wird für die Umgebung der Hauptkeule ($\vartheta \approx -\bar{\gamma}$)

$$\frac{l\pi}{2\lambda}\left[\sin(\vartheta\pm\psi)+\sin(\bar{\gamma}\pm\psi)\right] = \upsilon\cos(\bar{\gamma}\pm\psi)\pm\Delta\upsilon . \qquad (23)$$

Der Einfluß, den die Knickung der Oberfläche auf die Form der Hauptkeule hat, wird praktisch nur von der Größe $\Delta\upsilon$ bestimmt, da der kleine Knickwinkel ψ den Wert von cos ($\bar{\gamma}\pm\psi$) kaum verändert, und vor allem die Größe von cos ($\bar{\gamma}\pm\psi$) nur den Winkelmaßstab und nicht die Form des Diagramms bestimmt. Die durch einen bestimmten Winkel ψ bzw., den betreffenden Wert von $\Delta\upsilon$ bewirkte Diagrammverformung ist daher in Näherung proportional l/λ cos $\bar{\gamma}$, d.h. der Abmessung des Spiegels, umgekehrt proportional der Wellenlänge und proportional cos $\bar{\gamma}$.

Die Verformung der Hauptkeule ist also umso größer, je größer der Knickwinkel und die Spiegelabmessung und je kleiner die Wellenlänge und der Einfallswinkel sind. Oder umgekehrt: Für eine bestimmte Verformung muß man den Knickwinkel umso kleiner machen, je größer die Spiegelabmessung bzw. je kleiner die Wellenlänge und der Einfallswinkel sind.

Durch die Abweichung von der konphasen Belegung tritt eine Verringerung der Wirkfläche ein, worauf auch die breitere Hauptkeule und die größeren Nebenmaxima der Diagramme hinweisen.

Die Flächenausnutzung q ist für aktive homogen belegte Strahler mit nichtkonphaser Belegung durch die Beziehung

$$q = (\hat{E}_M^* / \hat{E}_M)^2 \qquad (24)$$

gegeben [10]. Dabei sind $\hat{E}_M$ und $\hat{E}_M^*$ die Maximalfeldstärken in der Hauptstrahlrichtung bei konphaser und nichtkonphaser Belegung. Danach ergeben sich z.B. die Flächenausnutzungen der homogenen nichtkonphas belegten Aperturen

nach Bild 3 zu	q = 1	bei Λ = 0
	q = 0,79	Λ = 0,31 π
	q = 0,32	Λ = 0,62 π
nach Bild 4 zu	q = 1	bei Δ u = 0
	q = 0,88	Δ u = 0,183 π
	q = 0,32	Δ u = 0,55 π
nach Bild 5 zu	q = 1	bei Δ u = 0
	q = 0,67	Δ u = 0,35 π
	q = 0,13	Δ u = 0,7 π

Bei Umlenkspiegeln sinken die Werte der Flächenausnutzung jedoch nicht so stark ab. Für diese ist nämlich bei Spiegeldimensionen von mindestens mehreren Wellenlängen [7, 10] die Flächenausnutzung für den Umlenkvorgang

$$q_u = \hat{E}_M^* / \hat{E}_M . \qquad (25)$$

Die Abhängigkeit der Flächenausnutzung bei einem Umlenkspiegel von dem Knickparameter $\Delta\upsilon$ ist für senkrechte Inzidenz der einfallenden Welle in Bild 11 dargestellt. Bei einem Knickwinkel von 16′, der für die Diagramme des Bildes 9 maßgebend war, beträgt $\Delta\upsilon$ = 0,23π bei 15 cm, 0,46π bei 7,5 cm und 0,69π bei 5 cm Wellenlänge. Dementsprechend ergeben sich Flächenausnutzungen von 95 %, 79 % und 57 %. Die Abnahme der Flächenausnutzung auf beinahe die Hälfte bei 5 cm Wellenlänge erscheint zunächst ziemlich hart. In Bild 12 sind für 5 cm Wellenlänge die Diagramme

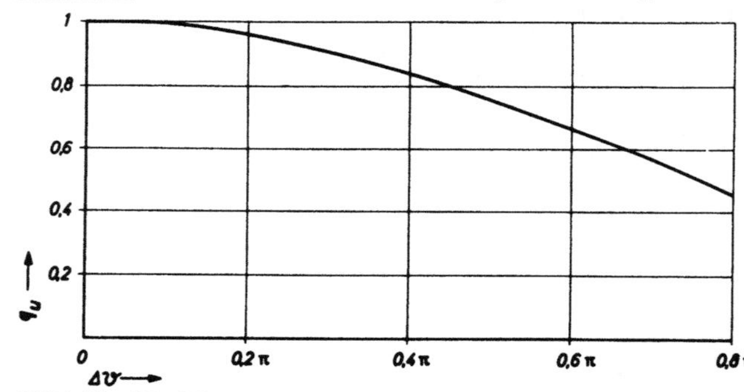

Bild 11: Die Flächenausnutzung q eines rhombischen Winkelspiegels bei senkrechter Inzidenz der einfallenden Welle in Abhängigkeit von dem Knickparameter $\Delta\upsilon$

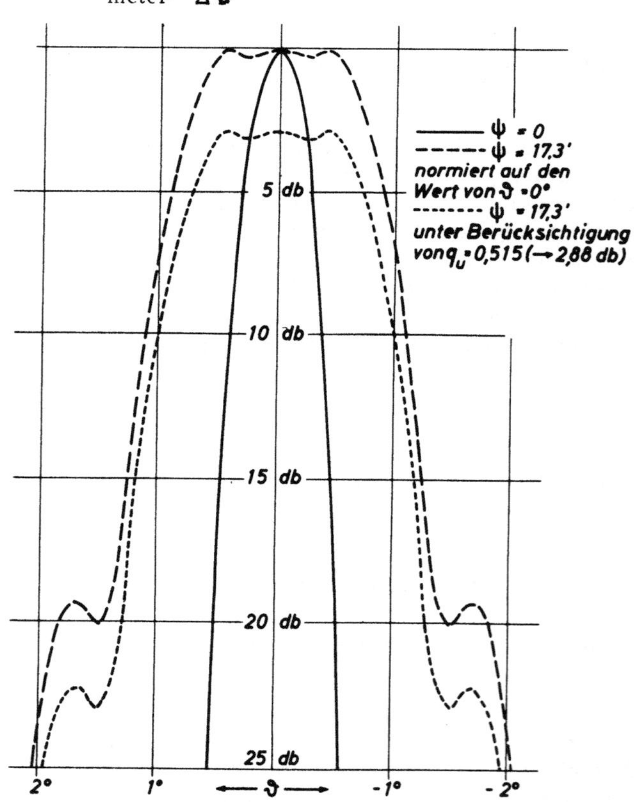

Bild 12: Die Hauptkeulen der Strahlungsdiagramme eines rhombischen Umlenkspiegels bei ebener und geknickter Oberfläche.
c = 7,41 ; λ = 5 cm ; ψ = 17,3′

des ebenen Spiegels und des Winkelspiegels eingezeichnet; das letztere auch unter Berücksichtigung der verringerten Flächenausnutzung. Der Knickwinkel wurde von 16′ auf 17,3′ erhöht, so daß sich für 5 cm Wellenlänge eine möglichst flache Hauptkeule ergibt, die im Mittelteil fast eben verläuft. Die Flächenausnutzung beträgt dann nur noch 51 %. Bei Strahlschwankungen von 0,5° würde beim ebenen Spiegel der Pegel um 20 db absinken, beim geknickten Spiegel gar nicht, und es bleibt unter Berücksichtigung der verringerten Flächenausnutzung von 51 % immer noch ein Gewinn von 17 db übrig.

Obwohl die Flächenausnutzung beim geknickten Spiegel kleiner als beim ebenen Spiegel ist, kann man geknickte Spiegel mit im Endeffekt höherer Wirkfläche einsetzen, wenn die Halbwertsbreite einen bestimmten Wert nicht überschreiten darf (Bild 13). Der Grund dafür ist folgender: Vergrössert man die geometrische Spiegelfläche und erzeugt zugleich eine mit der geometrischen Fläche wachsende Phasenabweichung der Belegung zur Erzielung konstanter Halbwertsbreiten, so nimmt bei geeigneter Dimensionierung die Flächenausnutzung mit zunehmender geometrischer Fläche weniger ab als die geometrische Fläche zunimmt.

Zum Schluß sei noch ein Beispiel für die Anwendung dieser Überlegungen auf in der Praxis betriebene rhombische Umlenkspiegel gebracht (Bild 14). Die große in der Einfallsebene liegende Diagonale beträgt 12,80 m, die kleine 5 m, der Einfallswinkel 60°. Beim ebenen Spiegel ist die Halbwertsbreite 1,7° bei λ = 15 cm und 0,85° bei λ = 7,5 cm. Bei einer geknickten Oberfläche mit einem Nei-

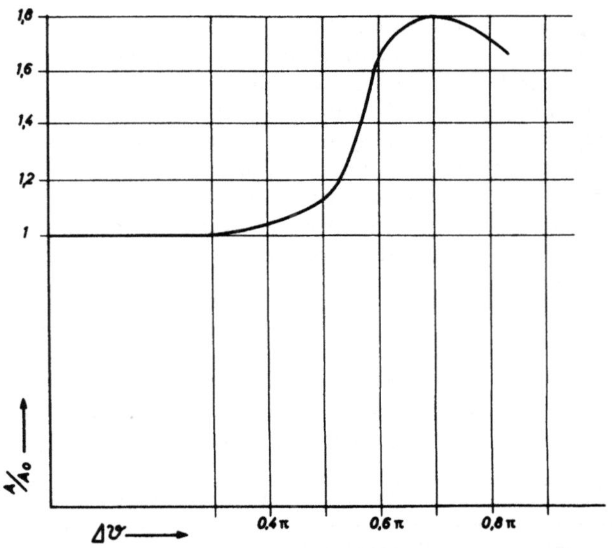

Bild 13: Die maximal zulässige Wirkfläche A bei 1,5° Halbwertsbreite eines rhombischen Winkelspiegels, bezogen auf die maximal zulässige Wirkfläche A_o des ebenen Spiegels in Abhängigkeit vom Knickparameter $\Delta\vartheta$

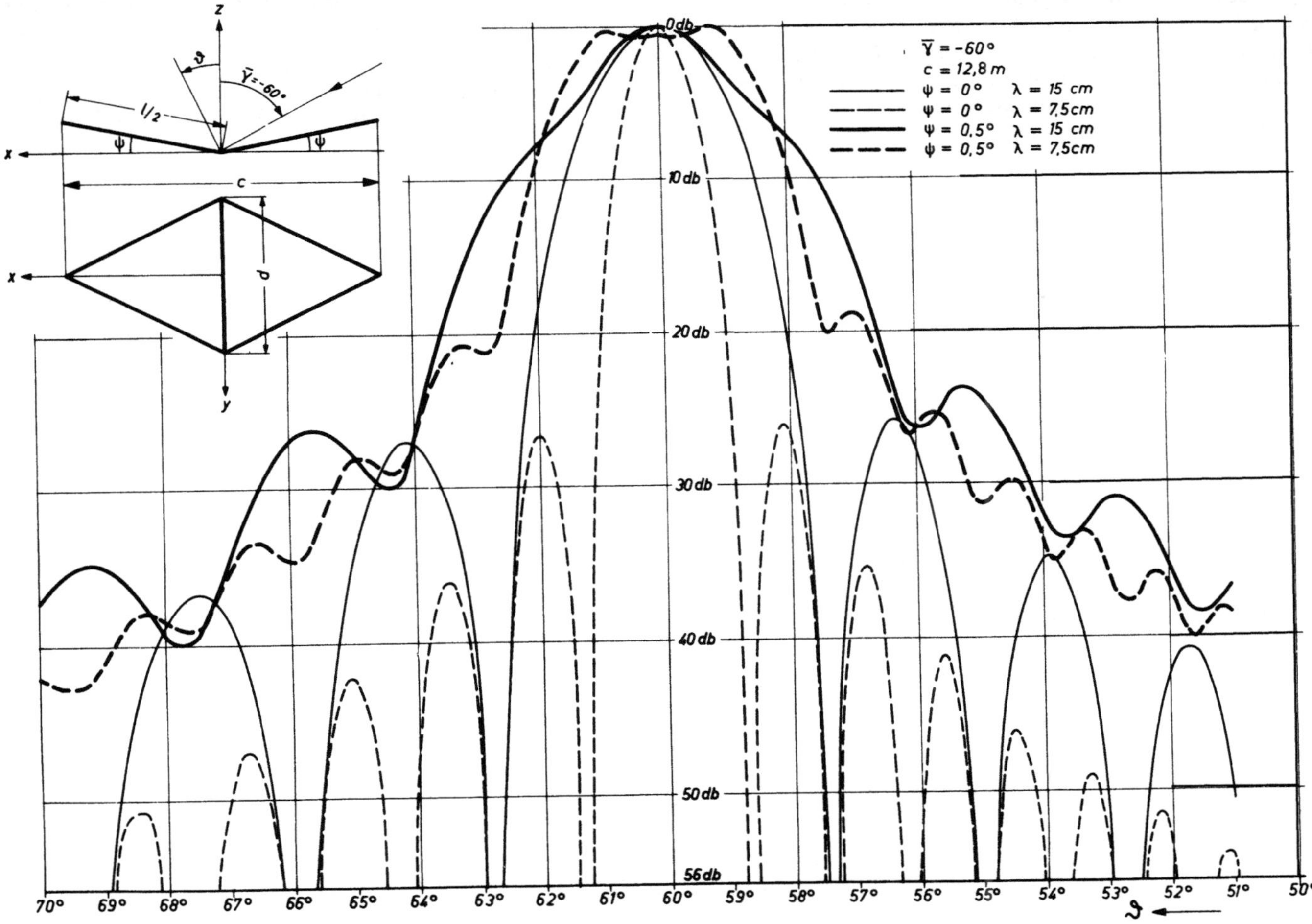

Bild 14: Strahlungsdiagramme eines rhombischen Winkelspiegels bei ebener und geknickter Oberfläche für schräge Inzidenz der einfallenden Welle. c = 12,8 m; ψ = 0° und ψ = 0,5°; $\bar{\gamma}$ = -60°

gungswinkel von $\psi = 0,5^\circ$ treten bei 15 cm Wellenlänge nur wenig Veränderungen im oberen Teil der Hauptkeule, beim übrigen Diagramm allerdings ausgefüllte Minima auf. Bei 7,5 cm Wellenlänge haben wir dagegen nicht mehr die zu schmale Halbwertsbreite von 0,85°, sondern eine solche von 2,9°. Außerdem ist der mittlere Teil der Hauptkeule fast eben. Die Flächenausnutzungen für diesen Fall sind in folgender Tafel zusammengestellt.

	$\psi = 0^\circ$		$\psi = 0,5^\circ$
	$\bar{\gamma} = 0^\circ$	$\bar{\gamma} = -60^\circ$	$\bar{\gamma} = -60^\circ$
$\lambda = 15$ cm	$q_u = 1$	$q_u = 0,5$	$q_u = 0,428$
$\lambda = 7,5$ cm	$q_u = 1$	$q_u = 0,5$	$q_u = 0,28$

Die gebrachten Beispiele bezogen sich auf Flächenstrahler mit kontinuierlicher Belegung. Natürlich lassen sich solche Diagrammverformungen auf die gleiche Weise auch bei Flächenstrahlern erzielen, die aus vielen diskreten Einzelstrahlern bestehen, wie z.B. aktive und passive Dipolwände.

Die numerischen Berechnungen wurden durch das freundliche Entgegenkommen von Herrn Prof. Dr. A. Walther im Institut für Praktische Mathematik der Technischen Hochschule Darmstadt auf dem elektronischen Rechenautomaten IBM 650 durch Herrn cand. math. S. Kölbig ausgeführt, dem der Verfasser auch für das Anfertigen zahlreicher Diagramme und sonstige wertvolle Unterstützung seinen Dank ausspricht.

Schrifttum

[1] Bullington, K.: Radio propagation fundamentals. Bell Syst. Tech. J. 36 (1957) 593-625

[2] Sharpless, W.M.: Measurements of the angle of arrival of microwaves. Proc. I.R.E. 34 (1946) 837-845

[3] Crawford, A.B. und Sharpless, W.M.: Further observations of the angle of arrival of microwaves. Proc. I.R.E. 34 (1946) 845-848

[4] Crawford, A.B. und Jakes, W.C.: Selective fading of microwaves. Bell Syst. Tech. J. 31 (1952) 68-90

[5] Kaylor, R.L.: A statistical study of selective fading of super-high frequency radio signals. Bell Syst. Techn. J. 32 (1953) 1187-1202

[6] Welber, I., Evans, H.W. und Pullis, G.A.: Protection of service in the TD-2 radio relay system by automatic channel switching. Bell Syst. Techn. J. 34 (1955) 473-510

[7] Koch, G.F.: Die verschiedenen Ansätze des Kirchhoffschen Prinzips und ihre Anwendung auf die Beugung elektromagnetischer Wellen. A.E.Ü. 14 (1960) S. 77-98 und 132-153

[8] Koch, G.F.: Flächenstrahler mit nichtkonphaser Belegung. Erscheint demnächst in der NTZ

[9] Koch, G.F.: Richtantennen mit besonderen Aperturformen. NTZ 10 (1957) 175-186

[10] Koch, G.F.: Die Berechnung der Wirkfläche nichtkonphas belegter Flächenstrahler. A.E.Ü. 13 (1959) S. 462-465

[11] Fischer, F.A.: Über den Zusammenhang zwischen Richtcharakteristik und Amplitudenverteilung bei linearen und ebenen Strahlergebilden. Akustische Beihefte 1951/52 AB 9 - AB 11

[12] Fehér, K.: Bestimmung der Amplitudenverteilung auf ebenen Flächen aus der Richtungsverteilung ihrer Strahlungsfelder. A.E.Ü. 10 (1956) S. 163-173

WEITVERKEHR MIT HOHLLEITERN (Ergebnisse der Londoner Tagung "Long Distance Transmission by Wave Guides" im Januar 1959)

A. Träger, Darmstadt

Mit 20 Bildern

Die Tagung "Long Distance Transmission by Waveguide", veranstaltet von der "Institution of Electrical Engineers", London, brachte eine Fülle von interessanten Beiträgen. Es kann hier nur versucht werden, auf einige wichtige Ergebnisse hinzuweisen. Durch einige Ergänzungen, die sich auch auf die hiesige Entwicklung beziehen, soll gleichzeitig der heutige Stand der Hohlkabeltechnik kurz dargestellt werden. Um einen Gesamtüberblick zu erleichtern, sollen noch einmal die Hauptthemen genannt werden, die bei der Londoner Hohlkabeltagung behandelt wurden. Die wohl wesentlichsten Beiträge behandelten: Theorie der Ausbreitung im Hohlkabel, Ausführungsformen des Hohlkabels (Einfache Hohlleiter, Wendelleiter, Hohlleiter mit dielektrischem Einsatz), Schaltelemente (Z.B. Schwingungstypumformer, Übergänge zwischen verschiedenen Hohlleitern), Hohlkabelmeßtechnik (Güteprüfung von Hohlkabeln und Schaltelementen) und mögliche Hohlkabel-Übertragungssysteme.

Diese Gebiete wurden sowohl in Vorträgen, wie bei Vorführungen behandelt. Die Vorführungen fanden im University College, London, und bei der Firma Standard in Labors und auf dem Freigelände bei Stevenage statt.

Einleitend gab Herr Prof. Barlow [1] eine Übersicht über den Stand der Übertragungstechnik unter Berücksichtigung der Möglichkeiten der Hohlkabeltechnik, der Koaxialkabeltechnik, der Eindrahtübertragungswege mit Goubaudraht und der Richtfunktechnik. Alle diese Übertragungsarten ergänzen einander und sind gegeneinander abgegrenzt durch die Lage der für die einzelnen Systeme verwendbaren Frequenzbänder. Für die Hohlkabeltechnik kommen beispielsweise hauptsächlich Millimeterwellen in Frage, die für die anderen Übertragungsarten für größere Entfernungen wegen zu starker Dämpfung im allgemeinen nicht brauchbar sind. Die wichtigste Eigenschaft der in der Hohlkabeltechnik verwendeten H_{01}-Welle: Ihre dämpfungsarme Ausbreitung im runden Hohlleiter, der einen im Verhältnis zur Wellenlänge großen Durchmesser besitzt, und wesentliche Schaltelemente, wie die Wellentypwandler, wurden diskutiert. Bild 1 zeigt die theoretische Abhängigkeit der Dämpfung der H_{01}-Welle im runden Hohlleiter aus Kupfer von 5 cm Innendurchmesser von der Wellenlänge. Wir sehen, daß diese z.B. bei $\lambda = 5$ mm, (f = 60 GHz) nur etwa 0,1 N pro Kilometer beträgt. Es sei darauf hingewiesen, daß nach den bisherigen Messungen an geraden Strecken die Dämpfungswerte um etwa 50 % bis 100 % höher liegen. Das sind also noch immer recht brauchbare Ergebnisse. Die Schwierigkeiten, die sich bei der Anwendung des einfachen

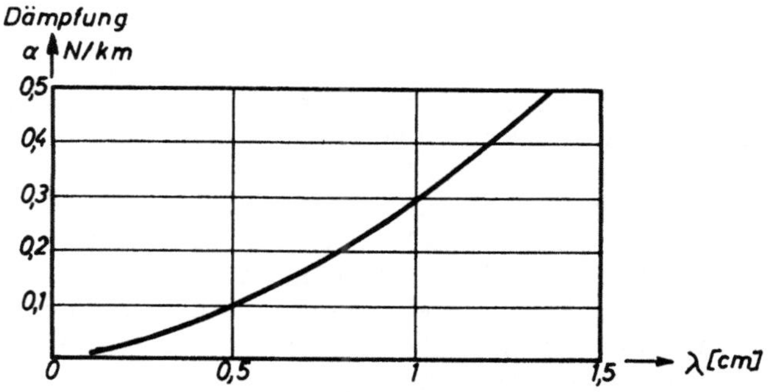

Bild 1: Dämpfung $\alpha = f(\lambda)$ für die H_{01}-Welle im Hohlleiter aus Kupfer (D = 5 cm) (theoretisch)

Hohlleiters ergeben, bestehen in der Hauptsache in den sog. Wellentyp-Umwandlungen und Rückwandlungen und den damit verbundenen Dämpfungserhöhungen und Laufzeitverzerrungen. Diese können bei den erforderlichen Rohrdurchmessern ($\lambda / D \sim \frac{1}{10}$) auch schon bei kleinen Inhomogenitäten und Krümmungen stark wirksam werden.

Im theoretischen Teil der Vorträge wurde in einem Referat von Karbowiak [2] die Störung des Informationsinhalts bei der Übertragung in Hohlkabeln mit periodischen Ungleichmäßigkeiten oder Wandungenauigkeiten behandelt. Es wurde gezeigt, daß eine Spaltung der z.B. bei Pulscodemodulation übertragenen HF-Impulse und Erhöhung des Geräuschpegels eintreten können. Numerische Beispiele für bestimmte Fälle wurden gegeben. Im Rahmen dieses Referats kann auf diesen und weitere Beiträge mehr theoretischer Natur nicht näher eingegangen werden.

Ein Hauptthema der Londoner Tagung war die Frage, welcher Wellenleiter, d.h. welcher Hohlleiter am besten geeignet für den Weitverkehr mit Mikrowellen ist. Es handelt sich hier um das Grundproblem der Hohlkabelübertragung überhaupt. Von seiner zufriedenstellenden Lösung ist abhängig, ob und wann z.B. ein Hohlkabelweitverkehrsnetz etwa nach Art der Trägerfrequenz-Acht aufgebaut werden könnte. Von der Qualität des Hohlkabels hängt seine Bandbreite, also die Nachrichtenkapazität, der Verstärkerabstand und vor allem die anzuwendende Modulationsart ab. Hierbei ist wesentlich, ob zumindest in speziellen Fällen die aufwendige Pulscodemodulation durch Frequenzmodulation oder Amplitudenmodulation, etwa in Form der Einseitenbandmodulation ersetzt werden kann. Die Wirtschaftlichkeit eines Hohlkabelsystems ist daher in erster Linie von der Art der zur Verlegung kommenden Hohlkabel abhängig. Als billigste Lösung des Hohlkabelproblems erscheint auf den ersten Blick die Verwendung des glatten, einfachen Hohlleiters, der auch schon recht gute Ergebnisse als Versuchsobjekt geliefert hat. Leider würde diese einfache Lösung zu erheblichen

Schwierigkeiten führen, da die Forderungen in bezug auf gerade Verlegung und Vermeidung auch kleiner Krümmungen solcher Leitungen extrem hoch sind. So hat man bei einer Leitung von 120 m Länge und einem Krümmungsradius von 800 m eine Dämpfungszunahme von 0,75 db, also etwa 6 db pro Kilometer durch Umwandlung in weniger verlustarme Wellentypen gemessen. Da man bei der Verlegung von langen Hohlkabeln naturgemäß nicht Genauigkeiten erreichen kann, die solche Krümmungen ausschließen und auch mit Erdsenkungen und sonstigen Änderungen rechnen muß, war man zu prüfen gezwungen, ob andere Wellenleiterformen für die Praxis bessere Ergebnisse bringen. Auch in der Diskussion wurde der glatte, einfache Hohlleiter für weite Entfernungen eindeutig als nicht geeignet bezeichnet. Im Mittelpunkt des Interesses stand dagegen der in Bild 2 dargestellte Wendelhohlleiter. Dieser

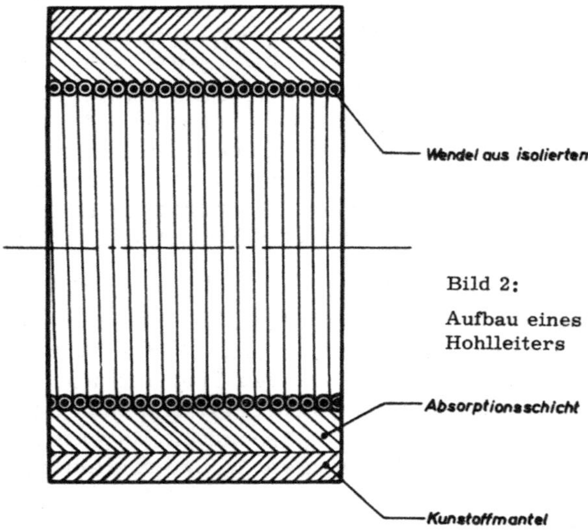

Bild 2:

Aufbau eines Wendel-Hohlleiters

besteht aus einer Drahtwendel geringer Steigung und kleiner Drahtstärke, beispielsweise 0,1 mm Drahtdurchmesser und 5 cm Innendurchmesser der Wendel, die an ihrem Umfang mit einem absorbierenden Material versehen ist. Der absorbierende Mantel und eine Kunststoff- oder Metallhülle geben dem Leiter die Abschirmung nach außen bzw. die notwendige Festigkeit. Ein solcher Hohlleiter besitzt eine gute Leitfähigkeit in zirkularer Richtung, jedoch eine große Dämpfung in der Längsrichtung. Diese Eigenschaft gewährleistet eine starke Absorption aller Schwingungsarten im Hohlleiter, die zu ihrer Aufrechterhaltung Längsströme benötigen, d.h. aller Wellentypen, die nicht der H_{on}-Art angehören. Alle Schwingungsarten, die zu den H_{on}-Wellen gehören - insbesondere die H_{o1}-Welle - werden nur wenig gedämpft. Bild 2a zeigt ein Stück eines Wendelhohlleiters der Firma Standard.

Die Firmen Standard in England und Bell in USA arbeiten an der Entwicklung von Weitverkehrssystemen mit Hohlkabeln. Die Versuchsaufbauten der Standard konnten bei Stevenage besichtigt werden. Auf dem Versuchsgelände waren verschiedene Hohlleiter von etwa 600 m Länge und 7 cm Innendurchmesser montiert. Es handelte sich einerseits um glatte Aluminiumhohlleiter, andererseits um speziell für den Weitverkehr hergestellte Wendelkabel, deren Übertragungseigenschaften hier mit Impulsverfahren bei etwa 8,6 Millimeter Wellenlänge geprüft werden. Sehr wichtig in bezug auf die Qualität der Übertragung sind die Auswirkungen von Wellentypumwandlungen und - Rückwandlungen, sowie die von Reflexionen auf der Hohlkabel-Übertragungsstrecke. Für den Wendelhohlleiter ergab sich gegenüber dem glatten, einfachen Hohlkabel eine Dämpfungszunahme um etwa 1 db/Meile = 0,6 db/km. Die höhere Dämpfung kann jedoch betriebsmäßig bei einer größeren Unempfindlichkeit gegen Störmoden in Kauf genommen werden.

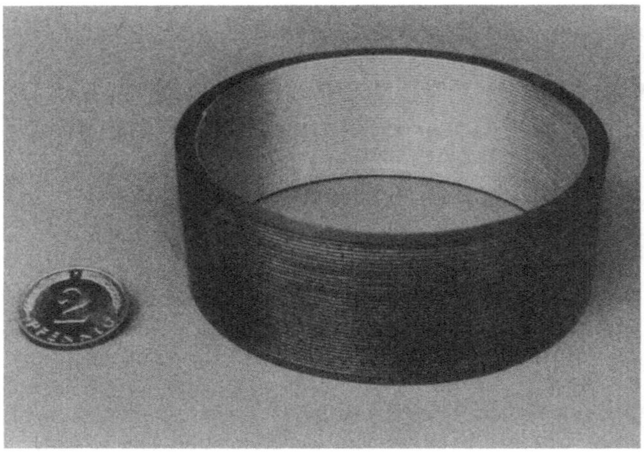

Bild 2a: Wendelhohlleiter
(Mit frdl. Genehmigung der Standard Telecommunication Laboratories, England)

Es wurden brauchbare Fernsehbilder mit PCM über einen glatten Hohlleiter und ein Wendelkabel von je 600 m Länge in Schleife vorgeführt. Übertragen wurden 16 Amplitudenstufen. Die Pulscodemodulation hat neben ihrer Unempfindlichkeit gegenüber Laufzeitverzerrungen bei Impulsregenerierung auch den Vorteil, daß eine Erniedrigung des Rauschabstandes auf der HF-Seite keine Rolle spielt, sofern sein Wert nicht unter 20 db sinkt.

Die Wendelhohlleiter machen einen recht robusten Eindruck. Sie werden auf Bänken mit Spezialvorrichtungen zur genauen Einhaltung der Steigung mit Hilfe von Präzisionsdornen hergestellt. Mit ihnen wird größere Unempfindlichkeit gegenüber kleinen Krümmungen erreicht, die für die Praxis erforderlich ist. Bild 3 zeigt eine Bank der Firma Bell zur Herstellung von Wendelkabeln mit Leitspindel und Aufspuleinrichtung. Erkennbar ist auch der Dorn, der die Wicklung aufnimmt. Die schwierigere Herstellung gegenüber dem glatten Hohlleiter bedingt naturgemäß eine entsprechende Verteuerung. Der Preis des Wendelleiters dürfte ein Vielfaches des einfachen Hohlkabels betragen. Auch diese Hohlkabel erfüllen noch nicht alle Wünsche, die man an sie stellen kann. Sie sind z.B. nicht so flexibel, daß sie sich wie ein normales Kabel auftrommeln lassen. Dadurch ergibt sich eine schwierigere unterirdische Verlegung.

Im Beitrag von Piefke [3] wurde die Dämpfung der störenden H_{mn}-Wellentypen im Wendelhohl-

Bild 3: Bank zur Herstellung von Wendelhohlleitern (Mit frdl. Genehmigung der Firma Bell Telephone Laboratories, USA)

leiter behandelt. Die Eigenschaften der Wendel, vor allem die Verluste und der Steigungswinkel der Wendelleitungen sind ausschlaggebend für die Existenzfähigkeit der Hohlleiterschwingungstypen. Für die störenden H_{mn}-Wellen ergibt sich eine maximale Dämpfung, die durch die richtige Wahl des Drahtdurchmessers und der äußeren Dämpfung erzielt werden kann. Sie ist umgekehrt proportional dem Quadrat des Wendeldurchmessers und zur Frequenz. Bei einem Wendeldurchmesser von 5 cm und bei 6 mm Wellenlänge beträgt z.B. die maximale Dämpfung der H_{12}-Welle $\alpha_{H_{12}} =$ 0,0158 N/cm, d.i. etwa der 3.2fache Wert gegenüber der Dämpfung im homogenen Leiter.

Ein ebenfalls interessanter Beitrag zum Thema "Hohlkabel" wurde durch Professor Barlow [4] mit den Ausführungen über Hohlleiter, deren Grundmodus die H_{01}-Welle darstellt, geboten. Es wurden Versuchshohlleiter hergestellt, die sowohl in der Längsrichtung, wie in der Richtung des Umfangs Rillen besitzen oder nur Nuten quer zur Ausbreitungsrichtung und einen dünnen dielektrischen Wandbelag auf der Innenseite. Die Wirkung dieser Veränderungen der ursprünglich glatten Innenwand der Hohlleiter besteht darin, daß zusätzliche Induktivitäten bzw. Kapazitäten entstehen, die Änderungen der Grenzfrequenzen der einzelnen Schwingungsarten zur Folge haben. Bild 4 zeigt im Längs- und Querschnitt solche Hohlleiter. Die Vertiefungen in Richtung des Umfanges haben für alle Wellentypen mit Längsströmen eine kapazitive Wirkung, wenn ihre Tiefe größer als $\lambda/4$ ist.

Durch diese zusätzliche kapazitive Komponente wird die Grenzfrequenz aller Schwingungstypen mit Ausnahme derjenigen der H_{on}-Wellen erhöht. Die Längsnuten (ihre Tiefe ist $< \lambda/4$) wirken induktiv für die H_{o1}-Welle und erniedrigen damit ihre Grenzfrequenz. Die Oberflächenreaktanz in der Längsrichtung bewirkt eine Umwandlung der H_{11} - und H_{21}-Störwellen in E_{11}- und E_{21}-Wel-

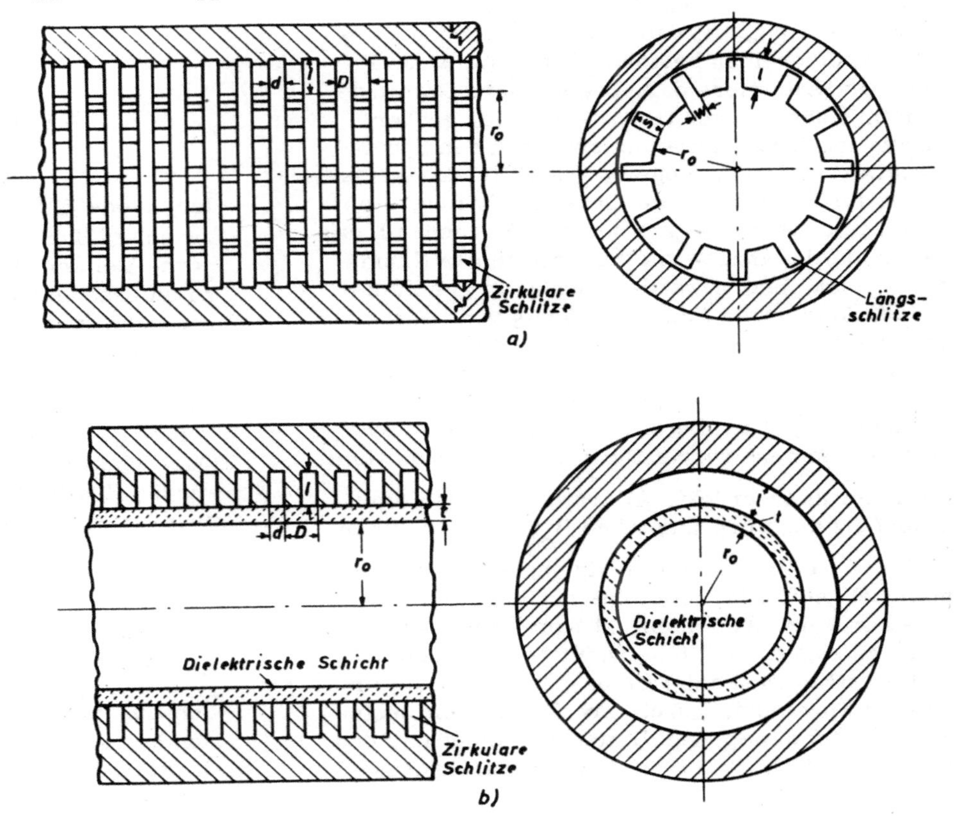

Bild 4:

Hohlleiter mit H_{01}-Welle als Grundschwingung nach Barlow

a) mit Längs- und Querrillen
b) mit Querrillen und dielektrischer Schicht

d = Breite der zirkularen Spalte
l = Tiefe der zirkularen Spalte
D = Abstand der zirkularen Spalte
w = Breite der longitudinalen Spalte
s = Tiefe der longitudinalen Spalte
t = Dicke des Dielektrikums
r_o = Innenradius des Hohlleiters

len, die beide unterhalb der Grenzfrequenz liegen.

Für einen Rohrradius von beispielsweise 5, 14 mm und eine Frequenz von 35 GHz schätzt Barlow die Dämpfung der H_{o1}-Welle auf etwa 0, 5 db/m.

Für lange Hohlkabel sind solche Dämpfungen zu hoch, jedoch kann man sich vorstellen, daß nach diesem Prinzip feste oder auch flexible Krümmer hergestellt werden könnten.

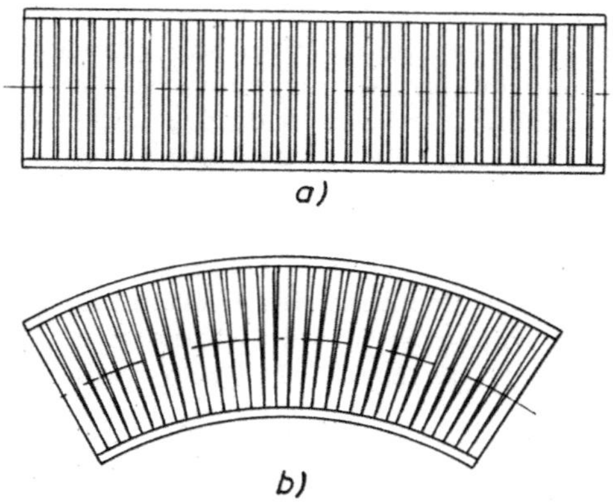

Bild 5: Hohlleiter mit Dielektrikum (scheibenförmig)

a) gerader Hohlleiter
b) Krümmer nach Barlow und Rickard

Ein ernst zu nehmender Konkurrent des Wendelhohlkabels ist der Hohlleiter mit dielektrischem Einsatz *). In diesem Zusammenhang soll als Beispiel ein Krümmer mit dielektrischem Einsatz von Barlow und Rickard [5] erwähnt werden, bei denen das Dielektrikum aus Polystyrolscheiben besteht. Bild 5 stellt das Innere des Krümmers dar. Die mittlere DK sinkt hier in Richtung nach außen wegen des größer werdenden Zwischenraums zwischen den Scheiben. Durch die Inhomogenität des Dielektrikums bleibt die Wellenfront weitgehend erhalten, die ohne Dielektrikum wegen der verschiedenen Laufzeiten auf der Innen- und Außenseite des Krümmers stark gestört werden würde. In gewöhnlichen Krümmungen findet, abhängig vom Winkel und von der Frequenz, eine mehr oder weniger starke Umwandlung in den E_{11}-Typ statt, die besonders bei breitbandigem Signal starke Störungen zur Folge hat. Bei dieser Ausführungsform eines Krümmers wurde die H_{o1}/E_{11}-Konversion stark heruntergerückt. Allerdings ist hier die Dämpfung der ursprünglichen H_{o1}-Welle noch zu hoch, so daß man gegenwärtig versucht, Krümmer mit geeigneterem dielektrischem Material zu entwickeln. Allgemein ist zum Thema "Krümmer" zu sagen, daß die endgültigen Formen noch nicht festliegen und die Untersuchungen noch im vollen Gange sind. Durch ihre Einfachheit bestechend wirkt die Spiegel-Umlenkung innerhalb des Hohlleiters [6]. Bild 6 zeigt zwei Ausführungsformen.

Die wichtigsten Schaltelemente der Hohlkabeltechnik sind die Wellentypwandler, Richtungskoppler, Modenfilter und störungsarme Übergänge zwischen Hohlkabeln verschiedenen Durchmessers. Bei den Wellentypwandlern hat man zu unterscheiden zwischen den Breitbandwandlern und relativ schmalbandigen Umwandlern, die zur Trennung von Kanälen im Mikrowellenbereich dienen können. Von den Breitbandumwandlern ist der bereits klassisch gewordene "Umwandler nach Gutton" zu nennen, bei dem eine allmähliche Querschnittsänderung vom Rechteckhohlleiter zum runden Hohlleiter die Umwandlung der meist zunächst vorhandenen H_{10}-Welle in die H_{o1}-Wellenform bewirkt.

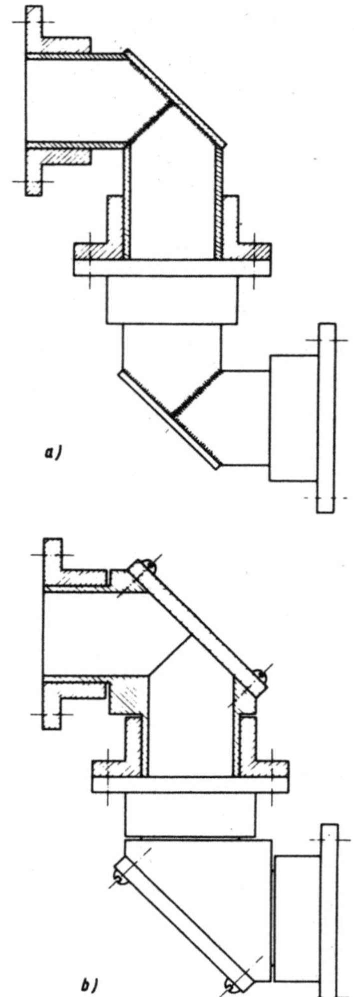

Bild 6: Hohlleiter-Umlenkungen

a) aus Rohr gelötet
b) aus Gußstücken gedreht

Von den schmalbandigeren Kopplern sei hier als Beispiel der Koppler von Klinger und Lewin [7] genannt, der die Erzeugung der H_{o1}-Schwingung und die Kanaltrennung in sich vereinen kann. Dieses Kopplungselement ist in Bild 7 dargestellt. Es handelt sich um einen ringförmigen Hohlleiter mit Rechteckquerschnitt, in den die ursprüngliche H_{10}-Welle eingespeist wird.

Über in diesem Falle 46 Kopplungsschlitze wird eine H_{o1}-Welle in einem Wellenleiter erzeugt, der im Längsschnitt in Bild 8 dargestellt ist. Eine solche Anordnung für den 8 mm-Wellenbe-

*)Siehe H. Larsen: Beitrag zur Theorie des dielektrisch belasteten Hohlleiters für den Weitverkehr

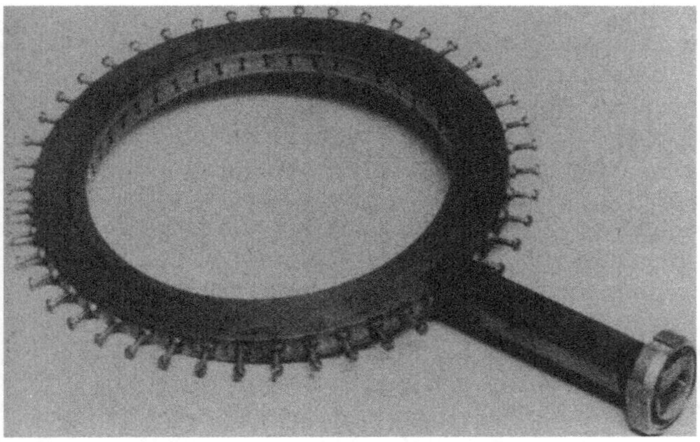

Bild 7: Wellentypumformer nach Klinger und Lewin (Mit frdl. Genehmigung der Standard Telecommunication Laboratories, England)

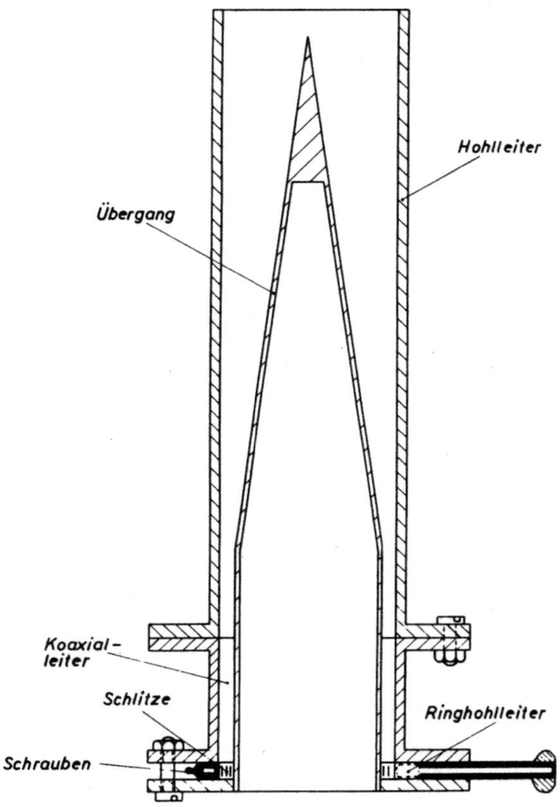

Bild 8: Längsschnitt durch Wellenleiter mit ringförmigem Wellentypumwandler nach Klinger und Lewin

reich wurde von Standard gezeigt, sie besaß 150 MHz Bandbreite. An dieser Stelle sei noch der Richtungskoppler von Jaumann [8] erwähnt, der einen Längsschlitz besitzt und bei dem der Kopplungsgrad durch Einstellen der Breite des Schlitzes nachträglich auf den günstigsten Wert gebracht werden kann.

Bei der Betrachtung von Schaltelementen für die Hohlkabeltechnik müssen die sog. Wellentypfilter erwähnt werden. Bild 9 zeigt zwei Ausführungsformen davon [9]. Diese Filter werden in die Hohlkabel da eingebaut, wo störende Schwingungstypen zu erwarten sind. Sie absorbieren alle Störmoden mit Ausnahme der H_{on}-Wellen, da die für deren Existenz erforderlichen Längsströme an der Innenwand des Hohlleiters stark gedämpft werden.

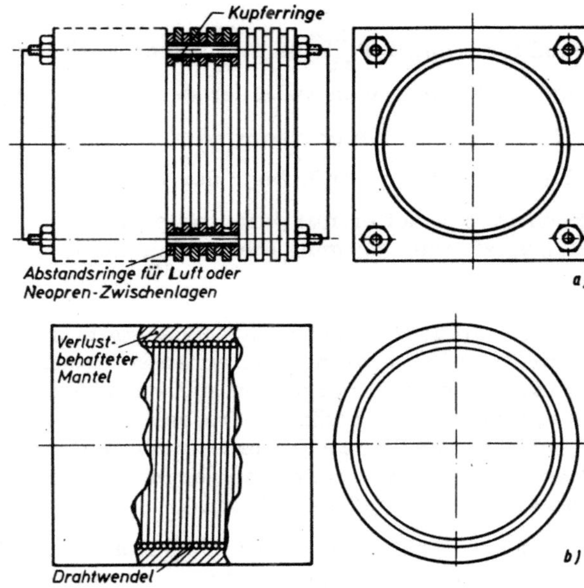

Bild 9: Wellentypfilter nach King u.a.

a) Ringfilter
b) Wendelfilter

Die dämpfungsarme H_{o1}-Welle erzeugt man normaler Weise aus der magnetischen Grundwelle im Rechteckquerschnitt, der H_{10}-Welle, mit einem Wellentypumformer oder Transducer. Der Transducer-Ausgang hat oft einen kreisförmigen Querschnitt. Dieser ist so dimensioniert, daß die höheren H_{on}-Wellen nicht entstehen können, weil sie wegen der höheren Grenzfrequenz nicht existenzfähig sind. Als Übergänge vom kleineren Querschnitt zum dämpfungsarmen Hohlkabel mit etwa 5 cm Innendurchmesser wurden von Solymar [10] anstelle linearer, konischer Übergänge, die den Nachteil relativ großer Länge haben, Übergangsglieder, die aus 2 oder mehreren Teilen mit verschiedenen Konuswinkeln bestehen, vorgeschlagen. Bild 10 zeigt als Beispiel einen Übergang, der aus 2 konischen Teilstücken besteht. Im ersten Abschnitt pflanzt sich eine reine, einer kugelförmigen Welle ähnliche H_{o1}-Welle fort. An der Stelle 2 wandelt sich ein Teil der H_{01}-Welle in die H_{02}-Schwingungsform um. Die Wellen höherer Ordnung vom H_{on}-Typ seien hier vernachlässigt. Ist der Unterschied zwischen den Konuswinkeln klein, so kann man annehmen, daß die Amplitude der H_{01}-Welle nur wenig geändert wird. Die Amplitude der entstehenden H_{02}-Welle sei am Punkt 2 $T_{21}^{(2)}$, also gleich dem Umwandlungs-Koeffizienten. Erzeugt man eine Phasendifferenz von π durch eine entsprechende Länge

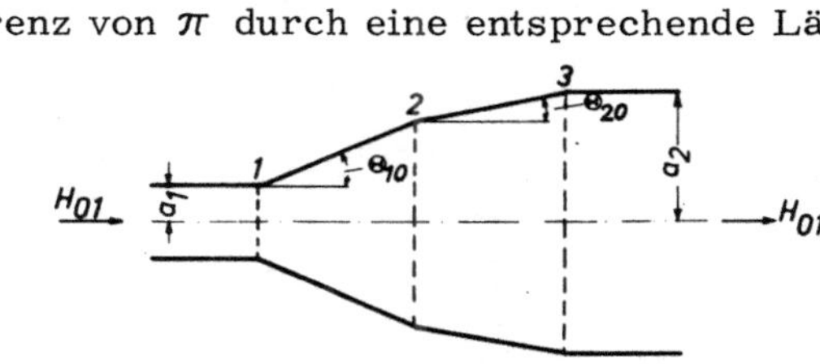

Bild 10: Zweiteiliger konischer Übergang zwischen Hohlleitern verschiedenen Durchmessers nach Solymar

2 ... 3 und macht die Größe der Amplituden an den Punkten 2 und 3 $T_{21}^{(2)}$ und $T_{21}^{(3)}$ durch Erfüllung **bestimmter Beziehungen zwischen den Winkeln** Θ_{10} und Θ_{20} einander gleich, so wird $T_{21}^{(2)} = - T_{21}^{(3)}$. Hierdurch findet eine Aufhebung der H_{02}-Welle statt und im Hohlleiter mit dem größeren Durchmesser wird eine Anregung dieses H_{02}-Schwingungstypes unterbunden.

Für die Länge des zweiteiligen Konus ergibt sich etwa nur 1/3 der Länge des einfachen konischen Übergangs. Bei den Übergängen zwischen Hohlleitern verschiedenen Durchmessers soll noch der Übergang von Andreasen mit einem stetigen Verlauf der Krümmung erwähnt werden, der eine besonders geringe Reflexion besitzt.

Bei den Meßmethoden der Hohlkabeltechnik wurde die Impulsmethode, die schon 1940 bei den Hohlkabelversuchen von Riedinger [11] angewendet wurde, weiter vervollkommnet und ist auch heute noch die an erster Stelle stehende Untersuchungsmethode für lange Hohlleiter. Sie bietet den Vorteil, daß die Dämpfung, Impulsverzerrung und auch Gruppengeschwindigkeiten aus einem Oszillogramm entnommen werden können.

Bild 11 zeigt das Prinzip dieser Methode [12]. In diesem spez. Falle werden HF-Impulse bis zu 6 Nanosekunden Länge, die mehrmals an beiden Enden des Hohlkabels reflektiert werden, durch Tastung einer Wanderfeldverstärkerröhre erzeugt. Als Oszillator dient ein Reflexklystron und als Empfangsverstärker zwei in Serie geschaltete Wanderfeldröhren. Bei Standard wurde eine Hohlkabelversuchsstrecke mit Hohlleitern von etwa 600 m Länge, mit Impulsen von 20 nsec Länge bei 8 mm Wellenlänge vorgeführt. Die Senderöhre war ein Impulsmagnetron von einigen kW Impulsspitzenleistung. Die Grenze liegt für die gebräuchlichen Anordnungen z. Z. bei einer Impulsbreite von ca. 20 nsec. Die Erzeugung sehr kurzer Impulse, die auch nach anderen Methoden vorgenommen werden kann, ist sehr wesentlich für die Unterscheidung von Störmoden und für breitbandige Übertragungen mit Pulscodemodulation. In der Londoner Universität wurde eine Hohlkabelversuchsanlage mit einem Magnetron für 3,8 mm Wellenlänge und einer Impulsbreite von 0,1 μ sec vorgeführt.

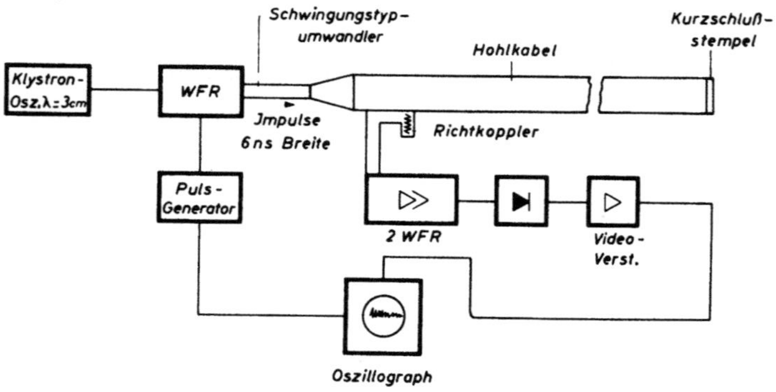

Bild 11: Hohlkabel-Meßanordnung für Impulsmessungen mit Impulsen bis zu 6 Nanosekunden Breite nach Beck

Bei einer Meßmethode zur Prüfung der Qualität von Hohlkabeln wird der Gütefaktor Q direkt durch Aufnahme der Resonanzkurve gemessen. Die sägezahnförmig frequenzmodulierte Oszillatorspannung wird bei einer Wellenlänge um 8 mm in den beidseitig abgeschlossenen Hohlleiter eingekoppelt. Die ausgekoppelte Spannung wird durch synchrone Ablenkung im Oszillogramm dargestellt und ergibt bei zweckmäßiger Art der Kopplung und Abstimmung eine Resonanzkurve, wie sie in Bild 12 gezeigt wird. Eine solche Güteprüfeinrichtung wurde bei Standard vorgeführt. Die Länge des Hohlleiters betrug etwa 3 m. Young [13] berichtete über Resonanzmessungen an Hohlleitern, bei denen Gütefaktoren bis zu etwa $3{,}5 \cdot 10^6$ bei 9 m langen Kupferrohren gemessen wurden.

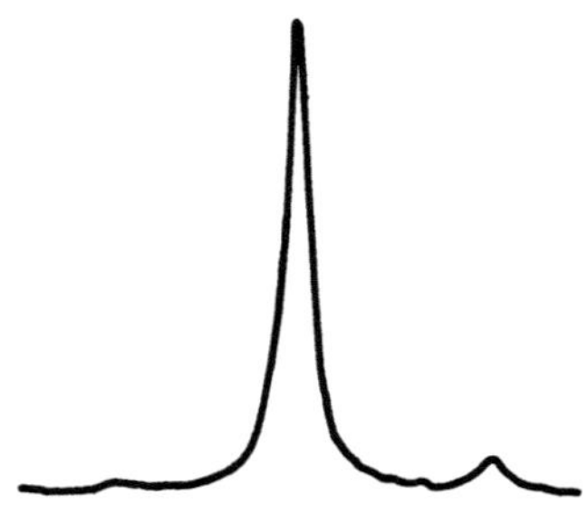

Bild 12:

Typische Resonanzkurve eines Hohlleiterresonators mit einer Güte von $1{,}2 \cdot 10^6$ nach Lewin (Seitlich der Resonanzkurve sind Markierimpulse sichtbar)

Neben dieser Methode scheint sich die FM- oder Sägezahnmethode [12] zur Gütemessung von Hohlleitern durchzusetzen. Eine sägezahnförmig frequenzmodulierte Oszillatorspannung wird in einen auf beiden Seiten abgeschlossenen langen Hohlleiter eingekoppelt. Je nach den Gruppengeschwindigkeiten der entstehenden parasitären Wellentypen trifft das am entfernten Ende reflektierte Signal zu verschiedenen Zeiten auf der Empfangsseite ein (Bild 13). Durch Mischung des ausgesendeten Signals mit dem empfangenen ergeben sich Interferenzschwingungen, die mit einem Analysator meßbar gemacht werden können. Aus der Art der Mischprodukte können die verschiedenen Störmoden bestimmt werden.

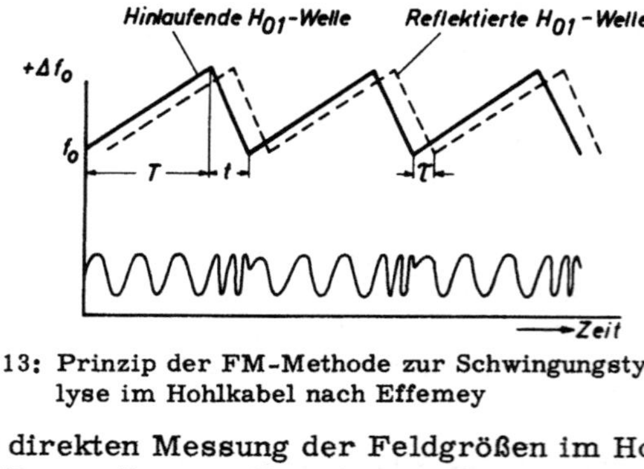

Bild 13: Prinzip der FM-Methode zur Schwingungstypanalyse im Hohlkabel nach Effemey

Zur direkten Messung der Feldgrößen im Hohlleiter dienen die sog. Rotationsanalysatoren. Bild 14 zeigt die Ausführung eines solchen Analysators nach Effemey [12]. Das Gerät enthält eine Sonde, die in der Richtung des Umfangs und in der Längsrichtung verschiebbar ist. Es können hiermit die Komponenten der magnetischen Feldstärke H_Θ und H_z, sowie die elektrische Feldstärke E_r abhängig vom Winkel Θ und von z bestimmt werden. Die Unterscheidung zwischen diesen Kom-

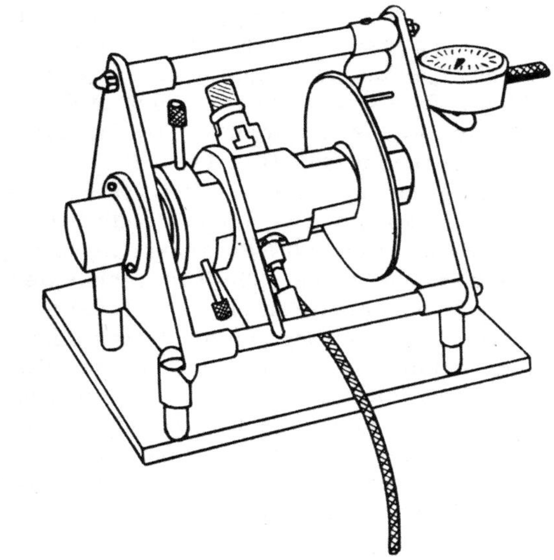

Bild 14: Schema eines Rotationsanalysators nach Effemey

ponenten ist durch die Stellung des Rechteckrohres der Abtasteinrichtung, in das ein Detektor eingebaut ist, bzw. durch die Art der Sonde selbst gegeben. Diese Meßleitung kann auch durch Verschieben der Sonde parallel zur Rohrachse zur Messung von stehenden Wellen benutzt werden. Bei der Feldanalyse können allerdings bei dieser Anordnung nur Größen in der Nähe der Oberfläche gemessen werden, da ein tieferes Eindringen der Sonde zu große Störungen des ursprünglichen Feldes hervorrufen würde.

Um eine Analyse über den gesamten Querschnitt des Hohlleiters zu ermöglichen, wird z. Z. der sog. "Spinning Dipole" [14] entwickelt. Dieser besteht nach Bild 15 aus einem sehr kurzen Dipol, der an einem dünnen Nylonfaden, welcher quer zur Rohrachse gespannt ist, befestigt ist. Durch Synchronmotoren wird der Dipol, der auch in radialer und zirkularer Richtung verschiebbar ist, in schnelle Rotation versetzt. Aus den entstehenden Störungen des elektromagnetischen Feldes kann auf die Art der vorhandenen Schwingungstypen geschlossen werden. Man läßt den Dipol rotieren, um eine bessere Unterscheidung gegenüber anderen geringen Feldstörungen zu ermöglichen.

Durch eine Gasentladung wurde mit Hilfe eines Magnetronoszillators von 10 kW Impulsspitzen-

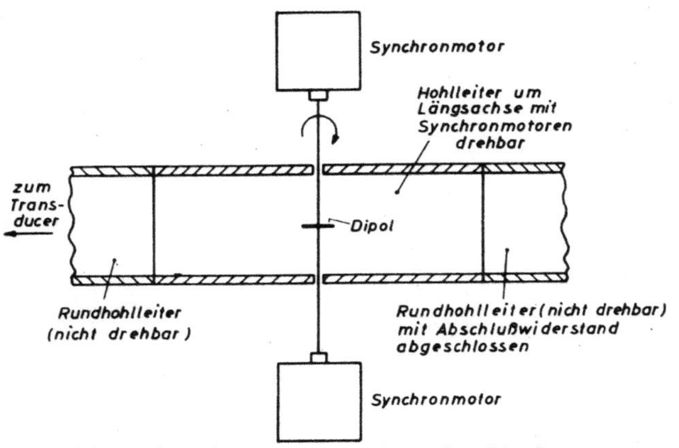

Bild 15: Anordnung eines rotierenden Dipols (Spinning Dipole) als Wellentypanalysator

Bild 16: Sichtbarmachung des zirkularen Verlaufs der elektr. Feldlinien der H_{01}-Welle durch eine Gasentladung nach Barlow

leistung durch Prof. Barlow [15] der Verlauf der zirkularen elektrischen Feldlinien der H_{01}-Welle direkt sichtbar gemacht. Dies ist in Bild 16 gezeigt.

Im Rahmen dieses Referats konnte über eine Reihe anderer wertvoller Vorträge und interessanter Vorführungen anläßlich der Londoner Tagung nicht berichtet werden. Es war aber wohl erkennbar, daß das vielversprechende Gebiet der Hohlkabeltechnik mit großer Intensität bearbeitet wird.

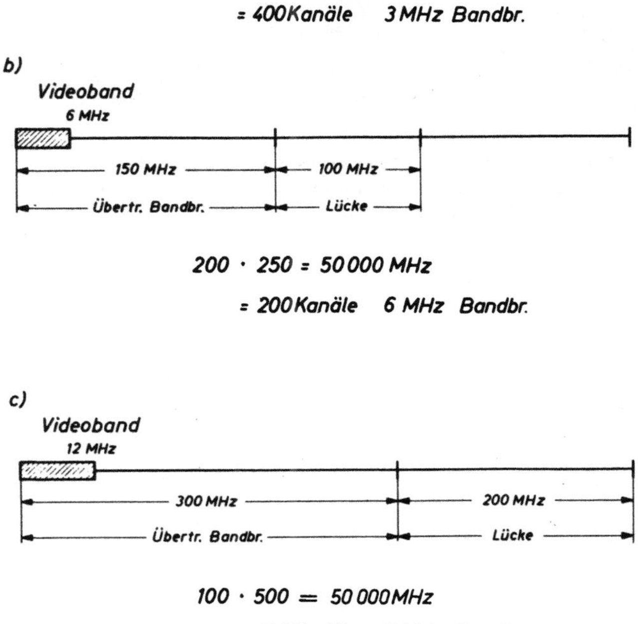

Bild 17: Mögliche Fernsehsysteme im Hohlkabel
Angenommener Frequenzbereich 30 ... 80 GHz
Bandbreite = 50 000 MHz

Bild 18: Hohlleiter-Versuchsanlage
(Mit frdl. Genehmigung der Firma Siemens u. Halske, München)

Bild 19: Vorrichtung zur Halterung von Hohlkabeln
(Mit frdl. Genehmigung der Firma Siemens u. Halske, München)

Es erhebt sich nach dem Vorgetragenen die Frage: Welches Ziel kann man voraussichtlich mit all diesen Bemühungen und nicht geringen Investitionen erreichen? Eine Übersicht in bezug auf die Übertragung von Fernseh-Kanälen z. B. für das Fernseh-Fernsprechen gibt Bild 17, wobei die dargestellten Möglichkeiten nur schrittweise verwirklicht werden können. Bei einer Bandbreite von 50 000 MHz könnten 400 Fernsehkanäle mit 3 MHz Videobandbreite bzw. 200 Fernsehkanäle mit 6 MHz Videobandbreite in einem Hohlkabel übertragen werden. Vorausgesetzt ist hier eine Übertragungsbandbreite, die das 25fache der Basisbandbreite beträgt und das Vorhandensein von Lücken geeigneter Größe zwischen den einzelnen Kanälen. In Amerika soll ein Hohlkabel-System mit 30 km Verstärkerabstand, Pulscodemodulation und Wanderfeldröhrenverstärkern für eine Zwischenfrequenz von 11 GHz geplant sein [1].

Bei der Londoner Tagung, die an sich als interner Erfahrungsaustausch gedacht war, standen naturgemäß die englische und amerikanische Hohlkabelforschung im Mittelpunkt. Aber auch in anderen Ländern, wie in Frankreich, Rußland und auch in Deutschland hat die Entwicklung, die bei uns ja durch den Krieg unterbrochen war, wesentliche Fortschritte gemacht. Daher seien noch zwei Bilder von einer in München vorhandenen Versuchs-Hohlkabelanlage der Firma Siemens u. Halske gebracht [16]. Die ausgelegten Hohlkabel haben hier eine Länge von 2 x 250 m. Bild 18 zeigt eine Gesamtansicht der Strecke, Bild 19 gibt eine Detailansicht, welche Einzelheiten der Montage erkennen läßt (v-förmig gestellte Rollen wegen der Wärmeausdehnung der Rohre). Die linke Leitung ist s-förmig vom Gestell zum Boden heruntergeführt und läuft in einer Kurve weiter. Schließlich ist noch in Bild 20 ein Teilstück einer vorgeschlagenen unterirdisch zu verlegenden Hohlkabel-Versuchsstrecke dargestellt.

Es sei an dieser Stelle der Institution of Electrical Engineers, dem University College in London und den beteiligten Firmen für die intensive Vorbereitung der Londoner Tagung und die Ermöglichung der Teilnahme gedankt. Die Veröffentlichung der neueren Forschungsergebnisse wird wesentlich zur Beschleunigung der Hohlkabelentwicklung beitragen.

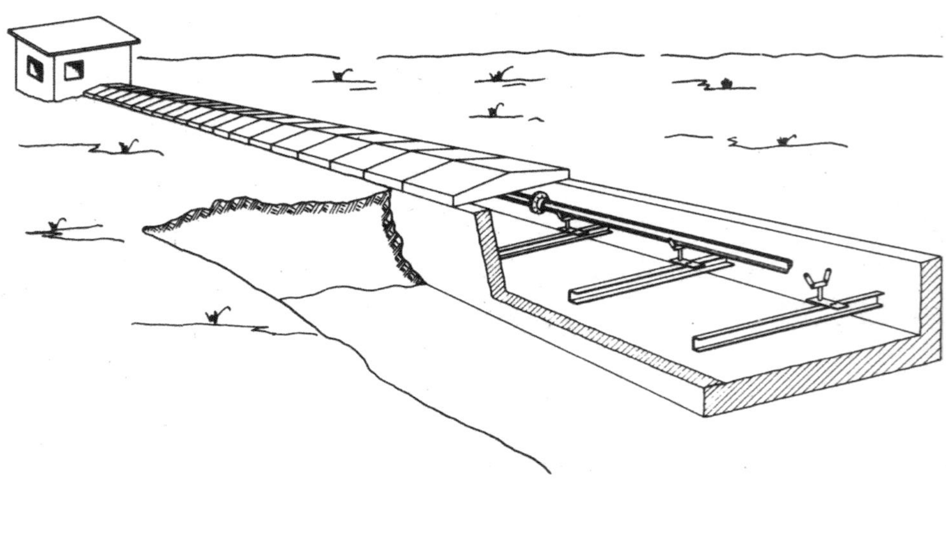

Bild 20:

Unterirdisch verlegte Hohlkabel-Versuchsstrecke (Entwurf)

Schrifttum

[1] H. E. M. Barlow: Introductory Survey (Convention on Long-Distance Transmission by Waveguide). Proc. Inst. Electr. Engrs. 106 (1959) Teil B (Suppl.), S. 1-8

[2] A. E. Karbowiak: Distortion of Information in Non-Uniform Multi-Mode Waveguides. Proc. Inst. Electr. Engrs. 106 (1959) Teil B (Suppl.), S. 9-16

[3] G. Piefke: The Influence of Helix Wire Diameter on the Modes in a Helix Waveguide. Proc. Inst. Electr. Engrs. 106 (1959) Teil B (Suppl.), S. 110 -118

[4] H. E. M. Barlow: A Method of Changing the Dominant Mode in a Hollow Metal Waveguide and its Application to Bends. Proc. Inst. Electr. Engrs. 106 (1959) Teil B (Suppl.), S. 100-105

[5] H. E. M. Barlow and D. C. Rickard: Experiments on Circular H_{01} Wave Propagation in a Curved Waveguide filled with an Inhomogeneous Dielectric. Proc. Inst. Electr. Engrs. 106 (1959) Teil B (Suppl.), S. 106-107

[6] G. Comte, F. De Carfort, A. Ponthus et J. Paris: Utilusation de guides d'ondes circulaires pour la transmission a grande distance d'ondes centimétriques et millimétriques. Cables et Transmissions 11 (1957), S. 342-355

[7] Y. Klinger and L. Lewin: Channel Insertion Feed. Proc. Inst. Electr. Engrs. 106 (1959) Teil B (Suppl.), S. 138-142

[8] A. Jaumann: Über Richtungskoppler zur Erzeugung der H_{o1}-Welle im runden Hohlleiter. Arch. elektr. Übertr. 12 (1958), S. 440-446

[9] W. D. Warters: The Effects of Mode Filters on the Transmission Characteristics of Circular Electric Waves in a Circular Waveguide. Bell Syst. Techn. J. 37 (1958), S. 657-677

[10] L. Solymar: Design of Two - Section Conical Taper in Circular Waveguide System supporting the H_{o1}-Mode. Proc. Inst. Electr. Engrs. 106 (1959) Teil B (Suppl.), S. 119-120

[11] A. Riedinger: Messung der Dämpfung und Ausbreitungsgeschwindigkeit elektromagnetischer Schwingungen in Metallrohren. Hochfrequenztechn. u. Elektroak. 58 (1941) Nr. 2, S. 21-25

[12] H. G. Effemey: A Survey of Methods used to Identify Microwave Fields or Wave Modes in Cylindrical Waveguides. Proc. Inst. Electr. Engrs. 106 (1959) Teil B (Suppl.), S. 75-83

[13] J. A. Young: Resonant-Cavity Measurements of Circular Electric Waveguide Characteristics. Proc. Inst. Electr. Engrs. 106 (1959) Teil B (Suppl.), S. 62-65

[14] H. E. M. Barlow and M. G. F. Wilson: The Spinning - Dipole Technique applied to the Measurement of Waveguide Modes. Proc. Inst. Electr. Engrs. 106 (1959) Teil B (Suppl.), S. 84-88

[15] H. E. M. Barlow: Propagation Characteristics of Low-Loss Tubular Waveguides. Proc. Inst. Electr. Engrs. 104 (1957) Teil B, S. 254-260

[16] W. Stöhr: Nachrichten-Weitverkehr über Hohlleitungen. Siemens-Z. 33 (1959), S. 685-690

BEITRAG ZUR THEORIE DES DIELEKTRISCH BELASTETEN HOHLLEITERS FÜR WEITVERKEHR *)

H. Larsen, München

Mit 4 Bildern

1. Problemstellung

Die H_{01}-Welle ist im streng mathematischen Sinn eine Eigenwertlösung der Wellengleichung des geraden Kreiszylinders. In einem Kreiszylinder mit gebogener Achse gehören zur Darstellung des Feldes alle drei elektrischen und alle drei magnetischen Feldkomponenten. Die H_{01}-Welle, die nur eine elektrische und zwei magnetische Komponenten hat, ist also in diesem Fall für sich allein keine Lösung der Wellengleichung mehr. Sie zerfällt in eine Reihe von Wellentypen und damit entsteht das eigentliche Problem für den Techniker, denn er kann ja eine Weitverkehrsstrecke nicht aus geraden Kreiszylindern aufbauen. Es sollen hier speziell diejenigen Störungen der Ausbreitung der H_{01}-Welle untersucht werden, die bei Richtungsänderungen der Hohlleitung auftreten, außerdem werden die Mittel zur Beseitigung dieser Störungen diskutiert. Damit wird auch ein Ausblick auf das Problem der Verlegungsgenauigkeit von Hohlleiter-Weitverkehrsstrecken gewonnen.

Da die H_{01}-Welle nicht der einzige ausbreitungsfähige Wellentyp in der Hohlleitung ist, würde diese Welle, selbst wenn sie in reiner Form in die Hohlleitung eingestrahlt würde, an geometrischen Unregelmäßigkeiten zum Teil die anderen unerwünschten Wellentypen mitanregen. Nehmen wir an, bei einer Störungsstelle wäre neben die H_{01}-Welle ein weiterer Wellentyp X getreten, der sich mit einer anderen Fortpflanzungsgeschwindigkeit als H_{01} ausbreitet. Trifft dieser Wellentyp auf eine zweite, ein Stück weiter von der ersten entfernte Störung, so werden dort wiederum neue Wellentypen gebildet, unter denen sich - wie es der Reziprozitätssatz verlangt - auch H_{01} befindet. Wegen der verschiedenen Laufzeiten von H_{01} und X kommt der rückverwandelte H_{01}-Anteil jedoch mit Phasenverschiebung zur primären H_{01}-Welle hinzu. Man kann sich leicht vorstellen, daß die Übertragungscharakteristik dieser Leitung sehr vielfältige Unregelmäßigkeiten erhalten wird, wenn man die Vielzahl der möglichen Störstellen und der kombinierenden Wellentypen betrachtet. Diesen Übelstand kann man dadurch bekämpfen, daß man eine Leitung baut, die für die unerwünschten Wellen eine bevorzugt erhöhte Dämpfung hat, so daß die Störmoden nach ihrer Bildung möglichst stark gedämpft werden, ehe sie wieder in H_{01} rekonvertieren. Dies ist bei der schon beinahe klassisch gewordenen Wendelhohlleitung geschehen, bei der die glatte Metallwand des Hohlleiters durch eine Wendel aus dünnem Draht ersetzt ist, die mit sehr kleiner Ganghöhe gewickelt und außen von einem absorbierenden Dielektrikum umgeben ist. Das Modendämpfungsverhältnis der Wendelhohlleitung liegt äusserst günstig in der Größenordnung von 10^3 bis 10^4. Leider ist die Herstellung von Wendelhohlleitungen ziemlich zeitraubend. Ein kontinuierliches Herstellungsverfahren mit der erforderlichen geringen Toleranz ist noch nicht in Aussicht und würde zudem, was die Geschwindigkeit des Wickelvorganges anbelangt, in fataler Weise an das alte Krarupkabel erinnern. Bei den derzeitigen technologischen Verhältnissen dürfte es naheliegend sein, nach einer billiger herstellbaren Leitungsform zu suchen, die für die Störwellen eine höhere Dämpfung hat als ein Metallrohr. Wir wollen zeigen, daß ein präzis kalibriertes Metallrohr mit einer dünnen dielektrischen Schicht an der Innenwand bis zu gewissem Grade günstige Eigenschaften hat.

Daß dieses sogenannte dielektrisch belastete Rohr eine günstige Lösung speziell im Hinblick auf die in der Praxis unvermeidlichen Richtungsschwankungen der verlegten Hohlleitung ist, soll an der Theorie periodischer Richtungsänderungen vorgeführt werden. Wir haben zwischen bleibenden und wechselnden Richtungsänderungen zu unterscheiden, die wir im folgenden Wellungen nennen wollen. Aus Gründen der Baugenauigkeit wird in der Praxis eine gerade gebaute Strekke stets etwas gewellt sein, sei es durch die elastische Durchbiegung über den Auflagen, sei es durch Nivellierfehler der Auflagen selbst.

2. Wellentypwandlungen im Kreisbogen

Wir betrachten zunächst eine kreisbogenförmig gebogene Hohlleitung. Den Feldzustand in einer solchen Hohlleitung kann man mathematisch durch eine Reihenentwicklung in die bekannten Wellentypen E_{11}, H_{11}, H_{12}, H_{13} usw. des geraden Hohlleiters darstellen. Die Entwicklungskoeffizienten dieser Reihe heißen Kopplungsfaktoren zwischen H_{01} und dem betreffenden Wellentyp X und sind für Krümmungsradien bis zum Hundertfachen des Rohrdurchmessers genügend genau der ersten Potenz der Krümmung proportional. Dieser Reihenentwicklung in gekoppelte Wellentypen kann ersatzbildmäßig eine Reihe von Leitungen mit nur einem Wellentyp zugeordnet werden, die miteinander kontinuierlich gekoppelt sind. Im Fall, daß zwei Leitungen miteinander gekoppelt sind, genügen die vorwärtsschreitenden Wellenamplituden dem Differentialgleichungssystem 1. Ordnung *).

*)Mitteilung aus dem Zentrallaboratorium der Siemens u. HalskeAG.

*) Das System (1) hat formale Ähnlichkeit mit den Grundgleichungen der Nebensprechtheorie [4]

$$\frac{da_1}{dz} = -\gamma_1 \quad a_1 \quad - jc(z)a_2$$
$$\frac{da_2}{dz} = -\gamma_2 \quad a_2 \quad - jc(z)a_1 \qquad (1)$$

In einem blanken, kreisförmig gebogenen Metallrohr interessiert vor allem die Kopplung mit der E_{11}-Welle, die durch $\gamma_1 = \gamma_2$ ausgezeichnet ist. Die Funktion c (z) ist gleich einer Konstanten zu setzen, nämlich

$$c = \frac{1,16\ r_o}{\lambda_o}\ \varkappa \qquad (2)$$

Dafür ist die Lösung sehr einfach anzugeben in der Form

$$a_1 = e^{-\gamma z} \cdot \cos cz$$
$$a_2 = e^{-\gamma z} \cdot \sin cz \qquad (3)$$

Als Übertragungsfaktor bezeichnen wir das Verhältnis

$$A = \left| \frac{a_1\,(z)}{a_1\,(0)} \right| ,$$

wofür man also findet $A = e^{-\alpha z} \ |\cos cz| \ (4)$

Es ist wichtig zu bemerken, daß c proportional der Frequenz ist, der Übertragungsfaktor eines im Kreisbogen verlegten Hohlleiters, definiert durch das Verhältnis der H_{01}-Amplituden nach und vor der Krümmung, ist nach Gl. (4) dem $|\cos cz|$ proportional. An den Stellen

$$cz = \frac{\pi}{2},\ 3\frac{\pi}{2},\ 5\frac{\pi}{2},\ \ldots$$

geht der Übertragungsfaktor durch Null. Bestimmte Frequenzen des Signalspektrums werden also ausgelöscht. Es ist von S. E. Miller [1] darauf hingewiesen worden, daß die Konversion erheblich vermindert wird, wenn zwischen den gekoppelten Wellen eine Phasenmaßdifferenz $\delta\beta$ besteht. Zwischen H_{01} und den H_{1n} bestehen natürliche Phasenmaßunterschiede wegen der Verschiedenheit ihrer Grenzfrequenzen, zwischen H_{01} und E_{11} muß die bestehende Phasenmaßgleichheit künstlich aufgehoben werden, was dadurch erreicht wird, daß man die Wellenimpedanz der Hohlleiterwand erhöht. Wir werden darauf gleich näher eingehen, wollen uns zuvor in Bild 1 die Wirkung dieser Phasenmaßverschiebung ansehen. Die Kurven zeigen den Gang der H_{01}-Amplitude a_1 mit der Bogenlänge für ein Rohr von 50 mm Ø bei 35 GHz, das mit 50 m Krümmungsradius verlegt ist. Die relativen Phasenmaßunterschiede sind mit 0, 0,19 ‰, 1 ‰ und 16 ‰ angenommen. Man sieht, daß die Pendelungen des Übertragungsfaktors mit wachsendem $\delta\beta$ abnehmen und bei 16 ‰ nur noch $2 \cdot 10^{-3}$ dB betragen.

3. Die Wirkung eines dielektrischen Wandbelages

Eine wichtige Bedingung für die Beherrschung der Krümmungen besteht wie gezeigt darin, in erster Linie der E_{11}-Welle eine andere Phasenkonstante zu erteilen, ohne natürlich H_{01} in der Dämpfung zu beeinträchtigen. Daß dies durch eine dielektrische Randschicht von geringer Schichtdicke geschehen kann, ist theoretisch seit längerem bekannt. Die geringe Dicke ist erforderlich, damit das Ganze für die H_{01}-Welle nur

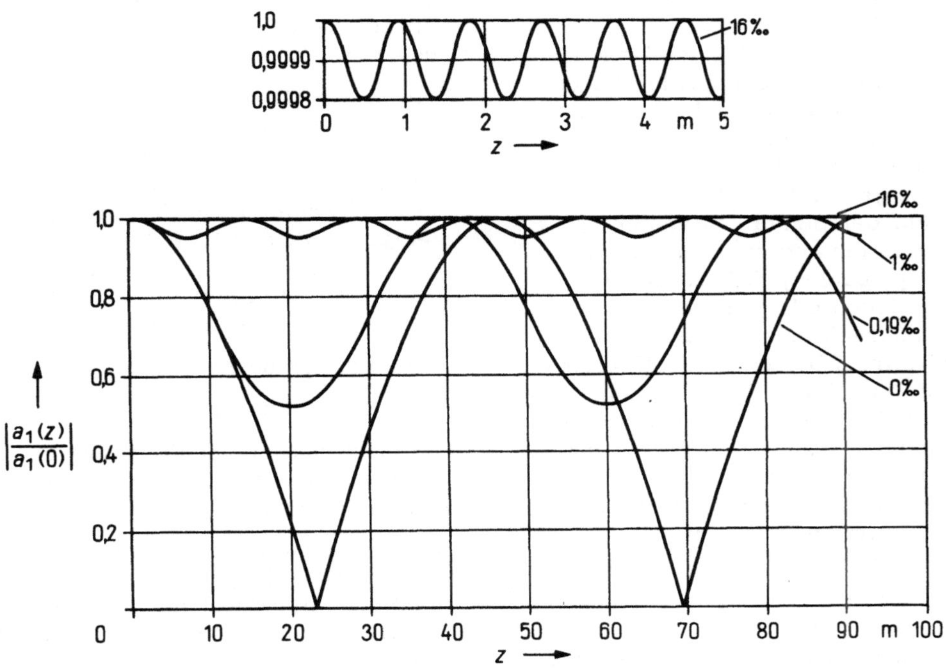

Bild 1: (H_{01}, E_{11})-Umwandlungen im unbelasteten, kreisbogenförmig verlegten Hohlleiter R = 50 m, 2a = 50 mm Ø, f = 35 GHz.

eine kleine Störung bildet, sonst würde nämlich die fallende Dämpfungskurve verlorengehen. Die strenge Berechnung der sogenannten Normalwellentypen des Rohres mit dielektrischem Einsatz wurde bereits 1943 von Buchholz [2] gegeben. Wir wollen versuchen, die mathematische Ableitung durch eine anschauliche Reminiszenz aus der Optik zu ersetzen. Die Wellen in einer metallischen Hohlleitung laufen mit einer Phasengeschwindigkeit, welche größer als die Lichtgeschwindigkeit ist. Diese zunächst befremdende Erscheinung kann man verstehen, wenn man eine schräg zur Hohlleiterachse mit Lichtgeschwindigkeit laufende und zwischen den Wänden hin- und herreflektierte ebene Welle betrachtet (Bild 2). Projiziert man nämlich die Phasenwinkeldrehung des schrägen Strahles auf die Hohlleiterachse, so erscheint sie verkleinert, die Wellenlänge also in dieser Richtung vergrößert gegenüber der Wellenlänge des schrägen Strahles. Das heißt aber, die Phasengeschwindigkeit der Hohlleiterwelle ist größer als die Lichtgeschwindigkeit.

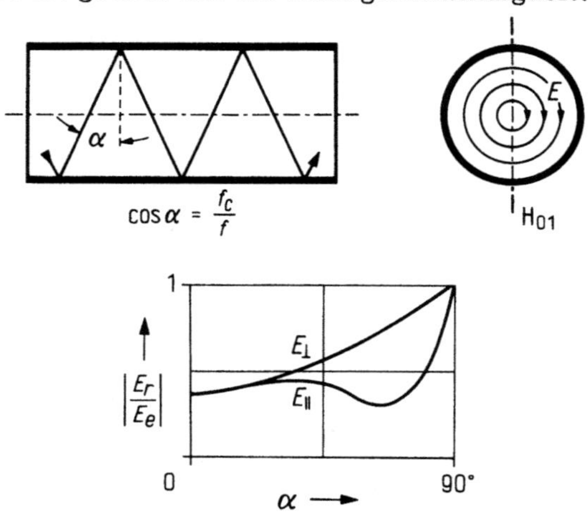

Bild 2: Optische Darstellung der Hohlleiterwellen. Reflexionsvermögen der Wand in Abhängigkeit von Polarisation und Einfallswinkel.

Eine Ableitung der Hohlleitergleichungen ist auf diesem Wege zwar nur für rechteckige Hohlleiter mit Planwellen möglich, im kreisrunden Hohlleiter geht das elementar nicht mehr, man kann aber einen Längsschnitt durch den Hohlleiter legen und nur einen einzigen in der Schnittebene als Einfallsebene laufenden Strahl betrachten. Für diesen müssen die elementaren Reflexionsgesetze gelten. Die Optik lehrt, daß das Reflexionsvermögen verschieden ist, je nachdem der elektrische Vektor senkrecht oder parallel zur Einfallsebene steht. Darauf beruht ja die Herstellung polarisierten Lichtes durch Reflexion an einer Glasplatte. Es sei angenommen, daß die reflektierende Wand Verluste habe. Das Diagramm zeigt, daß der Reflexionsfaktor von $E_\perp$ mit steigendem Einfallswinkel monoton zunimmt, während er für $E_\parallel$ durch ein Minimum läuft. Mit steigender Frequenz wird gemäß

$$\cos \alpha = f_c/f$$

der Einfallswinkel immer größer. Daher wird das Reflexionsvermögen für Wellen, die nur ein $E_\perp$ besitzen, mit steigender Frequenz immer besser und die Absorption bzw. Leitungsdämpfung der Welle immer kleiner. Die einzigen Wellen, die nur ein $E_\perp$ besitzen, sind die H_{on}, wie die Maxwellsche Theorie ergibt. Man versteht also zunächst die eigentümliche Dämpfungscharakteristik der H_{01}-Welle aus der Optik heraus und bemerkt zugleich, daß alle anderen Wellen, die ein $E_\parallel$ besitzen, schlechter reflektiert werden. Eine verlustlose dielektrische Wand würde beim Brewsterschen Winkel für $E_\parallel$ das Reflexionsvermögen Null haben, während die Reflexion von $E_\perp$ durchweg höher liegt. Die Lage und Höhe des Minimums hängt von der Beschaffenheit der reflektierenden Wand ab. Wir schließen daraus, daß sich die elektrische Impedanz der Hohlleiterwand auf die Ausbreitung von H_{01} nur gering auswirkt, daß die anderen Wellentypen über das $E_\parallel$ jedoch stark beeinflußt werden. Das einfachste Mittel zur selektiven Beeinflussung der E_{11}-Wellen besteht also darin, der Wandimpedanz eine zusätzliche Blindkomponente beispielsweise durch eine dielektrische Belegung zu erteilen. Eine weitere merkwürdige Schlußfolgerung soll aus dieser optischen Darstellung mehr des Interesses halber gezogen werden. Da das Reflexionsvermögen bei streifendem Einfall $\alpha = 90^\circ$ gegen 1 geht sowohl für $E_\perp$ als auch für $E_\parallel$, kann man vermuten, daß für alle Wellentypen im Grenzgebiet zur Optik die Absorptionsdämpfungen fallende Tendenz haben werden. Man findet in allen Darstellungen, daß z.B. H_{11} oder E_{11} ein Minimum haben und nach hohen Frequenzen hin wiederum ansteigen. Diese Aussage kann im optischen Grenzgebiet offenbar nicht mehr gelten.

Wir wenden uns nunmehr den quantitativen Ergebnissen zu. Die sehr komplizierten Bestimmungsgleichungen, die Buchholz für dielektrische Schichten beliebiger Dicke abgeleitet hat, ergeben einfache Näherungsentwicklungen, wenn das Verhältnis d/r_o so klein ist, daß jeweils nur die ersten Glieder der Reihenentwicklungen genommen zu werden brauchen. Die von Unger [3] ausgeführte Berechnung ergibt folgendes: Die H_{on}-Wellen werden mit der 3. Potenz der relativen Schichtdicke beeinflußt, die anderen Wellentypen mit der 1. Potenz. Von allen wird die E_{11}-Welle am stärksten beeinflußt. Bei sonst gleichen Bedingungen beträgt die Beeinflussung für die H_{11} 42 %, für die H_{12} 13 % und für höhere Wellentypen noch weniger im Vergleich zur E_{11}-Welle. Die Phasenmaßverschiebung von E_{11} steigt proportional zur Schichtdicke und hat eine höchstzulässige Grenze, die durch die gleichzeitige Dämpfungserhöhung der H_{01}-Welle bestimmt ist. Diese hat zwei Komponenten, nämlich die dielektrische Dämpfung in der Schicht, welche mit d^3 geht, und die Erhöhung der Wandstromverluste, welche durch die Verstärkung des Feldes in der Randzone hervorgerufen werden und mit d^2 anwachsen. Eine optimale Bemessung der Schichtdicke wird sich ganz nach dem $\tan\vartheta$ des zur Verfügung stehenden Materials zu richten haben.

4. Theorie der gewellten Strecke

Wir bezeichnen eine Strecke als gewellt, wenn die Tangentenrichtungen an ihren Enden zueinander parallel sind, ohne daß die Krümmung der Achslinie an allen Stellen verschwindet. Beispiele von Wellungen sind statistische Richtungsschwankungen um eine die Endpunkte verbindende Gerade oder eine elastische Durchbiegung zwischen den Auflagern [5]. Da man die Kurve der Hohlleiterachse in eine Fourierreihe entwickeln kann, welche nach Vielfachen der Auflagerperiode oder der Teillänge fortschreitet, kann sich die Theorie im Prinzip mit dem Fall einer rein sinusförmig schwankenden Krümmungsfunktion begnügen. Für eine beliebig geformte Achsenkurve der Hohlleitung haben wir zuerst di e Krümmung zu berechnen und die dieser Krümmung proportionale Kopplungsfunktion c (z) in die Differentialgleichungen (1) einzusetzen.

Die Lösungen setzen wir analog zu (3) in der sogenannten Polarendarstellung an

$$\begin{aligned} a_1 &= \varrho(z)\cos\vartheta(z) \\ a_2 &= j\varrho(z)\sin\vartheta(z) \end{aligned} \qquad (5)$$

Die neuen Variabeln ϱ und ϑ genügen nunmehr den Gleichungen

$$\frac{d\vartheta}{dz} = (\gamma_1 - \gamma_2)\sin\vartheta\cos\vartheta - c(z) \qquad (6)$$

$$\varrho = \exp\left\{-\int_0^z \left[\gamma_1\cos^2\vartheta(z') + \gamma_2\sin^2\vartheta(z')\right] dz'\right\} \qquad (7)$$

Leider ist die Differentialgleichung (6) bezüglich ϑ nichtlinear und wir können sie nicht allgemein und geschlossen lösen. Da man es aber in der Praxis nur mit kleinen Deviationen von der Geraden zu tun hat, braucht man die Lösungen auch nur für kleine ϑ-Werte aufzusuchen und wir erhalten mit $\cos\vartheta \approx 1$ und $\sin\vartheta \approx \vartheta$ aus (6) die lineare Gleichung (6a)

$$\frac{d\vartheta}{dz} = (\gamma_1 - \gamma_2)\,\vartheta(z) - c(z) \qquad (6a)$$

mit $c(z) = c_o\,\varkappa(z)$.

Die Lösung dieser linearisierten Gleichung kann in geschlossener Form angegeben werden und lautet allgemein

$$\vartheta(z) = -c_o \cdot e^{(\gamma_1 - \gamma_2)z}\int_O^z \varkappa(z')e^{-(\gamma_1 - \gamma_2)z'}\,dz' \qquad (8)$$

$$\varrho(z) = e^{-\gamma_1 z + \delta\gamma\int_0^z \vartheta^2(z')\,dz'} \qquad (9)$$

Man liest aus der letzten Gleichung ab, daß das Übertragungsmaß γ der H_{01}-Welle eine Veränderung um die Größe $\Delta\gamma$ erfährt und daß für dieselbe offenbar gilt

$$z\,\Delta\gamma = \delta\gamma\int_0^z \vartheta^2(z')\,dz'. \qquad (10)$$

Die Größe $\vartheta(z)$ stellt laut Gl. (5) aber den Konversionsfaktor dar, denn für $\vartheta \ll 1$ ist das Amplitudenverhältnis

$$\frac{a_2}{a_1} \approx j\vartheta.$$

Die Größe ϑ sowie die Gleichung (6), aus der sie zu berechnen ist, spielt also in der ganzen Betrachtung eine wichtige Rolle. Die Gl. (10) liefert die durch die Konversion in der Krümmung hervorgerufene Übertragungsmaßänderung. Als Funktion der Frequenz gelesen, bedeutet die Gl. (10) die Übertragungsverzerrung der Strecke und gestattet auch die Signalformverzerrung eines beliebigen vorgegebenen Signals, dessen Spektralfunktion bekannt ist, mit Hilfe der Fouriertransformation zu berechnen.

Wir wollen aber diese allgemeinen Betrachtungen hier nicht weiterführen, sondern uns speziell der sinusförmig gewellten Strecke zuwenden. Zuvor sei aber doch noch kurz die Integraldarstellung Gl. (8) für $\vartheta(z)$ betrachtet, aus der sich sofort ein allgemeiner Schluß ablesen läßt. Der Integrand besteht aus dem Produkt der Krümmungsfunktion mit Sinus- bzw. Kosinusfunktionen, denn γ ist $\alpha + j\beta$ und weil in der Praxis $\alpha \ll \beta$ ist, -- es gehen etwa 10^5 Wellenlängen auf einen Kilometer --, ist sogar genügend genau

$$\gamma_1 - \gamma_2 = (\alpha_1 - \alpha_2) + j(\beta_1 - \beta_2) \approx j\delta\beta.$$

Was hat man zu tun, kann man fragen, damit das Integral möglichst klein wird? Man muß dafür sorgen, daß die trigonometrischen Funktionen sehr oft hin und her oszillieren, während sich die Krümmung nur langsam ändert, dann mittelt sich das Integral nämlich weitgehend zu 0 aus, auch wenn man die Integration an einer Stelle z abbricht, bis zu der keine ganze Anzahl von Oszillationen ausgeführt wurde. Man nennt die Größe

$$\frac{2\pi}{\delta\beta} = L_S \qquad (11)$$

die Schwebungslänge der beiden Wellentypen, weil sich die Energiependelungen zwischen ihnen mit dieser Längenperiode abspielen.

Wenn die Aufgabe gestellt ist, eine Leitungskrümmung mit möglichst geringer Konversion auszuführen, gibt die Gl. (8) also die Anweisung, die Krümmung gegen die Schwebungslängen aller koppelnden Wellentypen langsam variabel zu machen und sprunghafte Änderungen der Krümmung zu vermeiden. Die H_{01}-Hohlleiter müssen in Kurven daher ähnlich wie Eisenbahnschienen mit allmählich verlaufender Krümmung verlegt werden. Wir werden später sehen, daß es noch weitere Berührungspunkte mit dem Schienenbau zu geben scheint. Wir wenden uns nun den speziellen Lösungen für die Sinuswellung zu. Wenn h die Amplitude der Sinuskurve und K ihre Periodenlänge ist, soll

$$y = h\sin\frac{2\pi}{K}z \qquad (12)$$

die Deviation von der Geraden sein. Wenn wir uns auf flache Wellungen beschränken, d.h. wenn $\frac{h}{K} \ll 1$ bleibt, ist die Krümmung angenähert durch die 2. Ableitung gegeben

$$\varkappa(z) \approx y'' = -h \left(\frac{2\pi}{K}\right)^2 \sin \frac{2\pi}{K} z. \qquad (13)$$

Damit die Endtangenten des gewellten Abschnittes zueinander parallel sind, muß dessen Länge einem ganzzahligen Vielfachen der Wellungsperiode gleich sein, wir integrieren also bis zu einem Endpunkt

$$z_o = nK \qquad n = 0, 1, 2 \text{---}.$$

Man setzt für $\varkappa(z)$ den Ausdruck (13) in Gl. (8) ein und erhält

$$\vartheta(z_o) = c_o h \left(\frac{2\pi}{K}\right)^2 \frac{\gamma_1 - \gamma_2}{\left(\frac{2\pi}{K}\right)^2 + (\gamma_1 - \gamma_2)^2} \left[e^{(\gamma_1 - \gamma_2) z_o} - 1\right]. \qquad (14)$$

Unsere Aufmerksamkeit richtet sich sogleich auf den Nenner. Die Differenz der Übertragungsmaße $\gamma_1 - \gamma_2$ ist ja gleich $\delta\alpha + j\delta\beta$, infolgedessen heißt es

$$\left(\frac{2\pi}{K}\right)^2 + (\delta\alpha + j\delta\beta)^2 .$$

Wenn $\delta\alpha \ll \delta\beta$ ist, wie im blanken Rohr, wird der Nenner nahezu 0 und die Lösung würde ∞ werden. Dies widerspricht zwar der Voraussetzung, unter der die lineare Differentialgleichung (6a) gilt, es zeigt aber eine Art "Resonanzkatastrophe" an, die offenbar kritisch wird für

$$\delta\beta = \frac{2\pi}{K} \quad \text{oder für} \quad L_S = K. \qquad (15)$$

Sie kann nur gemildert werden, indem $\delta\alpha$ vergrößert wird. Stellen wir uns also vor, wir hätten ein innen blankes Rohr verlegt mit irgendwelchen ungewollten Wellungen, die nach einer Reihe von Fourierperioden entwickelbar sind. Wenn unter diesen unglücklicherweise eine Periode ist, für die die Beziehung (15) erfüllt ist, so wird der betreffende Modus resonanzartig, d.h. in jeder Periode der geringen Krümmung entsprechend zwar schwach, aber stets phasengleich, angeregt und kann zu beträchtlichen Werten anwachsen. Es kann dadurch in der Übertragungsfunktion zu größeren Unregelmäßigkeiten bei gewissen diskreten Frequenzen kommen. Das ist der Grund, warum ein einfaches blankes Rohr ungünstig ist und man die Oberfläche lieber so modifiziert, daß der Dämpfungsunterschied $\delta\alpha$ groß wird.

Damit scheint man endlich einen soliden Gesichtspunkt für die Ausführung einer Hohlleiterstrecke gefunden zu haben. Das Rezept heißt: Erhöhung der Dämpfung unerwünschter Wellentypen. Dies ist zwar notwendig, aber leider immer noch nicht hinreichend. Dies zeigt eine eingehende Betrachtung der Größe $\Delta\gamma$ (Gl. 10). Man sieht, daß die Verzerrung $\Delta\gamma$ des Übertragungsmaßes proportional zur Differenz $\delta\gamma$ ist, d.h. die Dämpfungsverzerrung wächst mit dem Dämpfungsunterschied $\delta\alpha$, den man den koppelnden Wellen durch das Dielektrikum erteilt. Dies ist ein schwerwiegender Sachverhalt, weil die Vergrößerung der Dämpfungsdifferenz, die wir vorhin als günstig für die Einebnung der Resonanzspitzen bezeichnet haben, auf der anderen Seite die effektive Dämpfung der Nutzwelle mit in die Höhe zieht. Man braucht sich nur zu vergegenwärtigen, daß bei der periodischen Hin- und Herkopplung der Energie zwischen einem Typ 1 mit kleiner Dämpfung und einem Typ 2 mit wesentlich höherer Dämpfung nach jeder Periode ein bestimmtes Defizit an Energie des Typs 2 besteht, die sich hätte in den Typ 1 zurückverwandeln sollen. In diesem Punkt ist eine blanke Rohrleitung ohne zusätzliche Dämpfungserhöhung im Vorteil, und Messungen an blanken gewellt verlegten Aluminiumrohren haben dies bestätigt.

Man vermutet andererseits aber auch, daß bei sehr starker Erhöhung der Dämpfungsdifferenz die Kopplung sozusagen im Keim erstickt wird, und wir wollen die Verhältnisse etwas genauer untersuchen, um zu sehen, wie sich die Gebiete gegeneinander abgrenzen lassen. Alle Schlußfolgerungen lassen sich aus Gl. (10) ableiten, wenn man die Integration ausführt, und wir geben das Ergebnis an für zwei wichtige Fälle, nämlich für die Schwebungsresonanz $L_S = K$ und für den sogenannten asymptotischen Fall, wo $L_S \ll K$ ist. Das Ergebnis lautet für die Dämpfungsverzerrung

$$\Delta\alpha_{res} \approx \frac{1}{2} \frac{(c_o \varkappa_m)^2}{|\delta\beta|} \frac{p^2 + 2}{p^3 + 4p} = \frac{1}{2} \frac{(c_o \varkappa_m)^2}{|\delta\beta|} P_{res}(p) \qquad (16)$$

$$\Delta\alpha_{as} \approx \frac{1}{2} \frac{(c_o \varkappa_m)^2}{|\delta\beta|} \frac{p}{1 + p^2} = \frac{1}{2} \frac{(c_o \varkappa_m)^2}{|\delta\beta|} P_{as}(p) \qquad (17)$$

Der Parameter $p = \left|\frac{\delta\alpha}{\delta\beta}\right|$ charakterisiert den Hohlleitungstyp insofern, als beim dielektrisch belasteten Hohlleiter $p \ll 1$ und bei der Wendelhohlleitung $p \approx 1$ sein kann. Zu den angeschriebenen Gliedern kommen noch weitere von kleinerer Größenordnung hinzu, die periodisch mit der Frequenz gehen. Diese Glieder wären vom Standpunkt der Signalverformung aus sehr interessant, doch können wir hier nicht näher darauf eingehen. Die Gleichungen enthalten gewisse Funktionen von p, die wir in Bild 3 dargestellt haben. Der Faktor P_{res} fällt monoton mit größer werdendem p, d.h. die Schwebungsresonanzen werden eingeebnet. Im Nicht-Resonanzfall steigt P_{as} von kleinen p-Werten bis zu einem Maximum und fällt von $p > 1$ an ab. Es ist also tatsächlich so, wie wir aus der Anschauung heraus vermuteten, daß eine Dämpfungsvergrößerung $\delta\alpha$ zunächst verschlechternd auf das Grundniveau des asymptotischen Falles wirkt, und erst bei sehr großem $\delta\alpha$ tritt ein ech-

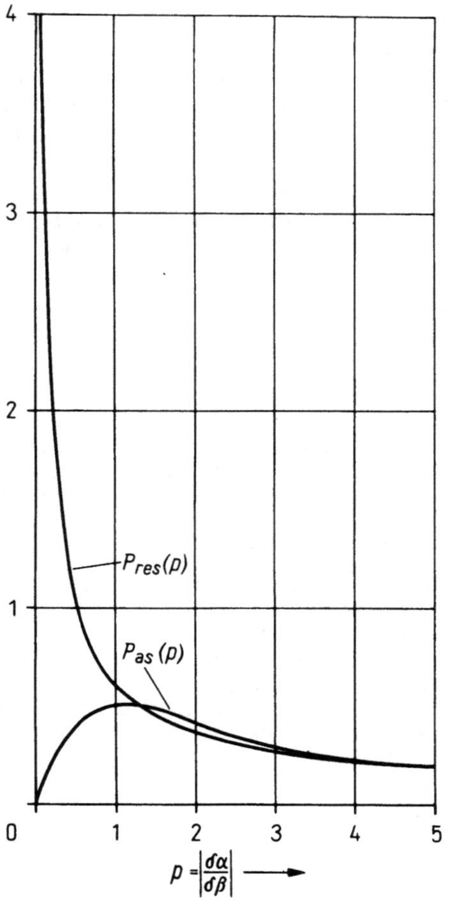

Bild 3: Dämpfungserhöhung bei sinusförmiger Streckenwellung. Die charakteristischen Funktionen P_{res} für $K = L_S$ (Schwebungsresonanz) P_{as} für $K \gg L_S$ in Abhängigkeit von dem, den Leitungstyp kennzeichnenden Parameter

$$p = \frac{\delta\alpha}{\delta\beta}.$$

ter Gewinn ein. Bei $p = \sqrt{2}$ treffen sich beide Kurven, d.h. soweit müßte man mit $\delta\alpha$ gehen, damit die Resonanzen völlig dem Grundniveau gleich gemacht werden.

Man kann das Ergebnis auch noch so aussprechen: Wenn der p-Wert eines Wendelhohlleiters zwar höher als der eines dielektrisch belasteten Rohres ist, aber unterhalb von 1 liegt, so hat der Wendelhohlleiter zwar niedrigere Resonanzspitzen, aber bei gleichem $|\delta \beta|$ ein höheres asymptotisches Grundniveau der Dämpfungsverzerrung als das Rohr. Erst wenn $p \geq 1$ wird, ist der Wendelhohlleiter dem belasteten Rohr überlegen. Die Synthese einer Wendelhohlleitung mit vorgegebenen Eigenschaften ist eine sehr komplexe Kunst und allgemein noch nicht perfekt.

Der dielektrisch belastete Hohlleiter liegt mit seinem p-Wert ganz am unteren Ende und ist gegen Wellungen wegen des größeren $|\delta \beta|$ toleranter als das blanke Rohr, sofern $\delta\alpha$ nicht zu hoch gewählt wird. Gegen bleibende Richtungsänderungen ist der dielektrisch belastete Hohlleiter weitaus unempfindlicher als der unbelastete.

Zur Vervollständigung des Bildes wollen wir uns noch die Dämpfungserhöhung der gewellten Strecke bei der Schwebungsresonanz selbst und in deren Umgebung ansehen. Zu dem Zwecke wurde die exakte Differentialgleichung (6) für ϑ nach dem numerischen Runge-Kutta-Verfahren schrittweise integriert. Es wurde ein Belag mit 2,5 °/oo Phasenmaßverschiebung entsprechend 3,5 m Schwebungswellenlänge zugrunde gelegt. Es ergab sich folgendes: Wenn die Wellungsperiode exakt gleich 3,5 m ist, erzeugt eine Amplitude von 0,15 mm bereits eine Dämpfungserhöhung von 0,8 %. Der zugehörige Krümmungsradius im Scheitel des Sinusbogens beträgt dabei 2100 m. Wenn die Wellungsperiode das 0,7-fache der Resonanzlänge ist, sinkt die Erhöhung auf 2,4 °/oo und bei noch größerer Entfernung von der Resonanzlänge, nämlich bei der doppelten Länge, bereits auf 0,09 °/oo. Die Resonanzspitzen sind also äußerst scharf und haben in dem untersuchten Längenbereich eine Dynamik von 1:100. Einen Eindruck von diesen Verhältnissen soll Bild 4 vermitteln, auf dem der Konversionsfaktor ϑ in der Umgebung der Schwebungsresonanz aufgetragen ist. Die Abszisse ist die Zahl L_S/K und die Ordinate der auf den Resonanzwert bezogene Konversionsfaktor. Zwischen $L_S/K = 1$ und 2 ändert sich ϑ um den Faktor 300.

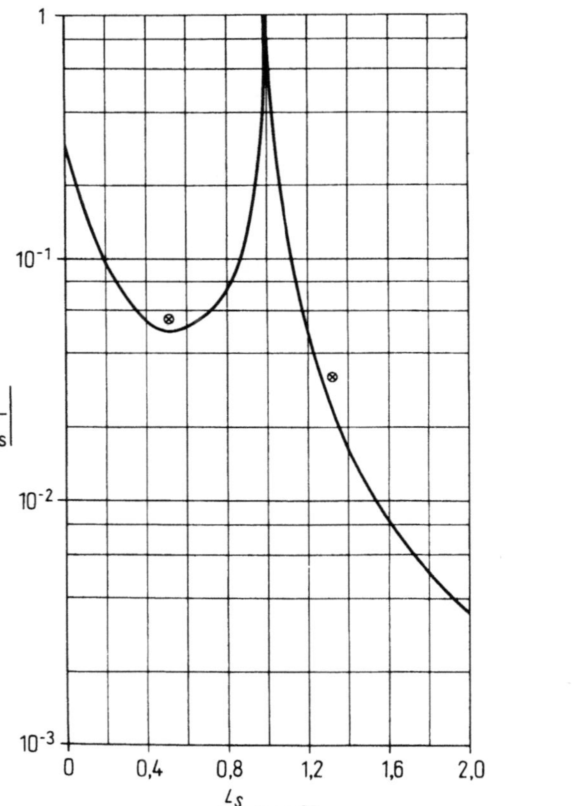

Bild 4: Numerisches Beispiel für den Konversionsfaktor in der Umgebung der Schwebungsresonanz.

$\frac{\delta\beta}{\beta_1} = 2,5$ °/oo $\quad \frac{\alpha_2}{\alpha_1} = 76 \quad$ K = 3,5 m Wellungsperiode, h = 0,15 mm Wellungsamplitude

Rohr mit 50 mm ∅, f = 35 GHz.

——— Näherungsgleichung (16)

⊙ Gl. (6) mit Runge-Kutta-Verfahren integriert

Eine stärkere Erhöhung des Verhältnisses α_2/α_1 dämpft zwar die Resonanzüberhöhung, hebt jedoch das Grundniveau der Dämpfungszunahme an und verschärft somit die allgemeine Geradheitstoleranz.

5. Schlußbemerkung

Es ist vielleicht angebracht, sich zum Schluß noch einmal klar zu machen, wie sich die Hohlkabeltechnik zur Technik konventioneller Kabel verhalten wird. Das Problem der bleibenden Richtungsänderungen haben wir hier nur kurz gestreift und man kann sagen, daß die Hohlleitung mit phasenmaßverschiebender Struktur eine grundsätzlich befriedigende Lösung ermöglicht. Was aber die unwillkürlichen Richtungsschwankungen angeht, so haben wir in den Schwebungsresonanzen der Wellung eine sehr gefährliche Erscheinung erkannt, die eine enge Tolerierung bzw. Vermeidung bestimmter kurzer Wellungsperioden erforderlich macht. Die kritischen Wellentypen H_{11}, H_{12}, H_{13} usw. haben nämlich Schwebungswellenlängen mit H_{01} in der Größe zwischen 10 und 60 cm. Solch kurze Wellungen sind bei einer Hohlleitung zwar nicht zu befürchten wegen ihrer Steifigkeit, aber es gibt auch sogenannte innere Wellungen, die man von außen nicht erkennt und die davon herrühren, daß die Querschnittsfigur einen periodisch hin- und herwandernden Mittelpunkt hat. Eine richtig dimensionierte Wendelhohlleitung, d.h. eine solche mit einem p-Wert nahe an 1, gibt gegen Wellungsresonanzen die größtmögliche Sicherheit, gleichwohl kann man zeigen, daß auch die dielektrisch belastete Hohlleitung eine aussichtsreiche und vor allem technisch einfache Lösung darstellt.

Schrifttum

[1] S. E. Miller: Coupled wave theory and waveguide applications. Bell Syst. techn. J. 33 (1954), S. 661-719

[2] H. Buchholz: Der Hohlleiter vom kreisförmigen Querschnitt mit geschichtetem dielektrischem Einsatz. Ann. Phys. (5), 43 (1943), S. 313-360

[3] H. G. Unger: Circular electric wave transmission in a dielectric coated waveguide. Bell Syst. techn. J. 36 (1957), S. 1253-1278

[4] W. Klein: Die Theorie des Nebensprechens auf Leitungen, Berlin, Göttingen, Heidelberg, Springer 1955, vgl. insbes. S. 51 und folgende

[5] H. G. Unger: Circular electric wave transmission through serpentine bends. Bell Syst. techn. J. 36 (1957), S. 1279-1291

AUFBAU UND ANWENDUNG VON KOAXIALKABELN *)

H. E. Martin, Berlin

Mit 19 Bildern

Koaxial aufgebaute Leitungen werden heute in wichtigen Frequenzbändern des für den Nachrichtenverkehr zur Verfügung stehenden Spektrums verwendet (Bild 1) :

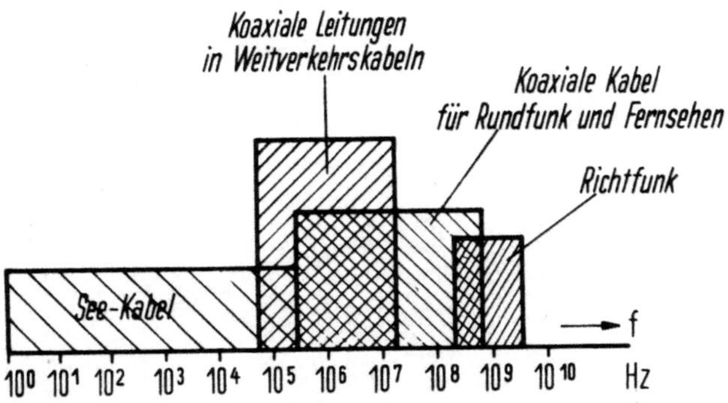

Bild 1: Frequenzbereiche für den Einsatz von Koaxialkabeln. f = Frequenz

1.) Seekabel:

Sie werden im Niederfrequenz (NF)- und Trägerfrequenz (TF)- Betrieb bis zu einigen 100 kHz ausgenutzt. (Auf der Hauptstrecke der transatlantischen Verbindungen bis zu 164 kHz, auf Teilstrecken bis 552 kHz).

2.) Weitverkehrskabel:

Koaxiale Leitungen werden in Fernkabeln kombiniert mit symmetrischen Leitungen oder in "reinrassigen" Fernkabeln bis neuerdings max. 12 MHz angewandt.

3.) Richtfunk:

Sende- und Empfangskabel zwischen Übertragungseinrichtung und Antennensystem, sowie Antennenverdrahtungskabel zu den Feldern. Verwendungsbereich bis 4 GHz.

4.) Unterhaltungsfunk: Sendekabel (Vom Sender zur Antenne):

Vom Mittelwellenbereich bis zum Fernsehbereich IV (obere Grenze 790 MHz) sind Typen mit z. T. großen Durchmessern im Einsatz.

Wie aus dieser nur sehr summarischen Darstellung ersichtlich ist, nimmt das Koaxialkabel als Sammelbegriff in der Anwendung eine Zwitterstellung ein: Einerseits dienen die Kabel zur reinen Nachrichtenübertragung, bei der es auf die erkennbare Größe einer Information ankommt (Bereich 1, 2 und 3), andererseits kann die Nachrichtenübertragung, wie es beim Einsatz als Rundfunk- und Fernsehantennenkabel der Fall ist, mit einer hohen zu übertragenden Energie verknüpft sein. Für diese vielfältigen Anwendungsgebiete konnten Koaxialkabel und -leitungen mit unterschiedlichem Aufbau und unterschiedlichen elektrischen Eigenschaften entwickelt werden.

Es werden zuerst wichtige Aufbauprinzipien besprochen, dann einige spezielle physikalische Eigenschaften gebracht und zum Schluß aktuelle Probleme der Anwendungsseite diskutiert.

1. Aufbauprinzipien

1.2 Die Isolierung

Durch die Art der Isolierung dürfte das deutlichste Unterscheidungsmerkmal gegeben sein.
Man geht darauf aus, den Luftanteil in der Isolierung bei guter mechanischer Druckfestigkeit so hoch wie möglich zu machen, damit der die Ableitungsverluste verursachende Isolierstoffanteil so klein wie möglich bleibt und sich die resultierende Dielektrizitätskonstante möglichst wenig von 1 unterscheidet. Hinsichtlich des Aufbaues kann man 3 Arten unterscheiden (Bild 2):

1.2.1 Längsinhomogenes Dielektrikum

Hierunter fallen alle scheibenisolierten Kabel, z.B. die CCI-Koaxialleitung 2,6/9,5 und eine besondere Ausführung der HF-Leistungskabel. *)

1.2.2 Querinhomogenes Dielektrikum

Hierunter fallen alle wendelisolierten Kabel. Man

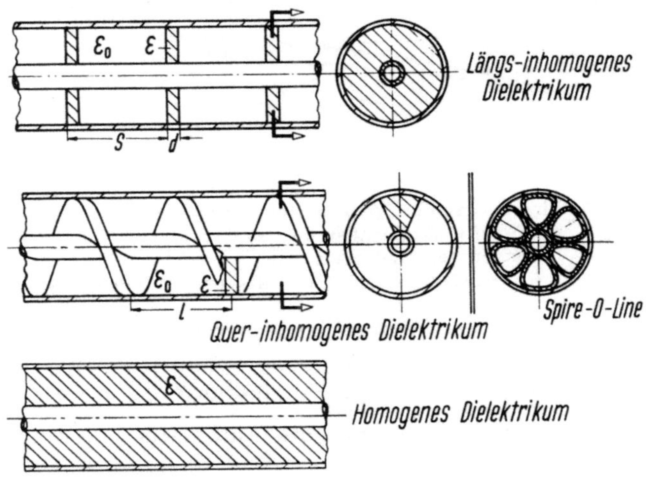

Bild 2: Prinzipien im Aufbau der Isolierung
ε = Dielektrizitätskonstante des Isolierstoffes
ε_0 = Dielektrizitätskonstante der Luft

*)Vortrag, gehalten auf der NTG-Fachtagung vom 20.-22.10.59 in Darmstadt "Stand und Aufgaben der Weitverkehrstechnik", die die Fachausschüsse 10 "Weitverkehrstechnik" und 11 "Kabel und Leitungen" veranstaltet haben.
Mitteilung aus dem Zentrallaboratorium der Siemens u. Halske AG., Berlin.

*)Mit Hochfrequenz- (HF)Kabel werden die Ausführungen bezeichnet, die als Kabel mit nur einer koax. Leitung für Richtfunk und Unterhaltungsfunk eingesetzt werden.

kann aber in diese Gruppe auch die Ausführungsform einer amerikanischen Firma einordnen: Diese zeigt im Querschnitt aneinanderstoßende dünnwandige Rohre aus Kunststoff, die um den Innenleiter gewendelt sind (Spire-O-Line).

1.2.3 Homogene Isolierung

Die homogene Isolierung kann dann hinsichtlich der Ableitungsdämpfung einer der oben genannten Isolierungsarten gleichwertig sein, wenn auch hier der Luftanteil gegenüber dem Isolierstoffanteil überwiegt. Ein Beispiel hierfür ist eine Ausführung mit homogenisierter Isolierung aus Schaumpolystyrol.

Ein anderes Beispiel wird in der Isolierung aus Zellpolyäthylen gegeben. Hier erreicht man einen Luftanteil von etwa 50 % und damit eine Reduzierung der Ableitungsverluste auf weniger als 60 % des Vollmaterials.

Schließlich fallen in diese Gruppe auch alle Kabel mit Vollisolierung, deren Ableitungsverluste dementsprechend höher sind. Sie haben aber im Vergleich zu den luftraumisolierten Kabeln besonders gute mechanische Stabilität.

Als Materialien für die Isolierung kommen vor allem Polystyrol (Styroflex), Polyolefine (Polyäthylen und Polypropylen), Polyvinylkarbazol (Luvican) und Polytetrafluoräthylen (Teflon) in Frage.

Verlustwinkel, Dielektrizitätskonstante und Wärmestandfestigkeit werden in Bild 3 gezeigt.

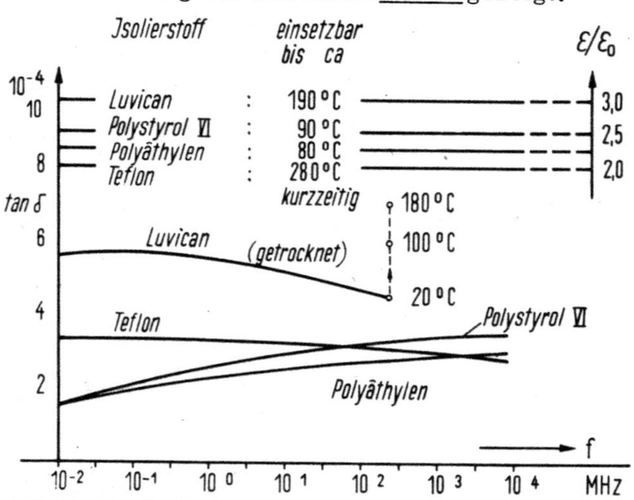

Bild 3: Physikalische Eigenschaften verschiedener Isolierstoffe, die zum Aufbau der Isolierung von Koaxialleitungen verwendet werden.
$\varepsilon / \varepsilon_0$ = relative Dielektrizitätskonstante des Isolierstoffes
tan δ = Verlustwinkel des Isolierstoffes

Die Art der Isolierung erfordert für die Fertigung recht verschiedene Einrichtungen:

Isolierscheiben kann man mit Automaten aufspritzen oder aufstecken.

Isolierwendeln können mit Einrichtungen aufgebracht werden, die man auch bei Verseilvorgängen benutzt. Die Bilder 4 und 5 zeigen Beispiele hierfür: In Bild 4 wird auf den Innenleiter eines HF-Kabels eine Wendel, die aus einem Stapel dünner Styroflexfolien besteht, durch Schrägeinlauf von Spulen aufgesponnen.

Bild 4: Aufbringen einer Styroflexbandwendel auf den Innenleiter eines HF-Kabels

Bild 5: Aufbringen einer gezahnten Polyäthylenwendel auf den Innenleiter eines HF-Kabels

In Bild 5 wird eine weitere Vorrichtung zum Aufbringen einer Isolierwendel gebracht.

1.3 Der Außenleiter

Bei der Außenleiterkonstruktion kann man unterscheiden zwischen

a) selbsttragender Ausführung

b) Ausführung, die einer Stütze bedarf und

c) Ausführung ohne eigene Formgebung.

Die s e l b s t t r a g e n d e A u s f ü h r u n g wird dann erreicht, wenn die Querschnittsform unabhängig von mechanischen Beanspruchungen, z. B. beim Biegen, erhalten bleibt, ohne einer inneren Stütze zu bedürfen.

Die A u s f ü h r u n g m i t S t ü t z e n hat man bei rohrförmigen Leitern, bei denen eine Querschnittsänderung durch eine innere Stütze, durch eine Wendel oder durch Scheiben, vermieden wird.

Geflechte oder Bänder als Außenleiter haben k e i n e e i g e n e F o r m g e b u n g. Ihre Form wird durch die Berandung der Isolierung gegeben.

Bei Koaxialleitungen für den Einsatz im Verband mit TF-Kabeln wird der Außenleiter aus längseinlaufenden Bändern hergestellt, die in der Maschine zum Rohr gebogen werden. Die Bandkanten können sich abstützen, was durch nasenförmige Ausbuchtungen unterstützt wird, oder direkt auf der Isolierung aufliegen.

Bei HF-Kabeln wird eine elektrisch recht günstige Ausführung durch das Aufpressen eines homogenen Aluminiumrohres als Außenleiter erzielt, bzw., wenn der mit der Isolierwendel umsponnene Innenleiter in ein solches Rohr eingezogen wird. Das zusätzliche Aufbringen eines Korrosionsschutzes und eines Feuchtigkeitsschutzes ist hier nicht notwendig. Der Nachteil dieses Außenleiters ist die schlechte Biegbarkeit und der gegenüber Kupferleitern erhöhte Leiterwiderstand. Die Biegbarkeit kann aber durch Wellung erhöht werden.

In kontinuierlicher Weise wird der Stahlwellmantel als Außenleiter aufgebracht. Er hat hohe Biegbarkeit und ist, bei Kupferplattierung, auch genügend leitend. Diese Ausführung kann bei geschweißten Nähten druckdicht hergestellt werden.

Eine hinsichtlich der Biegbarkeit besonders günstige Ausführung ist die mit Sickenhalbrohren, die aber eine zusätzliche Abdichtung gegen Feuchtigkeit notwendig macht.

Die beiden zuletzt genannten Außenleiterkonstruktionen kann man zu den selbsttragenden Ausführungen rechnen.

1.4 Der Kabelmantel

Bei den Ausführungen mit Stahlwellmantel und mit Sickenhalbrohren als Außenleiter muß ein zusätzlicher Mantel vorgesehen werden, der jetzt aus Polyvinylchlorid oder Polyäthylen hergestellt wird. Ist Feuchtigkeitsschutz notwendig, so wird Polyäthylen angewendet.

Bei HF-Kabeln mit Sickenhalbrohren sind, besonders bei den Typen größeren Durchmessers, Organe zum Aufnehmen des Längszuges vorgesehen. Bei Kabeldurchmessern von z.B. 120 mm und 300 m Masthöhe tritt eine Zugbeanspruchung von rund 2200 kp auf. Zu diesem Zwecke sind bei dieser Ausführung Flachdrähte aus Stahl zwischen dem Außenleiter und dem Mantel angeordnet, vom Außenleiter allerdings durch ein Polster getrennt.

In den Bildern 6 und 7 sind die einzelnen Aufbauten nochmals zusammengefaßt. Vom Mantel über den Außenleiter kann man über die Isolierung bis zum Innenleiter die Eigenschaften der verschiedenen Ausführungsformen erkennen und vergleichen.

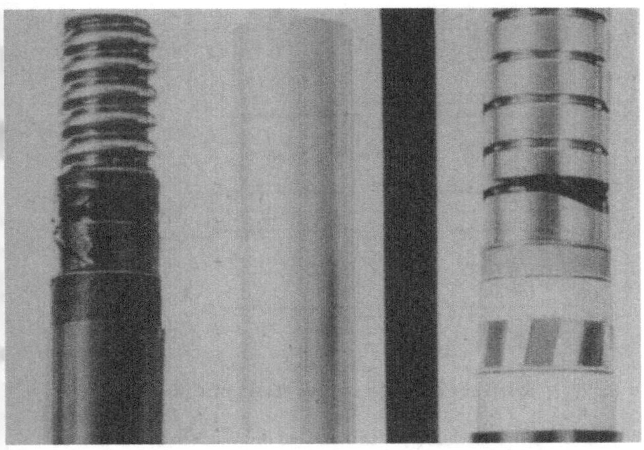

Bild 6: HF-Kabel verschiedener Konstruktionen: Mantel und Außenleiter

Bild 7: HF-Kabel verschiedener Konstruktionen: Isolierung und Innenleiter

2. Besonderheiten in den physikalischen Eigenschaften

Von den physikalischen Eigenschaften seien nur diejenigen behandelt, die im Zusammenhang mit den Anwendungen besondere Aktualität haben.

2.1 Die Leitungsdämpfung

Maßgebend für die Entfernung, über die eine Nachricht im Kabel unverstärkt übertragen werden kann, oder auf der noch genügend geringer Leistungsverlust auftritt, ist die Leitungsdämpfung. Sie setzt sich aus Widerstands- und Ableitungsdämpfung zusammen.

Die Widerstandsdämpfung steigt mit der Wurzel aus der Frequenz infolge des Skineffektes an und kann, bei gleichem Durchmesserverhältnis von Außenleiter und Innenleiter und gleichem Leiter- und Isoliermaterial, umgekehrt proportional zum Leitungsdurchmesser angenommen werden.

Die durch die Verluste im Dielektrikum verursachte Ableitungsdämpfung steigt im allgemeinen bei konstantem Verlustwinkel des Dielektrikums proportional zur Frequenz an und ist unabhängig vom Kabeldurchmesser. Sie kann im Frequenzgebiet des TF-Weitverkehrs im wesentlichen vernachlässigt werden. Im Zentimeterwellengebiet aber kann der Anteil der Ableitungsdämpfung so beträchtlich werden, daß durch eine Vergrößerung des Kabeldurchmessers kein wesentlicher Gewinn an der Gesamtdämpfung mehr erzielt wird.

In Bild 8 sind für 4 verschiedene Leitungstypen die Leitungsdämpfungen je Kilometer dargestellt:

1.) Zwergkoaxialleitung 1,15/4,2 (65 Ohm)
2.) CCI-Tube 2,6/9,5 (75 Ohm)
3.) HF-Kabel 32/95 (60 Ohm) (Bandwendelisolierung)
4.) HF-Kabel 5/15 (60 Ohm) (Scheibenisolierung)

Für die HF-Kabel sind außerdem die übertragbaren Leistungen vermerkt. Diese nehmen mit

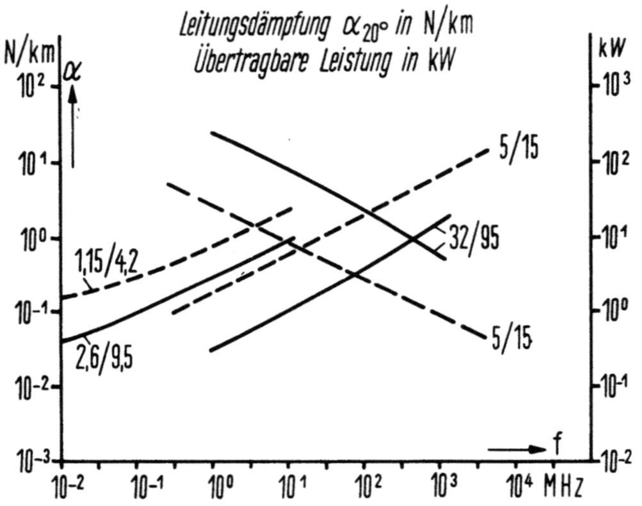

Bild 8: Leitungsdämpfung und übertragbare Leistung für verschiedene Koaxialleitungen

dem Durchmesser zu und werden bei höheren Frequenzen, d.h. im Fernseh- und Richtfunkgebiet durch die für die Isolierung zulässige Maximaltemperatur, bei niedrigen Frequenzen von der Durchschlagsfestigkeit begrenzt.

2.2 Die Grenzfrequenz (Tiefpaßcharakter)

Grundsätzlich ist nach höheren Frequenzen die Übertragung erschwert, wenn nicht unmöglich: Bei Wellenlängen im Kabel, die etwa dem Mittelwert zwischen dem Umfang des Außenleiters und dem des Innenleiters entsprechen, können Hohlleiterwellen angeregt werden.

Bei scheibenisolierten Kabeln tritt zusätzlich die erste Sperrfrequenz dann auf, wenn die Wellenlänge gleich dem doppelten Scheibenabstand ist. Die Änderung gegenüber den Werten des homogenen Kabels zeigt sich bei den betrachteten Kabeln von etwa 4/5 der Scheibengrenzfrequenz an. Der Scheibenabstand wird aber so gewählt, daß in den Übertragungsbereichen mit den Werten des homogenen Kabels gerechnet werden kann [1].

Bei bandwendelisolierten Kabeln der erwähnten Ausführungen sollen sich nach der Rechnung die Werte des homogenen Kabels von Frequenzen an, die etwa das 0,6fache der Hohlleitergrenzfrequenz sind, ändern [2].

Durch Messungen hat man aber noch keine eindeutige Bestätigung hierfür gefunden.

2.3 Die Spannungsfestigkeit

Die Spannungsfestigkeit der Koaxialleitungen spielt bei fast allen Anwendungsgebieten eine sehr wichtige Rolle.

Bei Leitungen im Verband von TF-Kabeln ist zwar nicht die Nachrichtenspannung die begrenzende Größe, wohl aber die durch die Stromversorgung und besonders durch zusätzliche äußere Beeinflussung zu erwartenden Spannungswerte zwischen Innen- und Außenleiter.

Bei Sendekabeln im Mittelwellen-Bereich ist die Spannungsfestigkeit direkt als Grenze für die maximal übertragbare Leistung anzusehen.

Durch einen homogenen Isolierstoffüberzug über die Leiteroberfläche oder Vollisolierung kann die Spannungsfestigkeit vergrößert werden.

Damit kein Glimmen auftritt, muß die Isolierhülle frei von Einschlüssen von Luft und Fremdkörpern sein. Wird z.B. bei der Koaxialleitung 2,6/9,5 mit Luftdielektrikum eine Spannungsfestigkeit von 4 kV eingehalten, so wäre bei der Zwergkoaxialleitung 1,15/4,2 mit Luftdielektrikum eine Spannung von 1,8 kV möglich. Durch die höhere Spannungsfestigkeit des Zellpolyäthylens kann man aber auch bei dieser Leitung eine noch höhere Spannungsfestigkeit erreichen.

2.4 Die Längsgleichmäßigkeit

Bei den physikalischen Eigenschaften einer Leitungsverbindung muß man, hinsichtlich der Ursache ihrer Entstehung, zwei Gruppen unterscheiden:

a) Eigenschaften, die durch das Konstruktionsprinzip eindeutig festgelegt sind, wie Wellenwiderstand, Phasengeschwindigkeit und Leitungsdämpfung, sowie

b) Eigenschaften, die von der Fertigungsgenauigkeit, z.B. von Schwankungen der Abmessungen und der Materialeigenschaften abhängen (Bild 9). Hierzu gehören vor allem die einfach und doppelt reflektierte Energie, die man als Rückfluß und Mitfluß bezeichnet.

$$\frac{\Delta Z}{Z_0} = -\frac{1}{2}\frac{\Delta\varepsilon}{\varepsilon} + \left(\frac{\Delta d_a}{d_a} - \frac{\Delta d_i}{d_i}\right)\cdot\frac{1}{\ln d_a/d_i}$$

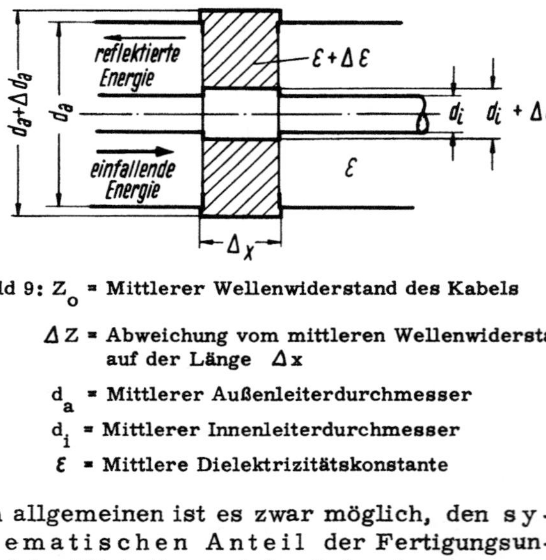

Bild 9: Z_0 = Mittlerer Wellenwiderstand des Kabels

ΔZ = Abweichung vom mittleren Wellenwiderstand auf der Länge Δx

d_a = Mittlerer Außenleiterdurchmesser

d_i = Mittlerer Innenleiterdurchmesser

ε = Mittlere Dielektrizitätskonstante

Im allgemeinen ist es zwar möglich, den systematischen Anteil der Fertigungsungleichmäßigkeiten und damit den der inneren Reflexionen so weit herabzudrücken, daß er wesentlich unter dem Niveau der willkürlich verteilten Reflexionsstellen bleibt. Dieser Anteil kann jedoch nie vollständig beseitigt werden. Seine Größe stellt ein wichtiges Qualitätsmerkmal des Fabrikates dar.

Zur elektrischen Messung der inneren Ungleichmäßigkeit kennt man verschiedene Verfahren, von denen als die wichtigsten genannt seien:

2.4.1 Messung des Eingangsscheinwiderstandes in Abhängigkeit von der Frequenz, wobei das Meßobjekt mit seinem Wellenwiderstand abgeschlossen ist (Bild 10) [3].

Ein Spezialfall ist die Messung im Gebiet der dm- und cm-Wellen mit der Meßleitung oder einer Reflexionsfaktormeßbrücke.

Die Schwankungen um die Sollkurve sind hierbei ein direktes Maß für die inneren Ungleichmäßigkeiten.

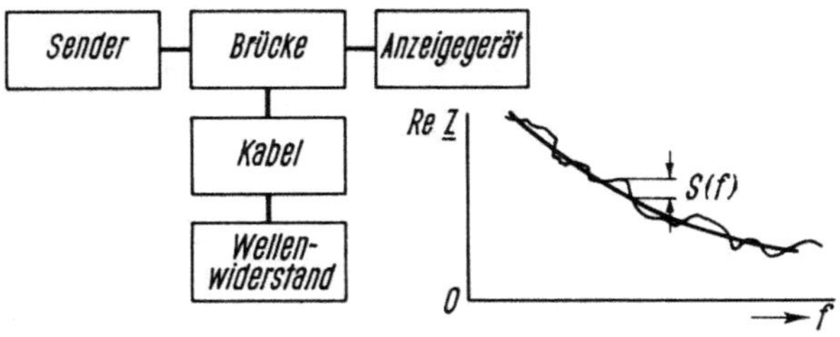

Bild 10: Messung des frequenzabhängigen Eingangsscheinwiderstandes eines Kabels, das mit dem Wellenwiderstand abgeschlossen ist

f = Meßfrequenz

S (f) = Abweichung vom Wert des gleichmäßigen Kabels bei der Frequenz f

2.4.2 Messung der Resonanzfrequenzen:

Der Abstand der Resonanzfrequenzen bei kurzgeschlossenem und leerlaufendem Objekt, bei gleicher mittlerer Resonanzfrequenz, ist ebenfalls ein Maß für die Ungleichmäßigkeit (Bild 11).

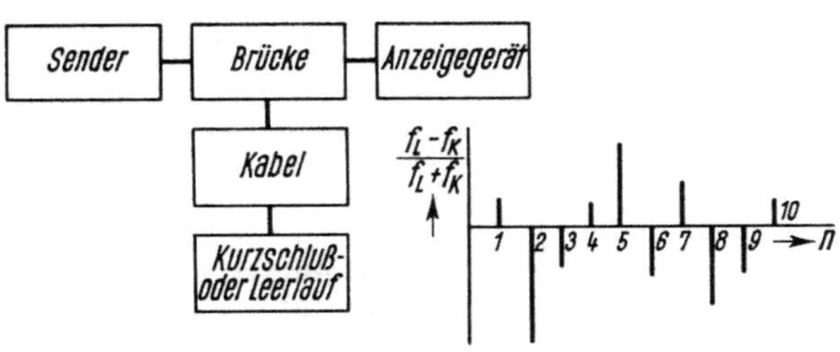

Bild 11: Messung der Resonanzfrequenzen des Kabels bei Leerlauf und Kurzschluß des Meßobjektes

n = Nummer der Resonanzfrequenz

f_k, f_L = Resonanzfrequenz

$\frac{f_L - f_k}{f_L + f_k} \approx \frac{\Delta f}{2 f}$ = Relative Abweichung von der Resonanzfrequenz des homogenen Kabels

2.4.3 Impulsmessung der örtlichen Wellenwiderstandsschwankungen (Bild 12)

Bei der Messung mit ungeträgerten Gleichstromimpulsen (Einschaltfunktion oder Zackenimpuls) ist ein weitgehender Zusammenhang mit dem Meßverfahren 2.4.1 gegeben [4, 5]:

Bei nicht zu großer Dämpfung sind die Ergebnisse so zu verstehen, daß die Schwankungen um die Eingangsscheinwiderstandskurve (Verfahren 2.4.1) in Abhängigkeit von der Frequenz die (Laplace-) Fouriertransformierte der ortsabhängigen Kurve der Schwankungen, bzw. deren erster Ableitung sind, die man mit der Impulsmessung erhält. Die quadratischen Mittelwerte der Elementarschwankungen müssen sich demnach bei beiden Meßverfahren als übereinstimmend ergeben, wenn sich die frequenzabhängige Messung über den Spektralbereich des Impulses erstreckt.

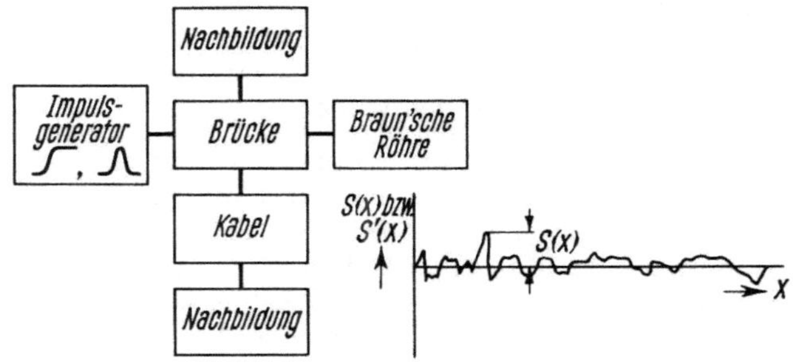

Bild 12: Messung des örtlichen Verlaufs der Wellenwiderstandsschwankungen eines Kabels mit Impulsen.

S (x) = Abweichung d. örtlichen Wellenwiderstandes am Orte x vom Wert des gleichmäßigen Kabels

3. Anwendungen

Die Gleichmäßigkeit des Kabelaufbaues hat für die Anwendungsseite beträchtliche Konsequenzen, wie wir an den folgenden Beispielen von modernen Kabelanlagen sehen werden.

3.1 Seekabel

Für die neuen transatlantischen Trägerfrequenzverbindungen (36-Kanal-Vierdrahtsysteme, bis 165 kHz) wurden Seekabel entwickelt, an deren Gleichmäßigkeit bedeutende Anforderungen gestellt werden [6].

Der Aufbau des Tiefseetyps, der auf dem wesentlichen Teil der Strecke zwischen Neufundland und Schottland (rund 3600 km) ausgelegt ist, wird in Bild 13 gezeigt. Der Innenleiter hat einen Durchmesser von 3,35 mm und besteht aus Kupferrunddraht, über dem 3 Kupferbänder aufgesponnen sind. Darüber liegt die Vollisolierung aus hochmolekularem Polyäthylenkompound mit einem Zusatz aus 5 % Butylkautschuk. Der Außendurchmesser der Isolierung ist 15,8 mm. Über der Isolierung sind 6 Kupferbänder als Außenleiter angeordnet, damit, unabhängig von der Beschaf-

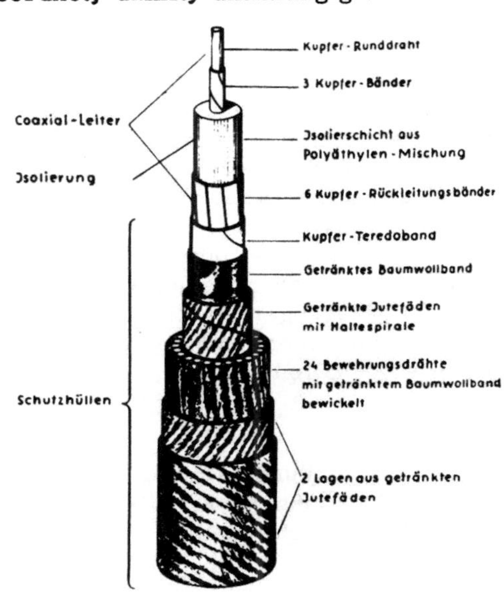

Bild 13: Koaxiales Trägerfrequenz-Seekabel (Tiefseetype des Transatlantikkabels)

fenheit des Seewassers, stets gleicher Außenleiterwiderstand gewährleistet ist. Zum Schutz gegen die Teredoschnecke ist hierüber ein Kupferband (Teredoband) aufgesponnen.

Bei Verstärkerfeldlängen von rund 70 km und der Länge der Gesamtverbindung von 3600 km muß man sehr hohen Wert auf die Gleichmäßigkeit legen, damit keine unzulässigen Reflexionen auftreten und die Gleichmäßigkeit des Dämpfungsverlaufs gewährleistet wird, da nur auf sehr langen Abschnitten eine Dämpfungskorrektur an den Verstärkern möglich ist. Die Elementarschwankungen dürfen nur in der Größenordnung von Promille liegen; z.B. wurde für die Schwankung des Durchmessers des Innenleiters ± 5 μm vorgeschrieben, für die der Aderkapazität ± 1 ‰.

Zur Fertigung der Ader mit den genannten Toleranzen war es notwendig, alle Geschwindigkeiten und Temperaturen extrem konstant zu halten. Lediglich der Abzug wurde durch die optisch gemessene Dicke am Spritzkopf des Extruders zur Dickenregelung gesteuert. Um extrem gute Spannungs- und Koronafestigkeit zu erhalten und um Spannungskorrosion zu vermeiden - zur Stromversorgung der Verstärker liegt an jedem Verbindungsende ± 2000 V Gleichspannung - sind folgende Schutzmaßnahmen notwendig gewesen:

3.1.1 Ausscheiden des Polyäthylen-Materials mit Fremdkörpereinschlüssen.

3.1.2 Aufbringen der Polyäthylen-Isolierung unter Vakuum, so daß feste Haftung zwischen Innenleiter und Isolierung ohne jeden Lufteinschluß gewährleistet ist.

3.1.3 Kontrolle der Verbindungsstellen durch harte Spannungsprüfung(bis 100 kV*) und Röntgentest.

3.2 Koaxiale Weitverkehrskabel für Landverbindungen

Für Fernsprechen und Fernsehen können sich die Größen der zulässigen Reflexionsfaktoren wesentlich unterscheiden.

3.2.1 Fernsprechen

Sofern das Frequenzband, das auf dem Kabel übertragen werden soll, etwa 1 MHz nicht überschreitet, genügt es, innerhalb der Verstärkerfelder die Fabrikationslängen nach Endimpedanzen zu gruppieren und die Reflexionsfaktoren zwischen den Verstärkern und dem Kabel unter 10 % zu halten. Die inneren Ungleichmäßigkeiten sind zu vernachlässigen. Die Forderungen hinsichtlich des reflektierten Nahnebensprechens und der Laufzeiteffekte können gut eingehalten werden.

3.2.2 Fernsehen

Für die Gesamtverbindung darf der einer Schwarz-Weiß-Kante im Fernsehbild nacheilende Mitfluß 40 db (1 %) nicht überschreiten.

In Bild 14 wird die Entstehung des Mitflusses in einem Verstärkerfeld gezeigt. Drei Anteile können voneinander unterschieden werden:

Bild 14: Die Entstehung des Mitflusses

a) = Mitfluß durch doppelte innere Reflexionen: $q_{i\,i}$

b), c) = Mitfluß durch das Zusammenwirken der inneren Reflexionen mit den Reflexionen an den Verstärkerfeldenden: $q_{ia} + q_{ie}$

d) = Mitfluß durch das Zusammenwirken der Endreflexionen: q_{ea}

$q = q_{ii} + q_{ia} + q_{ie} + q_{ea}$: gesamter Mitfluß

a) Der Mitfluß, der durch das Zusammenwirken aller innerhalb eines Verstärkerfeldes auftretenden Reflexionen entsteht: Zusammenwirken der inneren Reflexionen in den Fabrikationslängen, Zusammenwirken dieser Reflexionen mit den Reflexionsfaktoren an den Spleißstellen und Zusammenwirken der Spleißstellenreflexionen selbst.

b)und c) Der Mitfluß, der durch das Zusammenwirken aller inneren Reflexionen mit den Reflexionen an den Verstärkerfeldenden entsteht.

d) Mitfluß, der durch das Zusammenwirken der Reflexionen an den Verstärkerfeldenden entsteht.

Im allgemeinen ist die Größe der Reflexionsfaktoren in allen Teilgebieten statistisch verteilt, ihre örtliche Anordnung kann jedoch statistischen oder systematischen Gesetzen folgen. Sofern die Reflexionen innerhalb der Fabrikationslängen zum Mitfluß beitragen (Anteile a, b + c), muß man nach [7] die Frage berücksichtigen, wie lang die Strecke ist, über die die Abweichungen vom mittleren Wellenwiderstand voneinander abhängen. Man bezeichnet diese Strecke mit der Korrelationsreichweite r.

Die Art, wie der Übergang zwischen den Gebieten ist, in denen die Reflexionen voneinander abhängig bzw. unabhängig voneinander sind, wird durch die Autokorrelationsfunktion (AKF) beschrieben:

$$\varphi(x) = \frac{1}{\overline{S}^2} \lim_{L \to \infty} \int_{-L}^{+L} S(\xi)\, S(\xi + x)\, d\xi \qquad (1)$$

S (x) ist die Abweichung $Z(x) - Z_0$ des örtlichen Wellenwiderstandes vom mittleren Wellenwiderstand.

Im allgemeinen bringt das Zusammenwirken der inneren Reflexionen in den Fabrikationslängen und der Endreflexionen den größten Mitflußanteil. Für seinen Frequenzverlauf ist nicht die AKF selbst, sondern ihre 2. Ableitung und von dieser wiederum die Fouriertransformierte wirksam,

$$\Phi_2\left(\frac{2\Omega}{v}\right) = - \frac{\overline{S}^2}{(2Z_o)^2} \cdot \frac{1}{\pi} \int_o^{\infty} \varphi''(x) \cos \frac{2\Omega}{v} x \, dx \quad (2)$$

die das Leistungsspektrum des Mitflusses angibt.

Ω ist die Kreisfrequenz des Trägers, v die Phasengeschwindigkeit des Kabels. Nach [8] hat es sich als mit der Praxis gut in Einklang stehend erwiesen, für die AK-Funktionen der Schwankungen von Innenleiter, Außenleiter und Dielektrikum Gaußsche Fehlerfunktionen der Art

$$\varphi(x) = e^{-1/2\,(x/r)^2} \quad (3)$$

anzunehmen.

Zu dieser AKF gehört das Leistungsspektrum

$$\Phi_2\left(\frac{2\Omega r}{v}\right) = \frac{\overline{S}^2}{(2Z_o)^2} \frac{1}{\sqrt{2\pi r}} \left(2\Omega \frac{r}{v}\right)^2 e^{-1/2\left(2\Omega \frac{r}{v}\right)^2} \quad (4)$$

In der Abhängigkeit von $p = \Omega r/v$ ist die Funktion

$$f(p) = (2p)^2 \; e^{-2p^2} \quad (5)$$

in Bild 15 graphisch dargestellt. Man sieht, daß sie bei dem Wert $p = 2^{-1/2}$ ein Maximum hat. Dieses Maximum besagt, daß die Mitflußwerte bei $r \approx \lambda/9$ besonders hoch werden.

Diese Berechnungen seien auf die Gleichmäßigkeitsbetrachtungen bei einigen Leitungstypen angewandt, die im Weitverkehr interessant sind.

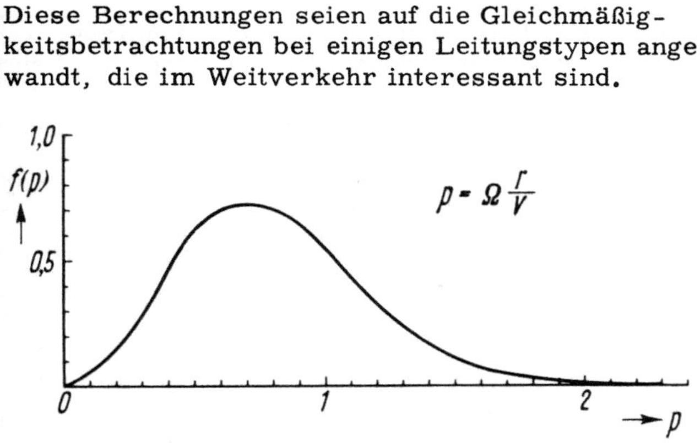

Bild 15: Normiertes Leistungsspektrum des Mitflusses f (p) nach Gl. (5)

3.2.3 Die CCI-Koaxialleitung 2,6/9,5

Diese Koaxialleitung wurde anfänglich mit 600 Gesprächen belegt. Jetzt überträgt man 960 Gespräche oder ein Fernsehband. Nachdem die entsprechenden Verstärkereinrichtungen entwickelt sind, kann man diese Leitung für 2700 Gespräche oder 1 Fernsehband mit zusätzlichen Gesprächen vorsehen. Als Beispiele werden in Bild 16 ein Muster des neuen kombinierten Versuchskabels

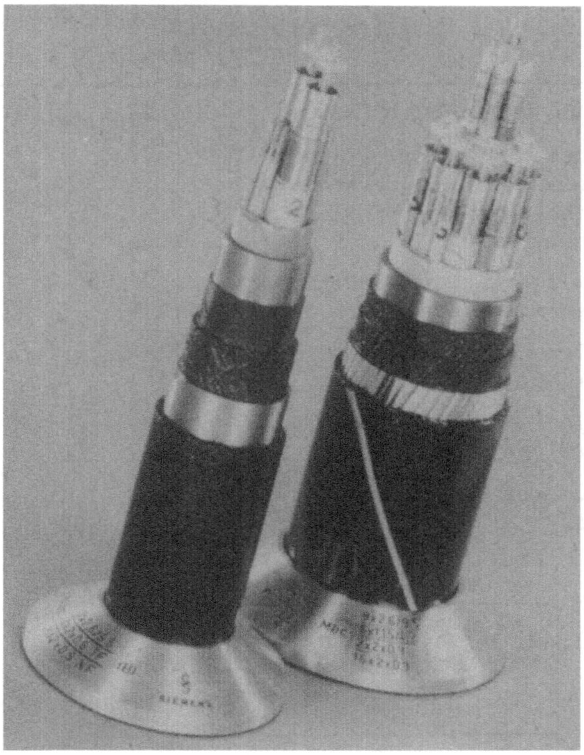

Bild 16: Kombinierte Trägerfrequenzkabel mit Koaxialleitungen

der Bundespost, Form 32 a, mit 8 CCI-Koaxialleitungen und 6 Zwergkoaxialleitungen, sowie das Muster eines Fernkabels mit 2 CCI-Koaxialleitungen, kombiniert mit symmetrischen Leitungen, gezeigt.

Durch die angewandten Fertigungsverfahren ist es möglich, die mittleren Schwankungen des örtlichen Wellenwiderstandes innerhalb der Fabrikationslängen auf 1 ‰, die Streuung der Endimpedanzen auf etwa demselben Wert zu halten. Diese sehr hohe Genauigkeit ist nur durch außerordentlich scharfe Toleranzen für den Innenleiter, die Bandbreite des Außenleiters, den Scheibenabstand und die Scheibendicke sowie gute mechanische Druckfestigkeit möglich.

Mit folgenden Ausgangswerten wurde der Mitfluß in der Gesamtverbindung berechnet:

Länge der Gesamtverbindung	2500 km
Fabrikationslänge	460 m
Streuung der Endimpedanzen	1 ‰
Mittlere Spleißstellen-Kapazität	1 pF
Phasengeschwindigkeit	$2{,}8 \cdot 10^5$ km/sec

Die übrigen Annahmen konnten für ein Fernsehsystem mit der Trägerfrequenz 1,056 MHz milder getroffen werden als für ein System mit 7 MHz, da hier u.a. wegen der erhöhten Leitungsdämpfung die doppelte Verstärkerzahl auf der Gesamtverbindung notwendig ist.

	Trägerfrequenz	
	1,056 MHz	7 MHz
Leitungsdämpfung α [N/km]	0,28	0,72
Mittlere Schwankungen des örtlichen Wellenwiderstandes innerhalb der Fabrikationslängen	1 ‰	0,7 ‰
Reflexionsfaktor an jedem Verstärkerfeldende	10 %	5 %
Mittlere Verstärkerfeldlänge [km]	9	4,5
Mittlere Anzahl der Teillängen je Verstärkerfeld	20	10
Anzahl der Verstärkerfelder	280	560

Tafel 1

f = 1,056 MHz	
Korrelationsreichweite r [m]	Mitfluß $\sqrt{\overline{\lvert q_L \rvert^2}}$ [%]
1	0,4
3	0,5
10	0,7

Tafel 2

f = 7 MHz	
Korrelationsreichweite r [m]	Mitfluß $\sqrt{\overline{\lvert q_L \rvert^2}}$ [%]
1	0,9
3	1,0
10	0,8

Während für die niedrige Trägerfrequenz das Maximum des Mitflusses bei Korrelationsreichweiten über 20 m auftritt, also außerhalb des Wertebereiches der Tafel 1 liegt, tritt es für die hohe Trägerfrequenz bei Korrelationsreichweiten von 4,5 m auf.

Bei der Fertigung können durchaus Schwankungen auftreten, welche die Korrelationsreichweiten der Tafeln 1 und 2 haben. Eine Kontrolle über die Höhe der inneren Schwankungen und deren Korrelationsreichweite wird bei der laufenden Impulsechomessung (Bild 12) durch den äquivalenten Reflexionsfaktor gegeben, in dessen Größe sowohl die Höhe der Schwankungen als auch die Korrelationsreichweite eingehen [11].

3.2.4 Die Zwergkoaxialleitung 1,15/4,2

Diese Koaxialleitung wird (Bild 16 rechts) auch von der Bundespost im neuen TF-Kabel Form 32a verwendet.

Da die Diskussion um diese Koaxialleitung, auch in internationaler Sicht, noch nicht beendet ist, sei hierzu lediglich erwähnt, daß man für den Betrieb mit dem Vierdrahtsystem V 300 (bis 1,3 MHz) in jedem Fall die Forderungen der Gleichmäßigkeit für Fernsprechbetrieb einhalten kann.

Z. Zt. werden u. a. drei wichtige Arten der Isolierung angewandt:

Vollisolierung mit Zell-PET
Wendelisolierung mit Styroflex
"Ballonartige" Schlauchisolierung.

Es ist bekannt, daß die inneren Ungleichmäßigkeiten $\sqrt{\frac{\overline{\lvert S \rvert^2}}{Z_o^2}}$ dieser Ausführungen 1 % nicht überschreiten. Auf einer Gesamtverbindung über 300 km für Fernsehen mit 1,056 MHz Trägerfrequenz könnte man mit solchen Längen auch den Mitfluß unter 1 % halten, wenn man sehr reflexionsarme Spleiße verwendet und die Reflexionen, die durch die Wellenwiderstandsstöße von Länge zu Länge entstehen, in der Größe der Reflexionen innerhalb der Fabrikationslängen hält.

3.3 Kabel für Richtfunk

Im Richtfunk ist besonders der Fall der frequenzmodulierten Übertragungssysteme kritisch. Sowohl das Zusammenwirken der Endreflexionen als auch das Zusammenwirken von inneren Reflexionen und Endreflexionen verursacht Laufzeitverzerrungen. Diese rufen Klirrprodukte hervor und wirken sich als Nebensprechen auf benachbarte Kanäle aus.

Für den Wellenwiderstand des Kabels selbst besteht die Forderung, daß er nicht mehr als 1 % vom Nennwert abweichen darf, um besonders die antennenseitige Anpassung zu gewährleisten. Die mittlere Welligkeit $\overline{s-1} = \overline{2r}$ darf etwa 2,5 % nicht überschreiten (r_{max} < 4 %). Im allgemeinen ist es den Lieferfirmen gelungen, bei der angewandten Konstruktion und dem gewählten Fertigungsverfahren diese Forderungen einzuhalten.

Für Richtfunksysteme, die bei Frequenzen höher als 4000 kHz betrieben werden, scheiden Kabel als Zuführungen vom Sender zur Antenne auch bei kurzen Verbindungen (10 - 15 m) infolge der hohen Leitungsdämpfung oder wegen parasitärer Hohlleiterwellen aus.

3.4 Kabel für Fernsehantennen

Auch bei Fernsehantennen tritt die Forderung auf, daß der Mitfluß nicht mehr als 1 % betragen darf. In diesem Verwendungsgebiet ist der Anteil, der durch das Zusammenwirken der inneren Reflexionen und Senderreflexion entsteht (Bild 14), besonders kritisch, da letztere aus Leistungsgründen sehr hoch gemacht werden muß. Der Reflexionsfaktor beträgt 0,7. Soll der Beitrag, der durch diesen Anteil entsteht, unter 1 % bleiben, so darf z. B. im Fernsehbereich III (f = 200 MHz) bei einer Korrelationsreichweite von rund 2 m die mittlere Eingangswelligkeit, die etwa dem doppelten Reflexionsfaktor entspricht, 3 % nicht überschreiten.

Dies entspricht einer Spitzenwelligkeit von 10 %.

Nur durch sehr große Fertigungsgenauigkeit, z. B. konstant arbeitende Zugeinrichtungen für rohrförmige Innen- und Außenleiter, Zug- bzw. Schneideeinrichtungen für aus Halbrohren gebildete Lei-

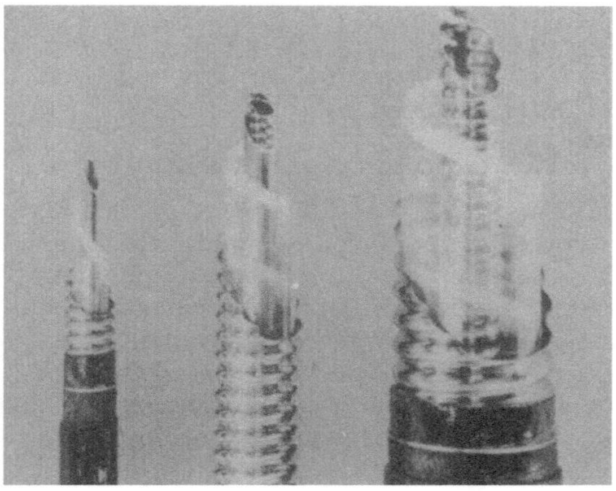

Bild 17: Typenreihe von koaxialen Hochfrequenzkabeln mit Wellmantel und Isolierung mit Polyäthylenwendel

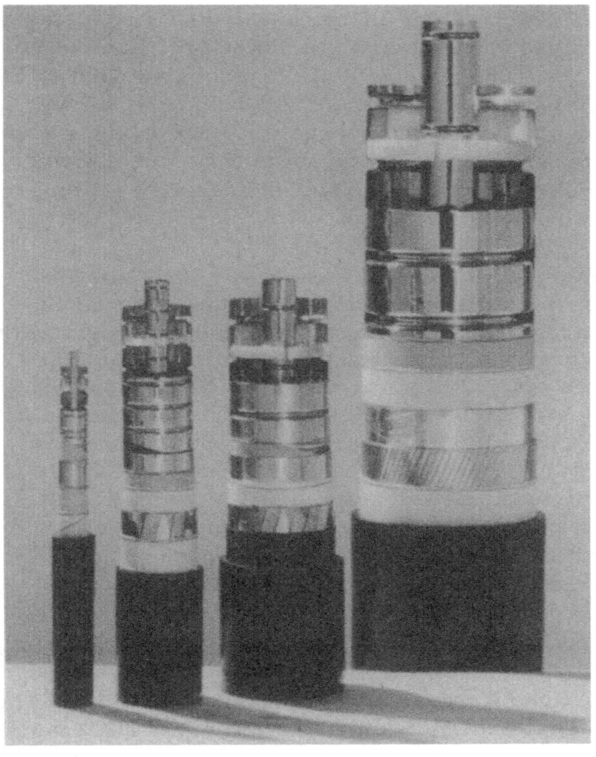

Bild 18: Typenreihe von koaxialen Hochfrequenzkabeln mit Sickenhalbrohren und Scheibenisolierung

ter, kann man die Forderung von 3 % mittlerer Welligkeit einhalten. Auch für die Kabeltypen mit über 100 mm Außenleiterdurchmesser darf man z. B. keine größeren Schwankungen des Aussenleiterdurchmessers als 0, 1 mm zulassen.

Die Bilder 17 bis 19 zeigen die wichtigsten Typenreihen der Hochfrequenzkabel.

Man sieht, daß den Anforderungen, die an die koaxialen Kabel in der Technik des Weitverkehrs und beim Einsatz im HF-Gebiet gestellt werden, durch recht verschiedene Ausführungsformen genügt werden kann. Besonderes Augenmerk muß allerdings der Frage der inneren Gleichmäßigkeit geschenkt werden, die z. T. sehr hoch sein muß und nicht nur durch das Konstruktionsprinzip, sondern auch stark durch den Fertigungsablauf beeinflußt wird.

Bild 19: Typenreihe von koaxialen Hochfrequenzkabeln mit Aluminiummantel und Styroflex-Bandwendel-Isolierung

Schrifttum

[1] G. Günther: Über das Verhalten koaxialer Kabel mit Scheibenisolierung im Frequenzbereich über 1000 MHz. Arch. f. Elektrotechn. 41 (1953) H. 1, S. 40-45

[2] H. Kaden: Über das Verhalten koaxialer Kabel mit Bandwendelisolierung im Frequenzbereich über 1000 MHz. Arch. f. Elektrotechn. 41 (1953) H. 1, S. 45-64

[3] H. Lintzel: Über ein Meßverfahren zur Ermittlung der inneren Ungleichmäßigkeiten der Fabrikationslängen von Breitbandkabeln. Telegr., Fernspr. u. Funk Techn. 26 (1937), S. 243-249

[4] M. Didlaukis und H. Kaden: Die inneren Ungleichmäßigkeiten von koaxialen Breitbandkabeln. Elektr. Nachr. Techn. 1937, H. 1, S. 13-23

[5] H. Kaden: Über ein Verfahren zur Messung von Breitbandkabeln. Telegr., Fernspr. u. Funk Techn. 25 (1936), S. 322-326

[6] z. B. G. Fuchs: Reflexions dues aux irregularités d'impedance dans un cable coaxial. Cable et Transmission 7e annee, No. 2 (1953)

[7] z. B. E. Pfeiffer und W. Wolff: Neuzeitliche Kabel für überseeische Verbindungen. Fernmeldeing. 11 (1957), H. 10, S. 1-36

[8] H. Kaden: Über das Verhalten von Kabeln mit Wellenwiderstandsschwankungen bei Fernseh- u. Meßimpulsen. Arch. elektr. Übertrag. 7 (1953), S. 157-162 u. S. 191-198

[9] H. Kaden: Fortschritte in der Statistik der Wellenwiderstandsschwankungen von Fernsehkabeln. Arch. elektr. Übertrag. 8 (1954), S. 523-529

[10] L. Krügel: Über eine Methode zur quantitativen Bestimmung von Inhomogenitäten in Breitbandkabeln mit Hilfe von Impulsen. Fernmeldetechn. Z. (1954) H. 1, S. 3

ANWENDUNG VON KUNSTSTOFFEN IN FERNMELDEKABELANLAGEN

W. Wolff, Darmstadt

Seit etwa 30 Jahren, besonders steigend in den letzten 10 Jahren, werden aus technischen und wirtschaftlichen Gründen für Fernmeldekabel Kunststoffe verwendet.

Voraussetzung für die erfolgreiche Verwendung von Kunststoffen ist der materialgerechte Einsatz, d.h., man muß die Eigenschaften der synthetisch hergestellten Stoffe genau beachten.

Neben anfänglichen Unvollkommenheiten und falscher Verarbeitung der Kunststoffe brachte auch falscher Einsatz manchmal Mißerfolge. Dennoch ist die moderne Entwicklung der Fernmeldekabel, insbesondere die der Trägerfrequenz- und Hochfrequenzkabel und beispielsweise auch der Fernsprechseekabel für große Entfernungen, überhaupt erst durch die neuen hochwertigen Kunststoffe möglich geworden.

Die Kunststoffe haben in der Fernmeldekabeltechnik zwei Hauptaufgaben:

1. Isolierung der Leiter und
2. Verwendung für den Kabelmantel.

Der klassische Werkstoff für die Isolation der Fernmeldekabel ist das Papier. Weitaus am häufigsten wird es in der Form der trockenen Papierluftraumisolation verwendet.

Die Papierisolation bietet manchen Vorteil, wie z.B. den der relativen Billigkeit. Sie hat den großen Nachteil, daß sie stark hygroskopisch ist. Papierisolierte Kabel erfordern daher stets eine geschlossene metallische Hülle als Mantel; eine nur geringfügige Beschädigung dieses Mantels genügt, das ganze Kabel durch Feuchtigkeit unbrauchbar werden zu lassen. Papierisolierte Kabel sind infolgedessen recht störungsempfindlich.

Dazu kommen fertigungsmäßige Nachteile. Papierisolation wird in Form von Kordel und Band als Papierluftraumisolation verwendet; die Maschinen zur Adernisolierung laufen relativ langsam. Auch bei der Montage, beim Abschluß und bei den Abschlußgarnituren muß die Feuchtigkeitsempfindlichkeit des Papiers durch eine entsprechend aufwendige Bauweise berücksichtigt werden.

Weiterhin steigen bei Papierisolation die Ableitungsverluste und damit die Dämpfung bei höheren Frequenzen stark an. Dadurch ist eine wirtschaftliche Ausnutzung bei höheren Frequenzen begrenzt. Von dieser Seite her kam der erste Anstoß, bei der Aderisolation einen anderen Stoff mit besseren elektrischen Eigenschaften, insbesondere mit geringerem dielektrischen Verlustwinkel zu verwenden.

Als man vor etwa 25 Jahren geeignete Leitungen für die Übertragung der für die damaligen Verhältnisse extrem breiten Fernsehfrequenzbänder bis zu einigen MHz benötigte, mußte man eine neue konstruktive Form der Leitung wählen und die Papierisolation ersetzen. Die Lösung war die koaxiale Leitung mit Polystyrolisolation.

Polystyrol

Polystyrol, ein reiner Kohlenwasserstoff, ist eines der ältesten Polymerisationsprodukte. Durch ein Verfahren der Wärmebehandlung unter gleichzeitigem Recken wird das Polystyrol flexibel gemacht. Dieser neue Stoff ist unter dem Namen Styroflex bekannt geworden. Er kann in Form von Fäden und Bändern hergestellt werden und wurde in dieser Form als Styroflexluftraumisolierung für die Isolierung der ersten koaxialen Leitungen verwandt.

Später gewann Styroflex auch für trägerfrequent ausgenutzte symmetrische Leitungen große Bedeutung. Die Sternvierer der modernen deutschen Trägerfrequenzfernkabel, die mit 120-Kanalgeräten bis 552 kHz ausgenutzt werden, haben durchweg eine Styroflexluftraum-Aderisolation aus Styroflexfäden und Bändern. Bei den koaxialen Leitungen der nach dem letzten Kriege im CCJ genormten Abmessungen 2,6/9,4 verwendet man Polystyrol-Scheibchen als Abstandshalter. Auch für zahlreiche spezielle Hochfrequenzkabel wird eine Styroflexluftraumisolation verwendet.

Styroflex hat einen nahezu frequenzunabhängigen kleinen Verlustwinkel von tg $\delta \sim\leqq 0,2 \cdot 10^{-3}$ und eine hohe Durchschlagsfestigkeit von 25-30 kV/mm. Die Dielektrizitätskonstante ist mit $\varepsilon = 2,3$ verhältnismäßig hoch, jedoch wird, da Styroflex bei Koaxialleitungen nur als Abstandshalter dient und bei symmetrischen Adern eine Styroflexluftraumisolation verwendet wird, bei koaxialen Leitungen 2,6/9,5 ein relatives ε von $\sim 1,1$ und bei TF-Sternvierern mit Styroflexluftraumisolierung ein ε von 1,46 gegenüber 1,9 bei Papier erreicht.

Styroflex bleibt auch bei Kälte bis zu minus $\sim 50\,^{\circ}$C noch flexibel. Allerdings beginnt es schon bei Temperaturen oberhalb $75\,^{\circ}$C zu erweichen bzw. zusammen zu sintern. Styroflex ist brennbar. Obwohl es unhygroskopisch ist, besteht bei Styroflexhohlraum-Isolierung die Gefahr, daß sich in das Kabel eingedrungene Feuchtigkeit schnell ausbreitet. Dagegen kann man sich durch Druckgasüberwachung schützen.

Man hat versucht, die elektrischen Werte durch Verwendung von geschäumtem Polystyrol noch zu verbessern. Die Versuche führten bisher nicht zum gewünschten Erfolg.

Polyvinylchlorid

Neben dem Styroflex hat Polyvinylchlorid, abgekürzt PVC, Bedeutung gewonnen.

Es gehört zu den Halogen-Kohlenwasserstoffen. Ausgangsprodukte für die Herstellung sind Kohle und Kalk. Das Endprodukt wird durch Polymerisation von Vinylchlorid unter Druck und unter Zugabe von Beschleunigern gewonnen. Reines PVC ist spröde und hat nur eine unzureichende Wärme- und Kältefestigkeit. Deshalb müssen dem PVC Weichmacher und Stabilisierungsmittel zugesetzt werden. PVC läßt sich mit dem bekannten Spritzverfahren relativ leicht verarbeiten.

PVC wird für die Aderisolation, als Kabelmantel und als Korrosionsschutz von metallischen Kabelmänteln benutzt. Eine für manche Verwendungszwecke unangenehme Eigenschaft ist die um 0 °C eintretende Versteifung des PVC. Kabel mit PVC-Außenhüllen kann man daher bei niedrigeren Temperaturen im allgemeinen nicht mehr verlegen. Zwar kann man durch besondere Weichmacher auch kältefeste PVC-Mischungen herstellen, jedoch sind diese relativ teuer und wiederum bei höheren Temperaturen empfindlich.

Beschränkt wird der Einsatz von PVC durch die elektrischen Werte. Dielektrizitätskonstante und Verlustwinkel sind mit $\varepsilon = 3$ bis 8 und tg $\delta = 0,1$ recht ungünstig. PVC scheidet daher als Adern-Isolierstoff bei allen Kabeln, die über größere Entfernungen oder mit höheren Frequenzen betrieben werden sollen, aus. Jedoch bei den nur niederfrequent und nur auf kürzeren Entfernungen betriebenen Inneninstallationsleitungen, bei Schaltdrähten und Schaltkabeln hat PVC die früher gebräuchlichen Isolationsstoffe verdrängt.

Am Beispiel der Schaltkabel seien die hierbei gewonnenen Vorteile betrachtet:

Schaltkabel werden in großen Mengen in den Wählämtern und Verstärkerstellen als Innenkabel verlegt. Sie hatten früher Lackpapier- oder auch Seide-Baumwollisolierung und als äußere Umhüllung eine imprägnierte Baumwoll- oder Zellwolle-Umflechtung.

Die PVC-Isolierung brachte folgende Vorteile: Der hohe Isolationswiderstand bleibt auf die Dauer weitgehend erhalten, obwohl man bis zu sehr dünnen Wanddicken von 0,2 mm herabgegangen ist, weil PVC nicht hygroskopisch ist. PVC ist sehr schwer entflammbar und praktisch nicht brennbar. Verlegung und Montage sind einfacher und schneller, weil das Kabel glatt und leichter ist und das Tränken der Enden und das Abbinden entfällt.

Längere Zeit fürchtete man, daß bei stärkeren Erwärmungen aus dem PVC Chlorwasserstoff frei werden und mit der vorhandenen Luftfeuchtigkeit Salzsäure bilden könnte. Für Fernmeldeeinrichtungen mit ihren zahlreichen Kontakten wäre dies eine große Gefahr. Untersuchungen ergaben jedoch, daß diese überschätzt worden ist. Die heutigen PVC-Mischungen sind gegen Abspaltung von Chlorwasserstoff gut stabilisiert; etwa frei werdende Chlorwasserstoffmengen sind im allgemeinen gering. Erst bei länger einwirkender Hitze können größere Mengen abgespalten werden.

Zur Verwendung von Kunststoffen als Mantelmaterial ist folgendes zu sagen:

Der klassische Werkstoff für Kabelmäntel ist bekanntlich Blei. Dieses hat manche Vorzüge, aber auch eine Reihe schwerwiegender Nachteile. Der interkristalline Zerfall bei Erschütterungen, das hohe spezifische Gewicht, die geringe Zug- und Druckfestigkeit, der hohe und oft schwankende Preis und das beschränkte Vorkommen führten zu dem Bestreben, Blei als Mantelmaterial zu ersetzen. Durchgesetzt haben sich geschlossene Mäntel aus Stahlblech und Aluminium und unter bestimmten Voraussetzungen auch reine Kunststoffmäntel.

Reine PVC-Mäntel kommen jedoch nur für Innenkabel in trockenen Räumen in Frage, da die Wasserdampfdurchlässigkeit bei PVC sich ungünstig auswirken kann. Eine weitere Voraussetzung für die Verwendung als Mantel ist die, daß die im Kabel enthaltenen Adern eine nicht hygroskopische Isolierung haben.

Bei Fernmeldeaußenkabeln wird PVC heute im wesentlichen als Korrosionsschutzhülle verwendet. Sowohl die Stahlwellmantel-Kabel als auch die Aluminiummantel-Kabel erhalten zum Schutz des Metallmantels gegen elektrolytische oder chemische Korrosion heute im allgemeinen einen Schutzmantel aus PVC.

Um ungünstige Alterungserscheinungen zu vermeiden, z.B. durch teilweise Verflüchtigung der Weichmacher, und um die Gefahr kleiner Undichtigkeiten der Schutzhülle zu mindern, ist es notwendig, daß der Korrosionsschutz mehrschichtig aufgebracht wird.

Polyäthylen

In mancher Beziehung günstiger als beim PVC liegen die Verhältnisse bei dem Kunststoff Polyäthylen, abgekürzt PET.

PET wurde kurz vor dem letzten Weltkrieg in England entdeckt und ist auf dem Wege, der wichtigste Kunststoff der Fernmeldekabeltechnik zu werden. Ausschlaggebend hierfür sind die guten elektrischen Eigenschaften, insbesondere der niedrige und nahezu frequenzunabhängige Verlustfaktor auch bei höheren Frequenzen, die guten mechanische Eigenschaften und die relativ gute Verarbeitbarkeit auf Kunststoffspritzen. Für die Verwendung als Kabelmantelmaterial ist die sehr geringe Feuchtigkeitsaufnahme und die sehr kleine Wasserdampfdurchlässigkeit entscheidend sowie die Tatsache, daß es seine guten Eigenschaften auch bei niedrigen Temperaturen bis zu minus 50°C beibehält.

Polyäthylen ist ein reiner Kohlenwasserstoff und kann ohne Zusatz von besonderen Weichmachern verwendet werden.

Von den Eigenschaften des PET seien folgende kurz erwähnt: Es hat nur ein spezifisches Gewicht von 0,92 - 0,94. (PVC hat z.B. 1,3 und Polystyrol 1,05) Der Verlustwinkel ist nahezu frequenzunabhängig und beträgt wie bei Styroflex $0{,}2 \cdot 10^{-3}$. Die Dielektrizitätskonstante liegt zwar ebenso wie die von Polystyrol mit 2,3 etwas hoch, doch zeichnen sich die Hochfrequenz-Kabel mit voll-PET umspritztem Innenleiter durch eine gute Wellenwiderstands-Gleichmäßigkeit aus.

Vielfach wird PET auch als Abstandshalter bei Koaxialleitungen in Form von Scheiben verwendet. Bei einer solchen vorwiegenden Luftraumisolierung mit PET-Scheibchen als Abstandshalter erreicht man ein resultierendes ε von 1,1. Die Scheibchen werden heute auf den Zentralleiter aufgespritzt.

Wichtig ist ferner, daß Polyäthylen sich gleichmäßig und feinporig aufschäumen läßt. Dies erreicht man durch einen Zusatz von organischen Treibmitteln, die an dem stärker geheizten Spritzkopf der Schneckenpresse zu gasen beginnen. Man erhält dann ein PET mit einer großen Zahl eingeschlossener Gaszellen, die möglichst gleichmäßig verteilt sein sollen. Diese Gleichmäßigkeit ist insbesondere vom Temperaturverlauf in der Spritzmaschine und dem Kühlvorgang abhängig. Die Dielektrizitätskonstante dieses Zellpolyäthylens kann man je nach dem Schäumungsgrad bis auf etwa 1,4 herabsetzen.

Je nach dem Herstellungsverfahren unterscheidet man Hochdruck- und Niederdruckpolyäthylen. Das erstere wird bei sehr hohen Drücken und unter Wärmezufuhr hergestellt, während das letztere durch Anwesenheit bestimmter Katalysatoren bei wesentlich niedrigeren Drücken erzeugt wird. Die Kabelindustrie verwendet heute daher meist noch Hochdruck-PET.

Der Einsatz von PET oder Zell-PET als Vollisolierung, die in Kunststoffspritzen auf den Leiter aufgebracht wird, beschränkt sich nicht nur auf trägerfrequent oder hochfrequent ausgenutzte Kabel, sondern erstreckt sich auch auf nur niederfrequent ausgenutzte Kabel. In den USA, wo der Preis für PET relativ billiger ist, hat man schon seit einer Reihe von Jahren derartige Kabel in Form der Alpethkabel in großer Menge mit gutem Erfolg eingesetzt. Diese Kabel haben eine Leiterisolation aus PET mit einer Wandstärke von 0,2 - 0,3 mm je nach dem Aderdurchmesser und einen PET-Mantel. Aus wirtschaftlichen Gründen und auch aus elektrischen Gründen der Dämpfung, die bei Voll-PET-Isolation etwas höher ist als bei papierisolierten Kabeln, beschränkt man sich in Deutschland zunächst auf den Einsatz niedrigpaariger Kabel in den Ausläufern der Fernsprechortsnetze. Dabei ist jedoch zu bedenken, daß diese längenmäßig bereits den Hauptteil der benötigten Kabel ausmachen. Die wirtschaftlichen Vorteile gegenüber den bisher verwendeten Kabeln liegen sowohl im Preis der Kabel als auch in der Montage, in den Abschlußeinrichtungen, den Kabelgarnituren und in dem Verhalten dieser Kabel im Betrieb. Der Preis für niedrigpaarige Kabel bis zu etwa 50 Paaren liegt schon jetzt unter dem der entsprechenden papierisolierten Bleikabel. Zwar ist die PET-isolierte Einzelader an sich teurer als eine papierisolierte, jedoch ist der beim Kabel-Preis wesentlich ins Gewicht fallende Aufwand für den Mantel erheblich geringer. Dazu kommt, daß die Herstellung der isolierten Einzelader durch den Einsatz moderner Kunstspritzen mit großen Abzugsgeschwindigkeiten von 500 m/min verbilligt werden kann. Vorteile kann u.U. der Übergang zum geschäumten PET bringen, weil dann die Einsatzgewichte für den teuren Rohstoff PET entsprechend kleiner werden.

Als vielleicht wesentlichster Vorteil dieser PET-Kabel wird eine geringere Störungsempfindlichkeit erwartet. Die hohen Fehlerzahlen in den Ortsnetzen bei papierisolierten Bleikabeln sind bei diesen Kunststoffkabeln nicht zu erwarten. Es sind jedoch noch nicht alle Probleme für die Herstellung und den Einsatz der PET-Kabel als gelöst anzusehen. Um die Zahl der Betriebsstörungen klein zu halten, muß z.B. eine möglichst kleine Porenfehler-Häufigkeit für die isolierte Ader verlangt werden. Dies wiederum ist bei der geringen Wanddicke der PET-Isolierung von 0,2 - 0,3 mm und bei der großen Fertigungsgeschwindigkeit von mehreren Hundert m/min eine schwierige Aufgabe. Voraussetzung sind einwandfreie Beschaffenheit des Ausgangsmaterials, saubere Zuführung und Verarbeitung in der Kunststoffspritze, richtige Kühlung usw.

Für die Prüfung der Porenfehlerzahl der isolierten Ader während der Fertigung ist noch kein ganz befriedigendes und zuverlässiges Verfahren vorhanden. Ferner ist für die Montage der Kabel auf der Strecke noch keine voll befriedigende Lösung gefunden. Eine weitere Schwierigkeit bringt die Fehlerortung bei Kabelbeschädigungen und die Tatsache, daß sich etwa einmal eingedrungene Feuchtigkeit im Kabel über große Strecken ausbreiten kann; denn bei der nicht hygroskopischen Kunststoffisolation bildet sich nicht wie bei Papierisolation durch Aufquellen eine Stopfstelle. Als weiterer Nachteil des PET-Kabels der geschilderten Form ist der schlechte Reduktionsfaktor des Kabels bei Starkstrombeeinflussung zu nennen.

Allen Kunststoffmänteln droht u. U. durch Nagetiere eine noch nicht übersehbare Gefahr. Die bisher vorliegenden Erkenntnisse sind relativ gering. Nach Versuchen einer Stelle soll PVC mehr gefährdet sein als PET; andererseits heißt es, daß alles, was weicher ist als die Zähne dieser Tiere, angenagt wird. Besonders gefährdete Stellen scheinen Kabelkanäle zu sein und nicht tief genug verlegte Erdkabel besonders bei aufgeschütteten Böden wie z. B. bei Bahndämmen.

Kabelmäntel werden vornehmlich angenagt, wenn sie den Nagetieren den Weg zur Nahrung behindern. Besonders gefährdet sind Kabel mit relativ kleinen Durchmessern. Bei Kabeln mit einem Durchmesser von 5 cm und mehr scheint die Oberfläche für das Nagen schon zu flach zu sein. Bei Parallellauf mehrerer Kabel sollen die Kabel, soweit möglich, dicht nebeneinander verlegt werden, da mit kleiner Lücke verlegte Kabel u. U. Spalten bilden, die die Tiere zum Nagen veranlassen. In besonders gefährdeten Gebieten müßte man ggf. Kabel mit Bandeisenbewehrung verlegen. Für die Chemische Industrie ergibt sich die Aufgabe, Kunststoffe mit Eigenschaften zu entwickeln, die die Nagetiere abweisen.

Sonstige Kunststoffe

Von den für Fernmeldekabel verwendeten Kunststoffen sind mit Polystyrol, PVC und PET nur die wichtigsten genannt. Noch eine Reihe anderer Kunststoffe wären in diesem Zusammenhang zu nennen. Auf synthetischen Kautschuk, auf das mechanisch in einem weiten Temperaturbereich sehr widerstandsfähige Neopren, auf Silikone, auf die Polyamide, auf Polyisobutylen kann hier nur summarisch hingewiesen werden, obwohl gerade das letztere, das Polyisobutylen, für eine Reihe von Aufgaben eine ziemliche Bedeutung gewonnen hat. Auch Polypropylen und Polyvinylcarbazol, mit denen Versuche laufen, und das amerikanische Teflon, ein Polytetrafluoräthylen, das ausgezeichnete elektrische und mechanische Eigenschaften hat und für Spezialzwecke wie z. B. bei geforderter hoher Wärmefestigkeit bis zu 300 °C verwendet wird, und dessen größerer Einsatz bisher vor allem an dem hohen Preis scheiterte, können nur erwähnt werden.

Desgleichen kann auf die gerade zur Zeit sehr im Mittelpunkt der Entwicklung stehende Problematik der geschäumten Kunststoffe, vor allem des Zell-PET, nur kurz eingegangen werden, obwohl gerade hier eine sehr interessante Entwicklung im Fluß ist.

Die wesentlichen Eigenschaften der wichtigsten Kunststoffe sind in der Tafel "Eigenschaften der Kunststoffe" zusammengefaßt dargestellt.

Eigenschaften der Kunststoffe

Eigenschaft	Dimension	Polystyrol (Styroflex)	Polyäthylen (PET)	Polyvinylchlorid (PVC)	Polytetrafluoräthylen (Teflon)
Spez. Widerstand	Ω . cm	$\sim 10^{19}$	$\sim 10^{16}$	$\sim 10^{14}$	$\sim 10^{16}$
Verlustfaktor tg (800 Hz)	$x\ 10^{-3}$	0,1 ... 0,3	0,4	100 ... 150	0,2 ... 0,5
(1 MHz)	$x\ 10^{-3}$	0,1 ... 0,4	0,4	100 ... 200	0,2 ... 0,5
Dielektr.-Konst.		2,3 ... 2,6	2,3	7 ... 4 frequenzabh.	2,0
Durchschlagsfestigkeit	kV/mm	60	40	20	40
Spez.-Gewicht	g/cm	1,05	0,92	1,28	2,2
Zugfestigkeit	kg/cm^2	500	150	200	120 ... 200
Zerreiß-dehnung	%	10 ... 30	500	300	100 ... 400
Wasseraufnahme	%	< 0,2	< 0,01	0,5 ... 1	0
Wasserdampfdurchlässigk.	$x\ 10^{-9}\ \frac{g}{h\ [cm]}$	30	3	20 ... 30	
Kälteempfindlich	unter °C	-50	-40	-5	-100
Warmformbeständig	bis °C	70	70 ... 90	70	260 ... 300
brennbar		ja	ja	nein	nein

NEUARTIGE VERLEGUNG VON FLUSSKABELN

A. Knacke, Darmstadt

Bei Verlegung von Kabeln über größere Entfernungen müssen häufig auch Bäche und Flüsse gekreuzt werden. Nur selten wird ein Kabel dabei auf die Sohle des Gewässers ohne schützende Überdeckung gelegt. Das ist nur möglich bei Kreuzung stillstehender und ungefährlicher Gewässer ohne Schiffahrt oder bei großen Wassertiefen, wo eine Gefährdung des Kabels durch Anker oder Fischereigeräte nicht zu befürchten ist. In allen anderen Fällen wurde bisher in der Flußsohle eine hinreichend tiefe Rinne für das Kabel geschaffen, das Kabel eingelegt und wieder voll überdeckt. Zur Herstellung der Rinne gibt es verschiedene Verfahren und Geräte, angefangen bei der einfachen Schaufel, dann Handbaggergeräte, maschinelle Ziehschaufeln und Schrapperanlagen bis zum Schwimmgreifer und Eimerschaufelbagger.

Die drei Arbeitsgänge, Herstellung der Rinne, Einlegen des Kabels und Wiederfüllen der Rinne vereinigt nun das Harmstorfsche Spülverfahren zu einem einzigen Arbeitsvorgang. Eine sogenannte Spüllanze, die durch Druckwasser den Flußgrund auflockert, wird mittels einer Seilwinde durch den Flußgrund von einer Uferseite zur anderen gezogen. Das Kabel wird von oben in die Spüllanze eingeführt und tritt am unteren gebogenen Fuß der Lanze entgegen der Zugrichtung aus. Es bleibt beim Weiterziehen der Lanze in der von der Lanze im Flußgrund gespülten und geschnittenen Rinne liegen. Der vom Druckwasser der Spüldüsen aufgeschwemmte Boden schließt sich sofort wieder in der Rinne und bedeckt damit das zu schützende Kabel.

Sowohl bei dem Baggerverfahren zur Rinnenherstellung wie auch bei dem Spülverfahren wurde bisher stets das Kabel selber in den Flußgrund eingebracht. Die vier wesentlichsten Nachteile sind:

1. Die Kabellängen mußten bei der Herstellung der Kreuzung bereitstehen, weil eine Unterbrechung der Wasserbauarbeiten aus technischen Gründen und auch wegen der damit verbundenen, meist recht erheblichen Kosten nicht zu vertreten war. Bei größeren Flußkreuzungen, bei denen Wasserstand und Bereitstellung der Geräte und Arbeiter sorgfältig eingeplant werden muß, bedeutet dies einen meist recht unangenehmen Zeitverlust im Beginn der Arbeiten.

2. Wurde das Kabel bei den Verlegearbeiten beschädigt, dann waren die ganzen bis dahin geleisteten Bauarbeiten für die Kreuzung vergeblich gewesen. Bis zur Neufertigung der Kabellänge verging so viel Zeit, daß die Wasserbauarbeiten für die Kreuzung praktisch von vorn beginnen mußten. Bei symmetrischen Kabeln ist die Gefahr einer Beschädigung zwar klein, jedoch nicht so gering bei Koaxialkabeln.

3. Da bei wichtigen Kabelverbindungen eine länger dauernde Betriebsstörung untragbar ist, wurde zusammen mit dem Hauptkabel häufig ein Reservekabel in die Flußkreuzung mit eingebracht. War das Reservekabel aber wegen Ausfalls des Betriebskabels erst eingeschaltet, dann mußte zur weiteren Verkehrssicherung ein neues Reservekabel gelegt werden.

4. Ein Nachteil, der hauptsächlich bei Ortsverbindungskabeln und Bezirkskabeln in Erscheinung trat, ist der, daß der wachsende Bedarf nach voll beschaltetem Kabel nur durch ein neues Kabel mit neuer Flußkreuzung befriedigt werden konnte.

Diese Nachteile hatten schon häufig den Wunsch aufkommen lassen, Düker oder Rohrzüge durch das Flußbett zu verlegen, um damit - ähnlich wie bei den Kabelkanälen in den Städten - die Kabel in der Flußkreuzung nach Bedarf ein- und ausziehen zu können.

Bei Wasserläufen mit geringer Breite, etwa bis zu 30 m, sind derartige Kanäle und Rohrzüge schon gebaut worden. Für Wasserläufe mit grösseren Breiten scheiterte der Bau von Kanälen oder Dükern mit bekannten Mitteln unter der Flußsohle allein schon an der Kostenfrage. Das gleiche gilt für den Einbau von Eisenrohren, die entsprechend dem Flußprofil gebogen wurden. Dazu kommt, daß der Reibungswiderstand in einem Düker von mehreren hundert Metern zu groß würde.

In den letzten Jahren erschloß nun die Kunststofftechnik für den Dükerbau neue Möglichkeiten. Angeregt durch die Verlegung von Wasserrohrdükern aus elastischen Kunststoffrohren, entschloß sich das FTZ mit Genehmigung des BPM im Jahre 1956 zu einer Versuchsverlegung eines Kunststoffrohres durch die Weser bei Vekkerhagen. Die Kunststoffrohre aus Hartpolyäthylen, nach dem Niederdruck-Verfahren hergestellt, hatten eine Zugfestigkeit von 210 kg/cm^2 und eine Bruchdehnung von 600 % und wurden in Einzellängen von 12 m zur Baustelle geliefert. Zur damaligen Zeit war für Rohre von 80 mm lichter Weite die Fertigung und vor allem der Transport in einer Länge von 120 m noch nicht möglich. Die einzelnen Rohrstücke mußten deshalb während des Einspülvorganges miteinander verbunden werden, und zwar mit Hilfe spezieller Schweißfittings aus Polyäthylen mit eingeschmolzener Heizdrahtwicklung.

Es wurde ein 60-paariges Ortsverbindungskabel in Wellmantelausführung mit PVC-Außenmantel ohne besondere Zugarmierung eingezogen. Der Außendurchmesser des Kabels betrug 46 mm. Durch einen Gießharzkopf waren die Zugöse, die Kabeladern, der Wellmantel und der PVC-Mantel miteinander verbunden worden, damit die Zugkräfte gleichmäßig auf alle Elemente des Kabels verteilt wurden. Da Polyäthylen gegen chemische Einwirkungen von Mineralölen und Fetten unbeständig ist, bei Verwendung von tierischen und pflanzlichen Fetten aber die Gefahr der Verharzung besteht, das Kabel nach längerer Lagerung im Rohr also festkleben könnte, wurde als Schmiermittel nur Talkum-Puder verwendet. Das Durchziehen des Kabels durch das Rohr mit Hilfe einer Motorwinde ging ohne Schwierigkeiten vor sich. Nach dem Lösen des Zugseiles ließ sich das Kabel von je einem Mann an den beiden Rohrenden in dem 120 m langen Rohr von Hand hin und her ziehen. Die Reibungskraft des Kabels im Rohr konnte demnach nicht mehr als 50 kg betragen.

Dieser erste Versuch befriedigte trotzdem nicht ganz, weil das Rohr nicht dicht geblieben war. Die Schweißung einer Rohrverbindungsmuffe war nicht einwandfrei. An und für sich schadet das Wasser im Rohr dem Kabel nicht. Völlige Wasserdichtigkeit eines solchen Einzugsrohres wird aber gefordert, um eine Verschlammung zu verhindern, die ein späteres Auswechseln des Kabels unmöglich machen würde. Aus diesem Grunde wird auch besonderer Wert auf eine einwandfreie Abdichtung der Rohrenden durch Vergießen mit einer Spezialvergußmasse gelegt.

Im Frühjahr 1957 wurde auf die gleiche Art ein Versuch zur Unterkreuzung des Nordostseekanals bei Sehestedt durchgeführt. Trotz der sehr schwierigen Bodenverhältnisse konnten die drei Rohre (für zwei Betriebs- und ein Reservekabel) einwandfrei eingespült werden. Auch die Verschweissung der einzelnen 12 m-Rohrstücke gelang so gut, daß die Rohre nach dem Einspülen vollkommen trocken blieben. Bei einem Druck von 16 - 17 m Wassersäule über dem Rohr hätte sich die geringste Undichtigkeit sofort bemerkbar gemacht. Die Rohrzüge waren 132 m lang und an den beiden Enden mit je 35 m um etwas mehr als 45° nach oben hochgebogen. Nach der bisherigen Einziehpraxis hätte man mit einer erforderlichen Zugkraft von 1,5 bis zu 2 t zu rechnen gehabt. Tatsächlich stieg sie aber selbst beim Austritt des Kabels am jenseitigen Ufer auf nur 330 kg an.

Der Erfolg sprach dafür, eine Kreuzung des Rheines bei Wesel für ein weiteres Kabel der Form 17a mit koaxialem Innenleiterpaar ebenfalls unter Verwendung von Supralenrohren auszuführen. Zur Breite des Rheines (360 m) kam auf der einen Uferseite ein Vorflutgelände von 130 m, so daß eine Rohrlänge von insgesamt 490 m erforderlich wurde. Nach einem ersten Mißerfolg mit zusammengeschweißten kurzen Rohrlängen entschloß man sich, die Rohrlänge erstmalig in einem Stück einzuspülen. Nachdem auch die Transportfrage eines solchen Rohres von 360 m Länge auf einer übergroßen Kabeltrommel befriedigend gelöst werden konnte, wurden nacheinander drei Rohre ohne nennenswerte Schwierigkeiten eingespült.

Die Kabellängen für diese Kreuzung waren über einem gewellten Aluminium-Mantel mit einer besonderen Flachdraht-Armierung und über dieser mit einem PVC-Mantel versehen worden. Trotz Verwendung eines Gleitfettes auf synthetischer Grundlage war eine Zugkraft von mehr als 4 t erforderlich, um die erste Kabellänge von 490 m durch das Rohr zu ziehen. Die PVC-Ummantelung des Zugseiles stellte sich dabei als Nachteil heraus. Durch die mehrmalige Dehnung bei der hohen Zugkraft von 4 t wurde sie so stark gestaucht, daß sie sich in Fetzen vom Zugseil löste und teilweise im Rohr zurückblieb. Reibungserhöhend wirkte auch die an einer Uferseite sich anschließende 130 m Rohrlänge, weil diese noch nicht möglichst gerade verlegt worden war. Die zwei weiteren Längen dieser Kreuzung konnten nach entsprechender Verlegung der Rohre am Ufer bereits mit einer maximalen Zugkraft von je 3 t eingezogen werden.

Eine zweite Rheinkreuzung bei Düsseldorf wurde im Februar 1958 mit dem Einziehen eines Bezirkskabels in ein ebenfalls eingespültes Supralenrohr mit einer Gesamtlänge von 660 m erfolgreich beendet. Im ersten Bauabschnitt wurden die Rohre verschiedener Teillänge (insgesamt 320 m) durch das Vorflutgelände auf beiden Uferseiten in die Erde gelegt. Im zweiten Bauabschnitt wurde das Rohr quer durch den Rhein (Breite 340 m) eingespült. Die Teillängen wurden mit normalen Schweißmuffen verbunden. Eingezogen wurde ein 70-paariges Kabel mit Stahlwellmantel, darüberliegender Runddraht-Bewehrung und PVC-Außenmantel mit einem Außendurchmesser von 56 mm. Die maximale Zugkraft betrug in diesem Falle nur 2,4 t.

Für eine Betriebskabelanlage zwischen Koblenz und Bingen mußten im Herbst 1958 und im Frühjahr 1959 zwei weitere Rheinkreuzungen, die eine bei Niederlahnstein mit zwei Rohren und die zweite bei Rüdesheim mit drei Rohren ausgeführt werden. Da der Rhein bei Niederlahnstein wegen des teilweise felsigen Untergrundes nicht ohne entsprechende Bodenvorbereitung spülbar ist, wurden durch die Felsstrecken für den Durchgang der Spüllanze zuerst entsprechende Rinnen gemeisselt und gesprengt. Diese Rinnen wurden teils durch Schwemmsand von selbst und teils durch Einschütten von Kies wieder zugefüllt. Erst nach dieser kostspieligen Bodenvorbereitung konnte der Einspülvorgang durchgeführt werden, wobei man erstmals beide Rohre in einem Durchgang der Lanze gleichzeitig einspülte.

Bei den in diese Rohre einzuziehenden Kabeln mit Stahlwellmantel wurde absichtlich die Zugarmierung aus Rundstahldraht nicht unter, sondern über dem PVC-Mantel aufgebracht, weil man festgestellt hatte, daß Metall auf Polyäthylen besser gleitet als PVC. Für das Einziehen der beiden Kabel mit einem Außendurchmesser von 75 mm bei einer lichten Weite der Rohre von 90 mm und einer Gesamtlänge der Rohre von 380 m war eine maximale Zugkraft von nur 1,8 t erforderlich.

Die bisher größte und schwierigste Kreuzung wurde im Frühjahr 1959 zwischen Rüdesheim und Bingen ausgeführt. Dabei war in Strommitte noch ein Leitdamm zu überqueren, der nur unter Wasserhaltung bis auf höchstens 2 m unter der Wasseroberfläche geöffnet werden durfte. Die Rohre mußten deshalb in einer Wellenlinie mit zwei Wellentälern und einem Wellenberg verlegt werden. Zwecks Kostenersparnis wurden in diesem Fall die für zwei 70-paarige und ein 150-paariges Kabel erforderlichen drei Rohre von 100 mm Außendurchmesser in einem einzigen Durchgang eingespült. Da die befestigten Uferböschungen nicht während der ganzen Bauzeit offengehalten werden konnten, wurden zuerst in die Böschungen je drei Stahlrohre eingebaut, durch die die Kunststoffrohre nach dem Einspülen mit Hilfe eines Tauchers bis in die landseitigen Erdgräben geführt wurden. Die Rohre von je 840 m Länge wurden auf Spezialtrommeln mit der Bahn nach Bingen befördert. Eingezogen wurden wieder Stahlwellmantelkabel mit außen aufgebrachter Zugarmierung aus 4 mm Rundstahldrähten. Ihr Außendurchmesser war 67 bis 69 mm. Bei Verwendung von Spezialgleitfett konnte mit maximal 4 t eingezogen werden, während ohne Gleitfett die Zugkraft auf 6 t anstieg. Eine nachträglich festgestellte Erdberührung einer Ader des mit 6 t beanspruchten Kabels zeigt, daß trotz der dreifachen Belastbarkeit der Armierung der Zugbeanspruchung eines Kabels mit seiner zug- und druckempfindlichen Seele Grenzen gesetzt sind. Mit diesen auch unter schwierigen Verhältnissen durchgeführten Rohrverlegungen wurde die Brauchbarkeit der neuen Methode bewiesen. Man kann erwarten, daß auch das Auswechseln von Kabellängen keine besonderen Schwierigkeiten bereiten wird.

DIE FÜR DIE ÜBERTRAGUNGSTECHNIK CHARAKTERISTISCHEN EIGENSCHAFTEN DES TRANSISTORS UND DEREN VERKNÜPFUNG

Mit 14 Bildern

W. Benz, Backnang

I. Einleitung

In der Technik der Übertragung von Nachrichten über weite Entfernungen dürfte der Transistor in den nächsten Jahren in steigendem Maße eingesetzt werden. Es gibt bereits verschiedene Trägerfrequenzgeräte, die keine Röhren mehr enthalten und dafür mit Transistoren bestückt sind, und es befinden sich vermutlich sowohl Trägerfrequenzgeräte als auch andere Geräte der Weitverkehrstechnik in Entwicklung, bei denen Transistoren benützt werden, so weit dieses irgendwie möglich ist.

1) Die beiden Betriebsarten des Transistors

Ebenso wie in anderen Anwendungsgebieten wird der Transistor auch in der Übertragungstechnik in zwei Betriebsarten verwendet: entweder als Verstärker oder als Schalter. Zwischen diesen beiden Betriebsarten gibt es selbstverständlich Übergänge; als Beispiel sei erwähnt die Benützung des Transistors als nichtlineares Gebilde für Modulationszwecke unter gleichzeitiger Ausnutzung der Verstärkungseigenschaften.

2) Die Verstärkungseigenschaften des Transistors

Wir betrachten im folgenden in erster Linie den Transistor als Verstärker. Die Verstärkungseigenschaften des Transistors hängen ab von der Temperatur, vom Arbeitspunkt (d.h. von den Gleichstromverhältnissen) und von der Frequenz. Es muß für den Verstärkerbetrieb beachtet werden, daß der Transistor tatsächlich ein nichtlineares Gebilde ist, mit dem nur unter bestimmten Gleichstrombedingungen eine näherungsweise lineare Verstärkung zu erzielen ist, wobei die für einen bestimmten Grad der nichtlinearen Verzerrungen zulässige Aussteuerung vom Arbeitspunkt abhängt. Schließlich ist noch das Rauschen des Transistors zu erwähnen, eine Eigenschaft, die bei der Verstärkung schwacher Signale eine wichtige Rolle spielt.

Es gibt verschiedene Möglichkeiten, um die elektrischen Eigenschaften des Transistors festzustellen oder zu erkennen und diese in zweckmäßiger Weise darzustellen. Wir gehen hier so vor, daß wir zunächst die wichtigsten physikalischen Vorgänge im Transistor betrachten und diese dann durch einzelne elektrische Schaltelemente, d.h. Widerstände, Kapazitäten, Induktivitäten und gesteuerte Quellen, nachbilden, oder auch durch Gruppen von derartigen Schaltelementen. Wir übersetzen die physikalischen Vorgänge gewissermaßen in die Sprache des Elektrotechnikers. Die sinnvolle Verbindung dieser Schaltelemente entsprechend der Arbeitsweise des Transistors stellt dann die Verknüpfung seiner einzelnen elektrischen Eigenschaften dar. Aus dem so erhaltenen Ersatzschaltbild des Transistors lassen sich die Verstärkungseigenschaften und das Frequenzverhalten entnehmen.

Bevor wir uns nun dem Transistor und seinen Eigenschaften etwas näher zuwenden, sei auf die im folgenden benützte Art der Darstellung von Spannungs- und Stromquellen sowie von den Pfeilen für die Spannungs- und Stromrichtungen hingewiesen (Bild 1).

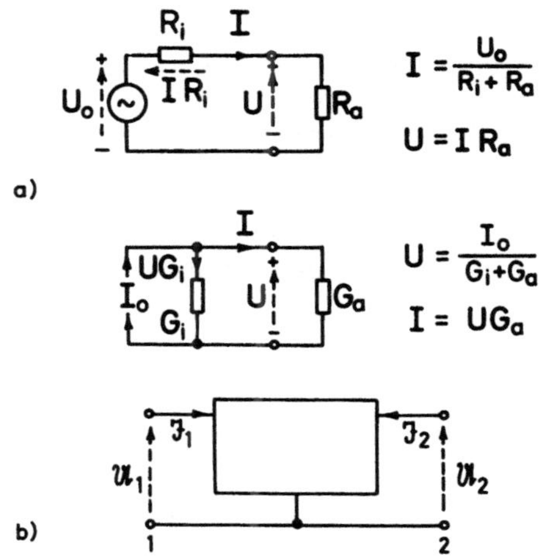

Bild 1: Zuordnung der Strom- und Spannungspfeile zu den Vorzeichen der Ströme und Spannungen

a) Spannungsquelle u. Stromquelle mit Belastung

b) Symmetrische Vorzeichenregel b. Vierpol

3) Die drei Grundschaltungen für den Verstärkerbetrieb

Für Verstärkerzwecke läßt sich der Transistor in drei Grundschaltungen betreiben, der Basisschaltung, der Emitterschaltung und der Kollektorschaltung (Bild 2). Bei der zuerst genannten kann man folgendermaßen eine Verstärkung erzielen: der Ausgangswechselstrom ist (wenigstens bei niedrigen Frequenzen) praktisch gleich dem Eingangswechselstrom. Wenn der Verbraucherwiderstand wesentlich größer gewählt wird als der niedrige Eingangs-

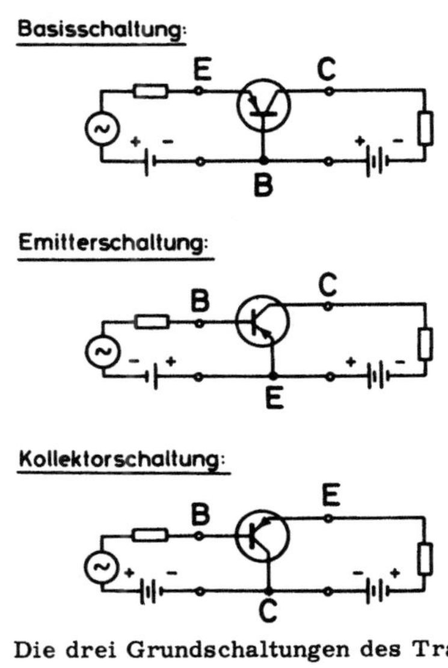

Bild 2: Die drei Grundschaltungen des Transistors

widerstand des Transistors, dann ist die Wechselspannung am Verbraucher entsprechend größer als die Wechselspannung am Eingang des Transistors. Man hat eine Spannungsverstärkung, jedoch keine Stromverstärkung. Bei der Emitterschaltung erhält man sowohl eine Spannungsverstärkung als auch eine Stromverstärkung, bei der Kollektorschaltung nur eine Stromverstärkung. In der Praxis wird die Emitterschaltung weitaus am häufigsten benützt.

Wenn der Transistor Wechselstromsignale verstärken soll, müssen bestimmte Gleichstromverhältnisse vorliegen. Die Emittersperrschicht (Bild 3) wird dazu in Durchlaßrichtung betrieben, die Kollektorsperrschicht (Bild 3) in Sperrichtung vorgespannt. Die Spannung an der Emittersperrschicht bestimmt dann den über diese fließenden Strom, der zum größten Teil auch durch die Basiszone und durch die Kollektorsperrschicht geht. Mit Hilfe der Spannung an der Emittersperrschicht und damit auch der Spannung zwischen Emitter- und Basisanschluß (Bild 3) läßt sich also der Strom steuern, der alle 3 Zonen des Transistors durchfließt.

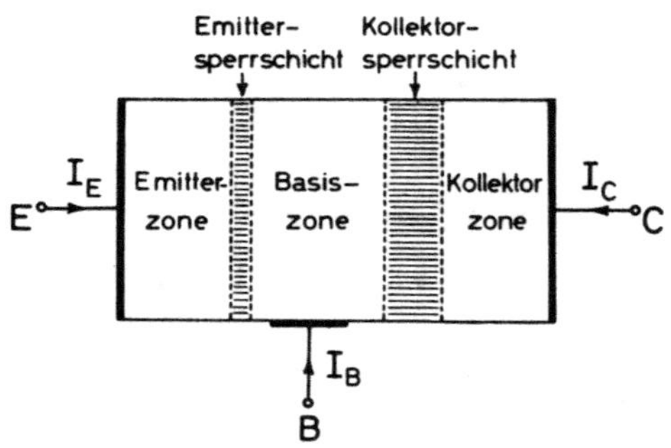

Bild 3: Zonen, Sperrschichten und Anschlüsse des Transistors (schematisch)

II. Die Gleichstromeigenschaften des Transistors

1) Der Zusammenhang zwischen den Gleichströmen, den Gleichspannungen und der Temperatur

Ehe wir nun die besonderen Gleichstromverhältnisse behandeln, die für den Verstärkerbetrieb wichtig sind, wollen wir einen Blick auf die Zusammenhänge werfen, die ganz allgemein zwischen den Gleichströmen des Transistors und den an seinen Anschlüssen liegenden Gleichspannungen bestehen.

Es gilt:

$$I_E = g_{11} U_T \left[\exp.\left(\frac{U_{EB} + I_B r_b}{U_T}\right) - 1\right] + g_{12} U_T \left[\exp.\left(\frac{U_{CB} + I_B r_b}{U_T}\right) - 1\right];$$

$$-I_C = g_{21} U_T \left[\exp.\left(\frac{U_{EB} + I_B r_b}{U_T}\right) - 1\right] + g_{22} U_T \left[\exp.\left(\frac{U_{CB} + I_B r_b}{U_T}\right) - 1\right];$$

$$-I_B = I_E + I_C.$$

Darin sind:

I_E der Emittergleichstrom,

I_C der Kollektorgleichstrom,

I_B der Basisgleichstrom,

U_{EB} die Gleichspannung zwischen Emitter und Basis,

U_{CB} die Gleichspannung zwischen Kollektor und Basis,

U_T die Temperaturspannung; $U_T = \frac{k\,T}{q}$;

(k Boltzmannsche Konstante,
T absolute Temperatur in $^{\circ}$K,
q Elementarladung),

$g_{11}, g_{12}, g_{21}, g_{22}$ Konstanten, die durch den Aufbau und die geometrischen Abmessungen des Transistors sowie durch die physikalischen Eigenschaften der für ihn verwendeten Materialien bestimmt sind,

r_b der Basisbahnwiderstand (vgl. Abschn. III, 4).

Die Richtungen der Ströme sind hierbei dann als positiv aufzufassen, wenn sie in den Transistor hineinfließen (vgl. hierzu Bild 3).

Die angegebenen Beziehungen lassen sich theoretisch unter gewissen idealisierenden Voraussetzungen aufstellen. Sie bilden - wenigstens außerhalb der Durchbruchsgebiete - eine vollständige Verknüpfung für die Ströme und Spannungen, aus der alle Gleichstrom und langsamen Wechselstrombetriebsweisen hergeleitet werden können. Da sie auch die Temperatur enthalten, kann aus ihnen außerdem der Einfluß der Temperatur auf die Gleichstromverhältnisse entnommen werden.

Temperaturabhängige Größen sind die Spannung U_T und die Leitwerte g_{ik}. Die Änderung von U_T mit der Temperatur ist allerdings nur gering. Es ist:

$$(U_T)_{25^{\circ}C} = 26\ \text{mV} \quad \text{und} \quad (U_T)_{60^{\circ}C} = 29\ \text{mV}.$$

Im Gegensatz dazu ist die Temperaturabhängigkeit der Leitwerte g_{ik} sehr unangenehm. Näherungsweise gilt

$$(g_{ik})_{T + \Delta T} = (g_{ik})_T \cdot \exp. \frac{\Delta T}{\delta_{ik}}$$

mit

$$\delta_{ik} \approx 10 \ldots\ldots 15^{\circ}C.$$

Für eine bestimmte Temperatur lassen sich die Beziehungen für I_E und I_C durch Kurvenscharen auf verschiedene Arten darstellen. Es sei hier nicht weiter darauf eingegangen; die Hersteller der Transistoren geben fast für jeden Typ Datenblätter heraus, bei denen derartige Darstellungsweisen benutzt sind.

2) Die für den Verstärkerbetrieb erforderlichen Gleichstromverhältnisse

Nun zu den besonderen Gleichstromverhältnissen, die die Voraussetzung für den Verstärkerbetrieb bilden. Wir nehmen dabei zunächst an, die Temperatur sei konstant.

Im oberen Teil des Bildes 4 sehen wir eine schematische Darstellung eines pnp-Transistors mit den wesentlichen inneren Gleichströmen, im unteren Teil den ungefähren Verlauf des Potentials im Transistor. Die Potentialkurve hat 2 Stufen, deren Höhen von den angelegten Gleichspannungen abhängen; die elektrischen Feldstärken sind in den Sperrschichten groß, insbesondere herrscht innerhalb der Kollektorsperrschicht ein starkes Feld.

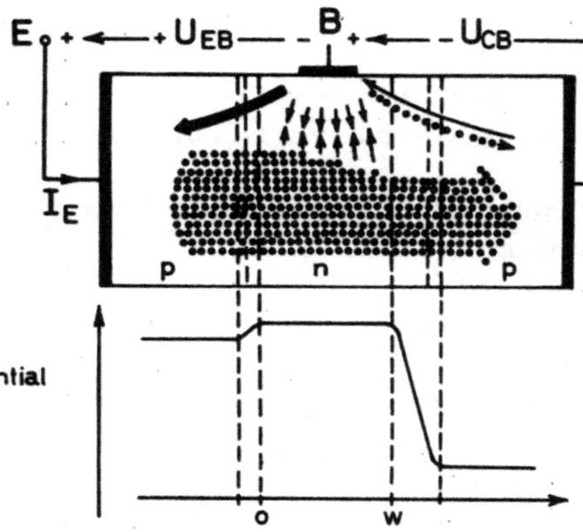

Bild 4: Schematische Darstellung eines pnp-Transistors mit den wesentlichen in ihm fließenden Gleichströmen und dem Verlauf des auf Löcher bezogenen Potentials

Wenn die angelegten Gleichspannungen geändert werden, dann ändern sich die Höhen der Potentialstufen und gleichzeitig die Sperrschichtdicken. Wesentlich ist aber nur die Änderung der Dicke der Kollektorsperrschicht auf der Seite der Basiszone und damit die Änderung der Basisschichtdicke (d.h. der Länge W der Basiszone) mit der an der Kollektorsperrschicht liegenden Spannung.

Der erwünschte Strom im Transistor ist der Löcherstrom, der vom Emitter durch die Basiszone zum Kollektor fließt. Er wird (in bezug auf die Basiszone) der Minoritätsträgerstrom genannt. Er ist eine Funktion der Höhe der Potentialstufe an der Emittersperrschicht und damit auch eine Funktion der zwischen Emitter und Basis angelegten Spannung. Innerhalb der Basiszone kommt die Wanderung der Löcher, die diesen Strom bilden, in der Hauptsache durch Diffusion zustande, in der Kollektorsperrschicht durch das dort herrschende elektrische Feld. - Einige der Löcher, welche die Emitterzone verlassen, verschwinden durch Rekombination mit Elektronen, und zwar sowohl im Innern als auch an der Oberfläche der Basiszone.

Außer dem Löcherstrom fließt über die Emittersperrschicht auch ein geringer Elektronenstrom in der umgekehrten Richtung. Er wird (in bezug auf die Basiszone) der Majoritätsträgerstrom genannt. - Schließlich sei noch der Kollektorreststrom erwähnt, der aus Elektronen und Löchern bestehende Sperrstrom der Kollektor-Basis-Diode.

III. Das Wechselstromersatzschaltbild des Transistors

Wird der Gleichspannung an der Emittersperrschicht eine Wechselspannung überlagert, so ergeben sich den Gleichströmen überlagerte Wechselströme.

1) Der innere Transistor und sein Ersatzschaltbild

Wir betrachten die Diffusionsvorgänge, welche die Bewegung der Elektronen und insbesondere der Löcher durch die Emittersperrschicht und die Basiszone verursachen, sowie das Absaugen der Löcher über die Kollektorsperrschicht, als besonderen Teil des Transistors, den wir inneren Transistor nennen. Diesem wenden wir uns zunächst zu, um zu einem Ersatzschaltbild zu kommen, da in ihm diejenigen Vorgänge vor sich gehen, die zur Verstärkung von Signalen dienen können.

Wir ordnen dem inneren Transistor 3 Anschlußpunkte zu, die wir mit E', B' und C' bezeichnen, entsprechend den Anschlüssen E, B und C des gesamten Transistors.

Die an der Emittersperrschicht liegende Spannung hat, wie bereits erwähnt, außer dem erwünschten Löcherstrom (dem Minoritätsträgerstrom) auch einen geringen Elektronenstrom zur Folge (den Majoritätsträgerstrom). Die wechselstrommäßige Wirkung dieses Nebenschlusses kann als Scheinleitwert y_{en} zwischen E' und B' aufgefaßt werden, der sich in erster Näherung als Parallelschaltung eines Leitwertes und einer Kapazität darstellen läßt. Wir haben damit die Majoritätsträgeradmittanz (Bild 5)

$$y_{en} \approx g_{en} + j\omega c_{en}.$$

Die Wanderung der Löcher durch die Emittersperrschicht und durch die Basiszone hindurch kommt durch Diffusion zustande (Bild 4). Die Dichte dieser Löcher in der Basiszone nimmt von der Emittersperrschicht bis zur Kollektorsperrschicht ab. Im stationären Zustand haben wir in der Basiszone eine bestimmte, aus Löchern bestehende Ladung, die durch eine entsprechende aus Elektronen gebildete neutralisiert wird. Dies kann auch als Speicherung einer Ladung in der Basiszone betrachtet werden.

Wird der die Emittersperrschicht durchfliessende Strom geändert, so tritt die entsprechende Änderung des Löcherstromes an der Kollektorsperrschicht erst etwas später ein. Je rascher die Emitterstromänderung vor sich geht, umso mehr weicht der zeitliche Verlauf der Kollektorstromänderung von dem der auslösenden Emitterstromänderung ab.

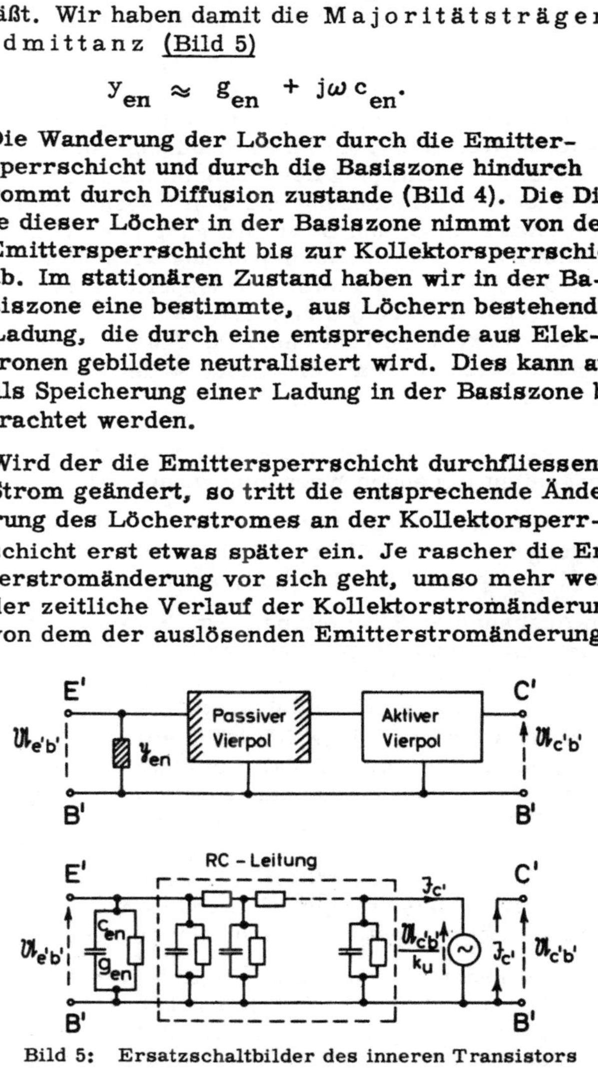

Bild 5: Ersatzschaltbilder des inneren Transistors

Ein Eingangssignal benötigt eine gewisse Laufzeit, um durch die Basiszone von der Emittersperrschicht zur Kollektorsperrschicht zu kommen.

Die Wirkung der Basiszone auf den Minoritätsträgerwechselstrom kann durch eine Art RC-Leitung mit verteiltem Längswiderstand und verteilter Querkapazität (jedoch ohne Induktivität) nachgebildet werden. Die verteilte Kapazität wird D i f f u s i o n s k a p a z i t ä t genannt.

Wie früher erwähnt, tritt durch Rekombination im Innern der Basiszone ein gewisser Verlust ein; der Löcherstrom ist auf der Kollektorseite etwas geringer als auf der Emitterseite. In der Nachbildung wird dieser Verlust durch eine verteilte Ableitung in der genannten RC-Leitung berücksichtigt (Bild 5).

Die Löcher, die die Kollektorsperrschicht erreichen, kommen in den Bereich eines starken elektrischen Feldes und werden deshalb rasch in die Kollektorzone getrieben. Vernachlässigen wir die Rekombination innerhalb der Sperrschicht, dann wird beim Durchlaufen derselben lediglich die Energie der Ladungsträger geändert; sie kommen auf ein anderes Potential; der Strom ändert sich nicht. Von der Kollektorzone aus betrachtet erfolgt über die Kollektorsperrschicht die Einströmung des Stromes $\mathcal{J}'_c$, der gleich dem Löcherstrom am kollektorseitigen Ende der Basiszone ist (Bild 5).

Beim normalen Verstärkerbetrieb des Transistors befindet sich im äußeren Kollektorkreis ein Belastungswiderstand, an dem der diesen durchfliessende Wechselstrom einen Spannungsabfall hervorruft. Am Ausgang des Transistors liegt dann eine Wechselspannung und damit ebenso eine solche zwischen C' und B' am Ausgang des inneren Transistors. Diese Wechselspannung wirkt in die Basiszone zurück, und zwar auf doppelte Weise: erstens (sehr schwach) direkt und zweitens (wesentlich stärker) indirekt dadurch, daß die Sperrschichtdicke und deshalb die Länge W der Basiszone durch sie moduliert wird.

Die direkte Rückwirkung der an der Kollektorsperrschicht liegenden Wechselspannung $\mathcal{U}_{c'\,b'}$ in die Basiszone hinein können wir in der Ersatzschaltung leicht nachbilden, nämlich durch eine von $\mathcal{U}_{c'\,b'}$ gesteuerte EMK, die am kollektorseitigen Ausgang der RC-Leitung liegt. Schwieriger ist die schaltungsmäßige Wiedergabe der indirekten Rückwirkung. Die Modulation der Basislänge W bedeutet in der Nachbildung streng genommen eine Modulation der Länge der RC-Leitung. Da diese Längenmodulation im Schaltbild nicht befriedigend wiedergegeben werden kann, hilft man sich dadurch, daß man die Leitungslänge auf einem mittleren Wert festhält und in den Abschlußzweig der Leitung eine zweite EMK einführt, die ebenfalls von der an der Kollektorsperrschicht liegenden Wechselspannung $\mathcal{U}_{c'\,b'}$ gesteuert wird. Näherungsweise ist dieses Verfahren durchaus möglich, wie sich auch auf anschauliche Weise zeigen läßt. Die zweite damit erhaltene gesteuerte EMK im Abschlußzweig der RC-Leitung ist nun erheblich größer als die erste. Da beide EMKe der Wechselspannung $\mathcal{U}_{c'\,b'}$ proportional sind, kann man sie zu einer zusammenfassen.

Nun können wir das Ersatzschaltbild des inneren Transistors vervollständigen (Bild 5). Zwischen C' und B' haben wir die Einströmung $\mathcal{J}'_c$, wobei $\mathcal{J}'_c$ gleich dem Ausgangsstrom der RC-Leitung ist. Die RC-Leitung wird durch eine gesteuerte EMK der Größe $\frac{\mathcal{U}_{c'b'}}{k_u}$ abgeschlossen, wobei $\frac{1}{k_u}$ den Bruchteil darstellt, mit dem die Wechselspannung $\mathcal{U}_{c'\,b'}$ in die Basiszone zurückwirkt.

2) Vereinfachung des Ersatzschaltbildes des inneren Transistors

Für die praktische Anwendung ist eine Ersatzschaltung, die ein Gebilde mit verteilten Schaltelementen enthält, meist unbequem. Die RC-Leitung ersetzt man dann zweckmäßig durch das in Bild 6 gezeigte π-Glied (links unten in Bild 6). Hierbei bedeutet r_d den gesamten Längswiderstand der Leitung. $c_{d1} + c_{d2}$ ist die gesamte verteilte Querkapazität c_d, die man bei tiefen Frequenzen am Eingang der Leitung im Leerlauffalle messen würde. $g_{d1} + g_{d2}$ ist die gesamte verteilte Querableitung. Die Induktivität l_d dient lediglich dazu, die Näherung bei hohen Frequenzen für den Übertragungsphasenwinkel zu verbessern. Mit diesem π-Glied hat man eine bis über die α-Grenzfrequenz des Transistors hinaus sehr gut brauchbare Näherung für die RC-Leitung. Die in Bild 6 unten rechts gezeigte Schaltung stellt eine Verbesserung dar, die bis über die 1,5-fache α-Grenzfrequenz hinaus gilt.

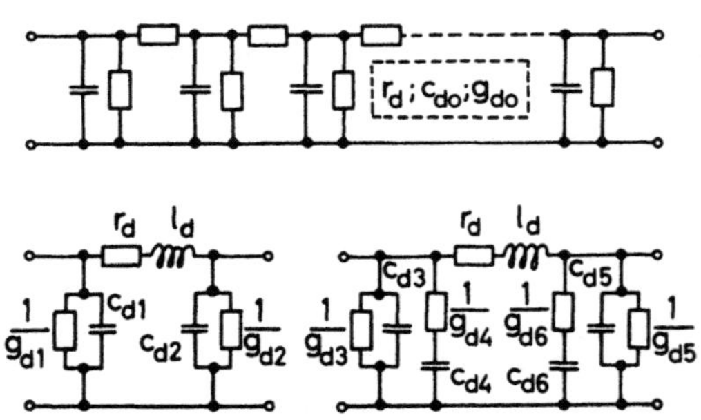

Bild 6: RC-Leitung mit Näherungen

3) Das Diagramm von Engbert für den inneren Transistor

Um in einem größeren Frequenzbereich das Frequenzverhalten des inneren Transistors leicht überblicken zu können, empfiehlt sich die Verwendung eines von E n g b e r t angegebenen und von ihm für einen idealisierten Transistor berechneten Diagramms (Bild 7).

Diesem Diagramm läßt sich entnehmen, wie die 3 Ströme $\mathcal{J}'_e$, $\mathcal{J}'_c$ und $\mathcal{J}'_b$ bei festgehaltener Spannung $\mathcal{U}_{e'\,b'}$ sich in Abhängigkeit von der Frequenz verhalten, und zwar bei kurzgeschlossenem

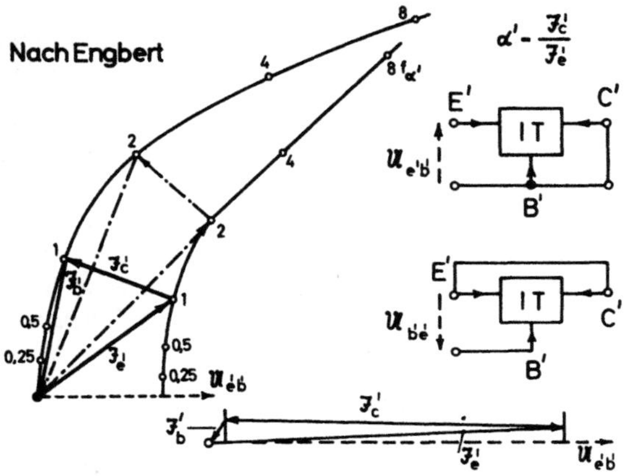

Bild 7: Strom-Spannungsdiagramm für den inneren Transistor

Ausgang des inneren Transistors. Die Summe der drei in den inneren Transistor hineinfließenden Ströme muß gleich Null sein. Für jede Frequenz kann man daher ein Stromdreieck zeichnen und dessen Lage und Größe im Vergleich zur Eingangsspannung angeben. Wegen des theoretisch einfachen Zusammenhangs zwischen dem Eingangsleitwert des inneren Transistors bei sehr tiefen Frequenzen und dem Emittergleichstrom I_E läßt sich ein für einen bestimmten Gleichstrom berechnetes Diagramm auch für andere Gleichströme benutzen.

Wir betrachten das Diagramm nach Bild 7 für den Fall des Kurzschlusses zwischen C' und B' (Schaltung vgl. Bild 7 oben rechts). Es ist:

$$\alpha' = \frac{\mathcal{J}'_c}{\mathcal{J}'_e}$$

und $f_{\alpha'}$ diejenige Frequenz, bei der α' auf das $\frac{1}{\sqrt{2}}$-fache des Wertes bei sehr tiefen Frequenzen gesunken ist. Die neben den Punkten des Diagramms stehenden Zahlen sind auf $f_{\alpha'}$ bezogene Frequenzwerte. Als Beispiel sind 2 Stromdreiecke eingezeichnet, das eine (stark ausgezogen) für die Frequenz $f_{\alpha'}$, das andere (strichpunktiert) für die Frequenz $2 \cdot f_{\alpha'}$. Ganz unten ist noch ein Stromdreieck für tiefe Frequenzen vergrößert herausgezeichnet.

Man kann dem Diagramm nicht nur entnehmen, wie die 3 Ströme sich bei festgehaltener Eingangsspannung $\mathfrak{U}_{e'b'}$ in Abhängigkeit von der Frequenz verhalten, sondern auch aus ihm einige Parameter des inneren Transistors und ihre Frequenzabhängigkeiten ablesen, z. B. den Kurzschlußeingangsleitwert y'_{11b}, die Vorwärtssteilheit y'_{21b} und die Kurzschlußstromverstärkung h'_{21b}.

Man kann nun ein ganz entsprechendes Diagramm aufstellen für den Fall, daß der innere Transistor zwischen E' und B' kurzgeschlossen ist und daß zwischen C' und B' die Wechselspannung $\mathfrak{U}_{c'b'}$ angelegt und in ihrer Größe festgehalten wird. Die jetzt fließenden Ströme seien $\mathcal{J}''_e$, $\mathcal{J}''_c$ und $\mathcal{J}''_b$. Es ergibt sich genau das gleiche Diagramm wie vorher, wenn

$\mathcal{J}''_c$ anstelle von $\mathcal{J}'_e$;
$\mathcal{J}''_e$ anstelle von $\mathcal{J}'_c$;
$\mathcal{J}''_b$ anstelle von $\mathcal{J}'_b$

genommen und wenn gleichzeitig

$$\frac{\mathfrak{U}_{c'b'}}{\mathfrak{U}_{e'b'}} = k_u$$

gewählt wird. Die Größe k_u hatten wir bereits vorher erhalten. $\frac{1}{k_u}$ war der Bruchteil, mit dem im normalen Verstärkerbetrieb die Wechselspannung $\mathfrak{U}_{c'b'}$ an der Kollektorsperrschicht in die Basiszone zurückwirkt.

Zum Diagramm selbst sei noch bemerkt, daß aus ihm für Rückwärtsbetrieb ebenfalls einige Parameter des inneren Transistors entnommen werden können, nämlich z. B. die Rückwärtssteilheit y'_{12b} und der Kurzschlußausgangsleitwert y'_{22b}.

4) Die nicht zum inneren Transistor gehörenden Elemente des Ersatzschaltbildes

Nachdem wir nun den inneren Transistor näher betrachtet haben, wollen wir uns denjenigen Vorgängen zuwenden, die wir nicht zum inneren Transistor rechnen. Wir benötigen das Ersatzschaltbild des gesamten Transistors, um seine elektrischen Eigenschaften und sein Verhalten übersehen zu können.

Zu einem vollständigen Transistor-Ersatzschaltbild, das bis zu hohen Frequenzen gültig ist, gehören genau genommen auch die Kapazitäten zwischen den Elektroden und den äußeren Anschlüssen E, B, C. Von diesen spielt aber meist nur die äußere Kollektor-Basis-Kapazität eine Rolle. Ebenso seien hier die Induktivitäten der Zuleitungen erwähnt, die bei Transistoren für sehr hohe Frequenzen gegebenenfalls berücksichtigt werden müssen. Die von außen zufließenden Ströme, d. h. der Emitterstrom, der Basistrom und der Kollektorstrom, müssen, um an die Sperrschichten zu gelangen, zunächst die Widerstände überwinden, welche die Zonen zwischen den Anschlüssen des Transistors und den Sperrschichten darstellen. Man nennt diese die Bahnwiderstände und hat demgemäß den Emitterbahnwiderstand, den Kollektorbahnwiderstand und den Basisbahnwiderstand. Eine wichtige und gleichzeitig unvorteilhafte Rolle spielt meist nur der Basisbahnwiderstand, da die Basisschichtdicke (die Länge W der Basiszone) gewöhnlich sehr gering ist im Vergleich zu ihren Ausdehnungen senkrecht dazu. Weil nun W sich mit der Kollektorspannung ändert, hängt der wirksame Basisbahnwiderstand von der Kollektorspannung ab. Dieser Effekt läßt sich dadurch berücksichtigen, daß in Reihe zum konstant gedachten Basisbahnwiderstand eine gesteuerte EMK eingeführt wird, die von der an der Kollektorsperrschicht liegenden Wechselspannung abhängt.

Ein weiterer Effekt, der nicht zum inneren Transistor gehört, ist die wechselstrommäßige Wirkung des Nebenschlusses, den der Kollektorreststrom bildet. Diese Wirkung wird durch den Kollektorrestleitwert zum Ausdruck gebracht.

Da in den Sperrschichten starke elektrische Felder vorhanden sind, wirken jene wie Kapazitäten. Durch die Wechselspannungen kommt eine periodische, teilweise Neutralisation der Raumladungen dieser Schichten zustande. Die resultierenden Änderungen der Raumladungen sind dem periodischen Laden und Entladen eines Kondensators ähnlich. Wir ordnen daher jeder Sperrschicht eine Kapazität zu und kommen so zur Emittersperrschichtkapazität und zur Kollektorsperrschichtkapazität.

Außer den betrachteten Vorgängen gibt es noch eine Reihe von nebensächlichen Wirkungen im Transistor, auf die wir aber nicht eingehen. Erwähnt sei lediglich die Rekombination von Löchern mit Elektronen an der Oberfläche der Basiszone.

5) Das Ersatzschaltbild des gesamten Transistors

Nun können wir das Ersatzschaltbild des gesamten Transistors zeichnen. Es ist in Bild 8 dargestellt. Wir sehen die 3 Anschlüsse E, B und C, und zwischen ihnen die äußeren Kapazitäten oder Elektrodenkapazitäten C_{eb}, C_{cb} und C_{ce}. Von den 3 Anschlüssen kommen wir zum inneren Transistor über die Bahnwiderstände $r_{ee'}$, $r_{cc'}$, r_b. In Reihe zum Basisbahnwiderstand r_b liegt die gesteuerte EMK, welche die Änderung des Basisbahnwiderstandes mit der an der Kollektorsperrschicht liegenden Wechselspannung zum Ausdruck bringt. Die Emittersperrschichtkapazität c_{es} liegt zwischen den Anschlußpunkten E' und B' des inneren Transistors, die Kollektorsperrschichtkapazität c_{cs} zwischen C' und B'. Der Kollektorrestleitwert g_{cr} tritt parallel zur Kollektorsperrschichtkapazität c_{cs} auf. Schließlich ist zwischen E' und B' noch ein Scheinleitwert y_{er} angebracht, durch den gewisse Nebeneffekte, wie z. B. die Oberflächenrekombination, dargestellt werden.

Das Ersatzschaltbild ist insbesondere hinsichtlich der Anschlußpunkte E', B' und C' des inneren Transistors stark idealisiert. Praktisch betrifft dieses vor allem den Punkt B'. Der Basisbahnwiderstand r_b stellt tatsächlich einen verteilten Widerstand dar, an dem verteilt Schaltelemente angreifen. Eine besser gültige Darstellung würde man durch Unterteilung der Sperrschichtkapazitäten und der zu ihnen parallel liegenden Leitwerte bekommen, sowie durch Annahme mehrerer innerer Transistoren, wobei die erhaltenen Teilelemente an Anzapfungen des Basisbahnwiderstandes geführt werden müßten.

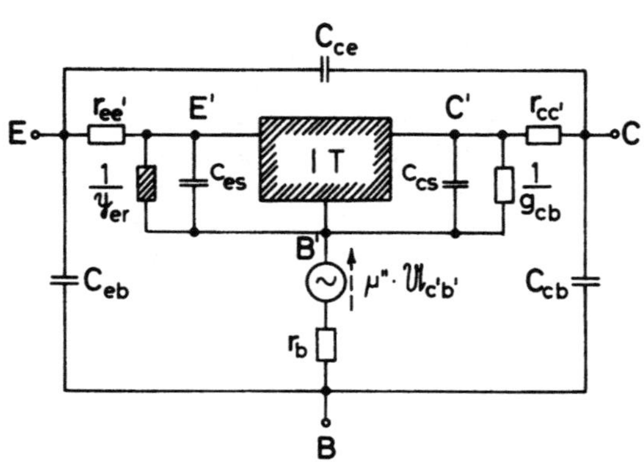

Bild 8: Ersatzschaltung eines idealisierten Transistors, die sich aus den physikalischen Vorgängen ergibt (I T innerer Transistor)

6) Praktische Ersatzschaltbilder

Für den praktischen Gebrauch sind solche Ersatzschaltbilder selbstverständlich zu kompliziert und unhandlich. Man wird daher bestrebt sein, sie zu vereinfachen. Wie dieses im einzelnen möglich ist und welche Schaltelemente hierbei weggelassen werden können, hängt von der Bauart bzw. der Konstruktion des Transistors ab sowie von dem betreffenden Betriebsfalle. Eine wichtige Rolle spielt hierbei natürlich der interessierende Frequenzbereich.

Es sei in diesem Zusammenhang ein praktisches Ersatzschaltbild und seine Herleitung aus dem bis jetzt erhaltenen erläutert, das für viele der z. Zt. erhältlichen Transistortypen, vor allem für Legierungstransistoren, sehr gut brauchbar ist.

Wenn wir in dem Ersatzschaltbild nach Bild 8 für den inneren Transistor die vereinfachte Schaltung nehmen, in der die RC-Leitung durch ein π-Glied angenähert ist, dann erhalten wir die in Bild 9

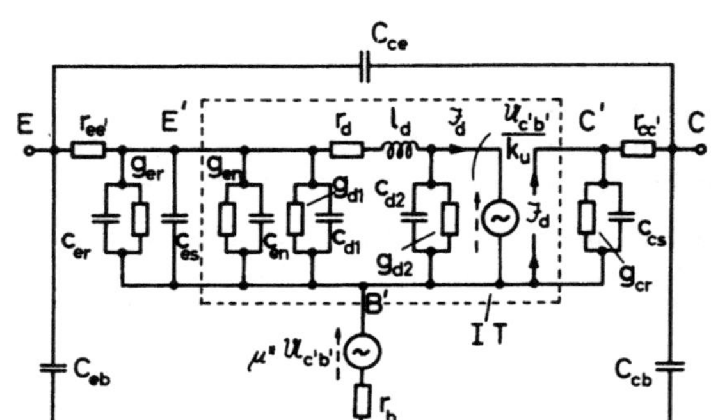

Bild 9: Gesamtersatzschaltbild eines idealisierten Transistors mit vereinfachter Nachbildung für den inneren Transistor

dargestellte Schaltung. Um zu einer einfacheren Schaltung zu kommen, lassen wir zunächst einmal diejenigen Schaltelemente weg, die bei den genannten Legierungstransistoren in den meisten Fällen gegen die übrigen vernachlässigt werden können. Es sind dies:

- die Elektrodenkapazitäten C_{eb} und C_{ce},
- die Bahnwiderstände $r_{ee'}$ und $r_{cc'}$,
- die gesteuerte Quelle $\mu''\cdot \mathfrak{U}_{c'b'}$ im Zweig B'B.

Dann fassen wir alle zwischen E' und B' liegenden Kapazitäten zusammen; das gleiche tun wir mit den dazu parallel liegenden Leitwerten. Die Kapazität

c_{d2} und den Leitwert g_{d2} transformieren wir auf die rechte Seite des aktiven Teilvierpols (der aus der Einströmung $\mathfrak{J}_d$ und der EMK $\frac{\mathfrak{U}_{c'b'}}{k_u}$ besteht). Dazu müssen c_{d2} und g_{d2} jeweils durch k_u dividiert werden. Nun können wir die jetzt zwischen C' und B' liegenden Kapazitäten und Leitwerte zusammenfassen. Schließlich ersetzen wir noch den aus der gesteuerten EMK $\frac{\mathfrak{U}_{c'b'}}{k_u}$ und der gesteuerten Einströmung $\mathfrak{J}_d$ bestehenden aktiven Teil durch eine äquivalente Schaltung mit einer einzigen Quelle, nämlich der EMK $(1 - \frac{1}{k_u}) \cdot \mathfrak{U}_{c'b'}$.

Das Ergebnis der gesamten Vereinfachungs- und Zusammenfassungsvorgänge ist die in Bild 10 gezeigte praktische Ersatzschaltung nach Z a w e l s . Diese Schaltung ist in einem weiten Frequenzbereich gültig, nach Messungen bei verschiedenen Transistortypen bis über die α-Grenzfrequenz hinaus.

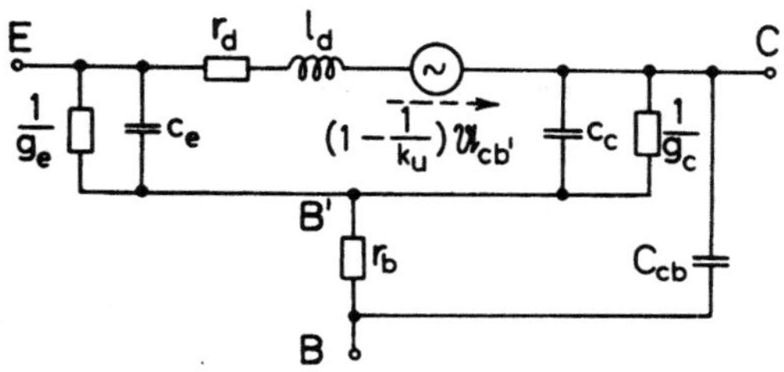

$g_e = g_{en} + g_{er} + g_{ed}$ $\qquad$ $g_c = g_{cr} + g_{cd}$

$c_e = c_{en} + c_{er} + c_{ed} + c_{es}$ $\qquad$ $c_c = c_{cs} + c_{cd}$

Bild 10: Praktische Ersatzschaltung nach Zawels, die für den in der Basisschaltung betriebenen Transistor besonders geeignet ist

Für die praktischen Anwendungen sind häufig äquivalente Schaltungen zweckmäßig, die aus derjenigen nach Bild 10 durch geeignete Umwandlungen entstehen. In den Bildern 11 und 12 sind einige Beispiele derartiger Schaltungen dargestellt. Es sei darauf hingewiesen, daß bei den Schaltungen von Bild 12 die Kapazität C_{cb} nur der Übersichtlichkeit halber weggelassen ist.

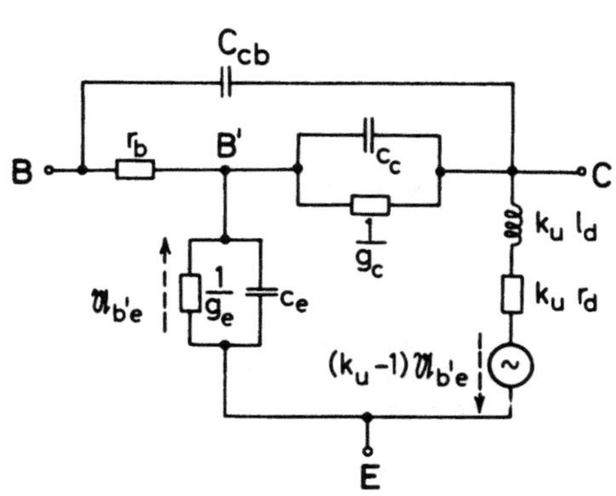

Bild 11: Praktische Ersatzschaltung nach Zawels, die sich für den in der Emitterschaltung betriebenen Transistor besonders gut eignet

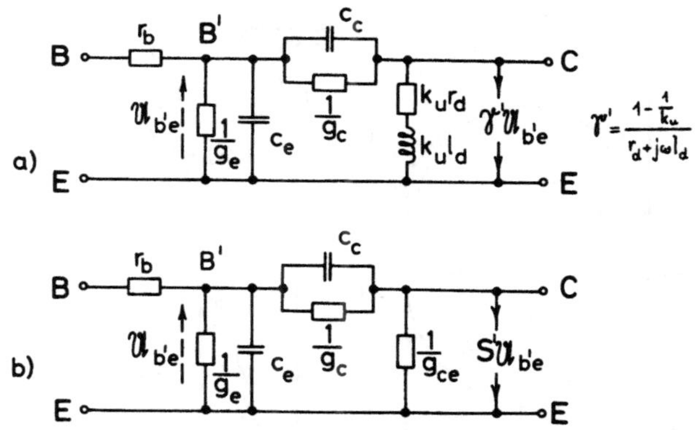

Bild 12: a) Der Schaltung Bild 11 gleichwertige Ersatzschaltung
b) Ersatzschaltung nach Giacoletto
(G_{cb} ist weggelassen!)

IV. Kenngrößen des Transistors, die sein Wechselstromverhalten charakterisieren

1) Vierpolparameter

Bei der rechnerischen Untersuchung von Verstärkerschaltungen, die Transistoren enthalten, kann man entweder für jeden Transistor ein aus den physikalischen Vorgängen hergeleitetes praktisches Ersatzschaltbild benutzen, oder aber den Transistor als Vierpol mit 2 Klemmenpaaren und einer durchgehenden Leitung ansehen und dann eine geeignete Gruppe von Vierpolparametern des Transistors verwenden. Aus einem der gezeigten Transistor-Ersatzschaltbilder lassen sich jeweils für jede der 3 Grundschaltungen des Transistors die im einzelnen Falle gewünschten Vierpolparameter berechnen.

Mit vier zusammengehörenden Vierpolparametern kann der Transistor für einen bestimmten Gleichstromarbeitspunkt und eine bestimmte Temperatur hinsichtlich seiner Verstärkungseigenschaften in einer bestimmten Grundschaltung selbstverständlich vollständig beschrieben werden. Ungünstig ist bei den Vierpolparametern des Transistors allerdings, daß ihre Abhängigkeiten von der Frequenz, vom Arbeitspunkt und von der Temperatur ziemlich kompliziert sind.

In den Bildern 13 und 14 ist für die y-Parameter des in der Emitterschaltung betriebenen Transistors schematisch dargestellt, wie diese von der Frequenz abhängen. Außerdem ist noch angegeben, wie die gesamten Ortskurven verändert und verschoben werden, wenn entweder der Kollektorgleichstrom I_C seinem Betrage nach erhöht [- I_C (↑) ; Bild 13] , oder die Gleichspannung U_{CE} zwischen Kollektor und Emitter ihrem Betrage nach vergrößert wird [- U_{CE} (↑) ; Bild 14] . Die Pfeile in den Ortskurven deuten die Bewegung der betreffenden Admittanz bei wachsender Frequenz an. Weiter bedeuten in den beiden Bildern:

f_s die Steilheitsgrenzfrequenz; dies ist diejenige Frequenz, bei der der Betrag der Steilheit $(y_{21e} - y_{12e})$ sich auf das $\frac{1}{\sqrt{2}}$-fache des

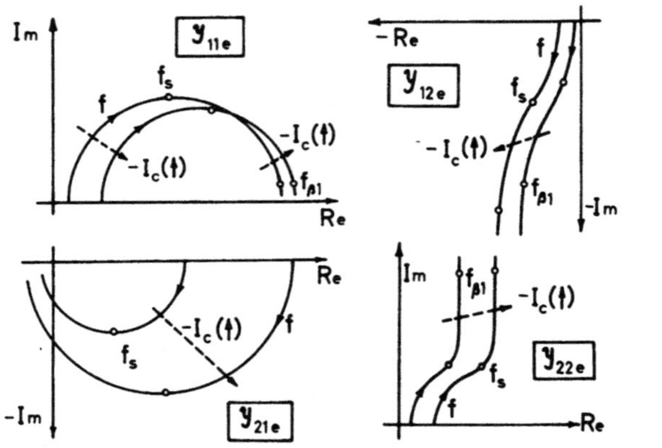

Bild 13: Ortskurven der y-Parameter eines in der Emitterschaltung betriebenen Transistors für verschiedene Kollektorgleichströme (schematisch)

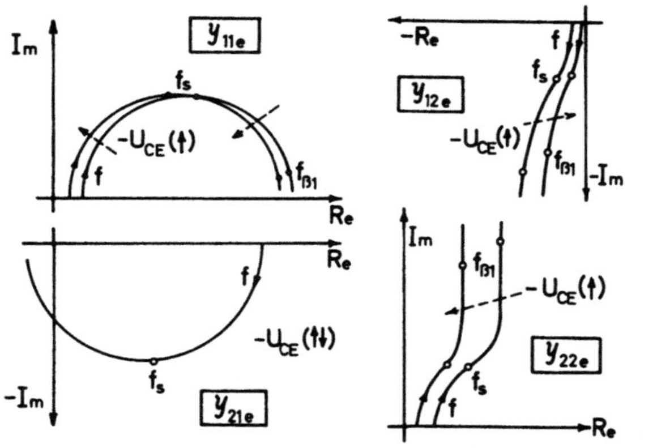

Bild 14: Ortskurven der y-Parameter eines in der Emitterschaltung betriebenen Transistors für verschiedene Gleichspannungen zwischen Kollektor und Emitter (schematisch)

Wertes bei sehr tiefen Frequenzen verringert hat;

$f_{\beta 1}$ die (β=1)-Frequenz; dies ist diejenige Frequenz, bei der der Betrag der Kurzschlußstromverstärkung β in Emitterschaltung auf den Wert 1 gesunken ist.

2) Innere Kenngrößen (die Elemente der praktischen Ersatzschaltung)

Die Benutzung eines der vorher angegebenen Ersatzschaltbilder hat gegenüber derjenigen der Vierpolparameter u. a. den Vorteil, daß die Abhängigkeiten der Ersatzbildelemente vom Arbeitspunkt und von der Temperatur durch verhältnismäßig einfache Ausdrücke näherungsweise angegeben werden können. Wir betrachten dazu die Ersatzschaltung Bild 10. Die Elemente dieser Ersatzschaltung, die übrigens auch in den anderen gezeigten Ersatzschaltungen enthalten sind, seien nochmals aufgeführt, um ihre Bedeutung als innere Kenngrößen des Transistors deutlich herauszustellen. Es ist:

r_d der Emitterdiffusionswiderstand; dies ist der Längswiderstand des die RC-Leitung ersetzenden π-Gliedes; praktisch ist $r_d = \frac{U_T}{I_E}$;

l_d die Längsinduktivität des die RC-Leitung ersetzenden π-Gliedes;

$g_e = g_{en} + g_{er} + g_{ed}$ der Emitterquerleitwert;

g_{en} der Majoritätsträgerleitwert; d.h. der Realteil der Majoritätsträgeradmittanz $y_{en} \approx g_{en} + j\omega c_{en}$;

g_{er} der Realteil der Admittanz $y_{er} \approx g_{er} + j\omega c_{er}$, die zur Darstellung verschiedener Nebeneffekte vorgesehen wurde;

$g_{ed} = g_{d1}$ der Emitterdiffusionsquerleitwert, d.h. der auf der Emitterseite liegende Querleitwert des die RC-Leitung ersetzenden π-Gliedes;

näherungsweise gilt $g_e \approx \frac{1}{\beta_o r_d}$, wobei β_o die Kurzschlußstromverstärkung des in der Emitterschaltung betriebenen Transistors bei tiefen Frequenzen bedeutet;

$c_e = c_{en} + c_{er} + c_{es} + c_{ed}$ die Emitterkapazität;

c_{en} die Majoritätsträgerkapazität; d.h. die dem Blindanteil der Majoritätsträgeradmittanz $y_{en} \approx g_{en} + j\omega c_{en}$ zuzuschreibende Kapazität;

c_{es} die Emittersperrschichtkapazität;

c_{er} die dem Blindanteil der Admittanz $y_{er} \approx g_{er} + j\omega c_{er}$ zuzuschreibende Kapazität

$c_{ed} = c_{d1}$ die Emitterdiffusionskapazität; d.h. die auf der Emitterseite liegende Querkapazität des die RC-Leitung ersetzenden π-Gliedes;

insbesondere bei Legierungstransistoren bildet c_{ed} den weit überwiegenden Teil der Kapazität c_e.

r_b der Basisbahnwiderstand;

k_u der Übersetzungsfaktor der Kollektorsperrschicht (bzw. des aktiven Vierpols, der das Absaugen der Minoritätsträger durch die Kollektorsperrschicht und die Rückwirkung der an der letzteren liegenden Wechselspannung in die Basiszone darstellt):

$g_c = g_{cr} + \frac{g_{d2}}{k_u} = g_{cr} + g_{cd}$ der Kollektorquerleitwert;

g_{cr} der Kollektorrestleitwert;

$g_{cd} = \frac{g_{d2}}{k_u}$ der Kollektordiffusionsleitwert; d.h. der durch die Kollektorsperrschicht auf die Kollektorseite übersetzte Querleitwert g_{d2} des die RC-Leitung ersetzenden π-Gliedes;

$c_c = c_{cs} + \frac{c_{d2}}{k_u} = c_{cs} + c_{cd}$ die Kollektorkapazität;

c_{cs} die K o l l e k t o r s p e r r s c h i c h t - k a p a z i t ä t ; diese überwiegt bei den meisten Legierungstransistoren gegenüber c_{cd};

$c_{cd} = \frac{c_{d2}}{k_u}$ die K o l l e k t o r d i f f u s i o n s - k a p a z i t ä t ; d.h. die durch die Kollektorsperrschicht auf die Kollektorseite übersetzte Querkapazität c_{d2} des die RC-Leitung ersetzenden π-Gliedes;

C_{cb} die äußere K o l l e k t o r - B a s i s - K a p a z i t ä t .

Es sei erwähnt, daß man im Ersatzschaltbild häufig entweder c_c an eine Anzapfung von r_b führen oder aufteilen und den einen Teil zwischen C und B' belassen und den anderen zu C_{cb} dazuschlagen muß. Dies ergibt eine besser gültige näherungsweise Darstellung der in Wirklichkeit verteilt am Basisbahnwiderstand angreifenden Kapazität c_c.

3) Die Arbeitspunktabhängigkeit der inneren Kenngrößen

Die Arbeitspunktabhängigkeit der wesentlichen Elemente unserer praktischen Ersatzschaltung (Bild 10 bzw. Bild 11) sieht nun in einem gewissen Arbeitspunktbereich für Legierungstransistoren näherungsweise folgendermaßen aus:

r_d und l_d sind dem Emittergleichstrom I_E umgekehrt proportional und praktisch unabhängig von der Kollektorgleichspannung U_{CE}; r_d ist nämlich praktisch gleich dem differentiellen Widerstand der Emittersperrschicht, deren Strom-Spannungs-Kennlinie im Idealfall einer Exponentialfunktion gehorcht.

Die Emitterdiffusionskapazität c_{ed} ist proportional zu dem Verhältnis aus der Änderung der in der Basiszone gespeicherten Ladung zu der diese Änderung bewirkenden Änderung der Gleichspannung an der Emittersperrschicht; dieses Verhältnis ist nun proportional zum Verhältnis aus Emitterstromänderung und Emittersperrschichtspannungsänderung, demnach proportional dem differentiellen Leitwert der Emittersperrschicht, deren Strom-Spannungs-Kennlinie einen exponentiellen Verlauf hat, wie bereits erwähnt wurde. Deshalb ist c_{ed} dem Emittergleichstrom I_E direkt proportional und unabhängig von der Kollektorgleichspannung U_{CE}. Für g_{ed} besteht die gleiche Arbeitspunktabhängigkeit.

Bei c_e und g_e ergibt sich jedoch infolge des Einflusses der anderen darin enthaltenen Anteile ausserdem noch ein Kleinerwerden mit zunehmender Kollektorgleichspannung.

Die Sperrschichtkapazitäten sind umso kleiner, je größer die Sperrschichtdicken sind, die wiederum durch die anliegenden Gleichspannungen bestimmt werden.

Die Emittersperrschichtkapazität c_{es} ist umgekehrt proportional zur Wurzel aus der wirksamen an der Emittersperrschicht liegenden Spannung $(U_D - U_{EB'})$ und unabhängig vom Emittergleich-

Tafel 1

Innere Kenngröße	Arbeitspunkt-Abhängigkeit	% Änderung je 10°C Temperaturerhöhung
r_d	$\sim \frac{1}{I_E}$	+ 3
l_d	$\sim \frac{1}{I_E}$	+ 10
g_e	$\frac{I_E}{k_e + f(U_{CB})}$	- 6
g_{ed}	$\sim I_E$	
c_e		+ 1
c_{ed}	$\sim I_E$	
c_{es}	$\sim \frac{1}{\sqrt{U_D - U_{EB'}}}$	
g_c		- 5
g_{cd}	$\sim \frac{I_E}{\sqrt{U_{B'C}}}$	
c_c		+ 1
c_{cs}	$\sim \frac{1}{\sqrt{U_{B'C}}}$	
c_{cd}	$\sim \frac{I_E}{\sqrt{U_{B'C}}}$	
k_u	$\sim \sqrt{U_{B'C}}$	+ 3
r_b	$\sim [r_{b0} + f(I_E\ U_{CB})]$	+ 6

Erläuterungen zu Tafel 1:

Arbeitspunktabhängigkeit und Temperaturabhängigkeit innerer Transistorkenngrößen:

a) Arbeitspunktabhängigkeit.
Die angegebenen Proportionalitäten gelten näherungsweise in einem gewissen Arbeitspunktbereich.
Bei den Elementen g_e, c_e und g_c sind nur diejenigen Anteile aufgeführt, die meistens für diese Elemente hauptsächlich maßgebend sind.

b) Temperaturabhängigkeit (bei Germanium-Transistoren).
Wegen der geringen prozentualen Änderungen bei 10°C Temperaturerhöhung wurden bei g_e und g_c und insbesondere bei c_e und c_c keine Werte für die einzelnen Anteile dieser Elemente angegeben. Die Zahlen gelten für die Kenngrößen r_d, l_d, g_e, c_e, c_c und k_u im Bereich von 0°C bis + 75°C, für g_c und r_b im Bereich von 0°C bis + 50°C. Von + 50°C bis + 75°C werden die Temperaturabhängigkeiten von g_c und r_b rasch geringer.

strom I_E. Die Kollektorsperrschichtkapazität c_{cs} ist ganz entsprechend umgekehrt proportional zur Wurzel aus der an der Kollektorsperrschicht liegenden Gleichspannung.

Für den Übersetzungsfaktor k_u besteht Proportionalität zur Wurzel aus der an der Kollektorsperrschicht liegenden Gleichspannung.

Bei der Kollektordiffusionskapazität c_{cd} ergibt sich (wie bei der Emitterdiffusionskapazität) zunächst Proportionalität zum Emittergleichstrom. Die Übersetzung auf die Kollektorseite der Kollektorsperrschicht (Division durch k_u) bewirkt dann außerdem noch die umgekehrte Spannungsabhängigkeit wie für k_u. Die Kollektordiffusionskapazität c_{cd} ist deshalb nicht nur proportional zum Emittergleichstrom I_E, sondern außerdem noch umgekehrt proportional zur Wurzel aus der Gleichspannung an der Kollektorsperrschicht. Für g_{cd} besteht die gleiche Arbeitspunktabhängigkeit.

Eine etwas kompliziertere Abhängigkeit vom Arbeitspunkt zeigt sich beim Basisbahnwiderstand. Dafür ist diese Abhängigkeit jedoch nur gering.

Die angegebenen Arbeitspunktabhängigkeiten sind in der Tafel 1 zusammengestellt.

Es ist leicht einzusehen, daß die verschiedenen und teilweise auch verschiedenartigen Abhängigkeiten der einzelnen Elemente der Ersatzschaltung vom Arbeitspunkt für die Vierpolparameter des Transistors komplizierte und nicht leicht darstellbare Arbeitspunktabhängigkeiten ergeben müssen.

4) Die Temperaturabhängigkeit der inneren Kenngrößen

Nun seien noch die Temperaturabhängigkeiten der Elemente des Ersatzschaltbildes betrachtet. Um lediglich einen Begriff zu bekommen von der Art und der Größe dieser Abhängigkeiten, beschränken wir uns auf die Angabe der ungefähren prozentualen Änderungen der Werte dieser Elemente für eine Temperaturänderung von 10°C im Bereich 0°C bis + 75°C, und zwar bei Germanium-Transistoren.

r_d steigt um rund 3 % an, l_d etwa um 10 %.

Die Kapazitäten c_e, c_c und C_{cb} ändern sich fast gar nicht mit der Temperatur.

Bei c_e und c_c kann man mit etwa 1 % Kapazitätsvergrößerung je 10°C Temperaturerhöhung rechnen, C_{cb} kann praktisch als temperaturunabhängig angesehen werden.

Der Emitterquerleitwert g_e fällt um etwa 6 %, der Übersetzungsfaktor k_u steigt dagegen um etwa 3 % je 10°C an.

Die bisherigen Angaben beziehen sich auf den gesamten Bereich von 0°C bis + 75°C. Für die beiden restlichen Elemente g_c und r_b der Ersatzschaltung unterteilen wir diesen Bereich in 2 Teile: 0°C bis + 50°C und 50°C bis + 75°C.

Im unteren Teilbereich steigt r_b um 6 % an, während g_c um etwa 5 % fällt, wenn die Temperatur um 10°C erhöht wird. Im oberen Teilbereich werden die prozentualen Änderungen von beiden Grössen bei einer Temperaturerhöhung rasch geringer und hören in der Nähe von + 75°C auf; bei weiterer Steigerung der Temperatur über + 80°C hinaus treten dann wieder Änderungen auf, jedoch in entgegengesetzter Richtung wie vorher. In Tafel 1 sind diese Temperaturabhängigkeiten neben den Arbeitspunktabhängigkeiten eingetragen.

Weiter oben wurde auf die Abhängigkeit der Gleichstromverhältnisse von der Temperatur hingewiesen. Wenn nicht besondere Maßnahmen getroffen werden, dann ändert sich im Betrieb des Transistors bei einer Temperaturänderung auch der Gleichstromarbeitspunkt. Wegen der vom Arbeitspunkt stark abhängigen Elemente des Ersatzschaltbildes ändern sich dann deren Werte infolge dieser Arbeitspunktänderung. Eine Temperaturänderung beeinflußt in diesem Falle die Elemente des Ersatzschaltbildes auf zweifache Weise: einmal direkt und zum anderen indirekt über die Arbeitspunktänderung. Praktisch ist im allgemeinen die indirekte Beeinflussung die überwiegende.

V. Das Ersatzschaltbild als Verbindungsglied zur Verknüpfung der Transistoreigenschaften

Die praktische Ersatzschaltung nach Bild 10 bzw. Bild 11 ist aufgestellt worden, um damit eine Verknüpfung der einzelnen Vorgänge im Transistor bzw. eine Verknüpfung seiner elektrischen Eigenschaften für den linearen Verstärkerbetrieb zu erhalten. Die Zusammenhänge zwischen der Frequenzabhängigkeit, der Arbeitspunktabhängigkeit und der Temperaturabhängigkeit der Verstärkungseigenschaften des Transistors sind sehr kompliziert und nicht leicht zu übersehen, wenn man sie formelmäßig darstellt. Die Ersatzschaltung kann nun als Verbindungsglied für eine Behandlung dieser Zusammenhänge benutzt werden, oder für die Berücksichtigung derselben bei der Berechnung von Transistorschaltungen. Das praktische Ersatzschaltbild nach Bild 10 bzw. Bild 11 oder Bild 12 zeigt einen besonders klaren und übersichtlichen Aufbau, der die physikalischen Zusammenhänge erkennen läßt; seine Elemente bestehen aus inneren Transistorkenngrößen, die durch Messungen bestimmt werden können, und die (wenigstens in erster Näherung) in einfacher Weise vom Arbeitspunkt und von der Temperatur abhängen.

VI. Rauschen und Klirren beim Verstärkerbetrieb

Die beiden weiteren Eigenschaften des Transistors, die in der Einleitung erwähnt wurden und die beim Verstärkerbetrieb zu beachten sind, das Rauschen und das Klirren, seien hier nur kurz behandelt.

1) Rauschen

Um die Rauscheigenschaften des Transistors in der Schaltung zu kennzeichnen, wird der Rauschfaktor (auch Rauschzahl genannt) benutzt. Dieser Rauschfaktor ist definiert als das Verhältnis der vom Transistor ausgangsseitig abgegebenen gesamten Rauschleistung zu demjenigen Teil dieser Gesamtrauschleistung, der allein vom Wärmerauschen des äußeren Teils des Eingangskreises herrührt, d.h. vom Wärmerauschen des Innenwiderstandes des Signalgenerators. (Diese Fassung der Definition entspricht der für die Norm "Begriffe für Transistoren" beschlossenen; sie wurde von Herrn Dr. H a r t m u t h , München, vorgeschlagen.)

Nimmt man die Rauschzahl bei einem bestimmten Arbeitspunkt (und konstanter Temperatur) in Abhängigkeit von der Frequenz für eine bestimmte kleine Bandbreite auf, so stellt man 3 Frequenzbereiche fest. Im unteren Bereich ist der Rauschfaktor etwa umgekehrt proportional zur Frequenz, im mittleren Bereich frequenzunabhängig, im oberen Bereich steigt er mit zunehmender Frequenz wieder an.

Hinsichtlich der Arbeitspunktabhängigkeit der Rauschzahl zeigt sich, daß sie praktisch nur von den Gleichströmen des Transistors beeinflußt wird, von der Kollektorgleichspannung jedoch in weiten Grenzen nicht.

Im Bereich des frequenzunabhängigen Rauschens kann man die Ursachen angeben und im Transistor lokalisieren. Damit wird es möglich, das vorher erhaltene Ersatzschaltbild durch zusätzliche Rauschquellen zu ergänzen. Der Rauschfaktor läßt sich dann für die im einzelnen Falle vorliegenden Betriebsbedingungen (Temperatur, Gleichstromarbeitspunkt, äußere Abschlußverhältnisse des Transistors) berechnen.

Die wichtigsten Anteile am gesamten Rauschen sind (im mittleren Frequenzbereich):

Das Schrotrauschen des Emitterstromes;

das Stromverteilungsrauschen durch die statistische Schwankung der Aufteilung des Emitterstroms auf den Kollektorstrom und den Basisstrom;

das Schrotrauschen des Kollektorreststromes;

das Wärmerauschen der Bahnwiderstände, wobei meist nur das Rauschen des Basisbahnwiderstandes berücksichtigt zu werden braucht.

Wir betrachten nun nochmals eine der Ersatzschaltungen von Bild 12. Man kann hier folgendermaßen Rauschquellen einfügen:

Eine Rauschspannungsquelle zwischen B und B$'$ in Reihe zu r_b, die das Wärmerauschen des Basisbahnwiderstandes darstellt;

eine Rauschstromquelle zwischen B$'$ und E, die von dem zum Basisanschluß fließenden Teil des Emitterstromes und vom (bisher außer acht gelassenen) Emitterreststrom abhängt;

eine Rauschstromquelle zwischen C und E, die durch den zum Kollektor fließenden Anteil des Emitterstromes bedingt ist;

eine Rauschstromquelle zwischen B$'$ und C, die vom Kollektorreststrom (Schrotrauschen) bestimmt wird.

Insbesondere im unteren Frequenzbereich, in dem der Rauschfaktor etwa proportional $\frac{1}{f}$ verläuft, aber auch im oberen Frequenzbereich, in dem der Rauschfaktor mit der Frequenz wieder ansteigt, konnten bisher noch keine befriedigenden Übereinstimmungen zwischen Rechnung und Messung erzielt werden. Im unteren Bereich, demjenigen des Funkelrauschens, werden in der Hauptsache Schwankungen der Störstellendichte in unmittelbarer Nähe der Kristalloberfläche und Vorgänge an der Oberfläche selbst als Ursachen des Rauschens angesehen. Im oberen Bereich ist durch den mit steigender Frequenz erfolgenden Verstärkungsabfall zwangsläufig ein Anstieg des Rauschfaktors verknüpft. Darüberhinaus scheinen aber noch andere Ursachen für den Anstieg maßgebend zu sein. Im unteren und oberen Bereich ist man demnach noch auf Messungen angewiesen.

2) Nichtlineare Verzerrungen

Über die vom Transistor verursachten nichtlinearen Verzerrungen liegen bisher verhältnismäßig wenig Veröffentlichungen vor, in denen rechnerische Behandlungen dieser Effekte vorgenommen werden. Dies dürfte darauf zurückzuführen sein, daß genauere Berechnungen der nichtlinearen Verzerrungen sehr zeitraubend und nicht einfach sind und daß in der Praxis das bei Röhren bisher bevorzugte Verfahren der experimentellen Untersuchungen wohl meistens angewandt wurde.

Die in der praktischen Ersatzschaltung nach Bild 10 oder 11 enthaltenen Elemente wurden für einen bestimmten Arbeitspunkt (und eine bestimmte Temperatur) als linear vorausgesetzt. Dies gilt jedoch nur näherungsweise und nur für kleine Aussteuerungen. Tatsächlich sind alle wichtigen Elemente nichtlinear, wie dies bereits aus der besprochenen Arbeitspunktabhängigkeit derselben hervorgeht.

Die beim Verstärkerbetrieb auftretenden nichtlinearen Verzerrungen des Transistors werden bei niederen Frequenzen in erster Linie durch die Nichtlinearität des Emitterdiffusionswiderstandes r_d hervorgerufen und durch den von diesem abhängenden nichtlinearen Eingangswiderstand des Transistors. Weniger ins Gewicht fallend sind die Nichtlinearitäten des Basisbahnwiderstandes und des Kollektorleitwertes. Dagegen kann die Spannungsabhängigkeit von k_u je nach dem gewählten Arbeitspunkt und dem Belastungswiderstand wieder mehr ins Gewicht fallen.

Nach höheren Frequenzen zu kommen dann die Strom- bzw. Spannungsabhängigkeiten der Kapazitäten c_e und c_c und der Induktivität l_d zur Geltung.

Wie sich die nichtlinearen Eigenschaften der einzelnen Ersatzschaltungselemente auswirken, hängt stark von den äußeren Belastungswiderständen des Transistors ab. Bei Breitbandverstärkern wird fast immer ein gegen den Ausgangswiderstand des Transistors sehr kleiner Verbraucherwiderstand angewandt, sodaß die an diesem auftretende Wechselspannung verhältnismäßig klein ist und deshalb nur eine schwache Rückwirkung verursacht. Bei der Berechnung der nichtlinearen Verzerrungen kann man dann näherungsweise einen Kurzschluß am Ausgang des Transistors annehmen.

Wegen des exponentiellen Verlaufs der Strom-Spannungskennlinie der Emittersperrschicht ist es hinsichtlich der nichtlinearen Verzerrungen im allgemeinen vorteilhafter, auf der Eingangsseite einen Signalgenerator mit hohem als einen solchen mit niedrigem Innenwiderstand zu benutzen. Bei der meist verwendeten Emitterschaltung wird bei Spannungssteuerung die Kennlinie des Eingangskreises allerdings durch den Basisbahnwiderstand (insbesondere bei höheren Emittergleichströmen) linearisiert, sodaß mit steigendem Emittergleichstrom die nichtlinearen Verzerrungen kleiner werden. Im Zusammenhang damit sei erwähnt, daß es in einem gewissen Bereich für jeden Wert des Emittergleichstromes einen bestimmten Innenwiderstand des Signalgenerators gibt, bei dem die zweite Harmonische der Grundfrequenz besonders klein wird.

VII. Grenzwerte für den Betrieb des Transistors

Beim Betrieb des Transistors sind verschiedene Grenzen zu beachten, die auf keinen Fall überschritten werden dürfen, nämlich die Temperaturgrenze und die Spannungsgrenzen. Diese Grenzen seien hier der Vollständigkeit halber erwähnt.

1) Die maximale Sperrschichttemperatur

Die Hersteller der Transistoren geben für jeden Transistortyp eine höchstzulässige Sperrschichttemperatur an. Bei höheren Temperaturen geht nicht nur die Transistorwirkung infolge der thermisch erzeugten Ladungsträgerpaare verloren, sondern es treten auch bleibende Änderungen der Transistoreigenschaften ein, oder es wird der Transistor zerstört.

Die im Betrieb auftretende Temperatur der Kollektorsperrschicht ist eine Funktion der im Transistor in Wärmeleistung umgesetzten elektrischen Leistung, der Temperatur des Transistorgehäuses sowie des Wärmewiderstandes zwischen Sperrschicht und Gehäuse.

Wegen der starken Abhängigkeit der Transistorströme von der Temperatur besteht eine unangenehme Verknüpfung zwischen der im Transistor umgesetzten Leistung und der Sperrschichttemperatur über einen Rückkopplungsweg. Unter bestimmten Bedingungen kann diese thermische Rückkopplung zu einem solange unbegrenzten Anwachsen der Leistung und der Sperrschichttemperatur führen, bis der Transistor zerstört ist.

2) Die höchstzulässigen Spannungen

Die Spannungsgrenzen sind immer dann zu berücksichtigen, wenn eine der Sperrschichten oder beide in Sperrichtung vorgespannt werden. Es können Durchbrüche vorkommen zwischen Kollektor und Basis oder auch zwischen Kollektor und Emitter. Ebenso ist ein Durchbruch der Emittersperrschicht möglich. Die zulässigen Spannungen zwischen jeweils zwei Elektroden hängen dabei von den Abschlußverhältnissen auf der anderen Seite des Transistors ab, außerdem auch von der Temperatur.

VIII. Der Transistor als Schalter

Eine umfassende und einigermaßen vollständige Abhandlung über den Schalterbetrieb ist wegen der Kompliziertheit der Vorgänge und Zusammenhänge ziemlich schwierig und würde eine verhältnismäßig umfangreiche Darstellung erforderlich machen. Hier sollen deshalb die wesentlichen Probleme dieser Betriebsart lediglich angedeutet werden.

Wir betrachten dazu den in Bild 15 skizzierten Fall, daß der Transistor zwischen Kollektor und Emitter als Schalter benutzt wird, dessen Schaltzustand durch die Spannung zwischen Basis und Emitter bestimmt ist. Es gibt dann zwei stationäre Betriebszustände: den Transistor im gesperrten und den Transistor im leitenden Zustand.

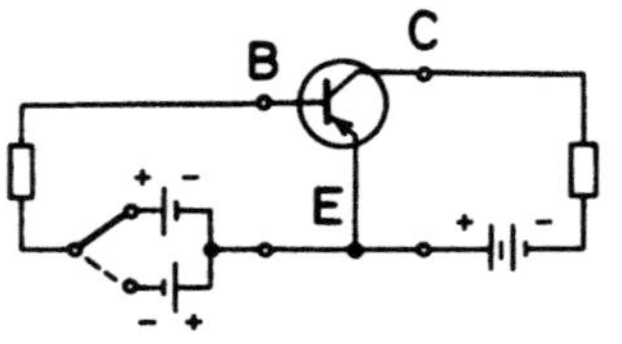

Bild 15: Transistor als Schalter

Im gesperrten Zustand werden beide Sperrschichten in Sperrichtung betrieben. Es fließen nur die Restströme. Zwischen Kollektor und Emitter bzw. zwischen Kollektor und Basis treten dann hohe Widerstände auf.

Im leitenden Zustand wird die Emittersperrschicht in Durchlaßrichtung betrieben. Der Strom wird im allgemeinen so groß gewählt, daß zwischen Kollektor und Emitter nur noch eine kleine Restspannung liegt. Zwischen dem Kollektor und dem Emitter tritt dann ein geringer Widerstand auf.

Der Strom durch die Basiszone kommt durch Diffusion der Löcher zustande, die über die Emittersperrschicht hereinkommen. Dieser Strom ist dem Dichtegefälle der Ladungsträger proportional, das in der Basiszone vorhanden ist. Es wurde bereits erwähnt, daß in diesem Fall die Basiszone eine bestimmte, aus Löchern bestehende Ladung enthält, die durch eine entsprechende, aus Elektronen gebildete, neutralisiert wird. Bei einer Änderung der Ladung der Basiszone kann der aus Elektronen bestehende Teil nur über den Basisanschluß bewegt werden.

Geht man vom gesperrten Zustand des Transistors in den leitenden über, dann muß zunächst die genannte Ladung in die Basiszone hineingebracht werden; dieses erfolgt über den Basisanschluß und den Emitteranschluß und erfordert eine gewisse Zeit. Geht man vom leitenden in den gesperrten Zustand über, dann muß die Ladung aus der Basiszone wieder heraus. Dazu ist wieder Zeit erforderlich. Der Kollektorstrom fließt deshalb vom Abschaltzeitpunkt an noch eine gewisse Zeit lang weiter.

Der Übergang vom gesperrten in den leitenden Zustand oder umgekehrt bringt unter Umständen noch ein thermisches Problem mit sich. Meist wird bei einem solchen Übergang ein Bereich der Verlustleistung durchlaufen, der eigentlich verboten ist. Wenn nun dieses Gebiet nicht genügend rasch überstrichen wird oder wenn nicht genügend Zeit dazu da ist, die zuviel erzeugte Wärme während des Betriebs mit kleinerer Leistung abzuführen, kann der Transistor thermisch überlastet werden.

IX. Ergebnis und Zusammenfassung

Als Ergebnis der vorstehenden Betrachtungen und Ausführungen können wir nun zum Schluß zusammenfassend feststellen:

1) Für die Gleichstromverhältnisse des Transistors lassen sich 2 Gleichungen angeben, die die in den Transistor hineinfließenden Ströme, die an ihm liegenden Spannungen und die Temperatur miteinander verknüpfen.

2) Die Verstärkungseigenschaften des Transistors hängen ab von der Frequenz, vom Arbeitspunkt und von der Temperatur. Mittels eines geeigneten aus den physikalischen Vorgängen im Transistor hergeleiteten praktischen Ersatzschaltbildes ergibt sich eine Verknüpfung jener Eigenschaften und ihrer Abhängigkeiten, die verhältnismäßig übersichtlich ist und in der Praxis verwendet werden kann.

3) Beim Rauschen des Transistors ist man teilweise noch auf experimentelle Untersuchungen angewiesen. Das frequenzunabhängige Transistorrauschen läßt sich aber im Ersatzbild durch eine Erweiterung desselben berücksichtigen.

4) Zur Bestimmung der nichtlinearen Verzerrungen des Transistors wird man vorerst hauptsächlich experimentell vorgehen. Grundsätzlich dürfte jedoch auch hierbei eine Verwendung des Ersatzschaltbildes, dessen Elemente aber jetzt teilweise nichtlinear sind, möglich sein.

Die Zusammenhänge zwischen den einzelnen Eigenschaften des Transistors sind außerordentlich kompliziert und unübersichtlich, wenn sie lediglich formelmäßig dargestellt werden. Die vorteilhafteste und zweckmäßigste Verwendung der Transistoren, die optimale Auslegung der Schaltungen, in denen sie enthalten sind, dürfte sich nur mit Hilfe von ausführlichen vorausgehenden Berechnungen erreichen lassen. Ein dafür geeignetes praktisches Ersatzschaltbild nach Art des hier erläuterten, das derartige Berechnungen erleichtert, ist hierbei von entscheidender Bedeutung.

Schrifttum

[1] A. W. Lo, R. O. Endres, J. Zawels, F. D. Waldhauer, Ch.-Ch. Cheng: Transistor Electronics. Prentice-Hall, Inc., Englewood Cliffs, 1955

[2] D. Dewitt, A. L. Rossoff: Transistor Electronics. McGraw-Hill Book Company, Inc., New York, Toronto, London, 1957

[3] J. Dosse: Der Transistor. 2. Auflage, R. Oldenbourg, München 1957

[4] J. Malsch: Ersatzschaltbilder von Transistoren und ihre physikalischen Grundlagen. AEÜ 8 (1954) S. 179-189

[5] J. Malsch: Das Hochfrequenzersatzschaltbild des Transistors. NTF 1 (1955) S. 11-17

[6] W. Engbert: Die Kennlinien und Ladungsträgerverteilungen des Legierungstransistors. Telefunken-Ztg 29 (1956) 114, S. 277-287

[7] H.-J. Thuy, R. Wiesner: Halbleiter-Bauelemente, ihre Physik und technische Entwicklung. ETZ-A 80 (1959) S. 473-480

[8] F. Weitzsch: pnp-Flächentransistoren-Kompendium. Teil I: Valvo-Berichte 3 (1957) S. 1-52, Teil II: Valvo-Berichte 3 (1957) S. 91-148

[9] E. R. Hauri: Grundlagen der Transistoren. Techn. Mitt. PTT 35 (1957) S. 81-105

[10] R. L. Pritchard: Electric Network Representation of Transistors - A Survey. IRE Trans. Circuit Theory CT-3 (1956) 1, S. 5-21

[11] J. Zawels: Base-Width Modulation and the High-Frequency Equivalent Circuit of Junction Transistors. IRE Trans. Electron Devices ED-4 (1957) 1, S. 17-22

[12] W. Benz: Über Ersatzschaltbilder für den als linearer Verstärker betriebenen Transistor. NTF 18 (1960) (Vortrag d. NTG-Fachtagung "Transistoren für hohe Frequenzen" in Nürnberg vom 21.-24.4.59)

[13] W. Engbert: Anschauliche Darstellung des Hochfrequenzverhaltens des Transistors. NTF 18 (1960) (Vortrag d. NTG-Fachtagung "Transistoren für hohe Frequenzen" in Nürnberg vom 21.-24.4.59)

[14] O. Müller: Prüfung der praktischen Ersatzschaltung von Zawels auf ihre Brauchbarkeit. NTF 18 (1960) (Ergänzung zum Vortrag W. Benz: (siehe 12) d. NTG-Fachtagung "Transistoren für hohe Frequenzen" in Nürnberg vom 21.-24.4.1959)

[15] W. Guggenbühl, M. J. O. Strutt: Transistoren in Niederfrequenz-Anfangsstufen. Scientia Electrica II (1956) S. 47-57

[16] W. Guggenbühl, M. J. O. Strutt: Transistoren in Hochfrequenz-Verstärkerstufen. Scientia Electrica II (1956) S. 99-115

[17] W. Guggenbühl, B. Schneider: Zur Stabilisierung des Gleichstromarbeitspunktes von Flächentransistoren. AEÜ 10 (1956) S. 361-375

[18] W. Moortgat - Pick: Ersatzschaltbild und Verstärkungseigenschaften des Flächentransistors. AEÜ 13 (1959) S. 33-48, 82-89

[19] W. Minner: Die Vierpolkenngrößen des HF-Transistors 0C 615 für den Frequenzbereich 30 bis 135 MHz Telefunken Röhrenmitt. für die Industrie Nr. 59 01 47

[20] E. R. Hauri: Heutige Grenzeigenschaften von Transistoren. Techn. Mitt. PTT 36 (1958) S. 297-306

[21] R. L. Pritchard: Advances in the Under standing of the PN Junction Triode. Proc. IRE 46 (1958) S. 1130-1141

[22] W. W. Gärtner: Temperature Dependance of Junction Transistors Parameters. Proc. IRE 45 (1957) S. 662-680

[23] H. C. Montgomery: Electrical Noise in Semiconductors. Bell Syst. Techn. J. 31 (1952) S. 950-975

[24] E. Keonjian, J. S. Schaffner: Noise in Transistor Amplifiers. Electronics 26 (1953) 2, S. 104-107

[25] H. C. Montgomery, M. A. Clarks: Shot Noise in Junction Transistors. J. Appl. Phys. 24 (1953) S. 1337-1338

[26] A. van der Ziel, H. C. Montgomery, M. A. Clarks: Note on Shot and Partition Noise in Junction Transistors. J. Appl. Phys. 25 (1954) S. 815-816

[27] A. van der Ziel: Theory of Shot Noise in Junction Diodes and Junction Transistors. Proc. IRE 43 (1955) S. 1639-1646

[28] H. Rothe, W. Dahlke: Theorie rauschender Vierpole. AEÜ 9 (1955) S. 117-121

[29] M. J. O. Strutt: Das Rauschen von Transistoren. NTF 1 (1955) S. 25-30

[30] W. Guggenbühl, M. J. O. Strutt: Theorie des Hochfrequenzrauschens von Transistoren bei kleinen Stromdichten. NTF 5 (1956) S. 30-33

[31] W. Guggenbühl, B. Schneider, M. J. O. Strutt: Messungen über das Hochfrequenzrauschen von Transistoren NTF 5 (1956) S. 34-36

[32] W. Guggenbühl, M. J. O. Strutt: Theory and Experiments on Shot Noise in Semiconductor Junction Diodes and Transistors. Proc. IRE 45 (1957) S. 839-854

[33] I. Schubert: Transistorrauschen im Niederfrequenzgebiet. AEÜ 11 (1957) S. 331-340, 379-385, 416-423

[34] K. Spindler: Berechnungen und Messungen zur optimalen Dimensionierung rauscharmer Transistorverstärker. NTZ 12 (1959) S. 250-256

[35] B. Schneider, M. J. O. Strutt: Über die Kennlinien und das Rauschen von Silizium-pn-Dioden und Siliziumtransistoren. AEÜ 12 (1958) S. 429-440

[36] N. I. Meyer: Non linear distortion in transistor amplifiers at low signallevels and low frequencies. Proc. IEE Part C 104 (1954), S. 208-216

[37] G. A. Spescha, M. J. O. Strutt: Theoretische und experimentelle Untersuchung der Verzerrungen in Niederfrequenz-Flächentransistor-Vierpolen. AEÜ 11 (1957) S. 307-320

[38] G. Meyer - Brötz, K. Felle: Die nichtlinearen Verzerrungen im Transistorverstärker. Elektron. Rundschau 11 (1957) S. 297-301

[39] M. Akgün, M. J. O. Strutt: Nichtlineare Verzerrungen einschließlich Kreuzmodulation in HF-Transistoren. AEÜ 13 (1959) S. 227-242

[40] F. Weitzsch: Die thermische Stabilität von Transistoren unter dynamischen Bedingungen. AEÜ 13 (1959) S. 185-198

[41] A. Götzberger: Die Spannungsabhängigkeit der Sperrströme bei legierten Transistoren. Z. angew. Physik 11 (1959) S. 6-9

[42] J. J. Ebers, J. L. Moll: Large-Signal Behavior of Junction Transistors. Proc. IRE 42 (1954) S. 1761-1772

[43] J. L. Moll: Large Signal Transient Response of Junction Transistors. Proc. IRE 42 (1954) S. 1773-1784

[44] J. W. Easley: The Effect of Collector Capacity on the Transient Response of Junction Transistors. IRE Trans. Electron Devices Vol ED-4 (1957) 1, S. 6-14

[45] R. Beaufoy, J. J. Sparks: The Junction Transistor as a Charge Controlled Device. ATE J. 13 (1957) S. 310-327

[46] B. Rall: Die Anwendung des Flächentransistors in Zählschaltungen. NTF 5 (1956) S. 50-56

[47] H. Weber: Impulsverstärkung mit Transistoren. NTF 5 (1956) S. 47-49

[48] F. Weitzsch: pnp-Flächentransistoren als elektronische Schalter. Valvo-Berichte 2 (1956) S. 16-26

[49] G. Sichling, E. Rohloff: Der Schalttransistor. Siemens-Z 31 (1957) S. 497-501

[50] K. Wagner: Die grundlegenden Eigenschaften des Flächentransistors im Impuls- und Schalterbetrieb. NTF 18 (1960) (Vortrag der NTG-Fachtagung "Transistoren für hohe Frequenzen" in Nürnberg vom 21.-24.4.59). Valvo, Techn. Inf. f.d. Industrie, Sonderdr. Sept. 59

DIE ANWENDUNG DES TRANSISTORS ALS LINEARES UND NICHTLINEARES ELEMENT IN DER TF-TECHNIK *)

H. Bauch, Nürnberg

Mit 8 Bildern

Obwohl der Transistor erst seit etwa 5 Jahren in Deutschland zur Verfügung steht, wird er schon in großem Umfang in der kommerziellen Nachrichtentechnik verwendet. Denn der Einsatz von Transistorgeräten löst das immer dringender gewordene Problem der Trägerfrequenztechnik, die Bauweise weiter zu verkleinern, um noch mehr Kanäle auf dem zur Verfügung stehenden Raum einrichten zu können. Dies würde bei Röhrengeräten an der starken Wärmeentwicklung und an den großen Abmessungen der bisher gebräuchlichen Schaltelemente scheitern. Beide Nachteile weisen Transistorschaltungen nicht auf. Ihre Verlustleistung ist gering, die räumlichen Abmessungen der Transistoren und der mit ihnen zusammenarbeitenden Schaltelemente sind sehr klein. Dazu kommt, daß der Transistor kein Verschleißelement ist, weshalb Transistorgeräte keine laufende Wartung benötigen und viele Überwachungsanlagen, Ersatzumschaltungen usw., wegfallen können. All diesen Vorteilen gegenüber wiegen die Nachteile, die den heutigen Transistoren noch anhaften, nicht schwer. Sie bestehen vor allem in der Temperaturabhängigkeit und den großen Exemplarstreuungen der elektrischen Werte, ferner in der zur Zeit noch geringen abgebbaren Leistung bei hohen Frequenzen. Die Auswirkungen der Temperaturabhängigkeit wie auch die der Exemplarstreuungen lassen sich durch geschickten Entwurf der Schaltungen in Grenzen halten. Daß schließlich die Leistung, die der Transistor bei hohen Frequenzen abgeben kann, gering ist, wirkt sich nicht nachteilig aus, wenn man bei der Planung von Transistorsystemen von den Möglichkeiten der Transistortechnik ausgeht und nicht mehr von denen der Röhrentechnik.

Zunächst entstanden Systeme mit kleiner Kanalzahl, so z. B. ein transportables Vierkanalsystem, bei dem sich natürlich die Vorteile des Transistors ganz besonders auswirkten. Ferner stellte man ortsfeste Systeme mit niedriger Kanalzahl, wie die Systeme Z12N und VZ12, auf Transistorbetrieb um. Dabei sollte das Röhren- und das Transistorsystem voll austauschbar sein. Die neuen mit Transistoren bestückten Baugruppen des Systems mußten also nach außen hin die gleichen elektrischen Eigenschaften haben wie die bisher benutzten Röhrengeräte. Welche Probleme diese Aufgabenstellung bringt und wie sie gelöst werden, zeigen Beispiele aus dem ausgeführten System VZ12.

Die linearen Schaltungen, die Verstärker, sind fast ausnahmslos Breitbandverstärker, an die sehr hohe Anforderungen, vor allem hinsichtlich Klirrdämpfung und zeitlicher Konstanz, gestellt werden. Ein Teil der Temperaturabhängigkeit der Eigenschaften der Schaltungen läßt sich durch Stabilisierung der Gleichstromarbeitspunkte beseitigen, durch Regelungs- oder Kompensationsschaltungen, die die Kollektorströme der Transistoren bei Temperaturänderungen konstant halten. Den Rest des Einflusses der Temperatur, den Einfluß der Exemplarstreuungen und die nichtlinearen Verzerrungen verringert man meist durch Gegenkopplung. Die Schaltungstechnik ist dabei ganz ähnlich wie bei Röhrenverstärkern. Nur ist es schon bei relativ geringer Bandbreite des Nutzbereiches schwierig, Transistorverstärker, die eine große Ausgangsleistung abgeben sollen, mit starker Gegenkopplung über mehrere Stufen hinweg genügend sicher gegen Selbsterregung zu machen, weil dann die Grenzfrequenz der erforderlichen End- und Vorstufentransistoren schon nahe bei der oberen Grenze des Nutzbereiches liegt. Dazu kommt, daß man wegen der Exemplarstreuungen einen relativ großen Sicherheitsabstand vom Selbsterregungspunkt einhalten muß.

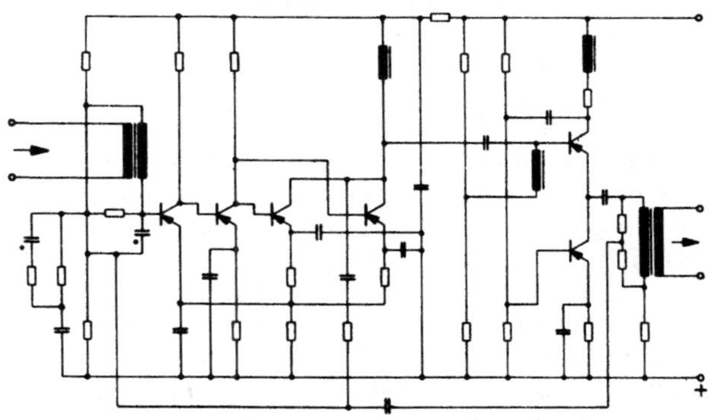

Bild 1: Teil eines Leitungsverstärkers für das System VZ 12

Bild 1 zeigt als Schaltungsbeispiel für einen derartigen Verstärker einen Teil eines Leitungsverstärkers für das System VZ12. Der gezeigte Verstärker allein besitzt eine konstante Spannungsverstärkung von 5 N im Frequenzbereich von 6 ... 108 kHz. Dazu gehört noch ein Vorverstärker mit einer zwischen 0 und 2 N regelbaren Verstärkung. Der Reflexionsfaktor des Eingangs- und des Ausgangswiderstandes des gesamten Verstärkers soll weniger als 7,5 % gegen 150 Ω betragen. Die härtesten Forderungen sind die nach einer Klirrdämpfung von $a_{k2} \geq 9$ N und $a_{k3} \geq 10,5$ N bei einer Ausgangsleistung von + 0,8 N (5 mW) und nach einer Aussteuerungsgrenze von + 3,2 N (600 mW). Die hohe Aussteuerungsgrenze erfordert für die Endstufe einen Leistungstransistor.

Wegen des geforderten Frequenzganges wäre es günstig, Basisschaltung anzuwenden. Dann wäre aber zwischen Vor- und Endstufe ein Übertrager erforderlich, den man wegen der Gegenkopplung vermeiden sollte. So mußte man für die Endstufe

*) Mitteilung der Felten u. Guilleaume Fernmeldeanlagen G.m.b.H., Nürnberg

nach einer Schaltung suchen, die einen genügend guten Frequenzgang aufweist, aber einen höheren Eingangswiderstand hat als die Basisschaltung. Die verwendete Schaltung besitzt diese Vorzüge. Der Ausgangsstrom wird je zur Hälfte von den beiden im Gegentakt-A-Betrieb arbeitenden Transistoren geliefert. Die Steuerspannung für den unteren Transistor, die gegen die des oberen um 180 $^{\circ}$ phasenverschoben sein muß, wird an einem kleinen Widerstand im Kollektorkreis des oberen Transistors abgenommen, dem zur Korrektur des Frequenzganges eine kleine Induktivität in Reihe geschaltet ist. Die Vorstufe braucht demnach nur den Steuerstrom für den oberen Transistor zu liefern. Hierfür reichen die beiden parallel geschalteten Transistoren 0C 170 aus. Der günstige Frequenzgang der Endstufe ist darauf zurückzuführen, daß die Ausgangsspannung innerhalb der Stufe gegengekoppelt wird. Gleichzeitig werden dadurch die nichtlinearen Verzerrungen vermindert. Diese Gegenkopplung ist umso wirksamer, je kleiner der Ausgangswiderstand der Vorstufe ist. Um ihn zu verkleinern, wurde die Ausgangsspannung dieser Stufe auf den Verstärkereingang gegengekoppelt. Schließlich wird noch über den gesamten Verstärker hinweg eine kombinierte Strom- und Spannungsgegenkopplung von insgesamt etwa 3 N angewendet, mit deren Hilfe man den Frequenzgang weiter ebnet, den richtigen Ausgangswiderstand einstellt und die nichtlinearen Verzerrungen reduziert. Durch all diese Maßnahmen erreicht man sehr günstige Eigenschaften des Verstärkers. Die Änderung der Verstärkung bei Temperaturschwankungen bis + 50 $^{\circ}$C ist kleiner als 0,01 N, die Klirrdämpfungen sind mit a_{k2} = 10,5 N und a_{k3} = 12 N bei 0,8 N Ausgangspegel um rund 1,5 N höher als gefordert. Dabei beträgt der Stromverbrauch nur etwa 130 mA bei 24 V Betriebsspannung. Der Verstärker verbraucht damit etwa ein Viertel der Leistung, die der gleichwertige Röhrenverstärker verbraucht. So zeigt dieser Verstärker, daß der Einsatz von Transistoren selbst unter Bedingungen, die für die zur Zeit verfügbaren Transistoren sehr ungünstig sind, einen Gewinn bringt. - Die vollen Vorteile allerdings, die der Transistor bietet, erhält man bei Verstärkern kleinerer Leistung. Dort ist die Leistungsersparnis noch viel größer, weil die Verlustleistung eines Transistors etwa in dem Maße sich ändert wie die abzugebende Leistung, während für die Röhre stets die Heizleistung aufgebracht werden muß; auch die Anodenverlustleistung wird nicht wesentlich kleiner, wenn man der Röhre nicht die höchstmögliche Ausgangsleistung abverlangt. Dazu kommt ein wesentlich kleinerer Raumbedarf für den Transistorverstärker. Ein Beispiel hierfür zeigt Bild 2. Es handelt sich um einen zweistufigen Gruppenverstärker, der die Leistung von 12 Kanälen im Frequenzgebiet von 60 ... 108 kHz um 1,8 N verstärkt. Die Ausgangsleistung für einen Kanal beträgt -4,2 N, die Aussteuerungsgrenze 4 mW (+ 0,7 N). Der Raumbedarf des Gruppenverstärkers mit Transistoren ist auf etwa ein Fünftel des Raumbedarfs des früher verwendeten Röhrenverstärkers zusammengeschrumpft, während die Raumersparnis beim Leitungsverstärker nur gering ist. Der Leistungsverbrauch des Gruppenverstärkers mit Transistoren ist um den Faktor 50 kleiner als der des Röhrenverstärkers.

Bei Verstärkerschaltungen bringt also der Einsatz des Transistors hinsichtlich Erwärmung und in den Abmessungen umso größere Vorteile, je geringere Leistung der Verstärker verarbeiten muß. Sie sind auch unter sehr ungünstigen Bedingungen noch fühlbar. Die Schaltungstechnik ist im Prinzip ähnlich wie in Röhrenverstärkern, doch treten Stabilitätsprobleme bei viel niedrigeren Frequenzen als dort auf, wenn hohe Ausgangsleistungen verlangt werden.

Bedeutend weniger Ähnlichkeit mit der bisher gebräuchlichen Technik haben die nichtlinearen Transistorschaltungen. Es handelt sich dabei hauptsächlich um Frequenzteiler - und Frequenzvervielfacherschaltungen in der Trägerversorgung, um Modulatoren und schließlich um Signalempfänger, Regelungs- und Überwachungsschaltungen, in denen Transistoren als Schalter zur Steuerung von Relais oder auch als völliger Ersatz für Relaiskontakte verwendet werden können.

Die Trägerfrequenzen gewann man bisher meist durch Vervielfachen aus einem Quarzgenerator mit niedriger Frequenz, z.B. 4kHz, und erzeugte einige, wie z.B. 114 kHz, in eigenen Quarzgeneratoren. Die Quarze für diese Frequenzen

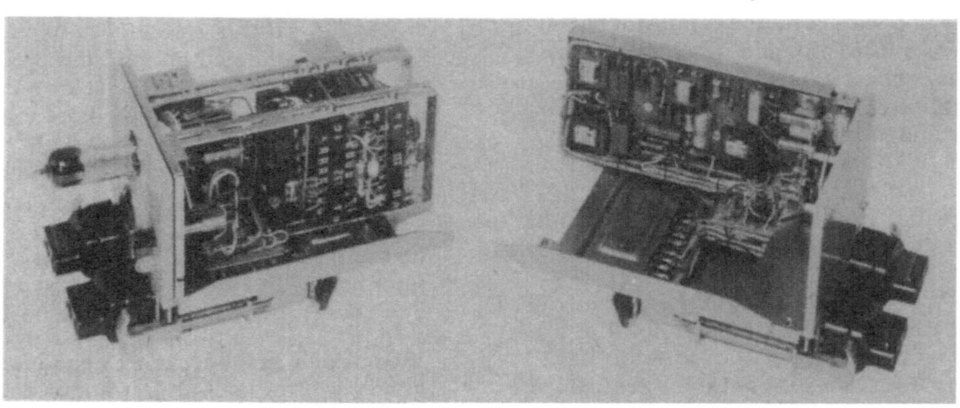

Bild 2: Baugruppen eines Gruppenverstärkers mit Röhre und mit Transistoren

sind aber mechanisch nicht sehr stabil und vor allem so temperaturabhängig, daß sie einen Thermostaten erfordern. Die Regelungs- und Überwachungsschaltung für den Thermostaten ist die Ursache vieler Störungen, ganz abgesehen vom Platzbedarf. Vor allem aber wirkt sich in der Nähe von Transistoren ein Thermostat als Wärmequelle außerordentlich ungünstig aus. Gerade zu der Zeit, als man mit dem Einsatz des Transistors begann, wurden aber neue Quarze bekannt, die alle diese Nachteile nicht aufweisen. Sie sind mechanisch stabil und können ohne Thermostat verwendet werden, weil sich ihre Resonanfrequenz im Temperaturbereich von $0^{o}C$ bis $+ 40^{o}C$ höchstens um $2 \cdot 10^{-6}$ ändert. Das ist soviel wie bisher mit Thermostat erreicht wurde. Diese Quarze arbeiten im Frequenzbereich über 1 MHz. Man braucht daher nicht nur Frequenzvervielfacher, sondern auch Frequenzteiler, namentlich solche für große Teilverhältnisse. Ihre Herstellung bereitet aber, obwohl sie relativ viele Verstärkerelemente enthalten, bei Verwendung von Transistoren keine Schwierigkeiten.

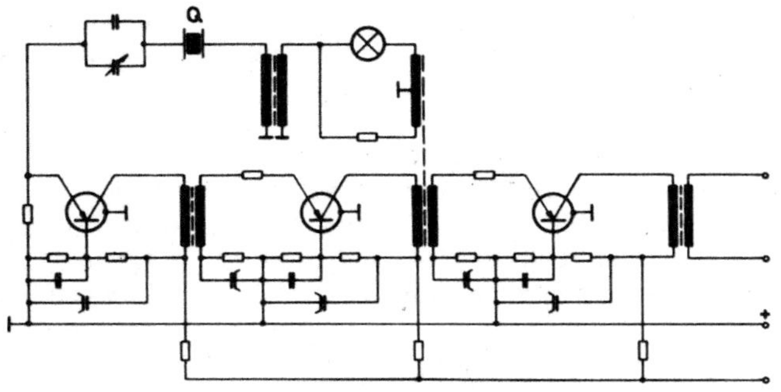

Bild 3: 1368-kHz-Generator

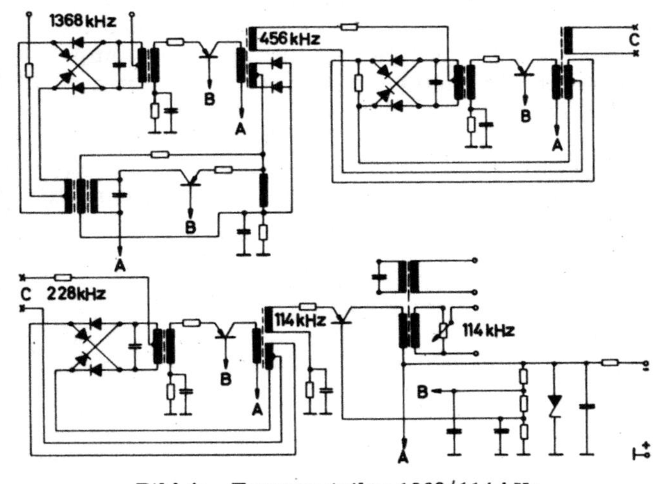

Bild 4: Frequenzteiler 1368/114 kHz

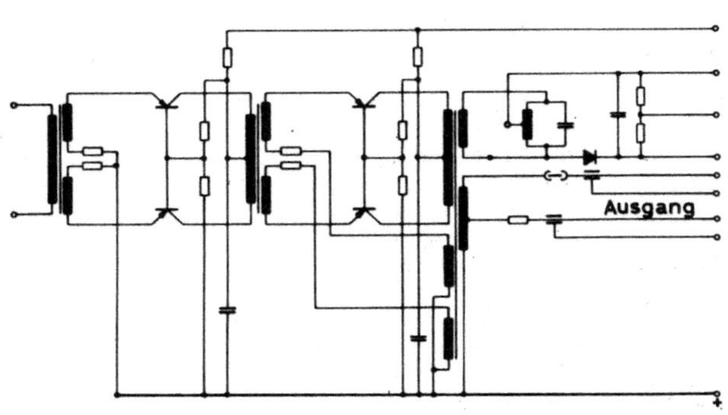

Bild 5: 114-kHz-Verstärker

Ein Beispiel für diese Technik ist die in den Bildern 3, 4 und 5 dargestellte Schaltung zur Erzeugung des Gruppenträgers 114 kHz. Sie besteht aus drei Teilen, dem in Bild 3 dargestellten Generator, dem in Bild 4 gezeigten Teiler und dem Leistungsverstärker nach Bild 5. Der Generator erzeugt die Frequenz 1368 kHz ($12 \cdot 114$ kHz). Er besteht aus einem dreistufigen Verstärker, dessen erste beiden Stufen über eine Glühlampenbrücke zur Amplitudenbegrenzung und den Quarz, das frequenzbestimmende Glied, rückgekoppelt sind. Die Anforderungen an den Verstärker sind sehr hoch. Es wird verlangt, daß der Phasenwinkel zwischen Eingangsstrom des ersten Transistors und Ausgangsspannung der Brücke bei der Schwingfrequenz nur wenige Grad beträgt. Darum wurden Transistoren mit einer -Grenzfrequenz von 70 MHz in Basisschaltung verwendet. Sie müssen am Eingang aus einer Quelle mit hohem Innenwiderstand gespeist und am Ausgang wegen des Einflusses der Kollektorkapazität mit einem relativ niedrigen Widerstand abgeschlossen werden. Die Erfüllung dieser Forderungen führt zu einer schlechten Anpassung zwischen den Stufen und erfordert damit verhältnismäßig viele Stufen. Die Ausgangsspannung wird den in Bild 4 dargestellten Teilern zugeführt. Von den drei Rückmischteilern hat der erste das Teilverhältnis 3, die beiden anderen je das Teilverhältnis 2. Jeder Teiler besteht aus einem Ringmodulator, dem die zu teilende Frequenz als Träger zugeführt wird. Die Ausgangsspannungs-Komponente mit der unteren Seitenfrequenz wird verstärkt und sowohl an die nächste Stufe wie auch an den Rückkopplungsweg weitergegeben, während die übrigen in der Ausgangsspannung enthaltenen Komponenten durch den parallel zum Ausgang liegenden Kondensator kurzgeschlossen werden. Die untere Seitenfrequenz gelangt bei den 2:1-Teilern direkt zum Modulatoreingang zurück, beim 3:1-Teiler läuft sie erst über eine Verdopplerschaltung und eine weitere Transistorstufe. Diese wirkt als ein Generator, der etwa auf die Frequenz $2 \cdot 456$ kHz abgestimmt ist, so daß der Teiler selbsttätig anläuft. Hiernach wird er von der Frequenz 1368 kHz zwangssynchronisiert. Fällt die synchronisierende Spannung aus, so gibt die erste Teilerstufe trotz des weiterschwingenden Generators keine Spannung am Ausgang ab. Neben dem Vorteil wesentlich erhöhter Betriebssicherheit bringt die Schaltung eine Verringerung des Leistungsverbrauches um den Faktor 2, 5 und eine Halbierung der Baugruppenbreite gegenüber dem Röhrengenerator (Bild 6). Die Schaltung ist ein typisches Beispiel für die Transistortechnik. Mit Röhren wäre diese Art der Trägererzeugung nicht nur wegen der großen Zahl von Verstärkerelementen problematisch, sie hätte schon deshalb keinen Sinn, weil auch für den neuen Quarz bei Temperaturen, wie sie in Röhrengeräten auftreten, ein Thermostat erforderlich wäre.

Bei Modulatorschaltungen liegt der Gedanke nahe, an Stelle der bisher üblichen Modulatoren mit Halbleiterdioden Transistormodulatoren einzusetzen, die nicht nur Frequenzbänder umsetzen, sondern auch verstärken, und die nur eine geringe

Bild 6: Baugruppen der Trägerversorgung 114 kHz mit Röhren und Quarz mit Thermostat (links) und mit Transistoren und Quarz ohne Thermostat (rechts). Im Vordergrund: Geöffnete Unterbaugruppe des 1368-kHz-Generators. Der Quarz ist durch x gekennzeichnet

Trägerleistung benötigen. Nun fordert man aber von den meisten Modulatoren in der TF-Technik, daß an ihrem Ausgang der Träger und das nicht umgesetzte Band nicht erscheinen und verwendet deshalb Ringmodulatoren mit vier Dioden. Stellt man die gleichen Anforderungen an einen Transistormodulator, so benötigt man auch vier Transistoren, erhält aber nur die Verstärkung einer Verstärkerstufe. Darum wird wohl der Einsatz des Transistors im Modulator erst dann wirtschaftlich vertretbar werden, wenn der Preis eines Transistors dem einer Germaniumdiode beträchtlich näher kommt. Vorerst ist es vorzuziehen, weiterhin Modulatoren mit Diodenquartetten zu verwenden und gegebenenfalls eine Verstärkerstufe nachzuschalten.

Schließlich zählen zur Gruppe der nichtlinearen Schaltungen der TF-Technik Relaisschaltungen. Hierher gehören Signalempfänger, in denen zur Steuerung von Relais Flip-Flop-Schaltungen, Triggerschaltungen usw. benutzt werden oder auch bereits der Relaiskontakt selbst durch einen Schalttransistor ersetzt ist, der seinerseits wieder von einer der oben genannten Impulsschaltungen gesteuert wird. Weiterhin gehören dazu elektronische Überwachungsschaltungen. Ein Beispiel dafür ist die in Bild 7 gezeigte, voll mit Transistoren bestückte Pilotüberwachung für 8 Leitungen, die bisher ausschließlich mit Relais betrieben wurde. Sie arbeitet im wesentlichen wie folgt: Als Taktgeber dient ein Multivibrator mit einer Schaltfrequenz von etwa 1/4 Hz. Er steuert einen vierstelligen Binärzähler, von dessen 16 möglichen Stellungen 9 ausgenützt werden, 8 zum Abtasten der zu überwachenden Leitungen und eine zur Überwachung des Pilotempfängers selbst. Bei jeder Stellung des Zählers nimmt eine der 9 Ausgangsklemmen der mit Dioden bestückten Entschlüsselungsmatrix negative Spannung gegen Erde an. Mit dieser negativen Spannung wird die Emitter-Basisstrecke eines Schalttransistors in den Durchlaßbereich gesteuert. Im Kollektorkreis dieses Transistors liegt eine der Lampen des Schrittanzeigevielfaches, die nun aufleuchtet und meldet, welche Leitung gerade geprüft wird. Gleichzeitig wird an einen weiteren Schalttransistor, in dessen Kollektorkreis die Bringwicklung des zu der betreffenden Leitung gehörigen Schauzeichens im Störungsanzeigevielfach liegt, negative Kollektorspannung gelegt und damit das Schauzeichen vorbereitet. Es wird ausgelöst, wenn dazu über einen in der Umschalte- und Alarmeinrichtung sitzenden Transistorschalter negative Spannung gegen Erde an die Basis des Schauzeichen-Transistors gelegt wird. Die negative Spannung wird nur durchgeschaltet, wenn ein im Meßteil des eigentlichen Pilotempfängers angeordneter elektronischer Schalter im Störungsfall Erdpotential an die Umschalteeinrichtung bringt. Die Pilotspannung wird zum Pilotempfänger über Schalttransistoren im Durchschaltungsvielfach durchgeschaltet, die ebenfalls

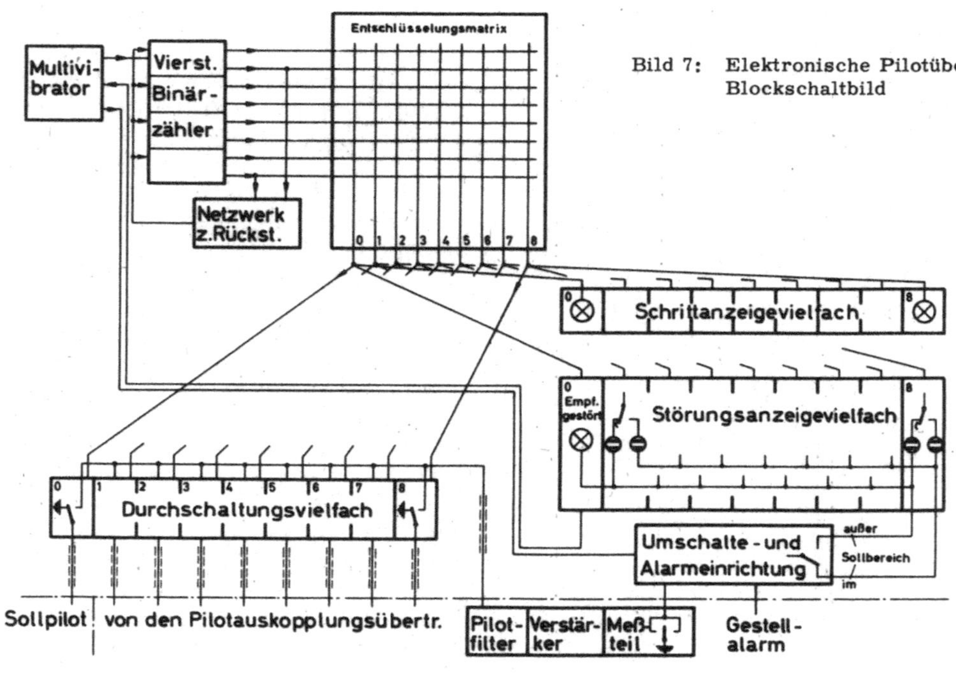

Bild 7: Elektronische Pilotüberwachung Blockschaltbild

von den Spannungen am Ausgang der Diodenmatrix gesteuert werden. Da das Pilotfilter eine ziemlich lange Einschwingzeit hat, sorgt eine direkte Steuerung der Umschalteeinrichtung durch den Multivibrator dafür, daß die Spannung, die das Schauzeichen und den Alarm auslöst, erst in der zweiten Hälfte jedes Schrittes durchgeschaltet wird. So werden 8 Leitungen schrittweise überwacht. Beim Schritt 0 wird die Sollpilotspannung geprüft, die dem Pilotgenerator für die Gegenrichtung der Verbindung entnommen wird. Wird bei diesem Schritt Alarm ausgelöst, so darf man annehmen, daß der Pilotempfänger gestört ist. In diesem Fall wird vom Störungsanzeigevielfach aus der Multivibrator stillgesetzt, um zu verhindern, daß für alle Leitungen alarmiert wird. Die ganze Schaltung enthält 55 Transistoren und 50 Dioden. Dennoch ist sie gegenüber der Relaisschaltung konkurrenzfähig, da nur langsame Vorgänge und kleine Leistungen in Frage kommen, die mit billigen Transistoren zu beherrschen sind. Dazu kommen die bekannten Vorzüge der elektronischen Schaltungen. Eine derartige elektronische Schaltung mit Röhren auszuführen, wäre völlig indiskutabel.

Alle bisher gebrachten Beispiele stammen aus dem System VZ12. Man hat natürlich den Wunsch, auch größere Systeme, wie etwa V 120 oder V 960, mit Transistoren zu bestücken. Ob man dies wie beim 12-Kanal-System ohne Änderung der jetzigen Pegelpläne tun kann, hängt davon ab, ob es Transistoren gibt, die bei hohen Frequenzen eine genügend große Leistung abgeben können. Die höchsten Anforderungen stellen dabei die Leitungsverstärker und die Verstärker für die Trägerspannungen. Darum werden ihre Anforderungen in Bild 8 mit dem Bereich verglichen, den man mit den zur Zeit auf dem deutschen Markt gängigen Transistoren beherrscht. Auf der Ordinate ist ihre Verlustleistung aufgetragen und auf der Abszisse die Grenzfrequenz der Stromverstärkung in Basisschaltung, die man als Grenze ansehen kann, bis zu der man Verstärker, besonders Breitbandverstärker, mit vernünftigem Aufwand entwickeln kann. Die stark ausgezogene Kurve ist die äußerste Grenze, die man mit Transistoren erreicht, die zwar ohne Schwierigkeit zu haben sind, die aber noch entweder sehr teuer sind oder nur von wenigen Firmen hergestellt werden. Die gestrichelte Kurve begrenzt den Bereich, für den Transistoren relativ billig von mehreren Firmen bezogen werden können. Nun ist beispielsweise für den Leitungsverstärker des V120-Systems die höchste zu übertragende Frequenz 552 kHz. Ferner wird eine Aussteuerungsgrenze von +3, 3 N, das sind 750 mW, gefordert. Wenn man annimmt, daß man in der Endstufe ohne große Schwierigkeit 2 Transistoren einsetzen kann, so muß die Verlustleistung eines dieser Transistoren ebenfalls etwa 750 mW betragen, und man kann die Anforderungen an einen Transistor durch den mit der Bezeichnung LV V 120 markierten Punkt beschreiben. Entsprechend sind die Anforderungen an die Transistoren in der Trägerversorgung des V120-Systems (TrV V 120), in der Trägerversorgung des V960-Systems (TrV V 960) und im Leitungsverstärker V 960 (LV V 960) eingetragen. Dabei gilt das linke Kreuz für das normale V960-System und das rechte Kreuz für das auf 6 MHz erweiterte, für Fernsehübertragung geeignete System. Man könnte also die Verstärker aller zur Zeit eingeführten TF-Systeme mit Transistoren bestücken, müßte dazu allerdings einigen Aufwand treiben.

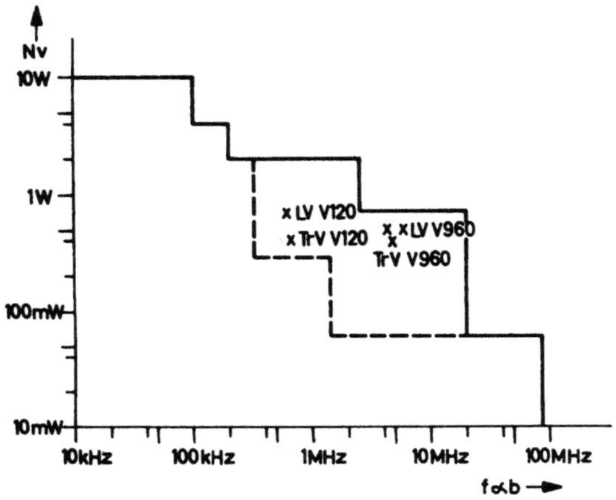

Bild 8: Verlustleistung und Frequenzgrenze von Transistoren, Anforderungen an Transistoren in Verstärkern der Systeme V 120 und V 960

Diese Lösung wäre aber sehr ungünstig. Denn der große Aufwand ist nur erforderlich, wenn man sich vornimmt, die Röhrensysteme ohne Änderung der Pegelpläne umzustellen. Die Planung aller bisherigen Systeme ging von den Eigenschaften der Röhre aus. Ganz besonders gilt dies für die Streckeneinrichtungen. Alles sprach dafür, an möglichst wenigen Stellen so hoch zu verstärken, daß der Eingangspegel des Verstärkers gerade noch genügend weit über dem Geräuschpegel lag und der Ausgangspegel die mit der Röhre erreichbare Aussteuerungsgrenze voll ausnutzte. Denn da die Röhrenverstärker wartungsbedürftig sind, müssen sie leicht zugänglich sein, man benötigt also Gebäude. Weiterhin ist man bestrebt, die Anzahl der Stationen, die gewartet werden müssen, möglichst klein zu halten. Und schließlich hätte eine Aufteilung der Verstärker und damit ein geringerer Ausgangspegel auch hinsichtlich der benötigten Speiseleistung keinen Vorteil gebracht, weil der Stromverbrauch einer Röhre bei verringerter Ausgangsleistung nur wenig abnimmt. Alle diese Argumente treffen für Transistorsysteme nicht zu. Da der Transistor kein Verschleißelement ist, entfällt die Wartung und damit die Forderung, daß alle Verstärker dauernd zugänglich sein müssen. Weiterhin ist der Stromverbrauch eines Transistorverstärkers stets kleiner als der eines gleichwertigen Röhrenverstärkers und dieses Verhältnis verschiebt sich umso mehr zugunsten des Transistorverstärkers, je geringer die Ausgangsleistung ist. Ein geringer Stromverbrauch wiederum gestattet es, eine größere Anzahl von Verstärkern über das Kabel mit Gleichstrom fernzuspeisen. Diese Verstärker können in Erdschächte eingebaut werden, so daß die Gebäude entfallen. Es erscheint also ratsam, bei Transistorsystemen mehr Zwischenverstärker als bisher zuzulassen und mit wesentlich vermindertem Ausgangspegel zu arbeiten. Über ein nach diesen Gesichtspunkten entwickeltes V120-System soll zum Schluß noch kurz berichtet werden. Die Aussteuerungsgrenze der Verstärker war dadurch gegeben, daß billige Hochfrequenztransistoren zur Zeit eine Verlustleistung von 60 mW haben, zwei parallel geschaltete also 120 mW. Nimmt man für die Transistoren an der Aussteuerungsgrenze einen Wirkungsgrad von 40 % an, so bleiben als abgebbare Leistung 48 M

Leistung 48 mW. Stellt man noch die Leistung, die die Gegenkopplung benötigt, und den Einfluß von Schwankungen der Speisespannung in Rechnung, so findet man, daß eine Leistung von 30 mW bequem erreicht werden kann, also ein Ausgangspegel von rund +1, 7 N. WT-sichere Übertragung erfordert einen Abstand des Kanalpegels von der Aussteuerungsgrenze von wenigstens 3, 1 N. Im vorliegenden System wurden 3, 3 N gewählt und der Kanalpegel auf -1, 6 N gelegt. Der niedrigste Eingangspegel des Verstärkers ist durch das Geräusch gegeben, wobei unter anderem zu berücksichtigen ist, daß Transistorverstärker einen Rauschfaktor von einigen Zehntel Neper, unter Umständen bis zu 0, 7 N, haben, also in dieser Hinsicht ungünstiger sind als Röhrenverstärker. Eine sehr vorsichtige Abschätzung des gesamten Geräuschpegels führte zu einer Verstärkung von rund 4, 1 N und damit zu einem Eingangspegel von -5, 7 N. Das würde in Deutschland, wo bisher eine Verstärkerfelddämpfung von 6, 5 N üblich war, eine Erhöhung der Zahl der Verstärker um den Faktor 1, 6 bedeuten. Dem steht als Gewinn der Wegfall jeglicher Wartung, der Wegfall der Gebäude für die ferngespeisten Stationen, vor allem aber eine Leistungsersparnis um etwa den Faktor 40 und damit eine sehr einfache Stromversorgungsanlage gegenüber.

*) Ich danke der Firma Philips, Hilversum, die mir die Unterlagen über die Planung dieses Systems zur Verfügung gestellt hat.

Der Aufbau der Verstärkerstationen selbst ist sehr einfach. Man unterscheidet zwischen Primär- und Sekundärämtern. Die Sekundärämter enthalten nur einen dreistufigen Verstärker mit fest eingestelltem Frequenzgang, der den Frequenzgang des Kabels annähernd entzerrt. Eine Längenentzerrung ist nicht vorgesehen, da die unterirdischen Verstärker ohne Schwierigkeit genau im gewünschten Abstand voneinander eingebaut werden können. In 68x30x29 cm^3 großen Senkkästen, die in etwa 1 m tiefe betonierte Schächte gestellt werden, können je 24 solcher Verstärker samt den für die Fernspeisung erforderlichen Weichen untergebracht werden. Zur Speisung benutzt man Achterkreise. Jeweils 12 Verstärker einer Sekundärstation sind an einen Achterkreis angeschlossen. Die exakte Frequenzgangentzerrung, die Längenentzerrung für das Feld bis zur nächsten Sekundärstation und die automatische Temperaturgangregelung werden in den Primärämtern vorgenommen, die in Gebäuden untergebracht sind. Dort befindet sich auch die Stromversorgungsanlage, die neben der Primärstation nach beiden Seiten je 3 Sekundärstationen speisen kann.

Diese Technik ist ein weiteres Beispiel dafür, welche großen Vorteile die Einführung des Transistors bringt, aber nur dann, wenn man völlig neu, dem Transistor angemessen plant. Übrigens wurde in diesem System auch die Trägerversorgung dezentralisiert, um die Anforderungen an die Trägerverstärker zu reduzieren. Es wird von der zentralen Trägerversorgung nur noch etwa 1 mW für je zwei Modulatoren, also für Hin- und Rückrichtung, abgegeben. Der restlichen Verstärkung dient ein dem Modulatorpaar selbst zugeordneter einstufiger Verstärker. Dadurch ist auch das Problem der Entkopplung zwischen den einzelnen Modulatoren gelöst, das oft große Schwierigkeiten bereitet.

NIEDERFREQUENZ-VERSTÄRKER MIT TRANSISTOREN IN DER UNTEREN NETZEBENE

F. Ring, Darmstadt

Mit 9 Bildern

Betrachtet man den Aufbau der heutigen Fernsprechnetze im In- und Ausland, so lassen sich deutlich drei verschiedene Leitungsarten unterscheiden: Fernsprechortsleitungen, Nahverkehrsleitungen und Weitverkehrsleitungen. Zur Verbindung der Teilnehmer mit ihrem Ortsamt werden fast nur unbespulte, möglichst dünne Fernsprechadern (Teilnehmeranschlußleitungen) benutzt. Die Ortsämter sind die Endämter des Bezirksnetzes und werden normalerweise über bespulte Leitungen (Endamtsleitungen) mit dem Bezirksmittelpunkt, dem Knotenamt, verbunden. Vom Knotenamt aus kann dann auf dem Weg über die Haupt- und Zentralämter des Weitverkehrsnetzes und internationale Durchgangsämter eine Verbindung zu einem anderen Knotenamt des In- oder Auslands aufgebaut werden. Über eine Endamtsleitung und eine Teilnehmerleitung wird schließlich der gewünschte ferne Teilnehmer erreicht. (Bild 1).

Sind in einer größeren Stadt mehrere Ortsämter vorhanden, so werden diese durch unmittelbare Ortsverbindungsleitungen, die nur dem Ortsverkehr dienen, untereinander vermascht und über Ortsendamtsleitungen mit dem einem Knotenamt entsprechenden Fernamt verbunden. Auch im Weitverkehrsnetz findet man in großem Umfang direkte Querleitungen, insbesondere zwischen den grossen Städten, die bei kurzen Entfernungen als Nahverkehrsleitungen, bei größeren Entfernungen als Weitverkehrsleitungen anzusehen sind.

Verstärker werden im Weitverkehrsnetz schon seit langem benutzt und sind überhaupt die Voraussetzung für den Fernsprechweitverkehr. Bei den älteren Niederfrequenzfernkabeln wurden in Abständen von etwa 150 oder 75 km Verstärker eingeschaltet. Bei den heute für den Weitverkehr fast ausschließlich benutzten Trägerfrequenzfernkabeln wurden die Verstärkerfeldlängen zunächst auf 36, dann auf 18 und 9 km, neuerdings auf 4, 5 km verkürzt. An diese Verstärker im Weitverkehrsnetz werden hinsichtlich der zeitlichen Konstanz, Entzerrungsgenauigkeit und Klirrfreiheit sehr hohe Anforderungen gestellt, da im Zuge einer vielleicht einige 1000 km langen Fernsprechweitverbindung sehr viele Verstärker durchlaufen werden und für den einzelnen Verstärker nur sehr kleine Fehler oder Schwankungen zugelassen werden können. Auch an den Meß- und Wartungsdienst der Weitverkehrsleitungen werden erhebliche Anforderungen gestellt.

Anders liegen die Verhältnisse bei Nahverkehrsleitungen. Hier ist nur zu fordern, daß Leitungen mit einem Verstärker nicht schlechter sind als die bisher benutzten Leitungen ohne Verstärker. Bei hinreichend großen Toleranzen für die elektrischen Eigenschaften der Verstärker und bei dem hier möglichen Verzicht auf eine genaue und vielseitige Entzerrungseinstellung lassen sich verhältnismäßig billige Transistorverstärker fertigen, die auch noch die Voraussetzung erfüllen, grundsätzlich keiner Wartung zu bedürfen. Die heute zur Verfügung stehenden Niederfrequenz-Flächentransistoren mittlerer Leistung (etwa 20 bis 50 mW Nutzleistung) können schon ohne Einschränkung als Bauelemente mit sehr großer Lebensdauer angesehen werden, und man darf erwarten, daß nach der ersten Einmessung einer Nahverkehrs- oder Ortsleitung mit einem solchen Transistorverstärker keine weiteren Personalkosten für die regelmäßige Wartung des Verstärkers entstehen. Da heute die meisten Knotenämter bereits über Trägerfrequenzleitungen mit dem Weitverkehrsnetz verbunden sind, ist mit Verstärkern vertrautes Personal auch in diesen Ämtern vorhanden. Für die Stromversorgung eines Verstärkers genügen etwa 10 bis 30 mA, die während der Belegungszeit der Leitung aus der 60 V-Wähleramtsbatterie entnommen werden.

Über die von mehreren Firmen in Zusammenarbeit mit der Deutschen Bundespost entwickelten Transistorverstärker für Nahverkehrs- und Ortskabelleitungen ist in der Fachliteratur bereits ausführlich berichtet worden. Diese Verstärker brauchen nur das Sprachfrequenzband 300 - 3400

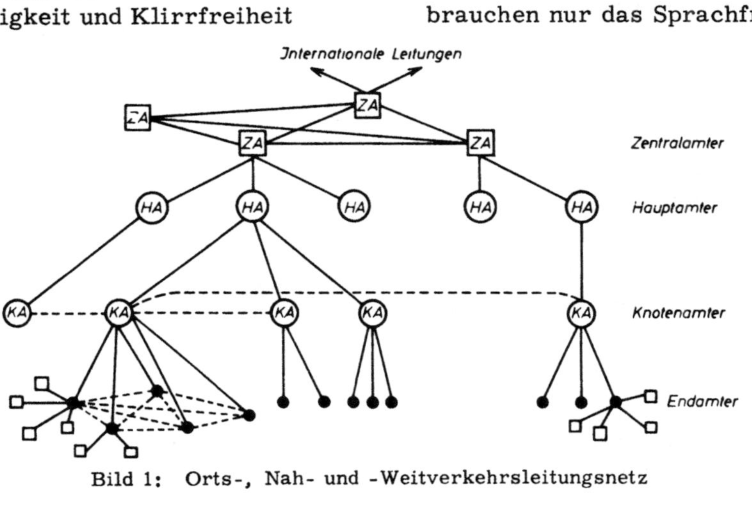

Bild 1: Orts-, Nah- und -Weitverkehrsleitungsnetz

Hz zu verstärken, dürfen aber die Übertragung von Wählsignalen mit Gleichstrom oder 50 Hz Wechselstrom über die gleiche Leitung nicht behindern. Eine größere Zahl solcher Verstärker (mehr als 1000) wird zur Zeit in einer Reihe von Nahverkehrs- und Ortsnetzen mit gutem Erfolg erprobt. Bemerkenswert ist vor allem die gute zeitliche Unveränderlichkeit dieser Verstärker. Zu unterscheiden sind 2 Typen: Transistorgabelverstärker und Transistorverstärker mit negativen Widerständen (NLT-Verstärker).

Der Transistorgabelverstärker wurde vor allem für die Entdämpfung bespulter Nahverkehrsleitungen entwickelt. Einige typische Einsatzbeispiele zeigt Bild 2. Die beim Übergang von einer Zweidrahtleitung zu einer Vermittlungsstelle mit vierdrähtiger Durchschaltung ohnehin notwendige Gabel wird durch Verstärker im Vierdrahtweg ergänzt (Beispiele a, b und c). Das Ende der Zweidrahtleitung verhält sich dann wie eine Vierdrahtleitung. Der gleiche Verstärker kann auch so umgeschaltet werden, daß er als Zweidraht-Endverstärker arbeitet (Beispiele d und e). In Ausnahmefällen kommt auch eine Umschaltung als Vierdraht-Zwischenverstärker in Frage.

Ein Transistorgabelverstärker am Ende einer Querleitung (Beispiel a vierdrähtige, d zweidrähtige Durchschaltung) ermöglicht eine Entdämpfung um 0, 6 bis 0, 8 N. Man kann also entweder Querleitungen mit größerer Leitungsdämpfung verwenden (größere Leitungslänge oder geringerer Kabelquerschnitt) oder die Restdämpfung der über diese Querleitungen aufgebauten Verbindungen herabsetzen. Im ersten Fall ergeben sich wirtschaftliche Vorteile, im zweiten Fall erhält man eine Verbesserung der Übertragungsgüte, die bei manchen Querleitungen, vor allem in einigen älteren Nahverkehrsnetzen, zur Angleichung an die im Landesfernwahlnetz übliche Norm sehr erwünscht ist.

Das Beispiel c wird nur in Sonderfällen in Frage kommen, wenn in einem vorhandenen Netz Zweidraht-Knotenamtsleitungen mit mehr als 0, 5 N Leitungsdämpfung benutzt werden sollen. Von großer Bedeutung ist die Verwendung von Gabelverstärkern in Endamtsleitungen (Beispiele b, c und e). Die Dämpfung der Endamtsleitungen soll bei einem Vierdraht-Knotenamt 0, 7 N, bei einem Zweidraht-Knotenamt 0, 4 N nicht überschreiten. Zur Zeit werden für kurze Endamtsleitungen bespulte Kabel mit 0, 9 mm oder 0, 8 mm starken Leitern benutzt. Bei längeren Leitungen werden Kabel mit 1, 2 mm oder 1, 4 mm-Adern erforderlich. Wenn man durch die Einschaltung der Gabelverstärker in die längeren Leitungen die größeren Aderquerschnitte und uneinheitlich aufgebaute Kabel vermeiden kann, entstehen erhebliche Ersparnisse. Beschränkt man sich auch hier auf eine Dämpfung bis zu 0, 6 N, so entstehen noch keine wesentlichen Schwierigkeiten durch die erhöhten Anforderungen an die Fehlerdämpfung der Nachbildungen. Bei praktisch wichtigen Beispielen werden die Kosten für die Kabel um etwa 25 bis 35 % geringer, und man erhält nach Abzug der Kosten für den Verstärker je Sprechkreis eine sehr beträchtliche Ersparnis.

Die Transistorgabelverstärker werden in die Relaisschienen der Wählübertragungen eingebaut (Bild 3) und benötigen den Platz von 4 Relais. Ihren Aufbau in Miniaturbauweise mit gedruckter Schaltung zeigt Bild 4. Da der Gabelverstärker

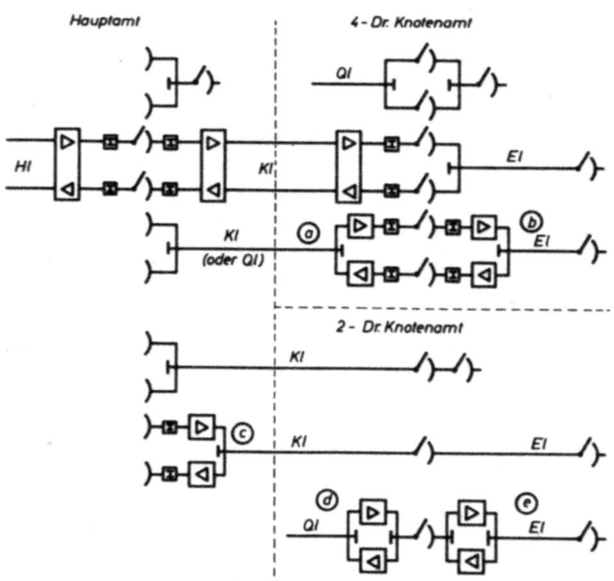

Bild 2: Transistor-Gabelverstärker im Nahverkehrsnetz
a) 2-Draht Knotenamts- oder Querleitung, die wie eine 4-Drahtleitung betrieben werden soll
b) Endamtsleitung mit übernormal großer Dämpfung
c) Knotenamtsleitung mit übernormal großer Dämpfung
d) Querleitung mit 2-Draht-Endverstärker
e) Endamtsleitung eines 2-Draht Knotenamtes, die auf 0, 35 N (3 db) entdämpft wird

Bild 3: Gabelverstärker in Relais-Schiene

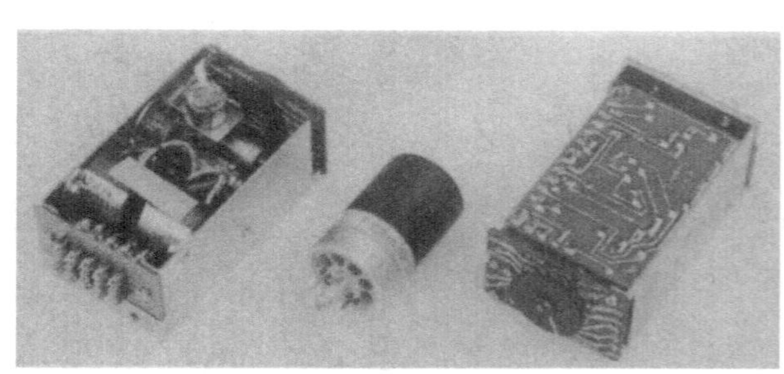

Bild 4: Inneres des Gabelverstärkers (C3m-Röhre zum Größenvergleich)

am Ende der Leitung liegt, können die Wählsignale zwischen Verstärker und Leitung eingespeist bzw. ausgekoppelt werden. Sie durchlaufen also nicht den Verstärker. Soll der Verstärker ausnahmsweise als Zweidraht-Zwischenverstärker in der Mitte einer Leitung verwendet werden, so muß er noch durch eine einfache Umgehungsschaltung für die Wählsignale ergänzt werden.

Noch einfacher als die Verwendung normaler Verstärker erscheint die Entdämpfung einer Leitung durch negative Widerstände, die sich durch rückgekoppelte Röhren- oder Transistorschaltungen leicht herstellen lassen. Will man Stoßstellen, d.h. störende Reflexionen an diesen Verstärkern vermeiden, so muß man gleichzeitig in den Längs- und Querzweig der Leitung solche negativen Widerstände einschalten. Es entsteht so ein "Negatives Dämpfungsglied", das reflexionsfrei an die Leitung angepaßt werden kann und einen Teil der Leitungsdämpfung kompensiert; (hieraus ergibt sich auch die in Deutschland gebräuchliche Bezeichnung NLT-Verstärker: Negative Leitung, Transistorausführung). Nach einer genauen Einstellanweisung kann der NLT-Verstärker in alle gebräuchlichen unbespulten Leitungen eingeschaltet werden; er ist für Gleichstrom durchlässig und behindert nicht die im Ortsnetz übliche Übertragung von Gleichstromwählzeichen.

Typische Einsatzbeispiele in einem Ortsnetz zeigt Bild 5. Hauptanschlußleitungen sollen grundsätzlich nicht mit NLT-Verstärkern ausgerüstet werden. Bei sehr langen Anschlußleitungen sind vielmehr Fernsprechapparate mit sehr lauten Sprech- und Hörkapseln u.U. mit zusätzlicher Speisung oder sogar mit eingebautem Transistorverstärker zu verwenden. Erst wenn diese Maßnahme nicht ausreicht, z.B. bei Nebenstellen-Teilnehmern mit überlanger Leitung (Beispiel a), schafft die Einschaltung eines NLT-Verstärkers wieder übertragungstechnisch einwandfreie Verhältnisse. Auch bei der Verbindung zweier Nebenstellenanlagen durch eine lange Querleitung (Beispiel b) kann die Einschaltung von NLT-Verstärkern an einem oder beiden Leitungsenden notwendig werden. Die Einschaltung von NLT-Verstärkern in unbespulte Querleitungen zwischen den Ortsämtern kommt nur in Ausnahmefällen in Frage (Beispiel c).

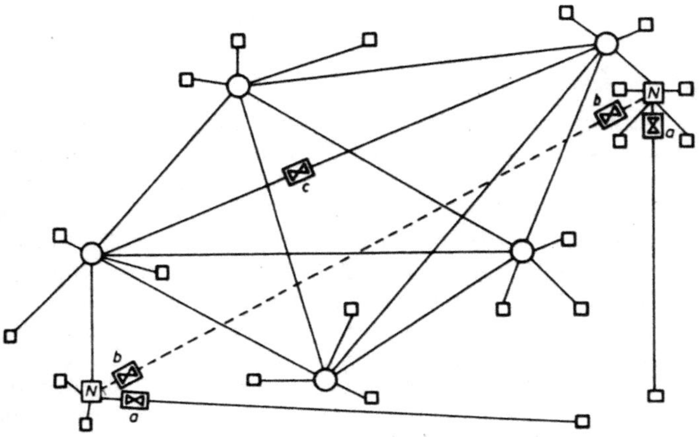

Bild 5: NLT-Verstärker im Ortsnetz

Auch im Nahverkehrsnetz lassen sich vorhandene unbespulte Leitungen (z.B. noch nicht mit Trägerfrequenzsystemen beschaltete unbespulte Leitungen, Phantomkreise sternverseilter Bezirkskabel usw.) häufig durch die Ausrüstung mit NLT-Verstärkern als Querleitungen oder sogar als Endamtsleitungen ausnutzen. Auf diese Weise konnte eine Reihe zusätzlicher Leitungen hergestellt werden. Zur Zeit sind im Leitungsnetz der Deutschen Bundespost über 600 NLT-Verstärker in Betrieb, etwa die Hälfte hiervon in Ortsnetzen, die andere Hälfte in Nahverkehrsleitungen. Eine große Zahl von NLT-Verstärkern ist auch in privaten Fernsprechnetzen eingeschaltet worden.

Bild 6: NLT-Verstärker M u. G

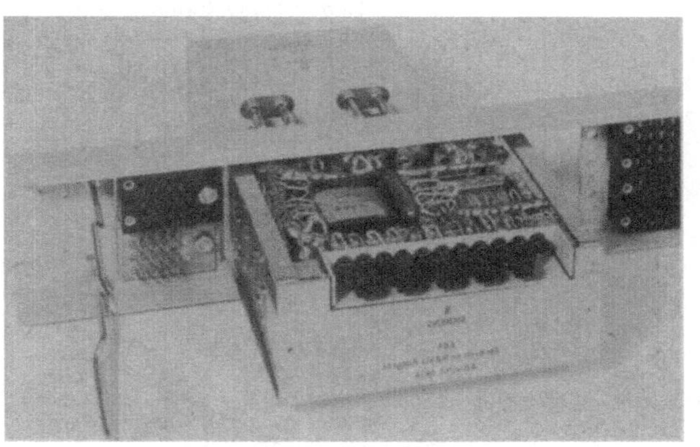

Bild 7: NLT-Verstärker S u. H

Der NLT-Verstärker wird in den Relaisgestellen der Wählämter montiert. Bild 6 und 7 zeigen zwei verschiedene Ausführungsformen, Bild 8 und 9 Restdämpfungskurven für verschiedene typische Einsatzbeispiele.

NLT-Verstärker sind überall dort am Platz, wo außergewöhnlich lange unbespulte Leitungen entdämpft werden sollen, aber nicht bespult werden können, weil es sich um Sprechkreise handelt, die über unbespulte Ortskabel geführt sind, wo eine nachträgliche Einschaltung von einzelnen Pupinspulen (z.B. in den Kabelschächten) kaum möglich wäre. Zunächst ist noch nicht in Aussicht genommen, Kabel, die nach den bisherigen Richtlinien als bespulte Kabel zu verlegen sind, unbespult zu lassen und NLT-Verstärker einzusetzen. Die Kosten für die Einschaltung eines NLT-Verstärkers sind zur Zeit etwa ebenso hoch wie für die Einschaltung von 10 Pupinspulen (einschließlich Montage und Nebensprechausgleich bei Kabeln

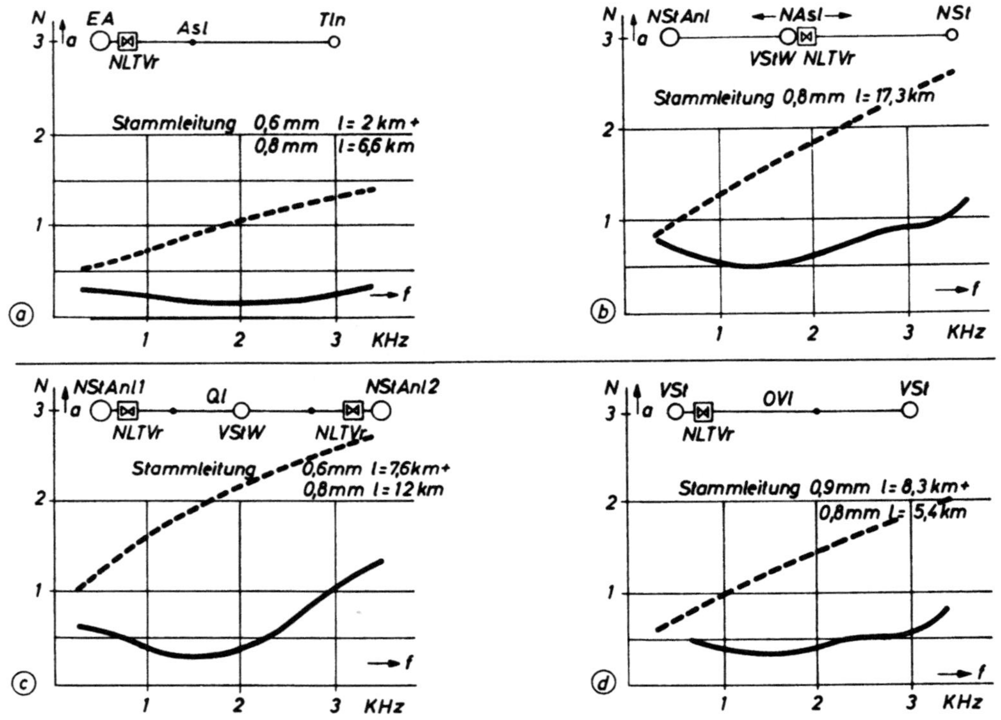

Bild 8: Restdämpfungskurven (Ortsleitungen)

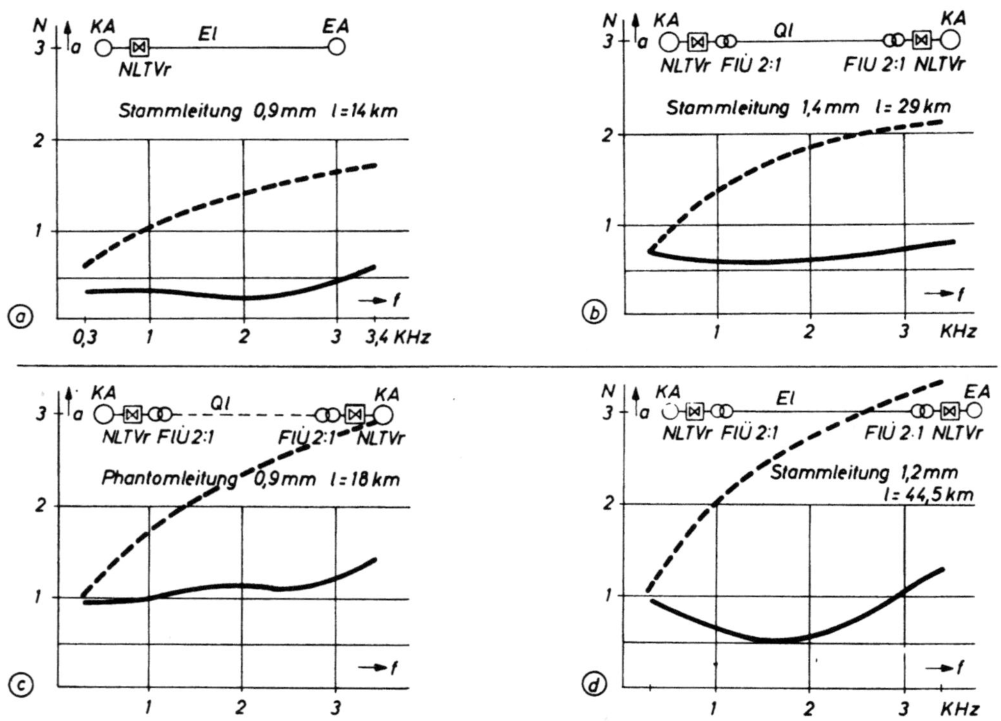

Bild 9: Restdämpfungskurven (Nahverkehrsleitungen)

mittlerer Adernzahl). Selbst wenn das übertragungstechnisch gleiche Ergebnis erreicht würde, bleibt für den Fernsprechbetrieb eine Entdämpfung durch Bespulung der Leitung einfacher als die Einschaltung von Verstärkern.

Die Forderung, daß durch das Einschalten von Verstärkern in Nahverkehrs- und Ortsleitungen keine wesentlichen zusätzlichen Stoßstellen entstehen dürfen, ergibt sich nicht nur mit Rücksicht auf die Pfeifsicherheit der Leitungen während des Verbindungsaufbaus. Auch während des Gesprächszustandes soll das an den Enden einer Fernverbindung entstehende Echo, das bei sehr langen Weitverkehrsleitungen u. U. den Einsatz von Echosperren erforderlich macht, nicht größer sein als bei Verwendung von Leitungen ohne Verstärker. Mit Rücksicht auf die Datenübertragung, schnelle Tonfrequenz-Wählverfahren, Faksimile-Übertragungen usw., die durch Echoerscheinungen besonders stark beeinträchtigt werden, und auch aus dem Bestreben, Echosperren zumindest im innereuropäischen Netz überhaupt zu vermeiden, wird man in Zukunft auf geringe Echos, d. h. gute Anpassung in den Nahverkehrs- und Ortsnetzen besonderen Wert legen müssen. Während eine gut angepaßte

Zubringerleitung ohne Verstärker durch ihre Dämpfung zu einer Verminderung des über die Weitverkehrsleitung zurücklaufenden Echos beiträgt, entstehen bei Leitungen mit Verstärkern zusätzliche Echos an den Verstärkern, die von der erreichten Fehlerdämpfung der Nachbildungen in den Verstärkern abhängen und zumindest so klein bleiben sollen, daß dadurch die heute als befriedigend angesehene Echodämpfung von etwa 1,2 N am Ende der Fernleitungskette (während des Gesprächszustandes) nicht merklich verschlechtert wird.

Übertragungstechnisch gesehen besteht kein grundsätzlicher Unterschied zwischen gewöhnlichen Zweidraht-Verstärkern (Gabelverstärker) und Verstärkern mit negativen Widerständen (NLT-Verstärker). In beiden Fällen sind die an den Verstärkern auftretenden Reflexionen abhängig von der Genauigkeit, mit der die Leitungsnachbildungen in den Verstärkern eingestellt werden können, und das erreichte Ergebnis ist durch eine einfache Messung des Eingangsscheinwiderstandes der Leitung einschließlich Verstärker, bei offener Gabelschaltung (Bild 2, Beispiel a, b und c) auch durch Messen der Gabelübergangsdämpfung, nachzuprüfen. Die Entdämpfung bespulter Leitungen mit ihrer bis zur Grenzfrequenz fast konstanten Dämpfung stellt aber andere Anforderungen an einen Verstärker als die Entdämpfung unbespulter Kabelleitungen mit stark frequenzabhängiger Dämpfung ohne bestimmte Grenzfrequenz. Es kommt noch hinzu , daß bei den bespulten Nahverkehrsleitungen der Verstärker mit der Wählübertragung kombiniert werden kann; so erhält man eindeutige Vorteile bei dem für diesen Zweck entwickelten Gabelverstärker, während der NLT-Verstärker die Anpassungs- und Entzerrungsforderung bei unbespulten Leitungen einschließlich der Übertragung von Wählsignalen einfacher zu erfüllen gestattet.

Wenn man Transistorverstärker planmäßig beim weiteren Ausbau der Fernsprechnetze einsetzt, braucht man nach den bisherigen Erfahrungen nicht mit besonderen Schwierigkeiten zu rechnen. Bei der Einschaltung der Verstärker im vorhandenen Netz ist aber stets zu berücksichtigen, daß übertragungstechnische Forderungen, die bei Leitungen ohne Verstärker keine Rolle spielen, in vielen Fällen nicht erfüllt sind. Die Leitungen können zu inhomogen sein, und die an den Leitungsenden angeschlossenen Wählübertragungen haben oft insbesondere bei tiefen Frequenzen zu geringe Impedanz, so daß die Nachbildung der Leitungen wesentlich erschwert wird. Außerordentliche Sorgfalt muß aufgewendet werden, wenn ein Verstärker nicht fest einer Leitung zugeordnet ist, sondern z.B. in einer Wählvermittlung als Zwischenverstärker in verschiedenen Verbindungen mit zu hoher Dämpfung wirksam werden soll. Alle möglichen Verbindungsfälle sind hierbei zu berücksichtigen, und man wird im allgemeinen für eine Homogenisierung der Dämpfung und des Eingangswiderstandes sämtlicher Leitungen einen zusätzlichen Aufwand treiben müssen. Versuche dieser Art lassen die charakteristische Schwierigkeit erkennen, daß man die Wählvermittlungstechnik mit übertragungstechnischen Forderungen belastet, die bei vorhandenen Anlagen meist nicht erfüllt sind und sich nachträglich nur schwer und auch nicht ohne zusätzlichen Aufwand erfüllen lassen.

Schrifttum

[1] J.L. Merril Jr., A.F. Rose und J.O. Smethurst: Negative impedance telephone repeaters. Bell Syst. Techn. J. 33 (1954), S. 1055-1092

[2] Th. Grewe: Ein Zweidrahtverstärker mit negativen Widerständen. NTZ 8 (1955), S. 610 - 618

[3] H. Ebel: Negative Widerstände mit Transistoren in der Netzwerksynthese. NTZ 9 (1956), S. 513 - 518

[4] R. Rabe und A. Ehmann: Über Erfahrungen beim praktischen Einsatz des NLT-Verstärkers. SEG-Nachr. 5 (1957), S. 93 - 99

[5] O. Hörner und W. Langsdorff: Verstärker im Fernsprech-Teilnehmernetz und in Nebenstellenanlagen. Siemens-Z. 32 (1958), S. 653 - 660

[6] H. Bendel: Niederfrequenz-Fernsprechverstärker mit Transistoren. Frequenz 12 (1958), S. 37 - 44

[7] W. Auer: Transistor-Verstärker in Fernsprechvermittlungen für den Bezirks- und Weitverkehr. Siemens-Z. 32 (1958), S. 719 - 724

ZUSAMMENFASSUNGEN

NACHRICHTENTECHNISCHE FACHBERICHTE - NTF

Band 19 (1960)

"Stand und Aufgaben der Weitverkehrstechnik"

Verlag Friedr. Vieweg & Sohn, Braunschweig

Barthel, K. und v. Werther, W., München

AUS DER TECHNIK DER BREITBAND - KOAXIALKABEL - SYSTEME

Aus der Vielzahl der Fragen und Aufgaben, die bei der Planung und der Entwicklung von Breitband-Koaxialkabel-Systemen auftreten, werden folgende näher betrachtet:

Die Anschaffungskosten je Sprechkreis und Kilometer von Breitbandstrecken, abhängig von der Anzahl der Kanäle.

Der Einfluß der Änderung der Tubendicke auf die Anschaffungskosten.

Die Regelung der Leitungsverstärker und die Entzerrung der Dämpfungs- und Laufzeitschwankungen.

Die Betriebssicherheit von Breitbandstrecken mit Parallelröhren in den Verstärkerstufen.

Die speziellen Beispiele beziehen sich auf das 4-, 6-, und 12-MHz-System.

Nachr. -techn. Fachber. 19, S. 14 - 19

Bauch, H., Nürnberg

DIE ANWENDUNG DES TRANSISTORS ALS LINEARES UND NICHTLINEARES ELEMENT IN DER TF - TECHNIK

Transistorgeräte bringen wegen ihrer kleinen räumlichen Abmessungen, der geringen Wärmeentwicklung und der Tatsache, daß Transistoren keine Verschleißelemente sind, der TF-Technik bedeutende Vorteile. In den letzten Jahren entstanden in Deutschland transistorbestückte Systeme mit niedriger Kanalzahl. Die Schaltungstechnik bei Transistorverstärkern dieser Systeme ist ähnlich wie bei Röhrenverstärkern. In der Trägerversorgung wurde gleichzeitig mit dem Transistor ein neuer 1 MHz-Quarz eingeführt, der ohne Thermostat arbeitet. Diese Art der Trägererzeugung erfordert Frequenzteilerschaltungen für große Teilverhältnisse. Der Einsatz des Transistors in Modulatoren, die den Träger und das nicht umgesetzte Band unterdrücken, ist vorerst noch unwirtschaftlich. In Überwachungsschaltungen kann der Transistor als Schalter zur Steuerung von Relais und als Ersatz für Relaiskontakte eingesetzt werden. Wesentlich größere Vorteile ergeben sich aber, wenn man neue dem Transistor angemessene Systeme plant und die Abstände der Leitungsverstärker entsprechend wählt.

Nachr. -techn. Fachber. 19, S. 147 - 152

Becker, L., Stuttgart

BEITRAG ZUR TECHNIK DER FREQUENZMULTIPLEX-ÜBERTRAGUNG ÜBER KURZE ENTFERNUNGEN

Die Möglichkeit der Frequenzmultiplexübertragung über kurze Entfernungen hängt stark von der Wirtschaftlichkeit der Geräte ab. Aus dem Aufbau der Fernsprechnetze, vor allem der Ortsverbindungsnetze, und aus der Notwendigkeit eines möglichst geringen Aufwandes ergeben sich Forderungen an die TF-Geräte. Es werden die Eigenschaften eines für diese Aufgabe vorgeschlagenen Gerätes erläutert.

Nachr. -techn. Fachber. 19, S. 25 - 28

Benz, W., Backnang

DIE FÜR DIE ÜBERTRAGUNGSTECHNIK CHARAKTERISTISCHEN EIGENSCHAFTEN DES TRANSISTORS UND DEREN VERKNÜPFUNG

Der Transistor läßt sich in zwei Betriebsarten verwenden; als Verstärker oder als Schalter. Im folgenden wird in erster Linie der als Verstärker betriebene Transistor betrachtet. Nach einführenden Darlegungen über diese Betriebsweise wird auf die Gleichstromverhältnisse und die Zusammenhänge zwischen den Gleichspannungen am Transistor und den Gleichströmen eingegangen sowie auf deren Abhängigkeit von der Temperatur. Nach Aufstellung einer Ersatzschaltung wird besprochen, in welcher Art ihre Elemente vom Arbeitspunkt und von der Temperatur abhängen. Nach Hinweisen auf das Rauschen des Transistors und die beim Verstärkerbetrieb unvermeidlichen nichtlinearen Verzerrungen wird auf die beim Betrieb zu beachtenden Grenzen eingegangen, nämlich die maximalen Spannungen und die maximale Sperrschichttemperatur. Die Probleme beim Betrieb des Transistors als Schalter werden angedeutet.

Nachr. -techn. Fachber. 19, S. 133 - 146

Börner, M., Ulm

MECHANISCHE FILTER FÜR DIE TRÄGERFREQUENZTECHNIK

Es werden die Gesichtspunkte erörtert, die man beim Bau von mechanischen Trägererzeugungs- und Kanalfiltern für die Trägerfrequenztechnik beachten muß. Für die Aufgabe der Trägeraussiebung sind rein longitudinal schwingende Filter brauchbar. Für die Verwendung als Kanalfilter eignet sich als bisher einziger Filtertyp das longitudinal verkoppelte Torsionsfilter. Übertragungskurven werden angegeben.

Nachr. -techn. Fachber. 19, S. 34 - 37

Christiansen, L., Stuttgart

TRÄGERFREQUENZTECHNIK FÜR DÜNNE KOAXIAL - LEITUNGEN

Die Trägerfrequenztechnik für dünne Koaxialleitungen, die in letzter Zeit vielfach diskutiert wurde, kristallisiert sich zu einer neuartigen Technik heraus. Sowohl die Kabel, als auch die Geräteseite zeigen neue bisher ungewohnte Wege der Realisierung. Der "Untergrundverstärker" ist das markanteste Kennzeichen dieser neuen Vielkanaltechnik. Die Gründe und die Vorgeschichte, die zur Diskussion und Entwicklung dieser TF-Technik für dünne Koaxialleitungen geführt haben, werden kurz skizziert. Die interessantesten Merkmale dieser neuen Technik, jedoch noch mehr oder weniger als erste Vorschläge für eine Realisierung, werden an Hand eines bereits ausgeführten und in Kürze in Betrieb gehenden 300-Kanal-Systems erläutert.

Nachr. -techn. Fachber. 19, S. 20 - 24

Egger, A., Backnang

DURCHSCHALTEVERFAHREN IN RICHTFUNKRELAISSTATIONEN

Die Durchschalteverfahren werden anhand von Blockschaltbildern erläutert und anschließend die Einflüsse des Durchschalteverfahrens auf die Übertragungsqualität der Funkstrecke und die Betriebstechnik aufgezeigt.

Nachr. -techn. Fachber. 19, S. 81 - 85

SUMMARIES

NACHRICHTENTECHNISCHE FACHBERICHTE - NTF
Vol. 19 (1960)
"The State of and Problem concerning Telecommunication"
Publisher Friedr. Vieweg & Sohn, Braunschweig/Germany

Barthel, K. und v. Werther, W., München

THE TECHNIQUE OF WIDEBAND COAXIAL CABLE SYSTEMS

Out of the many questions and problems arising out of the planning and development of wideband coaxial cable systems the following ones are considered in more detail:

Installation costs per circuit kilometre of wideband links, independent of the number of channels.

The effect of changing the coaxial cable diameter on the installation costs.

The control of the line amplifiers and the equalization of attenuation and group delay fluctuations.

The reliability of wideband links with parallel valves in the amplifier stages.

The particular examples refer to 4, 6 and 12 Mc/s systems.

Nachr. -techn. Fachber. 19, pp. 14 - 19

Bauch, H., Nürnberg

THE APPLICATION OF TRANSISTORS AS LINEAR AND NON-LINEAR ELEMENTS IN CARRIER-FREQUENCY TECHNIQUES

Transistor equipment has important advantaged in communication engineering because of the small dimensions, the low heat dissipation and the fact that transistors are not suffering from wear. In recent years transistorized systems for small channel groups have been produced in Germany. The circuitery technique used in transistor amplifiers for these systems is similar to that one for valve amplifiers. Together with transistors, a new 1 Mc/s crystal operating without thermostatic control has been included in the carrier-frequency generator. This type of carrier-frequency generation requires frequency dividers with a large frequency ratio. The use of transistors in modulators which suppress the carrier and the unconverted band is not economical at present. - In supervisory circuits the transistor can be used as a switch for controlling relais and as a replacement for relais contacts. Substantially greater advantages are found when new systems matched to transistors are designed and when the repeater spacing is chosen accordingly.

Nachr. -techn. Fachber. 19, pp. 147 - 152

Becker, L., Stuttgart

A CONTRIBUTION TO THE TECHNIQUE OF FREQUENCY MULTIPLEX TRANSMISSION OVER SHORT DISTANCES

The possibility of frequency multiplex transmission over short distances depends very much on the economy of the equipment. The specifications for the carrier-frequency equipment result from the layout of the telephone networks, particularly of the local networks and from the requirement for the smallest possible outlay. The performance of equipment proposed for this task is explained.

Nachr. -techn. Fachber. 19, pp. 25 - 28

Benz, W., Backnang

THE TRANSISTOR PROPERTIES WHICH ARE CHARACTERISTIC FOR TELECOMMUNICATIONS AND THE MUTUAL RELATION BETWEEN THESE PROPERTIES

Transistors may be used for two methods of operation: As an amplifier or as a switch. This paper mainly discusses the transistor used as an amplifier. After an introduction relating to the operational principles, the d.c. conditions and the relationships between the direct voltages and the direct currents in the transistor, as well as their temperature response are discussed. Subsequently to the statement of an equivalent circuit, the discussion continues with the dependence of the elements of this circuit on the operating point and on the temperature. After a reference to noise in transistors and to unavoidable non-linear distortions during amplification, the limits which have to be taken into account are mentioned. These include the maximum voltages and the maximum temperature in the depletion layer. The problems arising out of the use of the transistor as a switch are mentioned.

Nachr. -techn. Fachber. 19, pp. 133 - 146

Börner, M., Ulm

MECHANICAL FILTERS FOR CARRIER-FREQUENCY APPLICATIONS

The principles which have to be considered in the design of mechanical filters for carrier-frequency generators and channel filters in carrier-frequency equipment are discussed. Purely longitudinally oscillating filters are suitable for filtering carrier-frequencies. The only filter so far found useful as a channel filter is the longitudinally coupled torsional filter. Transmission curves for these filters are given.

Nachr. -techn. Fachber. 19, pp. 34 - 37

Christiansen, L., Stuttgart

CARRIER-FREQUENCY TECHNIQUES FOR SMALL COAXIAL CABLES

The carrier-frequency technique for small coaxial cables, which has frequently been discussed recently, has grown into a new form of technique. Both the cable and the equipment side of the problem have shown unconventional ways of their realization. The underground repeater is the most characteristic sign of this new multichannel technique. The reasons and the history which have lead to these discussions and to the development of this carrier-frequency technique for small coaxial lines are summarized. The most interesting characteristics of this technique, which are more or less preliminary proposals for a realization, are explained with the aid of an already designed 300-channel system, which is to be put into operation in the near future.

Nachr. -techn. Fachber. 19, pp. 20 - 24

Egger, A., Backnang

SWITCHING METHODS FOR RADIO LINK REPEATER STATIONS

The switching methods are explained with the aid of block-schematic diagrams and the effects of the switching method on the transmission quality over radio links and on the operation of links are outlined.

Nachr. -techn. Fachber. 19, pp. 81 - 85

Faßbender, H., Erlangen

AUS DEN ANFÄNGEN DER TF - TECHNIK

Nach einem kurzen Hinweis auf die älteren Versuche vor 1917, durch leitungsgerichtete Funkübertragung mehrere Gespräche gleichzeitig über eine Freileitung oder Kabel zu übertragen, wird die Entwicklung der Hochfrequenztelephonie und -Telegraphie durch Faßbender und Habann im Jahre 1918 in der Technischen Abteilung für Funkergerät behandelt. Die entwickelten Geräte werden im Bild gezeigt und die 1918 durchgeführten Streckenversuche auf Postleitungen beschrieben. Laboratoriumsversuche auf Stadtkabeln werden erwähnt. Auf die Berechnung der Reichweiten von trägerfrequenten Nachrichtenübermittlungen in Freileitungen und Kabeln im Sommer 1918 wird eingegangen, auch der Einbau der Trägerfrequenz in den üblichen Ämterverkehr wird besprochen. Zum Schluß wird die parallel, aber unabhängig von der deutschen Entwicklung in den USA abgelaufene Entwicklung erwähnt.

Nachr. -techn. Fachber. 19, S. 1 - 6

v. Guttenberg, W., München

TRÄGERFREQUENZ - RUNDFUNKKOMPANDER

Sind Nachrichtenübertragungswege oder -speicher nicht genügend störungsfrei, so empfiehlt sich der Einsatz von Kompandern. Die Prüfung verschiedener Kompanderarten ergibt, daß höchste Übertragungsqualität nur mit einem Silbenkompander, der in trägerfrequenter Lage arbeitet, erreicht wird, wenn das Übertragungsfrequenzband nur wenig breiter sein darf als das Originalfrequenzband. Die Erprobung des hier beschriebenen Kompanders zeigte, daß er die Einrichtung von über 2500 km langen Trägerfrequenz-Rundfunkleitungen mit der von CCITT empfohlenen Qualität ermöglicht.

Nachr. -techn. Fachber. 19, S. 45 - 46

Hoffmann, R., Darmstadt

VERFAHREN UND ERGEBNISSE VON FREMDSPANNUNGS-MESSUNGEN IM HINBLICK AUF EINE DATENÜBERTRAGUNG AUF FERNSPRECHLEITUNGEN

Wenn man für die Datenübertragung das öffentliche Fernsprechnetz mitbenutzen will, so ergeben sich Schwierigkeiten durch die auf Wählverbindungen stets vorhandenen impulsartigen Geräusche. Diese Geräusche wurden in verschiedenen Ortsnetzen auf Band aufgenommen und mit Hilfe von Oszillographen und Zählgeräten nach Schwingungsform, Amplitude, Dauer und zeitlicher Verteilung ausgewertet. Die Meßverfahren werden beschrieben und die Ergebnisse mitgeteilt.

Nachr. -techn. Fachber. 19, S. 56 - 62

Holzwarth, H., München

EINSEITENBANDMODULATION IN DER RICHTFUNKTECHNIK

Das frequenzsparende Einseitenband-Modulationsverfahren (EM) wird mit dem Frequenzmodulationsverfahren (FM) hinsichtlich des Einflusses von thermischen Geräuschen und von Nichtlinearitäten untersucht. Es zeigt sich, daß moderne FM-Systeme für eine große Anzahl von Sprachkanälen genau so empfindlich gegen thermische Geräusche sind wie es entsprechende EM-Systeme wären. Im Gegensatz zu FM-Systemen sind bei EM-Systemen praktisch nur Nichtlinearitäten der Amplitude eine Quelle von Nebensprechgeräuschen, und zwar braucht man bei EM-Richtfunksystemen nur die kubischen Verzerrungen zu beachten. Es ergibt sich, daß man die Senderendstufen für Weitverkehrssysteme, deren Funkfeldlängen durch die Sicht bestimmt sind, linearisieren muß; verwendet man die günstigsten zur Verfügung stehenden Senderöhren, so muß man mindestens um 20 db linearisieren. Es wird ein 120-Kanal-System im 400-MHz-Band beschrieben, bei dem diese Linearisierung durch eine Gegenkopplung über eine Frequenzumsetzung erreicht wurde.

Nachr. -techn. Fachber. 19, S. 86 - 91

Kaiser, R., Darmstadt

ERKENNTNISSE ÜBER QUALITÄT UND STABILITÄT VON RICHTFUNKSTRECKEN

Die Richtfunktechnik mit ihren hohen Qualitäts- und Stabilitätsanforderungen erfordert eine klare Abgrenzung der verschiedenen Verzerrungs-, Geräusch- und Unterbrechungsursachen. Anhand einiger aktueller Probleme werden eine allgemeine Übersicht über den Gesamtkomplex gegeben und daraus die Maßnahmen abgeleitet, die notwendig sind, um allen Anforderungen auch der Zukunft gerecht zu werden. Besonders sind es kurzzeitige Geräuschspitzen einerseits und Unterbrechungen andererseits, die für die Telegrafie- und Datenübertragung gefährlich werden können. Eine Meßreihe wird veröffentlicht, die die Schwierigkeit einer betriebsmäßigen Trennung der beiden Geräuschursachen (Rauschen und Klirren) andeutet, die aber gleichzeitig erkennen läßt, daß die Minderung der Qualität sich auf Zeiträume beschränkt, die unter den internationalen Richtwerten liegen.

Nachr. -techn. Fachber. 19, S. 76 - 80

Knacke, A., Darmstadt

NEUARTIGE VERLEGUNG VON FLUSSKABELN

Für Flußkabelverlegungen wird seit längerer Zeit gerne das Harmstorf'sche Einspülverfahren angewendet, bei dem eine durch die Flußsohle gezogene Spüllanze durch Druckwasser den Flußgrund auflockert, das Kabel gleichzeitig einlegt und die Rinne mit dem Schwemmgut wieder schließt. Die Deutsche Bundespost hat nun in den letzten Jahren mit großem Erfolg Polyäthylenrohre einspülen lassen, in die dann das Kabel auch über große Längen bis zu 380 m eingezogen wurde. Die Auswechslung des Kabels wird dadurch, wie bei Röhrenkabeln in Städten, sehr erleichtert. Die Einspül- und Einziehtechnik wird an mehreren praktischen Beispielen mit den dabei gesammelten Erfahrungen geschildert.

Nachr. -techn. Fachber. 19, S. 130 - 132

Knapp, H., München

BEITRAG ZUR TECHNIK DER ZEITMULTIPLEXÜBERTRAGUNG ÜBER KURZE ENTFERNUNGEN

Pulsmodulationssysteme mit Pulsphasenmodulation (PPM) und Pulscodemodulation (PCM) und kleinen Kanalzahlen für kurze Kabelleitungen werden untersucht. Für die Übertragung über Leitungen ist der doppelsinusförmige Impuls am besten geeignet. Die Reichweite eines PPM-Systems und eines Einseitenband (EM)-Systems gleicher Kanalzahl wird bei Störung durch Nebensprechen und Wärmerauschen verglichen. Als Beispiel werden die Geräuschleistungen in einem PPM- und PCM-System in Abhängigkeit von der Feldlänge berechnet. Für den Einsatz ist ein 4-Draht-Getrenntlagesystem günstig, da man damit die durch das Wärmerauschen gegebene Grenze der Reichweite erreicht. Die Verstärkerfelder sind kürzer als bei einem EM-System, die Verstärker brauchen aber nicht linearisiert zu sein und enthalten keine Leitungsentzerrer. Schließlich wird der Geräteaufwand für verschiedene Modulationsverfahren verglichen.

Nachr. -techn. Fachber. 19, S. 29 - 33

Koch, G., Darmstadt

RICHTFUNKANTENNEN MIT STRAHLUNGSDIAGRAMMEN GERINGER WINKEL - UND FREQUENZABHÄNGIGKEIT

Bei der Übertragung der dm- und cm-Wellen ist die Bündelungsschärfe der Antennen begrenzt und in vielen Fällen eine in einem bestimmten schmalen Winkelbereich konstante Feldstärke erwünscht. Eine Annäherung einer solchen "sektorförmigen" Hauptkeule läßt sich bei nichtkonphas belegten Flächenstrahlern durch geeignete Wahl der Phasenfunktion erzielen. Das wird an einigen allgemeinen und einem praktischen Beispiel für einen rhombischen Umlenkspiegel, für den eine genaue Berechnung angegeben wird, erläutert.

Nachr. -techn. Fachber. 19, S. 92 - 100

Faßbender, H., Erlangen

THE EARLY DAYS OF CARRIER-FREQUENCY TECHNIQUES

After a short account of pre-1917 experiments for the simultaneous high-frequency transmission of several channels over an open wire line or a cable the development of high-frequency telephony and telegraphy under the direction of Faßbender and Habann in 1918 in the technical department for radio equipment is mentioned. The equipment developed there is shown in pictures and the practical tests on Post Office lines carried out in 1918 are described. Laboratory tests on local cables are mentioned. Calculations of the range of carrier-frequency transmissions on open wire lines and cables carried out during the summer 1918 are also mentioned and the application of carrier-frequency techniques in the usual exchange traffic is discussed. At the end of the paper the parallel development in the USA, which was independent of the German development, is mentioned.

Nachr. -techn. Fachber. 19, pp. 1 - 6

v. Guttenberg, W., München

CARRIER-FREQUENCY COMPANDERS FOR PROGRAM LINKS

The use of companders can be recommended when the transmission link or the storage means are not free from noise. An investigation of the various types of companders shows that the highest quality can only be achieved with a "syllable compander" operating on the carrier-frequency link, in case the transmitted frequency band must not greatly exceed the original frequency band. A field test of the compander described here has shown, that it makes possible the installation of carrier-frequency program links over 2500 km distance with the quality specified by CCITT.

Nachr. -techn. Fachber. 19, pp. 45 - 46

Hoffmann, A., Darmstadt

METHODS AND RESULTS OF INDUCED VOLTAGE MEASUREMENTS RELATING TO DATA TRANSMISSION OVER TELEPHONE LINES

Difficulties due to pulse noise, which is always present in automatic telephone links, are found when a public telephone network is used for data transmission. This noise in various local networks has been recorded on tape and has been evaluated for shape, amplitude, duration and time distribution by means of oscilloscopes and counters. The measuring methods are described and the results are reported.

Nachr. -techn. Fachber. 19, pp. 56 - 62

Holzwarth, H., München

SINGLE SIDEBAND MODULATION ON RADIO LINKS

Single sideband modulation, which saves bandwidth, is compared with frequency modulation in respect of the effects from thermal noise and from non-linearities. It has been found that modern FM-systems for a large number of channels are just as sensitive to thermal noise as a corresponding SSB-system would be. In contrast to FM-systems practically only amplitude non-linearities are causing cross-talk in SSB-systems and only third order distortions need be considered in SSB-systems. The result of this is that the transmitter output stage for line-of-sight communication systems must be linearized. A linearization of 20 dB is required when the most favourable available valves are used. A 120 channel system in the 400 Mc/s band is described in which this linearization has been achieved by a negative feed-back loop passing through a frequency conversion.

Nachr. -techn. Fachber. 19, pp. 86 - 91

Kaiser, R., Darmstadt

THE KNOWLEDGE OF THE QUALITY AND STABILITY OF RADIO LINKS

Radio links with their stringent specifications for quality and stability require a clear separation between the causes of distortion, noise and failure. A general summary of the whole complex is given quoting some acute problems and the measures required for ensuring that all specifications are also met in the future are derived. Particularly short noise bursts and failures are detrimental for telegraphy and data transmission. A series of measurements is published which illustrates the difficulties found in an operational separation of the two causes of noise (thermal noise and distortion). But it also shows that the quality reduction is restricted to periods which are shorter than those permitted by international recommendations.

Nachr. -techn. Fachber. 19, pp. 76 - 80

Knacke, A., Darmstadt

A NEW METHOD FOR LAYING OUT UNDERWATER CABLES IN RIVERS

For some time the "Harmstorf" erosion method has been used with preference for the laying of cables in river beds. In this method the river bed is loosened by means of water jets from a cutter drawn through the river bed. The cable is fed in at the same time and the trench is closed again by the floating soil. In recent years the Federal German Post Office had polyethylene tubes inserted into river beds with a great success. The cables were then fed through even over great length up to 380 m (1250 ft.). The erosion method and the method of pulling the cable through is explained with the aid of several practical examples and the experience gained in this work is reported.

Nachr. -techn. Fachber. 19, pp. 130 - 132

Knapp, H., München

CONTRIBUTIONS TO THE TECHNIQUE OF TIME MULTIPLEX TRANSMISSION OVER SHORT DISTANCES

PPM and PCM pulse modulation systems for small channel groups and for short cable links are investigated. Double sine-shaped pulses are best suited for the transmission on lines. The distances which can be covered by a PPM-system and by an SSB-system are compared under the conditions for an equal number of channels and for the presence of noise due to cross-talk and thermal noise. The noise levels as a function of the repeater spacing in PPM and PCM systems are calculated to give an example. A 4-wire system is suitable for practical applications because the limit of the range determined by the thermal noise can be reached with this system. The repeater spacing is smaller than in an SSB-system but the repeaters require no linearization and no line equalizers. Finally the amounts of equipment required for the different modulation systems are compared with one another.

Nachr. -techn. Fachber. 19, pp. 29 - 33

Koch, G.F., Darmstadt

RADIO LINK ANTENNAS WITH RADIATION DIAGRAMS HAVING LITTLE BEAMWIDTH-FREQUENCY DEPENDENCE

In decimetric and centimetric radio links the sharpness of the beam of the antennas is limited and in many cases a constant fieldstrength over a predetermined narrow angle may be desirable. An approximation towards such a sectorial main beam can be achieved by a suitable choice of the phase relationship for non-conphase illuminated reflectors. This is explained by some general and one practical example of a rhombic reflector for which an accurate calculation is given.

Nachr. -techn. Fachber. 19, pp. 92 - 100

Larsen, H., München

BEITRAG ZUR THEORIE DES DIELEKTRISCH BELASTETEN HOHLLEITERS FÜR WEITVERKEHR

Es wird eine theoretische Darstellung der Störwellenkopplung in beliebig gekrümmten Hohlleitungen gegeben. Abhilfe ist durch einen dielektrischen Wandbelag möglich, seine physikalische Wirkungsweise wird erläutert. Es werden Vergleiche angestellt zwischen der Dämpfungserhöhung bei unabsichtlich gewellt verlegten dielektrischen Hohlleitungen und Wendelhohlleitungen. Der Effekt der Schwebungsresonanz wird erklärt.

Nachr. -techn. Fachber. 19, S. 110 - 116

Lindig, K., Stuttgart

MOMENTANWERT - NF - KOMPANDER

In Nachrichtenübertragungssystemen, die über Freileitungen, Hochspannungsleitungen oder über Funk betrieben werden, können relativ große Geräusche auftreten, die eine Sprachübertragung störend beeinflussen. Man kann in diesen Fällen Geräuschminderer einsetzen. Bekannt ist die Verwendung eines "Silbenkompanders", wobei die Regelkreise von Presser und Dehner durch die Sprachenergie gesteuert werden.

Wesentlich wirtschaftlicher in seinem Aufbau ist der Momentanwert-NF-Kompander; seine Problematik liegt jedoch in der Beherrschung der nichtlinearen Verzerrungen, die sowohl durch Abweichung der Presser- und Dehnerkennlinien von ihrem Sollverlauf, als auch durch Dämpfungs- und Laufzeitverzerrungen der Übertragungskanäle entstehen können.

In der vorliegenden Arbeit werden die Wirkungsweise, Bemessungsmerkmale und die Anforderungen an die Übertragungsstrecke beim Einsatz eines Momentanwert-NF-Kompanders erläutert.

Nachr. -techn. Fachber. 19, S. 38 - 44

Marko, H., Stuttgart

SYSTEMTECHNIK DER DATENÜBERTRAGUNG AUF FERNSPRECHLEITUNGEN

Für den Entwurf eines vollautomatisch arbeitenden Datenübertragungssystems geringer Fehlerrate, das auf gewählten Fernsprechverbindungen einsetzbar ist, werden die Realisierungsmöglichkeiten diskutiert. Die in Frage kommenden Übertragungs- und Modulationsverfahren werden zunächst miteinander verglichen. Wegen der zu fordernden geringen Zeichenfehlerwahrscheinlichkeit von 10^{-7} bis 10^{-8} wird das Fehlerkorrekturverfahren zum wichtigsten Problem. Die prinzipiellen Verfahren werden besprochen. Die gemessene Störstatistik (insbesondere der Wählergeräusche des Ortsnetzes) zeigt, daß wegen der Stärke dieser Störungen und ihrer Massierung in Bündeln nur ein Wiederholungsverfahren in Frage kommt. Für ein solches System wird die zweckmäßige Blockgröße ermittelt. Die Verwendung eines Blockcodes für die Fehlererkennung ermöglicht die Erfüllung der hohen Forderung an die Zeichenfehlerwahrscheinlichkeit bei relativ geringer Redundanz. Das Blockschaltbild eines Datenübertragungssystems, welches nach diesem Prinzip Information von einem Lochstreifen in einen Lochstreifen überträgt, wird angegeben und diskutiert.

Nachr. -techn. Fachber. 19, S. 63 - 69

Martin, H.E., Berlin

AUFBAU UND ANWENDUNG VON KOAXIALKABELN

Wichtige Aufbauprinzipien werden an den unterschiedlichen Ausführungen der Isolierung und des Außenleiters diskutiert. Bei den physikalischen Eigenschaften interessiert für die Anwendung besonders die Längsgleichmäßigkeit. An Hand von Beispielen wird gezeigt, welche Maßnahmen getroffen werden, um die geforderten Werte, besonders hinsichtlich der Laufzeiteffekte und des Mitflusses, einhalten zu können.

Nachr. -techn. Fachber. 19, S. 117 - 125

Ring, F., Darmstadt

NIEDERFREQUENZ-VERSTÄRKER MIT TRANSISTOREN IN DER UNTEREN NETZEBENE

Für Nahverkehrs- und Ortsleitungen kann man einfache und billige Transistorverstärker herstellen, da an sie, anders als bei den Verstärkern im Weitverkehrsnetz, keine hohen Anforderungen an die Entzerrungsgenauigkeit, Klirrfreiheit und Stabilität der Verstärker zu stellen sind. Gebräuchlich sind 2 Typen: Transistor-Gabelverstärker (Technik der Zweidrahtverstärker) für bespulte Leitungen und NLT-Verstärker (Verstärker mit negativen Widerständen) für unbespulte Leitungen. Charakteristische Anwendungsbeispiele im Netz der Bundespost zeigen die Möglichkeit der Verwendung dünnerer Kabeladern und der Verbesserung der Übertragungsgüte. Auf Schwierigkeiten, die sich bei der Einschaltung solcher Verstärker ergeben können, wird hingewiesen.

Nachr. -techn. Fachber. 19, S. 153 - 157

Schüßler, H.W., Aachen

IMPULSÜBERTRAGUNG IM FERNSPRECHKANAL MIT AMPLITUDEN - MODULATION

Die Probleme bei der Impulsübertragung im CCITT-Kanal lassen sich in die des Übertragungsbandes und die des Basisbandes aufteilen. Durch geeignete Modulations- und Demodulationsverfahren wird im Übertragungsband der CCITT-Kanal in einen möglichst breiten äquivalenten Tiefpaß, das Basisband umgewandelt. Durch Impulsformung und Amplitudencodierung läßt sich die Zahl der übertragbaren Impulse z.T. erheblich steigern. Die Anforderungen an die Sicherheit beeinflussen sehr wesentlich die Wahl des Übertragungsverfahrens und damit die Anzahl der in der Zeiteinheit übertragbaren Impulse.

Nachr. -techn. Fachber. 19, S. 70 - 75

Steinbuch, K., Karlsruhe

CODIERUNG FÜR GESTÖRTE KANÄLE

Die Verfahren zur prüfbaren und korrigierbaren Codierung (nach R. W. Hamming) werden beschrieben. Ein Übertragungssystem mit Fehlerkorrektur wird verglichen mit einem Übertragungssystem mit Rückfrage. Die Codesicherung nach R. W. Hamming wird verglichen mit der Sicherung durch wiederholte Übertragung. Einige Codierungsverfahren, welche für Bündelstörungen (error bursts) zweckmäßig sind, werden diskutiert.

Nachr. -techn. Fachber. 19, S. 47 - 55

Thierbach, D., München

DIE ENTWICKLUNG DER TRÄGERFREQUENZTECHNIK

Nachdem etwa 1920 die ersten Versuche, teilweise noch mit physikalischen Mitteln durchgeführt, gezeigt hatten, daß eine betriebliche Mehrfachausnutzung von Leitungen mit Hilfe modulierter Trägerwellen möglich ist, setzte sich im Laufe des folgenden Jahrzehnts die Erkenntnis durch, daß sich hier ein Mittel zur generellen Umgestaltung unserer Nachrichtennetze anzeigte. Vorläufig nutzte man freilich in der Hauptsache nur vorhandene Leitungen zusätzlich mit trägerfrequenten Gesprächen aus. Erst etwa von 1936 an begann eine Entwicklung auf breitester Basis, die sich auf neue Bauelemente, wie Spulen und Kondensatoren, auf neue Röhren und auf neue Fernleitungen erstreckte. Es wird gezeigt, wie diese Entwicklung in einzelnen Abschnitten vor sich ging und wie heute nicht nur Drahtleitungen, sondern auch Richtfunk- und Kurzwellenstrecken trägerfrequent ausgenutzt werden.

Nachr. -techn. Fachber. 19, S. 7 - 13

Larsen, H., München

A CONTRIBUTION TO THE THEORY OF DIELECTRIC LOADED WAVEGUIDES FOR LONG DISTANCE COMMUNICATIONS

A theoretical illustration is given for the coupling of unwanted modes in bent waveguides of arbitrary bending radius. A remedy is possible in the form of a dielectric wall coating. The physical effects of this coating are explained. A comparison is made between the increases in attenuation in dielectric coated waveguides and helix waveguides laid out with unintentional deviations from a straight line. The effect of the phase beat resonance is explained.

Nachr. -techn. Fachber. 19, pp. 110 - 116

Lindig, K., Stuttgart

INSTANTANIOUSLY OPERATING LOW FREQUENCY COMPANDERS

Relatively large noise levels, which interfere with the transmission of speech, may occur in communication systems operating over open wire lines, high voltage lines or radio links. Means for reducing the noise can be used in such cases. It is known to use "syllable companders" in which the control circuits of the compressor and expander are controlled by the level of the speech.

The instantaniously operating low frequency compander is substantially more economical in its design. However, this is coupled with the problem of mastering the non-linear distortions which are produced by a deviation of the characteristics of the compressor and the expander from the required shape as well as by attenuation distortion and group delay distortion in the transmission channels.

The performance, design characteristics and the requirements to be met by the transmission path, when an instantaniously operating low frequency compander is used, are discussed in this paper.

Nachr. -techn. Fachber. 19, pp. 38 - 44

Marko, H., Stuttgart

SYSTEMS FOR THE TRANSMISSION OF DATA OVER TELEPHONE LINES

The possibilities of the design for a data transmission system are discussed which operates completely automatically with a low error rate and can be employed in automatic telephone connections. The transmission and modulation methods which could be used are compared with one another. The method of error correction is the most important problem because of the required low error probability of 10^{-7} to 10^{-8}. The methods are discussed in principles. The measured noise statistics (particularly selector noise in local automatic networks) show that only a repetition method can be used because of the level of this noise and its concentration in noise bursts. A suitable digital block size for such a system is determined. The application of a block code for error detection helps to meet the stringent specifications for the error probability with a relatively low redundancy. The block schematic diagram of a data transmission system which transmits information according to this principle from one perforated tape into another perforated tape is given and discussed.

Nachr. -techn. Fachber. 19, pp. 63 - 69

Martin, H.E., Berlin

DESIGNS AND APPLICATIONS OF COAXIAL CABLES

Important design principles are discussed in connection with different constructions for the insulation and for the outer conductor. One of the physical properties, which are of particular interest for practical applications, is the longitudinal uniformity. Examples are used to illustrate the measures which have been taken to meet the required specifications, particularly with respect to group delay effects and crosstalk.

Nachr. -techn. Fachber. 19, pp. 117 - 125

Ring, F., Darmstadt

TRANSISTORIZED LOW FREQUENCY AMPLIFIERS FOR THE LOWER NETWORK LEVELS

Simple and cheap transistor amplifiers can be built for telephone area links and local lines, because in contrast to amplifiers for long distance communications these amplifiers do not have to meet the stringent specifications for accuray of equilization, freedom from distortion, and amplification stability. Two types of amplifiers are used: Hybrid transistor amplifiers (techniques of two-wire amplifiers) for loaded lines and negative line impedance amplifiers for unloaded lines. Characteristic applications within the network of the German Federal Post Office illustrate the possibilities for the use of smaller cable conductors and the improvement of the transmission quality. The difficulties, which may occur when such amplifiers are inserted, are pointed out.

Nachr. -techn. Fachber. 19, pp. 153 - 157

Schüßler, W., Aachen

PULSE TRANSMISSION WITH AMPLITUDE MODULATION IN TELEPHONE CHANNELS

The problems of pulse transmission in a CCITT channel can be divided into bandwidth problems and base band problems. The transmission band in the CCITT channel is converted by suitable modulation and demodulation methods into the widest possible low-pass band, the base band. The number of pulses which can be transmitted can considerably be increased by pulse shaping and amplitude coding. Accuracy requirements have a great effect on the selection of the transmission system and consequently on the pulse rate which can be transmitted.

Nachr. -techn. Fachber. 19, pp. 70 - 75

Steinbuch, K., Karlsruhe

CODING METHODS FOR CHANNELS WITH NOISE

The methods using a code with error detection and correction (according to R. W. Hamming) are described. A transmission system with error correction is compared with a system with recall facilities. The code protection according to R. W. Hamming is compared with the code protection given by a repeated transmission. Some coding methods are discussed which are suitable for error bursts.

Nachr. -techn. Fachber. 19, pp. 47 - 55

Thierbach, D., München

THE HISTORY OF CARRIER FREQUENCY TECHNIQUES

After the first tests, which were carried out about 1920, partly with means from physics laboratories, had revealed that a multiple utilization of lines was possible with the aid of modulated carrier frequencies. The following decade saw the growing opinion that this was a means for a general reconstruction of our communication networks. In the beginning the main object was to provide an additional utilization of existing lines with carrier frequency channels. It was only after 1936 that a development started on a broad basis which also covered new circuit elements such as coils, capacitors, new valves and new lines. It is shown how this development was carried out in sections and how at present not only wire links but also microwave and h.f. links are used for carrier frequency transmission.

Nachr.-techn. Fachber. 19, pp. 7 - 13

T r ä g e r, A., Darmstadt

WEITVERKEHR MIT HOHLLEITERN

Es werden einige wesentliche Ergebnisse der Tagung "Long Distance Transmission by Waveguide" in London (Januar 1959) kurz zusammengefaßt. Diese beziehen sich hauptsächlich auf die Ausführungsformen des Hohlkabels, Schaltelemente und die Hohlkabelmeßtechnik. Zur Abrundung der sich hierdurch ergebenden Darstellung des heutigen Standes der Hohlkabeltechnik werden einige inländische Entwicklungen erwähnt.

Nachr. - techn. Fachber. 19, S. 101 - 109

W o l f f, W., Darmstadt

ANWENDUNG VON KUNSTSTOFFEN IN FERNMELDE-KABELANLAGEN

Beim Einsatz von Kunststoffen für Fernmeldekabel muß die Verwendung als Isolationsmaterial und als Mantelwerkstoff unterschieden werden. Eine Übersicht über die wesentlichsten Eigenschaften der in der Fernmeldekabeltechnik gebräuchlichen Kunststoffe in mechanischer und elektrischer Hinsicht wird gegeben. Vor- und Nachteile der alten und neuen Kabel-Werkstoffe werden gegenüber gestellt. Ferner wird auf die mit der Verwendung von Kunststoffen zusammenhängenden noch offenen Fragen hingewiesen.

Nachr. -techn. Fachber. 19, S. 126 - 129

Träger, A., Frankfurt

LONG DISTANCE COMMUNICATION BY WAVEGUIDE

A summary is given of some important results of the London Convention: "Long distance transmission by waveguide". (January 1959). The results mainly refer to the design of waveguides, circuit elements and waveguide measurements. Some German developments are mentioned in order to complete the picture of the present state of waveguide techniques.

Nachr. -techn. Fachber. 19, pp. 101 - 109

Wolff, W., Darmstadt

THE USE OF SYNTHETIC MATERIALS IN TELECOMMUNICATION CABLES

Synthetic materials used for telecommunication cables can be divided into two different groups, those used as an insulation material and those used as a material for the cable sheath. A summary of the essential mechanical and electrical properties of synthetic materials used for telecommunication cables is given. The advantages and disadvantages of old and new cable materials are compared. Outstanding problems in connection with the use of synthetic materials are pointed out.

Nachr. -techn. Fachber. 19, pp. 126 - 129

GPSR Compliance

The European Union's (EU) General Product Safety Regulation (GPSR) is a set of rules that requires consumer products to be safe and our obligations to ensure this.

If you have any concerns about our products, you can contact us on ProductSafety@springernature.com

In case Publisher is established outside the EU, the EU authorized representative is:

Springer Nature Customer Service Center GmbH
Europaplatz 3
69115 Heidelberg, Germany

Batch number: 10585057

Printed by Printforce, the Netherlands